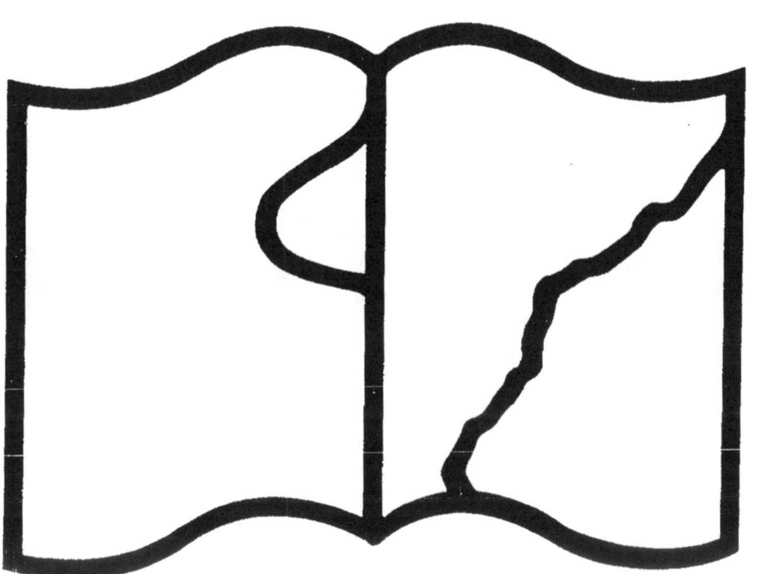

Texte détérioré — reliure défectueuse

NF Z 43-120-11

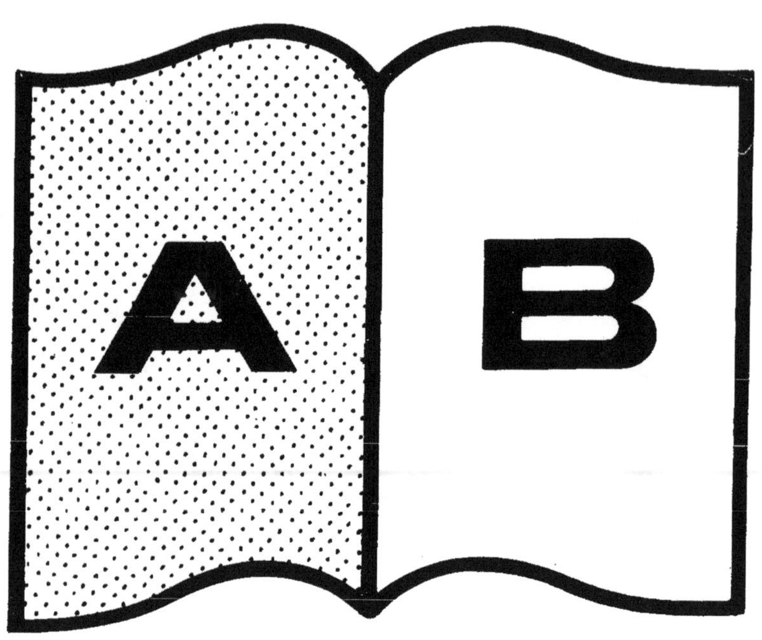

Contraste insuffisant

NF Z 43-120-14

TABLEAU
ENCYCLOPÉDIQUE
ET MÉTHODIQUE
DES TROIS RÈGNES DE LA NATURE.

TABLEAU
ENCYCLOPÉDIQUE
ET MÉTHODIQUE
DES TROIS RÈGNES DE LA NATURE.

INSECTES, PAPILLONS, CRUSTACÉS ET ARACHNIDES,

Par M. LATREILLE.

A PARIS,

Chez Mme veuve Agasse, Imprimeur-Libraire, rue des Poitevins, n° 6.

M. DCCCXXX.

PLANCHES.

ILLUSTRATION DES CCLXVIII PREMIÈRES PLANCHES DE LA PARTIE ENTOMOLOGIQUE.

Exécuté sous la direction de M. l'abbé Bonaterre, cet Atlas étoit resté jusqu'à présent sans illustration, et, faute de ce travail, on ne pouvoit le relier avec sa suite, dont M. Latreille avoit donné l'explication. M. l'abbé Bonaterre, en mourant avant d'avoir terminé son travail, laissoit une lacune bien difficile à remplir, puisqu'il ne restoit après lui aucun renseignement sur les sources où il avoit puisé pour composer ses planches, ni sur les bases de la classification qu'il avoit adoptée pour la distribution des animaux qu'elles représentent. C'est à M. Guérin qu'on en doit l'explication. Elève de M. Latreille, et choisi par ce savant pour l'aider dans la rédaction des articles de *Crustacés*, *Arachnides* et *Insectes Aptères* de notre dernier volume, et pour le remplacer dans la publication de la partie entomologique du *Voyage autour du Monde*, de M. le capitaine Duperrey; M. Guérin, d'ailleurs bien connu par diverses autres publications, et ne consultant que son zèle pour la science, n'a pas été arrêté par les difficultés de ce travail; manquant des renseignemens que M. l'abbé Bonaterre avoit emportés dans la tombe, il lui a fallu consulter tous les ouvrages d'entomologie, pour arriver à la connoissance de ceux dans lesquels ce naturaliste avoit pris ses matériaux, et c'est après le travail le plus laborieux, qu'il est parvenu à donner un ouvrage qui permet de se servir utilement d'une des plus belles séries de planches qui ait encore été publiée sur les insectes.

Le travail de M. Guérin complète ainsi l'une des parties les plus recherchées de l'*Encyclopédie*. Il donne aux entomologistes les moyens d'étudier et de classer leurs collections, et il est encore d'une plus grande utilité pour celles qui publient des ouvrages sur les Crustacées, Arachnides et Insectes, et qui se trouvent dans des pays où l'on ne possède pas de riches bibliothèques, puisqu'il leur fait connoître les figures d'un grand nombre d'ouvrages à planches, tels que ceux de *Crammer*, *Olivier*, *Rœsel*, *Schaeffer*, *Muller*, *Lister*, et d'une foule d'autres qu'il seroit trop long de citer ici. Dorénavant, on pourra relier cette explication des planches avec celle qui a été donnée dans la 86e livraison : on aura, ainsi, un Atlas complet et entièrement terminé, pour la partie entomologique de l'*Encyclopédie*.

EXPLICATION DES PLANCHES

D'HISTOIRE NATURELLE,

Des CRUSTACÉS, *des* ARACHNIDES *et des* INSECTES.

(PLANCHE 1 à 268 inclus.)

PLANCHE PREMIÈRE.

Nota. Cette planche représente les principales parties des insectes, les figures ont été prises dans les *Élémens d'Entomologie* de Schæffer.

1. Dytique, pour faire voir dans leur ensemble les diverses parties du corps qui est divisé en *tête*, *thorax* et *abdomen*.

2. Le même, vu en dessous.

3. Exemple d'antennes filiformes insérées en avant des yeux.

4. Exemple d'antennes filiformes insérées dans les yeux.

5. Exemple d'antennes insérées sous les yeux ou à leur partie inférieure.

6. Antenne sétacée, décroissant de la base à l'extrémité.

7. Antenne filiforme.

8. Antenne en massue.

9. Antenne coudée, perfoliée, à articles dentés.

10. Antenne fusiforme, plus épaisse au milieu.

11. Antenne pectinée, à article dentés.

12. Antenne en scie, à articles presque triangulaires.

13. Antenne de muscide pour faire voir la *spatule* qui est ronde, & supporte la *soie*.

14. Antenne coudée.

15. Tête d'insecte pour faire voir les *yeux composés* ou à *réseau*, & les *yeux lisses* ou *ocelles*.

16. Tête d'insecte pour faire voir les *yeux proéminens*.

17. Œil *globuleux*.

18. Œil *ovale*.

19. Œil *en croissant*.

20. Œil *pédonculé*.

21. Bouche située sous la tête.

22. *Item*.

23. Proboscide ou langue.

24. Rostre.

25. Pièces de la bouche d'un hanneton. — A, labre; B, chaperon; C, C, mandibules; D, D, mâchoires; F, F, F, palpes maxillaires; E, lèvre inférieure ou langue; G, G, G, palpes labiaux.

26. Abdomen *sessile*.

27. Abdomen *pétiolé*.

28. Abdomen conique.

29. *Item*; *a*, divisions des anneaux; *b*, base; *c*, extrémité; *d*, anus; dos; *e*, *f*, ventre.

30. Élytres ayant une base, un bord extérieur & intérieur, un disque supérieur & inférieur, & des angles intérieurs & extérieurs.

31. Élytre détachée du corps.

32. Élytres réunies pour montrer leur *suture*.

33. Ailes au nombre de quatre.

34. *Item*.

35. Aile d'hyménoptère, pour montrer les nervures & les celulles.

36. Coléoptère (elater) avec ses six pattes propres à la marche.

37. Patte composée du fémur, du tibia & du tarse; tarse filiforme & composé de cinq articles simples.

38. Patte ayant le tarse à articles dilatés.

39. Patte sauteuse, tarse de quatre articles.

40. Patte natatoire.

41. Patte chéliforme.

42. Diptère à queue simple.

43. Queue aiguë ou en alène.

44. Queue fourchue.

45. Queue infléchie.

46. Queue en soie.

47. Queue en pinces.

48. Queue mucronée.

49. Balancier de diptère, composé d'un style et d'une tête.

50. Peigne de Scorpion.

PLANCHE 2.

1. *Papilio Polydamas*, Cram. (1); Lat. God.
2. Chenille du pap. précédent.
3. Sa chryſalide.
4. *Papilio Priamus*, Cram.; Lat. God.
5. *Papilio Helena*, Cram.; *pap. Hellen*, Lat. God.
6. *Papilio Minos*, Cram.; *pap. Amphrisius*, Lat. God
7. *Papilio Hippolytus*, Cram.; *pap. Remus*, Lat. God.

PLANCHE 3.

1. *Papilio Anchises*, Mérian.; Lat. God.
2. Sa chenille.
3. Sa chrysalide.
4. *Papilio Drusius*, Cram.; *pap. Drimachus*, Lat. God.
5. *Papilio Amphitryon*, Cram.; Lat. God.
6. *Papilio Gambrisius*, Cram.; Lat. God.
7. *Papilio Agenor*, Cram.; Lat. God.

PLANCHE 4.

1. *Papilio Polymnestor*, Cram.; Lat. God.
2. *Papilio Memnon*, Cram.; Lat. God.
3. *Papilio Protenor*, Cram.; Lat. God.
4. *Papilio Aristeus*, Cram.; Lat. God.

4 *bis*. —— Vu en dessous.

5. *Papilio Belus*, Cram.; Lat. God.
6. *Papilio Eurypilus*, Cram.; Lat. God.
7. *Papilio Ægisthus*, Cram.; Lat. God.

PLANCHE 5.

1. *Papilio Nireus*, Cram.; Lat. God.
2. *Papilio Demoleus*, Cram.; Lat. God.
3. *Papilio Tullus*, Cram.; Lat. God.
4. *Papilio Vertumnus*, Cram.; Lat. God.
5. *Papilio Eurimedes*, Cram.; Lat. God.
6. *Papilio Arbates*, Cram.; *pap. Anchises*, Lat. God.
7. *Papilio Panope*, Cram.; Lat. God.
8. *Papilio ſimilis*, Cram.; *pap. Leonidas*, Lat. God.

Nota. Sur la planche on a mis le nom de *similis* sur le Panope & *vice versa*.

PLANCHE 6.

1. *Papilio Deiphobus*, Cram.; Lat. God.
2. *Papilio Achates*, Cram.; Lat. God.
3. *Papilio Acanor*, Cram.; *pap. Deiphobus*, femelle, Lat. God.
4. *Papilio Ulysses*, Cram.; Lat. God.
5. *Papilio Bianor*, Cram.; *pap. Paris*, femelle, Lat. God.
6. *Papilio severus*, Cram.; Lat. God.
8. *Papilio Pammon*, Cram.; Lat. God.
7. *Papilio Polytes*, Cram.; Lat. God.

PLANCHE 7.

1. *Papilio Ascanius*, Cram.; Lat. God.
2. *Papilio Romulus*, Cram.; *pap. Mutius*, Lat. God.
3. *Papilio Hector*, Cram.; Lat. God.
4. *Papilio Demetrius*, Cram.; Lat God.
5. *Papilio Troilus*, Cram.; Lat. God.
6. *Papilio Phorcas*, Cram.; Lat. God.
7. *Papilio Ægisthus*, Cram.; *pap. Agamemnon*, Lat. God.
8. *Papilio Codrus*, Cram.; Lat. God.

PLANCHE 8.

1. *Papilio Patroclus*, Cram.; *Urania Patroclus*, Lat. God.
2. *Papilio Empedocles*, Cram.; *Urania Empepocles*, Lat. God.
3. *Papilio lunus*, Cram.; *Urania lunus*, Lat. God.
4. *Papilio Ripheus*, Cram.; *Urania Ripheus*, Lat. God.

(1) En général l'auteur cité le premier est celui de qui la figure a été copiée. La seconde citation indique l'article *Papillon* de ce Dictionn.

5. *Papilio Sloanus*, Cram.; *Urania Sloanus*, Lat. God.

6. *Papilio Cresphontes*, Cram; *pap. Thoas*, Lat. God.

7. *Papilio Thoas*, Cram.; Lat. God.

8. *Papilio Menestheus*, Cram.; Lat. God.

PLANCHE 9.

1. *Papilio Xuthus*, Cram.; Lat. God.

2. *Papilio Palamedes*, Cram.; *pap. Calchas*, Lat. God.

3. *Papilio Dolicaon*, Cram.; Lat. God.

4. *Papilio Antiphate*, Cram.; Lat. God.

5 *Papilio Podalirius*. Cram.; Lat. God.

6. *Papilio Polyxenes*, Cram.; *pap. Sinon*, Lat. God.

7. *Papilio Antheus*, Cram.; *pap. Antharis*, Lat. God.

8. *Papilio Cinna*, Cram.; *pap. Orsiloque*, Lat. God.

PLANCHE 10.

1. *Papilio Policaon*, Cram.; Lat. God.

2. *Papillo Androgeus*, Cram.; Lat. God.

3. *Papilio Nisus*, femelle, Cram.; *nymphalis Nisus*, Lat. God.

4. *Papilio Euryales*, Cram.; *nymphalis Nisus*, mâle, Lat. God.

5. *Papilio Jason*, Cram.; *nymphalis Jasius*, Lat. God.

6. *Papilio Brutus*, Cram; *nymphalis Brutius*, Lat. God.

7. *Papilio Tiridates*, Cram.; *nymphalis Tiridates*, Lat. God.

8. *Papilio Lucretius*, Cram.; *nymphalis Lucretius*, Lat. God.

9. *Papilio Etheocles*, Cram.; *nymphalis Etheocles*, Lat. God.

PLANCHE 11.

1. *Papilio Decius*, Cram.; *nymphalis Decius*, Lat. God.

2. *Papilio Veranes*, Cram.; *nymphalis Veranes*, Lat. God.

3. *Papilio Fabius*, Cram.; *nymphalis Hippona*, Lat. God.

4. *Papilio Petreus*, Cram.; *nymphalis Thetis*, Lat. God.

5. *Papilio Arcesilaus*, Cram.; *satyrus Chorineus*, Lat. God.

6. *Papilio Clytemnestre*, Cram.; *nymphalis Clytemnestre*, Lat. God.

7. *Papilio Laertes*, Cram.; *nymphalis Laertia*, Lat. God.

8. *Papilio Leonida*, Cram.; *nymphalis Eribota*, Lat. God.

9. *Papilio Thyonneus*, Cram.; *nymphalis Thyonne*, Lat. God.

PLANCHE 12.

1. *Papilio Dedalus*, Cram.; *castnia Dedalus*, Lat. God.

2. *Papilio Pylades*, Cram.; *castnia Pylades*, Lat. God.

3. *Papilio Icarus*, Cram.; *castnia Icarus*, Lat. God.

4. *Papilio Licus*, Cram.; *castnia Licas*, Lat. God.

5. *Papilio Pelascus*, Cram.; *castnia pelascus*, Lat. God.

6. *Papilio Erycinia*, Cram.; *pieris Erycinia*, Lat. God.

7. *Papilio Coronis*, Cram.; *castnia Coronis*, Lat. God.

PLANCHE 13.

1. *Papilio Glaucippe*, Cram.; *pieris Glaucippe*, mâle, Lat. God.

1 *bis*. —— Femelle.

2. *Papillio Leucippe*, Cram.; *pieris Leucippe*, mâle, Lat. God.

2 *bis*. —— Femelle.

3. *Papilio Pyrene*, Cram.; *pieris Pryrene*, Lat. God.

3 *bis.* —— Vu en dessous.

4. *Papilio Marcellina*, Mérian; *colias Marcellina*, Lat. God.

5. Chenille de la coliade précédente.

6. Sa chrysalide.

PLANCHE 14.

1. *Papilio Aricie*, Cram.; *colias Aricie*, Lat. God.

2. *Papilio Philea*, Cram.; *colias Philea*, Lat. God.

2 *bis.* —— Vu en dessus.

3. *Papilio Scylla*, Cram.; *colias Scylla*, Lat. God.

4. *Papilio trite*, Cram.; *colias trite*, Lat. God.

5. *Papilio Alcyone*, Cram., vue en dessus; *colias Pyranthe*, Lat. God.

5 *bis.* —— Vu en dessous.

6. *Papilio Cleopatra*, Cram.; *colias Cleopatra*, Lat. God.

7. *Papilio crocale*, Cram.; *colias Jugurthina*, Lat God.

PLANCHE 15.

1. *Papilio hyale*, Cram.; *colias edusa*, mâle, Lat. God.

1 *bis.* —— La femelle.

Nota. Crammer l'avoit reçu du cap de Bonne-Espérance.

2. *Papilio Micippe*, Cram.; *colias Micippe*, Lat. God.

3. *Papilio issa*, Cram.; *pieris issa*, Lat. God.

3 *bis.* —— Vu en dessous.

4. *Papilio belisama*, Cram.; *pieris belisama*, Lat. God.

4 *bis.* —— Vu en dessous.

5. *Papilio Dorimene*, Cram.; *pieris ageleis*, Lat. God.

6. *Papilio Egialce*, Cram.; *pieris Egialce*, Lat. God.

6 *bis.* —— Vu en dessous.

PLANCHE 16.

1. *Papilio Hyllus*, Cram.; *polyommatus Hylla*, Lat. God.

1 *bis.* —— Vu en dessous.

2. *Papilio Harmodius*, Cram.; *castnia Lycas*, Lat. God.

3. *Papilio Poppea*, Cram.; *pieris Poppea*, Lat. God.

4. *Papilio Amathonte*, Cram.; *pieris Amathonte*, Lat. God.

5. *Papilio Calypso*, Cram.; *colias Calypso*, Lat. God.

5 *bis.* —— Vu en dessous.

6. *Papilio Agathina*, Cram.; *pieris Agathina*, Lat. God.

7. *Papilio Eudoxia*, Cram.; *pieris Eudoxia*, Lat. God.

PLANCHE 17.

1. *Papilio Eucharis*, Cram.; *pieris Eucharis*; Lat. God.

1 *bis.* —— Vu en dessous.

2. *Papilio Antonoe*, Cram.; *pieris Hyparete*, Lat. God.

3. *Papilio Amasene*, Cram.; *pieris Nerissa*, Lat. God.

4. *Papilio Daplidice*, Cram.; *pieris hellica*, Lat. God.

5. *Papilio Lyncida*, Cram.; *pieris Lyncida*, Lat. God.

6. *Papilio Belia*, Cram.; *pieris Belia*, Lat. God.

7. *Papilio Aurora*, Cram.; *pieris titea*, Lat. God.

7 A. Sa chenille.

7 B. Sa chrysalide.

8. *Papilio Eborea*, Cram.; *pieris Danae*, Lat. God.

8 *bis.* —— Vu en deſſous.

9. *Papilio Arethusa*, Cram.; *pieris Amytis*, Lat. God.

PLANCHE 18.

1. *Papilio candida*, Cram.; *pieris candida*, Lat God.

2. *Papilio Liberia*, Cram.; *pieris Liberia*, Lat. God.

3. *Papilio Gliciria*, Cram.; *pieris Glaphyra*, Lat. God.

4. *Papilio Pasiphae*, Cram.; *pieris Perigone*, Lat. God.

5. *Papilio Agave*, Cram.; *pieris Phiale*, Lat. God.

6. *Papilio Phiale*, Cram.; *pieris Phiale*, Lat. God.

7. *Papilo Alcesta*, Cram.; *pieris Narica*, Lat. God.

Sixième Famille, *Papillons à aîles oblongues.*

1. *Papilio Psidii*, Cram.; *heliconia Psidii*, Lat. God.

2. *Papilio Dido*, Cram.; *cethosia Dido*, Lat. God.

2 *bis.* —— Vu en dessous.

3. *Papilio Antiocha*, Cram.; *heliconia Antiocha*, Lat. God.

4. Chenille & chrysalide du *Papilio Antiocha.* A. La chenille. B. La chrysalide.

PLANCHE 19.

1. *Papilio Charitonia*, Cram.; *heliconia Charitonia*, Lat. God.

2. *Papilio Amathusia*, Cram.; *heliconia Erato*, Lat. God.

3. *Papilio Quirina*, Cram.; *heliconia Doris*, Lat. God.

4. *Papilio Rhea*, Cram.; *heliconia Sara*, Lat. God.

5. *Papilio Lucia*, Cram.; *heliconia Lucia*, Lat. God.

6. *Papilio Roxana*, Cram.; *heliconia Phyllis*, Lat. God.

7. *Papilio Cybele*, Cram.; *heliconia Cynisca*, Lat. God.

8. *Papilio Melpomene*, Cram.; *heliconia Melpomene*, Lat. God.

9. *Papilio Erythrea*, Cram.; *heliconia Erythrea*, Lat. God.

10. *Papilio Pasinnutia*, Cram.; *heliconia Eva*, Lat. God.

PLANCHE 20.

1. *Papilio harmonia*, Cram.; *heliconia Mneme*, Lat. God.

2 *Papilio Egina*, Cram.; *heliconia Egena*, Lat. God.

3. *Papilio Equicola*, Cram.; *heliconia Equicola*, Lat. God.

4. *Papilio Isabella*, Cram.; *heliconia Isabella*; Lat. God.

5. *Papilio Numata*, Cram.; *heliconia Numata*, Lat. God.

6. *Papilio Silvana*, Cram.; *heliconia Silvana*, Lat. God.

7. *Papilio Mulciber*, Cram.; *danaïda midama*, Lat. God.

8. *Papilio Epea*, Cram.; *acrea Gea*, Lat. God.

9. *Papilio Medea*, Cram.; *acrea Pasiphae*, Lat. God.

10. *Papilio Therpsichora*, Cram.; *acrea Vesta*, Lat. God.

PLANCHE 21.

1. *Papilio Horta*, Cram.; *acrea horta*, Lat. God.

2. *Papilio Ilione*, Cram.; *heliconia Ilione*, Lat. God.

3. *Papilio Brutus*, Cram.; *nymphalis Brutius*, Lat. God.

4. *Papilio Selene*, Cram.; *heliconia Nisea*, Lat. God.

5. *Papilio Rosalia*, Cram.; *heliconia Rosalia*, Lat. God.

6. *Papilio Asarica*, Cram.; *heliconia Asarica*, Lat. God. *Suppl.*

7. *Papilio Flora*, Cram.; *heliconia Flora*, Lat. God.

8. *Papilio Diaphana*, Cram.; *heliconia Diaphana*, Lat. God.

9. *Papilio Amphione*, Cram.; *pieris Amphione*, Lat. God.

10. *Papilio Melite*, Cram.; *pieris Melite*, Lat. God.

11. *Papilio Clio*, Cram.; *heliconia Ægle*, Lat. God.

A. Sa chenille.
B. Sa chryſalide.

Nota. Ces trois figures ſont copiées de l'ouvrage de Mlle Mérian.

P L A N C H E 22.

1. *Papilio Hecuba*, Cram.; *morpho Hecuba*, Lat. God.

1 *bis.* —— Vu en dessous.

2. *Papilio Perseus*, Cram.; *morpho Perseus*, Lat. God.

2 *bis.* —— Vu en dessous.

3. *Papilio Menelaus*, Cram. Mérian.; *morpho Menelaus* Lat. God.

3 *bis.* —— Vu en dessous.
4. A. Chenille du *morpho Menelaus.*
4 *bis.* B. Nymphe du même papillon.

P L A N C H E 23.

1. *Papilio Telemachus*, Cram.; *morpho Anaxibia*, Lat. God.

1 *bis.* —— Vu en dessous.

2. *Papilio Achilles*, Cram.; *morpho Achilles*, Lat. God.

2 *bis.* —— Vu en dessous.

3. *Papilio Menelaus*, Cram.; *morpho Menelaus*, Lat. God.

3 *bis.* —— Vu en dessous.
4 A. Sa chenille.
4 B. Sa chrysalide.

Nota. Ces trois figures sont copiées de Mlle Mérian.

P L A N C H E 24.

1. *Papilio Adonis*, Cram.; *morpho Adonis*, Lat. God.

1 *bis.* —— Vu en dessous.

2. *Papilio Meander*, Cram.; *Nymphalis Amphimachus*, Lat. God.

2 *bis.* —— Vu en dessous.

3. *Papilio Teucer*, Cram.; *morpho Teucer*, Lat. God.

3 *bis.* —— Vu en dessous.
4 A. Sa chenille.
4 B. Sa chrysalide.

Nota. Ces trois figures sont copiées de Mlle Mérian.

P L A N C H E 25.

1. *Papilio Eurylochus*, Cram.; *morpho Eurylochus*, Lat. God.

1 *bis.* —— Vu en dessous.

2. *Papilio Quitterie*, Cram.; *morpho Cassiæ*, Lat. God.

2 *bis.* —— Vu en dessous.

3. *Papilio Cassiæ*, Cram.; *morpho Cassiæ*, Lat. God.

3 *bis.* —— Vu en dessous.
4 A. Chenille du *morpho Cassiæ.*
4 B. Sa chrysalide.

Nota. Ces quatre figures sont copiées de Mlle Mérian.

P L A N C H E 26.

1 A. Chenille du *brassolis Sophoræ.*
2 B. Sa chrysalide.

2. *Papilio Sophoræ*, Cram.; *brassolis Sophoræ*, Lat. God.

2 *bis.* —— Vu en deſſous.

Nota. Ces quatres figures sont copiées de Mérian.

3. *Papilio Xanthus*, Cram.; *morpho Xanthus*, Lat. God.

3 *bis.* —— Vu en dessous.

4. *Papilio Cymodoce*, Cram.; *nymphalis Cymodoce*, Lat. God.

4 *bis.* —— Vu en dessous.

PLANCHE 27.

1. *Papilio Laodice*, Cram.; *Vanessa Laodora*, Lat. God.

1 *bis.* —— Vu en dessous.

2. *Papilio Callisto*, Cram.; *nymphalis Callisto*, Lat. God.

2 *bis.* —— Vu en dessous.

3. *Papilio Pelias*, Cram.; *nymphalis Pelias*, Lat. God.

3 *bis. Papilio Tulbaghia*, Cram.; *nymphalis Tulbaghia*, Lat. God.

4. *Papilio Herminia*, Cram.; *nymphalis Herminia*, Lat. God.

4 *bis.* —— Vu en dessous.

PLANCHE 28.

1. *Papilio Leda*, Cram.; *satyrus Leda*, Lat. God.

1 *bis.* —— Vu en dessous.

2. *Papilio Banksia*, Cram.; *satyrus Banksia*, Lat. God.

3. *Papilio Archesia*, Cram.; *vanessa Archesia*, Lat. God.

3 *bis.* —— Vu en dessous.

4. *Papilio Clelia*, Cram.; *vanessa Clelia*, Lat. God.

4 *bis.* —— Vu en dessous.

5. *Papilio Orythia*, Cram.; *vanessa Orythia*, Lat. God.

5 *bis.* —— Vu en dessous.

6. *Papilio Carduelis*, Cram.; *vanessa Cardui*, Lat. God.

Nota. Ce papillon vient du cap de Bonne-Espérance; il est extrêmement répandu dans toutes les parties du monde.

PLANCHE 29.

1. *Papilio Atalanta*, Cram.; *vanessa Vulcania*, Lat. God.

1 *bis.* —— Vu en dessous.

2. *Papilio Laothoe*, Cram.; *nymphalis Liberia*, Lat. God.

2 *bis.* —— Vu en dessous.

3. *Papilio Erigone*, Cram.; *vanessa Erigone*, Lat. God.

3 *bis.* —— Vu en dessous.

4. *Papilio Amathæa*, Cram.; *vanessa Amathæa*, Lat. God.

4 *bis.* —— Vu en dessous.

5. *Papilio Octavia*, Cram.; *vanessa Octavia*, Lat. God.

5 *bis.* —— Vu en dessous.

PLANCHE 30.

1. *Papilio Lea*, Cram.; *satyrus Lea*, Lat. God.

1 *bis.* —— Vu en dessous.

2. *Papilio Areta*, Cram.; *satyrus Areta*, Lat. God.

2 *bis.* —— Vu en dessous.

3. *Papilio Jairus*, Cram.; *morpho Jairus*, Lat. God.

3 *bis.* —— Vu en dessous.

4. *Papilio Amphinome*, Cram.; *nymphalis Amphinome*, Lat. God.

4 *bis.* —— Vu en dessous.

PLANCHE 31.

1. *Papilio Veronica*, Cram.; *nymphalis Veronica*, Lat. God.

1 *bis.* —— Vu en dessous.

2. *Papilio Meleagris*, Cram.; *nymphalis Meleagris*, Lat. God.

2 *bis.* —— Vu en dessous.

3. *Papilio Polydectus*, Cram.; *satyrus polydectus*, Lat. God.

4. *Papilio Francisca*, Cram.; *satyrus Polydectus*, Var. Lat God.

4 *bis.* —— Vu en dessous.

5. *Papilio Evadne*, Cram.; *satyrus Servatius*, Lat. God.

5 *bis.* —— Vu en dessous.

6. *Papilio Argante*, Cram.; *satyrus Argulus*, Lat. God.

6 *bis.* —— Vu en dessous.

7. *Papilio Lydius*, Cram.; *satyrus Lydius*, Lat. God.

7 *bis. Papilio Lampetia*, Cram.; *argynnis Lampetia*, Lat. God.

Planche 32.

1. *Papilio Lea*, Cram.; *satyrus Lea*. Lat. God.

1 *bis.* —— Vu en dessous.

2. *Papilio Clytus*, Cram.; *satyrus Clytus*, Lat. God.

2 *bis.* —— Vu en dessous.

Nota. Ces auteurs, dans l'Encyclopédie, ne citent pas Crammer qui a figuré ce satyre, pl. 86, fig. C, D.

3. *Papilio Hippia*, Cram.; *satyrus Hippia*, Lat. God.

3 *bis.* —— Vu en dessous.

4. *Papilio Salome*, Cram.; *eurybia Nyceus*, Lat. God.

4 *bis.* —— Vu en dessous.

5. *Papilio Melytta*, Cram.; *nymphalis Postverta*, Lat. God.

5 *bis.* —— Vu en dessous.

6. *Papilio Celymene*, Cram. *satyrus Tarpeia*, Lat. God.

6 *bis.* —— Vu en dessous.

7. *Papilio Amaryllis*, Cram.; *satyrus Leander*, Lat. God.

7 *bis.* —— Vu en dessous.

Planche 33.

1. *Papilio idea*, Cram.; *idea Agelia*, Lat. God.

2. *Papilio Juventa*, Cram.; *danaida Juventa*, Lat. God.

3. *Papilio Berenice*, Cram.; *danaida Erippus*, Lat. God.

3 *bis.* —— Vu en dessous.

4. *Papilio Cometes*, Cram.; *hesperia*, Lat.

4 *bis. Papilio Amycus*, Cram; *hesperia*, Lat.

5. *Papilio*, *Diocippus*, Cram.; *nymphalis Misippe*, Lat. God.

5 *bis.* —— Vu en dessous.

Planche 34.

1. *Papilio Ino*, Cram.; *cethosia Cydippe* Lat. God.

1 *bis.* —— Vu en dessous.

2. *Papilio Cyane*, Cram.; *cethosia Cyane*, Lat. God.

2 *bis.* —— Vu en dessous.

3. *Papilio Antigone*, Cram.; *nymphalis Lasinassa*, Lat. God.

4. *Papilio Bolina*, Cram.; *nymphalis Bolina*, Lat. God.

4 *bis.* —— Vu en dessous.

Planche 35.

1. *Papilio Adonia*, Cram.; *nymphalis Adonia*, Lat. God.

1 *bis.* —— Vu en dessous.

2. *Papilio Diana*, Cram.; *argynnis Diana*, Lat. God.

2 *bis.* —— Vu en dessous.

3. *Papilio Vitellia*, Cram.; *nymphalis Vitellia*, Lat. God.

3 *bis.* —— Vu en dessous.

4. *Papilio Eurynome*, Cram.; *nymphalis Eurynome*, Lat. God.

Planche

PLANCHE 36.

1. *Papilio Euritea*, Cram.; *acrea Eurita*, Lat. God.

2. *Papilio Basilissa*, Cram.; *danaida Basilissa*, Lat. God.

3. *Papilio Crithea*, Cram.; *nymphalis Opis*, Lat. God.

4. *Papilio Galanthis*, Cram.; *nymphalis Galanthis*, Lat. God.

5. *Papilio Astarte*, Cram.; *nymphalis Condomanus*, Lat. God.

5 *bis*. —— Vu en dessous.

6. *Papilio Harpalyce*, Cram.; *nymphalis Eurythonius*, Lat. God.

6 *bis*. —— Vu en dessous.

PLANCHE 37.

1. *Papilio Idalia*, Cram.; *argynnis Idalia*, Lat. God.

1 *bis*. —— Vu en dessous.

2. *Papilio Hyperia*, Cram.; *biblis Thadana*, Lat. God.

2 *bis*. —— Vu en dessous.

3. *Papilio Typha*, Cram.; *nymphalis Typha*, Lat. God.

3 *bis*. —— Vu en dessous.

4. *Papilio Carinenta*, Cram.; *lybithæa Carinenta*, Lat. God.

4 *bis*. —— Vu en desssus.

PLANCHE 38.

1. *Papilio Laïs*, Cram.; *biblis Laïs*, Lat. God.

1 *bis*. —— Vu en dessous.

2. *Papilio Chione*, Cram.; *nymphalis Chione*, Lat. God.

2 *bis*. —— Vu en dessous.

3. *Papilio Phaeton*, Cram.; *argynnis Phaetontea*, Lat. God.

3 *bis*. —— Vu en dessous.

4. *Papilio Venilia*, Cram.; *nymphalis Venilia*, Lat. God.

PLANCHE 39.

1. *Papilio Valentina*, Cram.; *satyrus Valentina*, Lat. God.

1 *bis*. —— Vu en dessus.

2. *Papilio Aceste*, Cram.; *argynnis Aceste*, Lat. God.

2 *bis*. —— Vu en dessous.

3. *Papilio Phlegia*, Cram.; *heliconia Phlegia*, Lat. God.

4. *Papilio Liriope*, Cram.; *erycina?*

4 *bis*. —— Vu en dessous.

5. *Papilio Epitus*, Cram.; *erycina Epigia*, Lat. God.

6. *Papilio Endymion*, Cram.; *erycina Gnidus*, Lat. God.

6. *bis*. —— Vu en dessous.

PLANCHE 40.

1. *Papilio regalis*, Cram.; *polyommatus Endymion*, Lat. God.

1. *bis*. —— Vu en dessous.

2. *Papilio Marsyas*, Cram.; *polyommatus Marsyas*, Lat. God.

3. *Papilio Elis*, Cram.; *polyommatus Elis*, Lat. God.

4. *Papilio Halesus*, Cram.; *polyommatus Halesus*, Lat. God.

5. *Papilio Meton*, Cram.; *polyommatus Meton*, Lat. God.

5 *bis*. —— Vu en dessous.

6. *Papilio Ganymedes*, Cram.; *polyommatus Ganymedes*, Lat. God.

6 *bis*. —— Vu en dessous.

7. *Papilio imperialis*, Cram.; *polyommatus Venus*, Lat. God.

8. *Papilio Venulius*, Cram.; *polyommatus Venulius*, Lat. God.

9. *Papilio Hyacinthe*, Cram.; *polyommatus Hyacinthe*, Lat. God.

PLANCHE 41.

1. *Papilio Pelops*, Cram.; *polyommatus Petus*, Lat. God.

2. *Papilio Inachus*, Cram.; *polyommatus Inachus* Lat. God.

3. *Papilio Helius*, Cram.; *polyommatus Helius*, Lat. God.

3 *bis*. —— Vu en dessous.

4. *Papilio Silenus*, Cram.; *polyommatus Silenus*, Lat. God.

5. *Papilio Œtolus*, Cram.; *polyommatus Lincus*, Lat. God.

6. *Papilio Cupentus*, Cram.; *polyommatus Cupentus*, Lat. God.

7. *Papilio Vesulus*, Cram.; *polyommatus Beon*, Lat. God.

7 *bis*. *Papilio Corydon*, Cram.; *polyommatus Rosimon*, Lat. God.

8. *Papilio Beon*, Cram.; *polyommatus Vesulus*, Lat. God.

8 *bis*. —— Vu en dessous.

9. *Popilio Lausus*, Cram.; *polyommatus Lausus*, Lat. God.

10. *Papilio Perion*, Cram.; *polyommatus Perion*, Lat. God.

10 *bis*. —— Vu en dessous.

11. *Papilio formosus*, Cram.; *polyommatus valens*, Lat. God.

12. *Papilio Salmoneus*, Cram.; *polyommatus Thero*, Lat. God.

12 *bis*. —— Vu en dessous.

13. *Papilio triopas*, Cram.; *polyommatus amor*, Lat. God.

13 *bis*. —— Vu en dessous.

14. *Papilio Damon*, Cram; *polyommatus Damastus*, Lat. God.

14 *bis*. —— Vu en dessous.

PLANCHE 42.

1. *Papilio Cyanea*, Cram.; *polyommatus Cyaneus*, Lat. God.

1 *bis*. —— Vu en dessous.

2. *Papilio Larydas*, Cram.; *polyommatus Larydas*, Lat. God.

3. *Papilio Corydon*, Cram.; *polyommatus Rosimon*, Lat. God.

4. *Papilio Aratus*, Cram.; *polyommatus celerio*, Lat. God.

5. *Papilio Polycletus*, Cram.; *polyommatus Polycletus*, Lat. God.

5 *bis*. —— Vu en dessous.

6. *Papilio Athymnus*, Cram.; *myrina Athymnus*, Lat. God.

6 *bis*. —— Vu en dessous.

7. *Papilio Chorineus*, Cram.; *erycina Octavius*, Lat. God.

8. *Papilio Dorilas*, Cram.; *erycina Dorillis*, Lat. God.

9. *Papilio Pyretus*, Cram.; *erycina Melibœus*, Lat. God.

10. *Papilio Arcas*, Cram.; *erycina Arcas*, Lat. God.

11. *Papilio Arcas*, Cram.; *erycina Pretus*, Lat. God.

12 *Papilio Menander*, Cram.; *erycina Pretonius*, Lat. God.

PLANCHE 43.

1. *Papilio Actoris*, Cram.; *erycina Actoris*, Lat. God.

2. *Papilio Thasus*, Cram.; *erycina Thasus*, Lat. God.

3. *Papilio Philemon*, Cram.; *erycina Icarus*, Lat. God.

4. *Papilio Bubastus*, Cram.; *polyommatus columella*, Lat. God.

5. *Papilio Cassius*, Cram.; *polyommatus Cassius*, Lat. God.

5 *bis*. —— Vu en dessous.

6. *Papilio Micenes*, Cram.; *erycina Micenes*, Lat. God.

7. *Papilio Danis*, Cram.; *erycina Damis*, Lat. God.

8. *Papilio Philiassus*, Cram.; *erycina Phillone*, Lat. God.

8 *bis*. —— Vu en dessous.

9. *Papilio Mandana*, Cram.; *erycina Arminius*, Lat. God.

10. *Papilio Fatima*, Cram.; *erycina Ovidius*, Lat. God.

11. *Papilio Manthus*, Cram.; *erycina Manthus*, Lat. God.

11 *bis* —— Vu en dessous.

12. *Papilio Thersander*, Cram.; *erycina Thersandra*, Lat. God.

13. *Papilio Flegyas*, Cram.; *erycina Allica*, Lat. God.

14. *Papilio Labdacus*, Cram.; *erycina Labdacus*, Lat. God.

15. *Papilio Timeus*, Cram.; *polyommatus Phlœas*, Lat. God.

15 *bis*. —— Vu en dessous.

PLANCHE 44.

1. *Papilio Palmus*, Cram.; *polyommatus Thysbe*, Lat. God.

1 *bis*. —— Vu en dessous.

2. *Papilio Charonia*, Cram.; *vanessa Charonia*, Lat. God., le mâle, vu en dessous.

2 *bis*. —— La femelle vue en dessous.

3. *Papilio Epulus*, Cram.; *erycina Epulus*, Lat. God.

3 *bis*. —— Vu en dessous.

4. *Papilio Abaris*, Cram.; *erycina Abaris*, Lat. God.

5. *Papilio Pentheus*, Cram.; *erycina Penthæus*, Lat. God.

6. *Papilio Cleonus*, Cram.; *erycina Cleonus*, Lat. God.

7. *Papilio Acantus*, Cram.; *erycina Acanthus*, Lat. God.

8. *Papilio Petavius*, Cram.; *polyommatus Petavius*, Lat. God.

9. *Papilio Micalie*, Cram.; *erycina Meneria*, Lat. God.

10. *Papilio Meneria*, Cram.; *erycina Meneria*, Lat. God.

11 *Papilio Hisbon*, Cram.; *erycina Hisbon*, Lat. God.

12. *Papilio Pygmæus*, Cram.; *erycina Talus*, Lat. God.

13. *Papilio Arcalus*, Cram.; *hesperia*, Lat.

14. *Papilio Epaphus*, Cram.; *erycina Epalia*, Lat. God.

15 *bis*. —— Vu en dessous.

PLANCHE 45.

1. *Papilio Cœlus*, Cram.; *hesperia*, Lat.

1 *bis*. —— Vu en dessous.

2. *Papilio Orion*, Cram.; *hesperia Orion*, Lat. God.

2 *bis*. —— Vu en dessous.

3. *Papilio Clonius*, Cram.; *hesperia*, Lat.

4. *Papilio Pygmalion*, Cram.; *hesperia Gnetus*, Lat. God.

5. *Papilio Sebaldus*, Cram.; *hesperia Cramer*, Lat. God.

5 *bis*. —— Vu en dessous.

6. *Papilio Apaste*, Cram.; *hesperia Acastus*, Lat. God.

7. *Papilio Fulgerator*, Cram.; *hesperia Mercatus*, Lat. God.

8. *Papilio Phedon*, Cram.; *hesperia*, Lat.

8 *bis.* —— Vu en dessous.

PLANCHE 46.

1. *Papilio Enotrus*, Cram.; *hesperia*, Lat.

2. *Papilio Arinas*, Cram.; *hesperia Arinas*, Lat. God.

3. *Papilio Brino*, Cram.; *hesperia*, Lat.

4. *Papilio Hylaspe*, Cram.; *hesperia*, Lat.

4 *bis.* —— Vu en dessous.

5. *Papilio Comus*, Cram.; *hesperia*, Lat.

6. *Papilio Florestan*, Cram.; *hesperia*, Lat.

7. *Papilio Morpheus*, Cram.; *hesperia*, Lat.

8. *Papilio Ebusus*, Cram.; *hesperia*, Lat.

9. *Papilio Psecas*, Cram.; *hesperia*, Lat.

9 *bis.* —— Vu en dessous.

10. *Papilio Crinisus*, Cram.; *hesperia Crinius*, Lat. God.

11. *Papilio nobilis*, Cram.; *hesperia salus*, Lat. God.

11 *bis.* —— Vu en dessous.

12. *Papilio vitreus*, Cram.; *hesperia Momus*, Lat. God.

13. *Papilio Artemide*, Cram.; *hesperia*, Lat.

14. *Papilio Fantasos*, Cram.; *hesperia*, Lat.

15 *bis.* —— Vu en dessous.

PLANCHE 47.

1. *Papilio Orcus*, Cram.; *hesperia Syrichtus*, Lat. God.

2. *Papilio Iapetus*, Cram.; *hesperia*, Lat.

3. *Papilio Jolus*, Cram.; *hesperia*, Lat.

3 *bis.* —— Vu en dessous.

4. *Papilio Talaus*, Cram.; *hesperia Talaus*, Lat. God.

5. *Papilio Cerialis*, Cram.; *hesperia Orcus*, Lat. God.

6. *Papilio Salatis*, Cram.; *hesperia Salatis*, Lat. God.

7. *Papilio Heleris*, Cram.; *hesperia*, Lat.

8. *Papilio Parmenides*, Cram.; *hesperia Parmenides*. Lat. God.

8 *bis.* —— Vu en dessous.

9. *Papilio Phydias*, Cram.; *hesperia Jupiter*, Lat. God.

PLANCHE 48.

1. *Papilio Acastus*, Cram.; *hesparia Phidias*, Lat. God.

2. *Papilio Thasus*, Cram.; *hesperia Zeleucus*, Lat. God.

3. *Papilio Midas*, Cram.; *hesperia*, Lat.

4. *Papilio Anaphus*, Cram.; *hesperia Anaphus*, Lat. God.

5. *Papilio Peleus*, Cram.; *hesperia Peleus*, Lat. God.

6. *Papilio Beroe*, Cram.; *satyrus Europa*, Lat. God.

7. *Papilio Illioneus*, Cram.; *morpho Illioneus*; Lat. God.

7 *bis. Papilio Idomeneus*, Cram.; *morpho Idomeneus*, Lat. God.

8. *Papilio Vindex*, Cram.; *hesperia Vindex*, Lat. God.

8 *bis.* —— Vu en dessous.

9. *Papilio Menes*, Cram.; *hesperia*, Lat.

PLANCHE 49.

1. *Papillon flambé*, Engr.; *papilio Podalirius*, Lat. God.

2. Chenille du *papilio Podalirius*.

3. Sa chrysalide.

4. *Papillon Machaon*, Engr.; *papilio Machaon*, Lat. God.

5. Chenille du *papillon Machaon*.

6. Sa chrysalide.

7. *Papillon Apollon*, Engr.; *parnassius Apollo*, Lat. God.

8. Sa chenille.

9. *Papillon petit Apollon*, Engr.; *Thaïs apollina*, Lat. God.

9 *bis.* —— *Vu*

9 *bis.* —— Vu de profil.

10. *Papillon gazé*, Engr.; *pieris cratagi*, Lat. God.

10 *bis.* —— Vu de profil.
11. Sa chenille.
12. Sa chrysalide.

13. *Papillon Argus bleu*, Engr.; *polyommatus agestis*, Lat. God.

13 *bis.* —— Vu de profil.
14. Sa chenille.
15. Sa chrysalide.

16. *Papillon Argus bleu découpé*, Engr.; *polyommatus Meleager*, Lat. God.

16 *bis.* —— Vu de profil.

Planche 50.

1. *Papillon Argus bleu céleste*, Engr.; *polyommatus Adonis*, Lat. God.

1 *bis.* —— Variété.

2. *Papillon Argus bleu à bandes brunes*, Engr.; *polyommatus Arion*, Lat. God.

2 *bis.* —— Vu de profil.

3. *Papillon Argus vert.*, Engr.; *polyommatus rubi*, Lat. God.

3 *bis.* —— Vu de profil.

4. *Papillon Argus myope*, Engr.; *polyommatus Xanthe*, Lat. God.

4 *bis.* —— Vu de profil.

5. *Papillon Argus satiné*, Engr.; *polyommatus Virgauea*, Lat. God.

5 *bis.* —— Vu de profil.
5 *n°.* 3 —— Variété.

6. *Papillon Argus satiné à taches noires*, Engr.; *polyommatus Hippothoe*, Lat. God.

6 *bis.* —— Vu de profil.
6 *n°.* 3. —— Variété.

7. *Papillon Argus bronzé*, Engr.; *polyommatus Phlaas*, Lat. God.

7 *bis.* —— Vu de profil.

8. *Papillon demi-Argus*, Engr.; *polyommatus Acis*, Lat. God.

8 *bis.* —— Vu de profil.

9. *Papillon Ariane*, Engr.; *satyrus Mœra*, Lat. God.

9 *bis.* —— Vu de profil.

10. *Papillon à bandes noires*, Engr.; *hesperia Sylvanus*, Lat. God.

10 *bis.* —— Vu de profil.
11. Sa chenille.
12. Sa chrysalide.

13. *Papillon Céphale*, Engr.; *satyrus Arcanius*, Lat. God.

13 *bis.* —— Vu de profil.

Planche 51.

1. *Papillon Mélibée*, Engr.; *satyrus Hero*, Lat. God.

1 *bis.* —— Vu de profil.

2. *Papillon plein chant*, Engr.; *hesperia Tessellum*, Lat. God.

3. Sa chenille.
4. Sa chrysalide.

5. *Papillon point d'Hongrie*, Engr.; *hesperia Tages*, Lat. God.

5 *bis.* —— Vu en dessous.

6. *Papillon porte queue brun à lignes blanches*, Engr.; *polyommatus pruni*, Lat. God.

6 *bis.* —— Vu de profil.
7. Sa chenille.
8. Sa chryſalide.

9. *Papillon du chêne*, Engr.; *polyommatus quercus*, Lat. God.

9 *bis.* —— Vu de profil.

10. *Papillon Echion*, Engr.; *polyommatus Echion*, Lat. God.

10 *bis.* —— Vu de profil.

Nota. Ce polyommate ne se trouve qu'au Brésil : Engremelle s'est trompé en le donnant, d'après Fuesly, comme se trouvant en Suisse.

11. *Papillon porte queue strié*, Engr.; *polyommatus Baeticus*, Lat. God.

12. *Papillon du prunier*, Engr.; *polyommatus pruni*, Lat. God.

12 *bis.* —— Vu de profil.

13. *Papillon Procris*, Engr.; *satyrus Pamphylus*, Lat. God.

13 *bis.* —— Vu de profil.

14. *Papillon aurore de Provence*, Engr.; *pieris Eupheno*, Lat. God.

14 *bis.* —— Vu de profil.

15. *Papillon du citron*, Engr.; *colias Rhamni*, Lat. God.

15 *bis.* —— Vu de profil.
16. Sa chenille.
17. Sa chrysalide.

PLANCHE 52.

1. *Papillon blanc de lait*, Engr.; *pieris sinapis*, Lat. God.

1 *bis.* —— Vu de profil.

2. *Papillon du navet*, Engr.; *pieris napi*, Lat. God.

2 *bis.* —— Vu de profil.

3. *Papillon du chou*, Engr.; *pieris Brassicæ*, Lat. God.

3 *bis.* —— Vu de profil.
4. Sa chenille.
5. Sa chrysalide.

6. *Papillon de la rave*, Engr.; *pieris rapæ*, Lat. God.

6 *bis.* —— Vu de profil.
7. Sa chenille.
8. Sa chrysalide.

9. *Papillon soufre*, Engr.; *colias hyale*, Lat. God.

9 *bis.* —— Vu de profil.

10. *Papillon Tristan*, Engr.; *satyrus hyperanthus*, Lat. God.

10 *bis.* —— Vu de profil.
11. Sa chenille.
12 Sa chysalide.

13. *Papillon Amaryllis*, Engr.; *satyrus Tithonius*, Lat. God.

13 *bis.* —— Vu de profil
14. Sa chenille.
15. Sa Chrysalide.

PLANCHE 53.

1. *Papillon Bacchante*, Engr.; *satyrus Dejanira*, Lat. God.

1 *bis.* —— Vu de profil.

2. *Papillon géographique brun*, Engr.; *vanessa prorsa*, Lat. God.

2 *bis.* —— Vu en dessous.

3. *Papillon géographique fauve*, Engr.; *vanessa levana*, Lat. God.

3 *bis.* —— Variété.

4. *Papillon chiffre*, Engr.; *argynnis Niobe*, Lat. God.

4 *bis.* —— Vu de profil.

5. *Papillon collier argenté*, Engr.; *argynnis Euphrosine*, Lat. God.

5 *bis.* —— Vu de profil.

6. *Le damier première espèce*, Engr.; *argynnis Didyma*, Lat. God.

6 *bis.* —— Vu de profil.
7. Sa chenille.
8. Sa chrysalide.

9. *Le damier quatrième espèce*, Engr.; *argynnis Cinxia*, Lat. God.

9 *bis.* —— Vu de profil.
10. Sa chenille.
11. Sa chrysalide.

12. *Le damier à taches fauves*, Engr.; *argynnis Maturna*, Lat. God.

12 *bis.* —— Vu en dessous.

13. *Le petit damier à taches fauves*, Engr.; *argynnis Artemis*, Lat. God.

13 *bis.* —— Vu de profil.

PLANCHE 54.

1. *Papillon belle dame*, Engr.; *vanessa Cardui*, Lat. God.

1 *bis*. —— Vu de profil.
2. Sa chenille.
3. Sa chrysalide.

4. *Papillon demi-deuil*, Engr.; *satyrus Galathea*, Lat. God.

4 *bis*. —— Vu de profil.

5. *Papillon demi-deuil aux yeux bleus*, Engr.; *satyrus Amphitrite*, Lat. God.

5 *bis*. —— Vu de profil.

6. *Le papillon Faune*, Engr.; *satyrus Fauna*, Lat. God.

6 *bis*. —— Vu de profil.

7. *Le papillon fauve à taches blanches*, Engr.; *argynnis Lucina*, Lat. God.

7 *bis*. —— Vu de profil.

8. *Papillon franconien*, Engr.; *satyrus Medusa*, Lat. God.

8 *bis*. —— Vu de profil.

9. *Papillon Gamma*, Engr.; *vanessa Gamma*, Lat. God.

9 *bis*. —— Vu de profil.
10. Sa chenille.
11. Sa chrysalide.

PLANCHE 55.

1. *L'Iris*, Engr.; *nymphalis Iris*, var. Lat. God.

1 *bis*. —— Vu de profil.
2. Sa chrysalide.

3. *Papillon Myrtil*, Engr.; *satyrus Janira*, Lat. God.

3 *bis*. *Papillon Myrtil*, Eng.; *satyrus Janira*, Lat. God.

3 *n°*. 3. —— Vu de profil.

4. *Papillon Morio*, Engr.; *vanessa Antiopa*, Lat. God.

5. —— Vu de profil.
6. Sa chenille.
7. Sa chrysalide.

8. *Papillon grand nacré*, Engr.; *argynnis Adippe*, Lat. God.

9. —— Vu de profil.
10 Sa chenille.
11. Sa chrysalide.

12. *Papillon petit nacré*, Engr.; *argynnis Lathonia*, Lat. God.

13. —— Vu de profil.
14. Sa chenille.
15. Sa chrysalide.

PLANCHE 56.

1. *Satyrus Phædra ?* mâle, Lat.

2. —— Vu de profil.

3. *Papillon paon du jour*, Engr.; *vanessa Io*, Lat. God.

4. —— Vu de profil.
5. Sa chenille.
6. Sa chrysalide.

7. *Papillon Proserpine*, Engr.; *Thaïs Medesicaste*, Lat. God.

7 *bis*. —— Vu de profil.

8. *Papillon safrané*, Engr.; *colias myrmidone*, Lat. God.

9. *Papillon satyre*, Engr.; *satyrus Megera*, Lat. God.

9 *bis*. —— Vu en dessous.

10. *Papillon némusien*, Engr.; *satyrus Mæra*, Lat. God.

10 *bis*. —— Vu en dessous.

11. *Papillon Silvain*, Engr.; *nymphalis populi*, mâle, Lat. God.

11 *bis*. —— Vu en dessous.

PLANCHE 57.

1. *Papillon grand Silvain*, Engr.; *nymphalis populi*, femelle, Lat God.

1 *bis*. —— Vu de face.
2. Sa chenille.
3. Sa chrysalide.

4. *Papillon petit Silvain*, Engr.; *nymphalis Sibylla*, Lat. God.

4 *bis*. —— Vu de profil.
5. Sa chenille.
6. Sa chrysalide.

7. *Papillon Silvandre*, Engr.; *satyrus Hermione*, Lat. God.

7 *bis*. —— Vu de profil.

8. *Papillon tabac d'Espagne*, Engr.; *argynnis Paphia*, Lat. God.

8 *bis*. —— Vu de profil.
9. Sa chenille.
10. Sa chrysalide.

PLANCHE 58.

1. *Papillon Tircis*, Engr.; *satyrus Ægeria*, Lat. God.

2. —— Vu de profil.
3. Sa chenille.
4. Sa chrysalide.

5. *Papillon tityre*, Engr.; *satyrus Bathzeba*, Lat. God.

5 *bis*. —— Vu de profil.

6. *Papillon grande tortue*, Engr.; *vanessa polychloros*, Lat. God.

6 *bis*. —— Vu de profil.
6 *n°*. 3. La chenille du mâle.
6 *n°*. 4. —— de la femelle.

7. *Papillon petite tortue*, Engr.; *vanessa urticæ*, Lat. God.

7 *bis*. —— Vu de profil.
8 *n°*. 1. 2. et 3. Chenilles de ce papillon; elles varient de couleur depuis le jaune clair jusqu'au noir.
9. Sa chrysalide.

10. *Papillon petite violette*, Engr.; *argynnis Dia*, Lat. God.

10 *bis*. —— Vu de profil.

PLANCHE 59.

1. *Papillon Vulcain*, Engr.; *vanessa Atalanta*, Lat. God.

1 *bis*. —— Vu de profil.
2. 2 *bis*. 2 *n°* 3. Sa chenille, variant de couleur depuis le jaune jusqu'au noir.
3. Sa chrysalide.

4. *Papillon Argus brun*, Engr.; *polyommatus Telephii*, Lat. God.

4 *bis*. ——Vu de profil.

5. *L'Amarillis*, Engr.; *satyrus Tithonius*, femelle, Lat. God.

5 *n°*. 2. —— Mâle.
5 *n°*. 3. —— Vu de profil,

6. *Papillon Agave*, Engr.; *argynnis Hecate*, Lat. God.

6 *bis*. —— Vu de profil.

7. *Papillon agreste*, Engr.; *satyrus Semele*, Lat. God.

7 *bis*. —— Vu de profil.

8. *Papillon Arachné*, Engr.; *satyrus Faunus*, Lat. God.

8 *bis*. —— Vu de profil.

PLANCHE 60.

1. *Papillon cardinal*, Engr.; *argynnis Cynara*, Lat. God.

1 *bis*. —— Vu de profil.

2. *Papillon Diane*, Engr.; *Thaïs Hypsipyle*, Lat. God.

2 *bis*. —— Vu de profil.

3. *Papillon échiquier*, Engr.; *hesperia paniscus*, Lat. God.

3 *bis*. —— Vu de profil.

4. *Papillon hermite*, Engr.; *satyrus Briseïs*, Lat. God.

4 *bis*. —— Vu de profil,

5. *Papillon héros*, Engr.; *satyrus Clytus*, Lat. God.

5 *bis*. —— Vu de profil.

6. *Papillon Mercure*, Engr.; *satyrus Arethusa*, Lat. God.

6 *bis*. —— Vu de profil.

7. *Papillon miroir*, Engr.; *hesperia Aracinthus*, Lat. God.

7 *bis*. —— Vu de profil.

8. *Papillon Misis*, Engr.; *satyrus Eudora*, Lat. God.

8 *bis*. —— Vu de profil.

PLANCHE 61.

1. *Papillon Pales*, Engr.; *argynnis Pales*, Lat. God.

1 *bis*. —— Vu de profil.

2. *Papillon Protée*, Engr.; *polyommatus Alcon*, Lat. God.

2 *bis*. —— Vu de profil.

3. *Papillon Silène*, Engr.; *satyrus Circe*, Lat. God.

4. *Papillon Proserpina*, Engr.; *satyrus Circe*, Var. Lat. God.

4 *bis*. —— Vu en dessous.

5. *Papillon Alioni*, Engr., *satyrus Fauna*, Lat. God.

5 *bis*. —— Vu en dessous.

6. *Papillon Arge*, Sulzer? *satyrus Amphitrite*, Lat. God.

6 *bis*. —— Vu en dessous.

PLANCHE 62.

1. *Sphinx demi-paon*, Engr.; *smerinthus ocellatus*, Lat.

1 *bis*. —— Vu en dessous.
2. Sa chenille.
3. Sa chrysalide.
4. Antennes de sphinx prises dans Schæffer.
5. Antennes de smerinthe prises dans Schæffer.

6. *Sphinx du chêne*, Engr.; *smerinthus quercus*, Lat.

6 *bis*. —— Vu en deſſous.
6 *n°*. 3. Sa chenille.
6 *n°*. 4. Sa chrysalide.

7. *Sphinx du peuplier*, Engr.; *smerinthus populi*, Lat.

7 *n°*. 2. —— Vu en dessous.
7 *n°*. 3. Sa chenille.
7 *n°*. 4. Sa chrysalide.

PLANCHE 63.

1. *Sphinx du tilleul*, Engr.; *smerinthus tiliæ*, Lat.

2. —— Vu en dessous.
3. Sa chenille.
4. Sa chryſalide.

5. *Sphinx du nérion*, Engr., *sphinx nerii*, Lat.

6. —— Vu en dessous.
7. Sa chenille.
8. Sa chrysalide.

9. *Sphinx à tête de mort*, Engr.; *sphinx Atropos*, Lat.

10. —— Vu en dessous.
11. Sa chenille.
12. Sa chrysalide.

PLANCHE 64.

1. *Sphinx du pin.*, Engr.; *sphinx pini*, Lat.

1 *bis*. —— Vu en dessous.
2. Sa chenille.
3. Sa chrysalide.

4. *Sphinx du lithymale*, Engr.; *sphinx Euphorbiæ*, Lat.

4 *bis*. —— Vu en dessous.
5. Sa chenille.
6. Sa chrysalide.

7. *Sphinx de la vigne*, Engr.; *sphinx Elpenor*, Lat.

7 *bis.* —— Vu en dessous.
8. Sa chenille.
9. Sa chrysalide.

10. *Sphinx petit pourceau*, Engr.; *sphinx porcellus*, Lat.

10 *bis.* —— Vu en dessous.
11. Sa chenille.
12. Sa chrysalide.

PLANCHE 65.

1. *Sphinx du liseron*, Engr.; *sphinx convolvuli*, Lat.

1 *bis.* —— Vu en dessous.
2. Sa chenille.
3. Sa chrysalide.

4. *Sphinx du troëne*, Engr.; *sphinx ligustri*, Lat.

4 *bis.* —— Vu en dessous.
5. Sa chenille.
6. Sa chrysalide.

7. *Sphinx Phœnix*, Engr.; *sphinx Celerio*, Lat.

7 *bis.* —— Vu en dessous.
8. Sa chenille.
9. Sa chrysalide.

PLANCHE 66.

1. *Sphinx Nessus*, Cram., *tom.* 3, *pl.* 107, *fig. f*, D. Crammer figure une autre espèce de sphinx sous le même nom, *tom.* 3, *pl.* 226, *fig.* D.

2. *Sphinx Apulus*, Cram.
3. *Sphinx dentatus*, Cram.
4. *Sphinx Phorbas*, Cram.
5. *Sphinx Daucus*, Cram.
6. *Sphinx Lycetus*, Cram.
7. *Sphinx hyleus*, Cram.
8. *Sphinx Caicus*, Cram.
9. *Sphinx Crantor*, Cram.

PLANCHE 67.

1. *Sphinx Nachus*, Cram.
2. *Sphinx labruscæ*, Cram.; réduit de moitié.

3. *Sésie du caille lait*, Engr.; *sphinx stellatarum*, Lat.

3 *bis.* —— Vu en dessous.
3 *n°.* 3. Sa chenille.
3 *n°.* 4. Sa chrysalide.

4. *Sésie crabroniforme*, Engr.; *sesia apiformis*, Lat.

4 *n°.* 2. —— Vu en dessous.

5. *Sésie culiciforme*, Engr.; *sesia culiciformis*, Lat.

5 *bis.* —— Vu en dessous.

6. *La sésie tipuliforme*, Engr.; *sesia tipuliformis*, Lat.

6 *bis.* —— Vu en dessous.

7. *Sphinx melas*, Cram.; *glaucopis*, Lat.
8. *Sphinx picus*, Cram.
9. *Sphinx Marica*, Cram.; *glaucopis*, Lat.
9 *bis.* —— Vu en dessous.
10. *Sphinx Leucaspis*, Cram.; *glaucopis*, Lat.
10 *bis.* —— Vu en dessous.

PLANCHE 68.

1. *Le sphinx de la filipendule*, Engr.; *zygæna filipendulæ*, Lat.

1 *n°.* 2. —— Vu en dessous.
1 *n°.* 3. Sa chenille.
1 *n°.* 4. Sa chrysalide.

2. *Sphinx de la luzerne*, Engr.; *zygæna ephialtes*, Lat.

2 *bis.* —— Vu en dessus.

3. *Sphinx de l'esparcette*, Engr.; *zygæna onobrychis*, Lat.

3 *bis.* —— Vu en dessous.

4. *Sphinx des haies*, Engr.; *aglaope infausta*, Lat.

4 *bis.* —— Vu en dessous.

5. *Sphinx de la bruyère*, Engr.; *zygæna fausta*, Lat.

5 *bis.* —— Vu en dessous.

6. *Sphinx turquoise*, Engr.; *Procris statices*, Lat.

6 *bis.* —— Vu en dessous.

7. *Sphinx cerbera*, Cram.; *glaucopis*, Lat.

8. *Sphinx inaurata*, Cram.; *glaucopis*, Lat.

8 *bis.* —— Vu en dessous.

9. *Phalæna Egeon*, Cram.

10. *Sphinx polymène*, Cram.; *glaucopis*, Lat.

11. *Sphinx helimus*, Cram.; *glaucopis*, Lat.

11 *bis.* —— Vu en dessous.

12. *Sphinx Lichas*, Cram.; *glaucopis*, Lat.

13. *Phalæna Eurocilia*, Cram.

14. *Sphinx Scyton*, Cram.; *glaucopis*, Lat.

15. *Sphinx eagrus*, Cram.; *glaucopis*, Lat.

16. *Sphinx coarctata*, Cram.; *glaucopis*, Lat.

PLANCHE 69.

1. *Bombix Æthra*, Cram. Oliv.
2. *Bombix Atlas*, Cram. Oliv.
3. *Bombix cecropia*, Cram. Oliv.
4. *Bombix Polyphemus*, Cram. Oliv.
5. *Bombix paphia*, Cram.; *Bomb. Mylitte*, Oliv.
6. *Bombix alinda*, Drury. Oliv.
7. *Bombix Janus*, Cram. Oliv.
8. *Bombix Semiramis*, Cram. Oliv.

PLANCHE 70.

1. *Bombix luna*, Cram. Oliv.
2. *Bombix Argus*, Cram. Oliv.
3. *Bombix Tyrrhea*, Cram. Oliv.
4. *Bombix Apollonie*, Cram. Oliv.
5. *Bombix militaris*, Cram. Oliv.
6. *Bombix angulosus*, Cram. Oliv.
7. *Bombix Maja*, Cram.; *Bomb. Proserpina*, Oliv.
8. *Bombix Laocoon*, Cram. Oliv. Cette figure est réduite au tiers. C'est un mâle : la femelle est deux fois plus grande.

PLANCHE 71.

1. *Bombix speciosa*, Cram. Oliv.
2. *Bombix nausica*, Cram. Oliv.
3. *Bombix peripheta*, Cram. Oliv.
4. *Bombix Claudia*, Cram. Oliv.
5. *Bombix Justina*, Cram. Oliv.
6. *Bombix Phidonia*, Cram. Oliv.
7. *Bombix Verago*, Cram. Oliv.
8. *Bombix Amilia*, Cram. Oliv.
9. *Bombix imperialis*, Drury. Oliv.

PLANCHE 72.

1. *Bombix Iphinoe*, Cram. Oliv.
2. *Bombix strix*, Cram. Oliv.; *cossus* Lat.
3. *Bombix cunigunda*, Cram. Oliv.
4. *Bombix Amasis*, Cram. Oliv.
5. *Bombix lunata*, Cram. Oliv.
6. *Bombix barbara*, Cram. Oliv.
7. *Bombix Tarquinia*, Cram. Oliv.
8. *Bombix Syringa*, Cram. Oliv.
9. *Bombix lactinea*, Cram.; *sanguinolenta*, Oliv.
10. *Bombix bella*, Cram. Oliv.

PLANCHE 73.

1. *Le cossus*, Engr.; *cossus ligniperda*, Lat.

2. *Le grand paon*, Engr.; *bombix pavonia major*, Lat.

2 *bis.* Sa chenille.

2 *n°.* 3. Sa chrysalide.

3. *Le paon moyen*, Engr.; *bombix pavonia media*, Lat.

3 *bis.* Sa chenille.

3 *n°.* 3. Sa chrysalide.

4. *Le petit peon*, Engr.; *bombix pavonia minor*, Lat.

4 *n°.* 2. Sa chenille.

4 *n°.* 3. Sa chrysalide.

5. *La hachette*, Engr.; *bombix tau*, Lat.

5 nº. 2. Sa chenille.
5 nº. 3. Sa chrysalide.

PLANCHE 74.

1. *La feuille morte*, Engr.; *bombix quercifolia*, Lat.

1 *bis*. Sa chenille.
1 nº. 3. Sa chrysalide.

2. *La feuille du peuplier*, Engr.; *bombix populifolia*, Lat.

3. *La feuille sèche*, Engr.; *bombix ilicifolia*, Lat.

3 nº. 2. Sa chenille.
3 nº. 3. Sa chrysalide.

4. *L'écureuil*, Engr.; *bombix fagi*, Lat.

4 *bis*. Sa chenille.
4 nº. 3. Sa chrysalide.

5. *Le petit minime à bandes*, Engr.; *bombix trifolii*. Lat.

5 nº. 2. Sa chenille.
5 nº. 3. Sa chrysalide.

PLANCHE 75.

1. *Le minime à bandes*, Engr.; *bombix quercus*, Lat.

1 nº. 2. Sa chenille.
1 nº. 3. Sa chrysalide.

2. *La feuille morte du prunier*, Engr.; *bombix pruni*, Lat.

2 nº. 2. Sa chenille.
2 nº. 3. Sa chrysalide.

3. *La buveuse*, Engr.; *bombix potatoria*, Lat.

3 nº. 2. Sa chenille.
3 nº. 3. Sa chrysalide.

4. *La feuille morte du pin*, Engr.; *bombix pini*, Lat.

4 nº. 2. Sa chenille.
4 nº. 3. Sa chrysalide.

5. *La brune du pissenlit*, Engr.; *bombix dumeti*, Lat.

5 nº. 2. Sa chenille.
5 nº. 3. Sa chrysalide.

6. *Le jaune du pissenlit*, Engr.; *bombix Tarxici*, Lat.

PLANCHE 76.

1. *La versicolor*, Engr.; *bombix versicolor* Lat.

1 nº. 2. Sa chenille.
1 nº. 3. Sa chrysalide.

2. *Le polyphage*, Engr.; *bombix rubi*, Lat.

2 *bis*. Sa chenille.
2 nº. 3. Sa chrysalide.

3. *La queue fourchue*, Engr.; *bombix vinula*, Lat.

3 nº. 2. Sa chenille prête à se métamorphoser.
3 nº. 3. La même dans son jeune âge.

4. *La laineuse du cerisier*, Engr.; *bombix lanestris*, Lat.

4 nº. 2. Sa chenille.
4 nº. 3. Sa chrysalide.

5. *Le phalène du peuplier*, Engr.; *bombix populi*, Lat.

5 *bis*. Sa chenille.
5 nº. 3. Sa chrysalide.

6. *La laineuse du chêne*, Engr.; *bombix cattax*, Lat.

6 *bis*. Sa chenille.
6 nº. 3. Sa chrysalide.

7. *La laineuse du peuplier*, Engr.; *bombix everia*, Lat.

7 nº. 2. Sa chenille.
7 nº. 3. Sa chrysalide.

PLANCHE 77.

1. *La processionnaire du chêne*, Engr.; *bombix processionea*, Oliv. Lat.

1 nº. 2. Sa chenille.
1 nº. 3. Sa chrysalide.

2. *La processionnaire du pin*, Engr.; *bombix pithyocampa*, Oliv. Lat.

2 *bis*. Sa chenille.
2 nº. 3. Sa chrysalide.

3. *La phalène à soie*, Engr.; *bombix mori*, mâle, Oliv. Lat.

3 *bis*. —— La femelle.
3 *n*º. 3. Sa chenille.
3 *n*º. 3 *bis*. —— Commençant son cocon.
3 *n*º. 4. Cocon fini.
3 *n*º. 4 *bis*. Sa chrysalide.

4. *La livrée*, Engr.; *bombix neustria*, Lat.

4 *n*º. 2. Sa chenille.
4 *n*º. 3. Sa chrysalide.

5. *La livrée des prés*, Engr.; *bombix castrensis*, Oliv. Lat.

5 *n*º. 2. Sa chenille.
5 *n*º. 3. Sa chrysalide.

6. *La franconienne*, Engr.; *bombix franconica*, Oliv. Lat.

7. *La terrière*, Engr.; *bombix terebra*, Oliv. Lat.

PLANCHE 78.

1 *La coquette*, Engr.; *zeuzera æsculi*, Lat.

1 *n*º 2. Sa chenille.
1 *n*º. 3. Sa chrysalide.

2. *Le zigzag*, Engr.; *bombix dispar*, le mâle, Oliv. Lat.

2 nº. 2. Sa chenille.
2 *n*º. 3. Sa chrysalide.
2 *n*º. 4. *Bombix dispar*, femelle.

3. *La patte étendue*, Engr.; *bombix pudibunda*, Oliv. Lat.

3 *n*º. 2. Sa chenille.
3 *n*º. 3. Sa chrysalide.

4. *La patte étendue agate*, Engr.; *bombix fascelina*, Oliv. Lat.

4 *n*º. 2. Sa chenille.
4 *n*º. 3. Sa chrysalide.

5. *La lunule*, Engr.; *bombix bucephala*, Oliv. Lat.

5 *n*º. 2. Sa chenille.
5 *n*º. 3. Sa chrysalide.

6. *Le double oméga*, Engr.; *bombix ceruleocephala*, Oliv. Lat.

6 *n*º 2. Sa chenille.
6 *n*º. 3. Sa chrysalide.

7. *L'olive*, Engr.; *bombix oleagnia*, Oliv. Lat.

PLANCHE 79.

1. *L'argentine*, Engr.; *bombix argentina*, Oliv. Lat.

1 *n*º. 2. Sa chenille.
1 *n*º. 3 Sa chrysalide.

2. *Le bois veiné*, Engr.; *bombix zigzag*, Oliv. Lat.

3. *Le chameau*, Engr.; *bombix triophus*, Oliv. Lat.

4. *La porcelaine*, Engr.; *bombix dictæa*, Oliv. Lat.

4 *n*º. 2. Sa chenille.
4 *n*º. 3. Sa chrysalide.

5. *Le dromadaire*, Engr.; *bombix dromadarius*, Oliv. Lat.

6. *Phalène du coudrier*, Eng.; *bombix coryli*, Oliv. Lat.

6 *bis*. Sa chenille.
6 *n*º. 3. Sa chrysalide.

7. *Le nègre*, Engr.; *bombix morio*, le mâle, Oliv. Lat.

8. La femelle.

9. *Le zigzag à ventre rouge*, Engr.; *bombix monaca*, Oliv. Lat.

9 *n*º. 2. —— Vu en dessous.
9 *n*º. 3. Sa chenille.
9 *n*º. 4. Sa chrysalide.

10. *La hausse-queue blanche*, Engr.; *bombix curtula*, Oliv. Lat.

10 *bis*. *La hausse-queue brune*, Engr.; *bombix reclusa*, Oliv. Lat.

11. *La hausse-queue fourchue*, Engr.; *bombix anachoreta*, Oliv. Lat.

11 *n*º. 2. Sa chenille.

11 n°. 3. Sa chrysalide

12. *La tortue*, Engr.; *bombix testudo*, Oliv. Lat.

12 n°. 2. Sa chenille.

12 n°. 3. Sa chrysalide.

13. *La cloporte*, Engr.; *bombix bufo*, Oliv. Lat.

PLANCHE 80.

1. *La phalène à museau*, Engr.; *bombix palpina*, Oliv. Lat.

1 n°. 2. Sa chenille.

1 n°. 3. Sa chrysalide.

2. *La timide*, Engr.; *bombix trepida*, Oliv. Lat.

2 n°. 2. Sa chenille.

2 n°. 3. Sa chrysalide.

3. *La demi-lune noire*, Engr.; *bombix querna*, Oliv. Lat.

3 *bis*. —— Vue en dessus.

4. *La demi-lune grise*, Engr.; *bombix dodonea*, Oliv., Lat.

4 *bis*. —— Vue en dessous.

5. *La demi-lune noire*, Engr.; *bombix chaonia*, Oliv. Lat.

5 n°. 2. Sa chenille.

5 n°. 3. Sa chrysalide.

6. *La crète de coq*, Engr.; *bombix capucina*, Oliv. Lat.

6 n°. 2. Sa chenille.

6 n°. 3. Sa chrysalide.

7. *La petite écaille brune*, Engr.; *arctia aulica*, Lat.

7 n°. 2. Sa chenille.

8. *Le lièvre*, Engr.; *arctia lubricipeda*, Lat.

8 *bis*. Sa chenille.

8 n°. 3. Sa chrysalide.

9. *Le tigre*, Engr.; *arctia menthastri*, Lat.

9 *bis*. Sa chenille.

6 n°. 3. Sa chrysalide.

10. *La mandiante*, Engr.; *arctia mendica*, Lat.

10 *bis*. Sa chenille.

10 n°. 3. Sa chrysalide.

11. *Le deuil*, Engr.; *artica luctifera*, Lat.

11 *bis*. Sa chenille.

11 n°. 3. Sa chrysalide.

PLANCHE 81.

1. *Le flocon de neige*, Engr.; *bombix leporina*, Oliv.

2. *La rose*, Engr.; *bombix rosa*, Oliv.

3. *L'apparent*, Engr.; *arctia salicis*, Lat.

3 n°. 2. Sa chenille.

3 n°. 3. Sa chrysalide.

4. *Phalène blanche à cul brun*, Engr.; *arctia chrysorrhæa*, Lat.

4 n°. 2. Sa chenille.

4 n°. 3. Sa chrysalide.

5. *Phalène blanche à cul jaune*, Engr.; *arctia auriflua*, Lat.

5 n°. 2. Sa chenille.

5 n°. 3. Sa chrysalide.

6. *La bicolore*, Engr.; *arctia bicolora*, Lat.

6 n°. 2. Sa chenille.

7. *Le cassini*, Engr; *bombix cassinia*, Oliv.

7 n°. 2. Sa chenille.

7 n°. 1. Sa chrysalide.

8. *La queue fourchue*, Engr.; *bombix cratægi*, Oliv.

8 n°. 2. Sa chenille.

8 n°. 3. Sa chrysalide.

9. *Le porte-plume*, Engr.; *bombix plumigera*, Oliv.

10. —— Variété.

11. *L'ecaille à bordure ensanglantée*, Engr.; *lithosio russula*, Lat.

11 *bis*. Sa chenille.

11 n° 3. Sa chrysalide.

12. *Le carmin*, Engr; *lithosia jacobea*, Lat.

12 n°. 2. Sa chenille.

12 n°. 3. Sa chrysalide.

PLANCHE 82.

1. *L'écaille chouette*, Engr.; *lithosia grammica*, Lat.

1 *bis*. Sa chenille.

1 n°. 3. Sa chrysalide.

2. *L'écaille mouchetée*, Engr.; *arctia purpurea*, Lat.

2 *bis*. Sa chenille.

2 n°. 3. Sa chrysalide.

3. *L'écaille noire à bandes blanches*, Engr.; *arctia plantaginis*, Lat.

3 n°. 2. Sa chenille.

3 n°. 3. Sa chrysalide.

4. *La grande écaille brune*, Engr.; *arctia matronula*, Lat.

4 n°. 2. Sa chenille.

5. *L'écaille jaune*, Engr.; *arctia flavia*, Lat.

6. *L'écaille marbrée*, Engr.; *arctia villica*, Lat.

6 *bis*. Sa chenille.

6 n°. 3. Sa chrysalide.

7. *L'écaille rose*, Engr.; *arctia hebe*, Lat.

7 n°. 2. Sa chenille.

7 n°. 3. Sa chrysalide.

PLANCHE 83.

1. *L'écaille martre*, Engr.; *arctia caja*, Lat.

1 n°. 2. Sa chenille.

1 n°. 3. Sa chrysalide.

2. *L'écaille tachetée*, Engr.; *actia maculosa*, Lat.

3. *La chinée*, Engr.; *callimorpha hera*, Lat.

3 n°. 2. Sa chenille.

3 n°. 3. Sa chrysalide.

4. *L'écaille marbrée rouge*, Engr, *callimorpha dominula*, Lat.

4 n°. 2. Sa chenille.

5 n°. 3. Sa chrysalide.

5. *La petite queue fourchue*, Engr.; *bombix furcula*, Lat.

5 n°. 2. Sa chenille.

5 n°. 3. Sa chrysalide.

6. *L'étoilée*, Engr.; *bombix antiqua*, Oliv. Lat.

6 n°. 2. Sa chenille.

6. n°. 3. Sa chrysalide.

7. *La soucieuse*, Engr.; *bombix gonostigma*, Oliv. Lat.

7 n°. 2. Sa chenille.

7 n°. 3. Sa chrysalide.

8. *La gentille*, Engr.; *lithosia pulchella*, Lat.

8 n°. 2 —— Vue en dessous.

9. *La rosette*, Engr.; *lithosia rosea*, Lat.

9 *bis*. Sa chenille.

9 u°. Sa chrysalide.

PLANCHE 84.

BOMBIX.

1. *L'écaille cramoisie*, Engr.; *arctia fuliginosa*, Lat.

1 n°. 2. Sa chenille.

1 n°. 3. Sa chrysalide.

2. *La crible*, Engr.; *lithosia cribraria*, Lat.

3. *Bombix ulula*, Scriba, *Mem.* 2ᵉ. part. pl. 9. fig. 1.

4. *La servante*, Engr.; *callimorpha ancilla*, God., papillons de France.

5. *Bombix melagona*, Scriba, *Mem.* 2ᵉ. part. pl. 7. fig. 2.

6. *La ménagère*, Engr.; *callimorpha serva*, God., papillons de France.

7. *Bombix apiformis*, Rossi.; vu de profil.

7 n°. 3. —— Vu de face.

HÉPIALES.

1. *La phalène du houblon*, Engr.; *hepialus humuli*, Oliv. Lat.

1 n°. 2. Sa chenille.

1 n°. 3. Sa chrysalide.

2. *Phalæna lupulina*, Clerck., *Icon.* pl. 9. fig. 4; genre *Botys*, Lat.

3. *La coquette*, Engr.; *zeuzera æsculi*, Lat.

4. *La silvine*, Engr.; *hepialus silvina*, Lat.

5. *La marbrure*, Engr.; *hepialus carnea*, Lat.

NOCTUELLES.

1. *Noctua zenobia*, Cram. Oliv.

2. *Noctua iphianassa*, Cram. Oliv.

3. *Noctua odora*, Cram. Oliv.

PLANCHE 85.

1. *Noctua crepuscularis*, Cram. Oliv.

2. *Noctua salaminia*, Cram. Oliv.

3. *Noctua astrea*, Cram. Oliv.

4. *Noctua narcissus*, Cram. Oliv.

5. *Noctua manlia*, Cram. Oliv.

6. *Noctua epione*, Cram. Oliv.

7. *Le manteau à tête jaune*, Engr.; *lithosia complana*, Lat.

7 *n°*. 2. —— Variété.

8. *La phalène jaune à quatre points*, Engr.; *lithosia quadra*, Lat.

8 *n°*. 2. Sa chenille.

8 *n°*. 3. Sa chrysalide.

9. *La livide*, Engr.; *noctua livida?* Oliv.

10. *La phalène bâtis*, Engr.; *noctua batis*, Oliv. Lat.

10 *n°*. 2. Sa chenille.

10 *n°*. 3. Sa chrysalide.

11. *La constante*, Engr.; *noctua cerasi*, Oliv. Lat.

11 *n°*. 2. Sa chenille.

11 *n°*. 3. Sa chrysalide.

12. *La découpure*, Engr.; *noctua libatrix*, Oliv. Lat.

12 *bis*. Sa chenille.

13. Sa chrysalide.

PLANCHE 86.

1. *La pointillée*, Engr.; *noctua absinthii*, Duponchel, pap. de France.

2. Sa chenille.

3. Sa chrysalide.

4. *L'aubépinière*, Engr.; *noctua oxyacanthæ*, Oliv. Lat.

5. Sa chenille.

6. Sa chrysalide.

7. *La pyramide*, Engr.; *noctua pyramidea*, Oliv.

8. Sa chenille.

9. Sa chrysalide.

10. *L'omicron gris*, Engr.; *noctua Euphorbiæ*, Oliv.

11. Sa chenille.

12. Sa chrysalide.

13. *La capsulaire*, Engr.; *noctua capsincola*, Oliv.

14. *Noctua nunatrum*, Scriba, *Mém.* 2e. part. pl. 9, fig. 6.; *noctua upsilon*, Duponchel, pap. de France.

15. *Noctua gilvago*, Scriba, *Mém.* 2e. part. pl. 1, fig. 1.; *noctua gilvago*, Oliv.

16. *Noctua flavago*, Scriba, *Mém.* 2e. part. pl. 10. fig. 2.; *noctua luteago*, Oliv.

17. *Noctua fulvago*, Scriba, *Mém.* 2e. part. pl. 10, fig. 3.; *noctua rufina*, Duponchel, pap. de France.

18. *noctua porphyrea*, Scriba, *Mém.* 2e. part. pl. 10, fig. 1.; *noctua satura*, Duponchel, pap. de France.

19. Sa chenille.

20. Sa chrysalide.

21. *Noctua ferruginea*, Scriba, *Mém.* 2e. part. pl. 10. fig. 5.

22. *Noctua algæ*, Scriba, *Mém.* 2e. part. pl. 10, fig. 6.; *noctua Chloe*, Duponchel; *algæ*, Fabr.

23. *Noctua trabeata*, Scriba.; *Mém.* 2e. part. pl. 10, fig. 8.; *noctua sulphurea*, Duponchel, pap. d'Europe.

24. *Noctua diffinis*, Scriba., *Mém.* 2e. part. pl. 12, fig. 1. 2.; Oliv. *Encyc.*

25. Sa chenille.

26. *Noctua affinis*, Scriba, *Mém.* 2e. part. pl. 12, fig. 7.; Oliv. *Encyc.*

27. Sa chrysalide.

28. *Noctua albipuncta*, Scriba; *Mém.* 2e. part. pl. 12,

pl. 12, fig. 8. 9. 10.; *noctua albipuncta*, Duponchel, pap. de France.

29. Sa chenille.
30. Sa chrysalide.

31. *Noctua verbasci*, Oliv. *Encycl.*

32. Sa chenille.
36. Sa chrysalide.
35. Son cocon.
32, 33, 34 et 37. Chenilles et chrysalides inconnues.

PLANCHE 87.

1. *L'avrillière*, Engr.; *noctua aprilina*, Oliv.

2. Sa chenille.
3. Sa chrysalide.

4. *La joyeuse*, Engr.; *noctua ludifica*, Oliv.

5. *La polygonière*, Engr.; *noctua persicariæ*, Oliv.

6. Sa chenille.
7. Sa chrysalide.

8. *La flavicorne*, Engr.; *noctua flavicornis*, Oliv.

9. *La brèche*, Engr.; *noctua verbasci*, Oliv.

10. Sa chenille.
11. Sa chrysalide.

12. *L'ombrageuse*, Engr.; *noctua umbratica*, Oliv.

13. Sa chenille.
14 Sa chrysalide.

15. *La putride*, Engr; *noctua putris*, Oliv.
16. *La monoglyphe*, Engr.; *noctua radicea*, Oliv.
17. *L'astrée*, Engr.; *noctua asteris*, Oliv.
18. *L'épineuse*, Engr.; *noctua anachoreta?*

19. Sa chenille ayant des épines crochues.
20. Sa chrysalide.

21. *La myrtille*, Engr.; *noctua myrtilli*, Oliv.

22. Sa chenille.
23. Sa chrysalide.

24. *Noctua verbasci*, Lat.; figure copiée dans Rœsel.

24 n°, 2. —— Au port d'ailes.

25. La chenille dans sa coque.
26. Sa chenille hors de la coque.
27. Sa chrysalide.

PLANCHE 88.

1. *Phalæna Dioris*, Cram.
2. 3. 4. Antennes de phalènes, d'après Schæffer.
5. *Phalæna geminia*, Cram.
6. *Phalæna ilyrias*, Cram.
7. *Phalæna Osiris*, Cram.
8. *Phalæna Catilina*, Cram.
9. *Phalæna Cenis*, Cram.
10. *Phalæna politata*, Cram.
11. *Phalæna fasciata*, Cram.
12. *Phalæna manto*, Cram.
13. *Phalæna nutrix*, Cram.
14. *Phalæna Œrea*, Cram.
15. *Phalæna aure*, Cram.
16. *Phalæla cribraria*, Cram.
17. *Phalæna diaphana*, Cram.

18. Nous ne savons de quel ouvrage on a copié la figure à laquelle on a donné le nom de *phalène morte*.

19. Il en est de même pour celle qui porte le nom de *phalène rayée*.

20. *Phalæna papilionaria*. Encycl.
21. *Phalæna punctaria*. Encycl.

PLANCHE 89.

1. *Phalæna catenaria*, Lin. Fab.; copiée de Drury, *Ins.* tom. 1, pl. 8, fig. 3.

2. *Phalæna pectinicornis*, etc., Schæff. *Icon.*; *phal. prunaria*, Lep. St.-Farg. et Serv. *Encycl.*

3. *Phalæna geometra annulata*, Scriba, *Mém.* 1re part. pl. 3, fig. 3; *phal. omicronaria*, Lep. St.-Farg. et Serv. *Encycl.*

4. *Phalæna grossulataria*, Lep. St.-Farg. et Serv. *Encycl.*; copiée de Rœsel, *Ins.* 1, *phal.* 3, pl. 2.

5. La même au port d'ailes.
6. Sa chenille marchant.
7. —— Suspendue à son fil.
8. Sa chrysalide.

9. *Phalæna venaria*; Lin. Fab.; copiée de Drury, *Ins.* tom 2, pl. 2, fig. 4.

10. *Phalæna Alniaria*, Lep. St.-Farg. et Serv. *Encycl.*; copiée de Rœsel, *Phal.* pl. 1.

10 n°. 2, 3 et 4. Sa chenille dans diverses attitudes.

10 n°. 5. Sa chrysalide.

10 n°. 6. Ce sont peut-être les œufs de cette phalène réunis en une seule masse.

11. Nous pensons qu'on a donné le nom de *phalène poudreuse* à l'espèce que Clerck nomme *barbalis*, & qu'il figure dans ses *Icones*, tab. 5, fig. 3.

12. *Phalæna notata*, Clerck, *Icon.* tab. 3, fig. 11.

13. *Phalæna emarginata*, Clerck, *Icon.* tab. 3, fig. 12; Lin. Fab.

Nota. Cette espèce, que nous rangeons sous le n°. 13, ne porte pas de numéro dans la planche.

14. *Phalæna populata*, Clerck, *Icon.* tab. 5, fig. 13; vue en dessus.

14. n°. 2. —— Vue en dessous.

15. *Phalæna prunata*, Clerck, *Icon.* tab. 7 fig. 3; Lin. Fab.

15 *bis*. —— Vue en dessous.

15 n°. 3. Sa chrysalide.

16. *Phalæna dotata*, Cleck, *Icon.* tab. 5, fig. 15.

17. *Phalæna marginata*, Clerck, *Icon.* tab. 2, fig. 5.; Lep. St.-Farg. et Serv. *Encycl.*

PLANCHE 90.

1. *Phalæna hastata*, Clerck, *Icon.* tab. 1, fig. 9; Lep. St.-Farg. et Serv. *Encycl.*

2. *Phalæna tristata*, Clerck, *Icon.* tab. 1, fig. 13; Lep. St.-Farg. et Serv. *Encycl.*

3. *Phalæna chlatrata*, Clerck, *Icon.* tab. 2, fig. 11; Lep. St.-Farg. et Serv. *Encycl.*

4. *Phalæna bilineata*, Clerck, *Icon.* tab. 6, fig. 13; Lin. Fab.

5. *Phalæna centum-notata*, Lin.; nous pensons que cette figure a été prise dans le *Naturforscher.*

6. *Phalæna rectangulata*, Clerck, *Icon.* tab. 8, fig. 6; Lin.

7. *Phalæna immutata*, Clerck, *Icon.* tab. 6, fig. 12; Lin. Fab.

8. *Phalæna cingulata*, Clerck, *Icon.* tab. 2, fig. 10; Lin. Fab.

9. *Phalæna farinalis*, Clerck, *Icon.* tab. 2, fig. 14; Lin. Fab.

10. *Phalæna glaucinalis*, Clerck, *Icon.* tab. 3, fig. 4; Lin. Fab.

11 et 12. *Phalæna barbalis*, Clerck, *Icon.* tab. 5, fig. 3; *pyralis barbalis*, Lin. Fab.

13. La phalène à laquelle on a donné le nom de *phalène vitriolée* dans ces planches, nous est entièrement inconnue; elle a de la ressemblance avec la phalène paille de De Géer.

14. Nous ne savons de quel ouvrage cette phalène à trois bandes a été copiée; elle a les plus grands rapports avec la *phalæna calabraria* d'Hubner.

15. Cette phalène à caractères est la *noctua mi* de Godard, pap. d'Europe. Nous ne savons pas de quel ouvrage elle a été copiée.

15. n°. 2. La même vue en dessus.

16. *Phalæna sacraria*, Bergt., *Ins. suec.* 1, pag. 14, *ic.?* Lep. St.-Farg. et Serv. *Encycl.*

17. *La faucille*, Engram.; *platypteryx falcula*, Duponchel, pap. d'Europe.

18. *La lacertine*, Engram.; *platypteryx lacertina*, Duponchel, pap. d'Europe.

19. Sa chenille.

20. Sa chrysalide.

Nota. Sur la planche il n'y a pas de numéro à la phalène, et la chenille porte le n°. 10.

21. *Le hameçon*, Engram.; *platypteryx hammula*, mâle, Duponchel, pap. d'Europe.

21 n°. 2. La femelle, même espèce.

22. *Phalæna sumbucaria*, Lep. St.-Farg. et Serv. *Encycl.*; figure copiée de Rœsel, *Phal.* pl. 6.

12 *bis*, 12 n°. 3. 25, 26. Chenilles de différens âges et dans diverses attitudes.

23. Paquets d'œufs.

22 n°. 4. Chrysalide.

PLANCHE 91.

PHALÈNES.

1. *Botys urticalis*, Lat.; figures copiées de Rœsel, *phal.* 4, pl. 14.

b. —— Au port d'ailes.

1 *bis.* Feuille d'ortie repliée et renfermant une chenille.

1 *n°.* 3. Chenille hors de sa retraite.

1 *n°.* 4. La même chenille contractée.

1 *n°.* 4. La même chenille dans son fourreau.

1 *n°.* 6 et 7. Chrysalides.

2. *Herminia rostralis*, Lat.; figures copiées de Rœsel, *Ins. phal.* 4 tab. 6.

2 *bis.* —— Au port d'ailes.

2 *n°.* 3. Coque dans laquelle est la chenille.

2 *n°.* 4. Sa chrysalide.

3. *Botys verticalis*, Lat.; figures copiées dans Rœsel, *phal.* 4, tab. 4.

3 *bis.* —— Au port d'ailes.

3 *n°.* 3. Sa chenille.

4 *n°.* 4. Sa chrysalide.

PYRALES.

1. *Pyralis quercana*, Lep. St.-Farg. et Serv. *Encycl.*; figures copiées de Rœsel, tom. 4, tab. 10.

1 *bis.* La même au port d'ailes.

1 *n°.* 3. Sa chenille.

1 *n°.* 4. Feuille de chêne portant le fourreau dans lequel est la chrysalide.

1 *n°.* 5. Chrysalide.

2. *Phalæna*, Schæff. *Icon.* tom. 2, pl. 159, fig. 6, 7; *callimorpha mundana?* God, pap. d'Eur.

3. —— Au port d'ailes.

4. *Pyralis prasinana*, Lep. St.-Farg. et Serv. *Encycl.*; figures copiées de Rœsel, tom. 4, pl. 22.

4 *n°.* 2. La même au port d'ailes.

4 *n°.* 3. Sa chenille.

4 *n°.* 4. La chrysalide.

4 *n°.* 5. Coque de la chenille & de la chrysalide.

5. *Pyralis chlorana*, Lep. St.-Farg. et Serv. *Encycl.*; figures copiées de Rœsel 1, *phal.* 4, tab. 3.

6. —— Au port d'ailes.

7. Sa chenille.

8. Sa chrysalide.

9. Sa coque.

10. *Phalæna ministrana*, Clerck, *Icon.* tab. 2, fig. 12; *pyralis ministrana*, Lin. Fab.

11. *Phalæna pallens*, Clerck, *Icon.* tab. 4, fig. 6.

12. *Phalæna hamana*, Clerck, *Icon.* tab. 4, fig. 4; *pyralis zoegana*, Lep. St.-Farg. et Serv.

13. *Pyralis lunulata*, Lep. St.-Farg. et Serv. *Encycl.*

14. *Phalæna lecheana*, Clerck, *Icon.* tab. 10, fig. 2; *pyralis lecheana*, Lep. St.-Farg. et Serv. *Enc.*

15. *Phalæna hastiana*, Clerck, *Icon.* tab. 2, fig. 7; *pyralis hastiana*, Lep. St.-Farg. et Serv. *Enc.*

PLANCHE 92.

PYRALES.

1. *Phalæna holmiana*, Clerck, *Icon.* tab. 10, fig. 7; *pyralis holmiana*, Lin. Fab.

2. *Phalæna gnomana*, Clerck, *Icon.* tab. 4, fig. 13; *pyralis gnomana*, Lin. Fab.

3. *Phalæna logiana*, Clerck, *Icon.* tab. 10, fig. 3; *pyralis logiana*, Lin. Fab.

4. *Phalæna lœflingiana*, Clerck, *Icon.* tab. 10, fig. 6; *pyralis lœflingiana*, Lin. Fab.

5. *Phalæna bergmaniana*, Clerck, *Icon.* tab. 10, fig. 5; *pyralis bergmaniana*, Lin. Fab.

6. *Phalæna alstrœmeriana*, Clerck, *Icon.* t. 10, fig. 1; *pyralis alstrœmeriana*, Lin. Fab.

7. *Phalæna unguicella*, Clerck, *Icon.* tab. 10, fig. 7; *pyralis unguicella*, Lin Fab.

8. *Pyralis pomana*, Lep. St.-Farg. et Serv. *Encycl.*

9. Sa chenille.

10. Sa chrysalide.

12. Son enveloppe.

13. Coupe d'une pomme pour montrer la cavité que creuse la chenille.

14. *Pyralis resinana*, Lin. Fab.

14 *bis.* —— Au port d'ailes.

15. Sa chenille.

16. Sa chrysalide.

17. Rameau de pin pour montrer l'enveloppe que les chenilles construisent.

Les figures 8 à 17 sont copiées de Rœsel, *Ins.* 1, *phal.* 4, tab. 13.

18. *Phalæna seticornis*, etc., Schæff. *Icon.* tab. 275, fig. 5, 6; *pyralis atralis*, Lin. Fab.

18 *bis.* —— Au port d'ailes.

19. Nous ne connoissons point cette *pyrale alcelle*; nous n'avons pu découvrir de quel ouvrage on a copié cette figure.

20. *Platycerus*, Schæff. *Icon.* tom. 1, pl. 6, fig. 8; *platycerus caraboïdes*, Lat.

20 n°. 2. *Stenocorus*, Schæff. *Icon.* tom. 1, pl. 6, fig. 9; *leptura sexmaculata*, Oliv.

Nota. Ces deux figures ont été placées dans cette planche sous le nom de *pyrale pinguinale*, parce qu'on a vu que Gmelin les cite en synonymie sous son *pyralis pinguinalis*; il est surprenant que l'on n'ait pas relevé cette grossière erreur.

Teignes.

1 *a.* *Tinea evonymella*, Lin. Fab.; *hyponomeuta evonymella*, Lat.

1 *b.* —— Au port d'ailes.

1 n°. 2. Chenilles et cocons de l'hyponomeute, réunis en un faisceau.

1 n°. 3. Chrysalide.

Nota. Ces figures sont copiées de Rœsel, *Ins.* 1, *phal.* 4, pl. 8.

2. *Tinea cerella*, Lin. Fab.; *galleria*, Lat.; figures prises dans Réaumur, t. 3, pl. 19, fig. 14, 15.

3. —— Vue en dessous.

4. *Phalæna colonella*, Clerck, *Icon.* tab. 3, fig. 8; *tinea colonella*, Lin. Fab.

5. *Phalæna sociella*, Clerck, *Icon.* tab. 3, fig. 4; *tinea sociella*, Lin. Fab.

6. *Phalæna galatella*, Clerck, *Icon.* tab. 8, fig. 3; *tinea galatella*, Lin. Fab.

7. A, A. Chenilles de la *tinea padella*, Lat.

a, *b*, *c*, *d*, *e*. Coques des chrysalides.

8. *Tinea padella*, Lin. Fab.; *hyponomeuta padella*, Lat.

9. Autre chenille suspendue au moyen de la soie qu'elle file.

10. Sa chrysalide.

Nota. Les figures 7 à 10 sont copiées de Rœsel, *Ins.* 1, *phal.* 4. pl. 7.

11. *Phalæna tinea pusiella*, Sulzer, *Ins.* pag. 162, pl. 23, fig. 9; Lin. Fab.

12. *Tinea irrorella*, Lin. Fab.; *lithosia*, Lat.

13. *Phalæna lutarella*, Clerck, *Icon.* tab. 4, fig. 9; *tinea lutarella*, Lin. Fab.

Planche 93.

Teigne.

1. *Phalæna mesomella*, Clerck, *Icon.* tab. 4, fig. 14.; *tinea mesomella*, Lin. Fab.

2. *Phalæna pinetella*, Clerck, *Icon.* tab. 4, fig. 15; *tinea pinetella*, Lin. Fab.

3. *Phalæna pratella*, Clerck, *Icon.* tab. 3,

4. *Phalæna tinea carnella*, Sulz. *Ins.* pl. 93, fig. 4; Lin. Fab.

Fig. 14; *tinea pratella*, Lin. Fab.

5. *Tinea salicella*, Lin. Fab.

6. —— Au port d'ailes.

7. Sa chenille.

8. Sa chrysalide.

Nota. Ces quatre figures sont copiées de Rœsel, 1, *phal.* 4, pl. 9.

9. *Phalæna fœnella*, Clerck, *Icon.* tab. 2, fig. 13; *tinea fœnella*, Lin. Fab.

10. *Phalæna trapezella*, Clerck, *Icon.* tab. 11, fig. 12; *tinea trapezella*, Lin. Fab.

11. *Tinea pelionella*, Lin. Fab.

12. —— Au port d'ailes.

13. Chenille dans son fourreau.

14. Chenille à découvert.

15. Fourreaux réunis.

16. Sa chrysalide.

Nota. Ces six figures sont copiées de Rœsel, *Ins.* 1, *phal.* 4, tab. 17.

17. *Tinea fascitella*, Lin. Fab.

17 n°. 2. —— Au port d'ailes.

18. Sa chenille.

19. La

19. La même grossie.

20. Cocon.

21. Chrysalide.

Nota. Ces figures sont copiées de Rœsel, *Ins.* 1, *phal.* 4, tab. 15. Linné cite par erreur la planche 17 de Rœs. qu'il a déjà citée au-dessous de sa *tinea pellionella.*

22. Chenille de la *tinea melonnella*, Lin Fab.

23 Autre chenille de la même espèce.

24. Sa coque.

25. Sa chrysalide.

26. L'insecte parfait au port d'ailes.

27. —— Les ailes étendues.

28. Extrémité de l'abdomen de la femelle, et groupe de ses œufs.

Nota. Ces sept figures sont copiées de Rœsel, tom. 3, tab. 41.

29. *Tinea cucullatella*, Lin. Fab.

30. —— Au port d'ailes.

31. Sa chenille.

32. —— Contractée.

33. Enveloppe.

34. Sa chrysalide.

Nota. Ces figures sont copiées de Rœsel, 1, *pyral.* 4, pl. 11.

35. *Phalæna biscotella*, Clerck, *Icon.* tab. 3, fig. 15.; *tinea biscotella*, Lin. Fab.

36. *Tinea strobitella*, De Géer, *Ins.* 2, tab. 9, fig. 5; Lin. Fab.

37. *Phalæna bractella*, Clerck, *Icon.* tab. 12, fig. 4; *tinea bractella*, Lin. Fab.

38. *Phalæna gemella*, Clerck, *Icon.* tab. 10, fig. 10; *tinea gemella*, Lin. Fab.

39. *Phalæna Petiverella*, Clerck, *Icon.* 12, fig. 11; *tinea Petiverella*, Lin. Fab.

Nota. Cette espèce porte sur la planche le *n*°. 30; elle est placée près de la *tenia gemella.*

40. *Phalæna Gœdartella*, Clerck, *Icon.* tab. 12, fig. 14; *tinea Gœdartella*, Lin. Fab.

41. *Phalæna Rhediella*, Clerck, *Icon*, tab. 12, fig. 12; *tinea Rhediella*, Lin. Fab.

42. *Phalæna Rœsella*, Clerck, *Icon.* tab. 10, fig. 13; *tinea Rœsella*, Lin. Fab.; *œcophora*, Lep. St.-Farg. et Serv.

43. *Phalæna Lineella*, Clerck, *Icon.* tab. 12, fig. 8; *œcophora Lineella*, Lep. St.-Farg. et Serv.

44. *Tinea argentella?* Lin.; figure copiée, à ce que nous croyons, de l'ouvrage de Cyrillo, sur *l'Entomologie napolitaine.*

45. Cette espèce nous paroît copiée du même ouvrage; on lui a donné le nom de *teigne à six taches.*

46. *Bombix tinea onosmella*, Scriba, *Mém. Ins.* 2e part. pl. IX, fig. 7 et 8; *tinea onosmella*, Lin. Fab.

47. L'enveloppe de sa chenille.

Alucites.

1. *Alucita xilostella*, Oliv.

a. —— Au port d'ailes.

b. Sa chenille.

c. Son enveloppe.

d. Sa chrysalide.

Nota. Ces cinq figures sont copiées de Rœsel, tom. 1, *phal.* pl. 10.

2. *Phalæna tinea proboscidella*, Sulzer, *Ins.* tab. 23, fig. 14; *alucita grandevella*, Oliv.

3. *Phalæna vitella*, Clerck, *Icon.* tab. 3, fig. 10; *alucita vitella*, Oliv.

4. *Alucita granella*, grossie, Oliv. *Encycl.*

4 *n*°. 2. Au port d'ailes.

4 *n*°. 3. Sa chenille.

4 *n*°. 4. Sa chrysalide.

Nota. Ces quatre figures sont copiées de Rœsel, 1, *phal.* 4, pl. 12.

5. *Phalæna lappella*, Clerck, *Icon.* tab. 11, fig. 15; *alucita lappella*, Oliv.

6. *Phalæna Swammerdamella*, Clerck, tab. 12, fig. 1; *alucita Swammerdamella*, Oliv.

7. *Phalæna Reaumurella*, Clerck, tab. 12, fig. 2; *alucita Reaumurella*, Oliv.

8. *Phalæna Degeerella*, Clerck, tab. 12, fig. 3; *alucita Degeerella*, Oliv.

Nota. Ces quatre figures appartiennent au genre Adèle, *Encycl.* tom. 10, pag. 651.

PLANCHE 94.

PTÉROPHORES.

1. *Pterophorus didactylus*, Lin. Fab.; *pterophorus*, Schæff. *Elem.* tab. 104. fig. 1.

1 n°. 2. —— fig. 3; —— plus petit.

2. *Pterophorus monodactylus*, Lin. Fab.; figure copiée de Réaumur, tom. 1, tab. 20, fig. 12.

3. *Pterophorus pentadactylus*, Lin. Fab.; copié de Rœsel, tom. 1, part. 2, pl. 5, fig. 3.

3 *bis*. Sa chenille.

3 n°. 3. Sa chrysalide.

4. *Orneodes hexadactylus*, Lat.; figure copiée de Réaumur, tom. 1, tab. 19, fig. 19, 20.

5. La même espèce.

LIBELLULES.

6. *Libellula*, Schæff. *Icon.* tab. 4, fig. 1; *libellula flaveola*, Oliv.

7. *Libellula quadrimaculata*, Oliv.; figure copiée de Réaumur, tom. 6, pl. 35, fig. 1.

7 n°. 2. —— fig. 2; —— Variété.

Nota. Le chiffre 7 n'existe pas sur la figure première, il y a écrit : *la libellule à quatre taches.*

8. *Libellula pulchella*, Drury, *Ins.* tom. 1, tab. 48, fig. 5; *libellula bifasciata*, Oliv.

9. *Libellula depressa*, Oliv.; figure copiée de Rœsel, *Ins.* 2, aq. 2, tab. 6, fig. 4.

10. *Libellula arria*, Drury, *Ins.* 2, pl. 46, fig. 1; *libellula indica*, Oliv.

11. *Libellula rubicunda*, Oliv.; figure copiée de Rœsel, *Ins.* tom. 2, aq. 2, tab. 7, fig. 4.

12. *Libellula vulgatissima*, Oliv.; figure copiée de Rœsel, *Ins.* tom. 2, aq. 2, tab. 5, fig. 3.

PLANCHE 95.

LIBELLULES.

1. *Libellula vulgata*, Oliv.; figure copiée de Rœsel, *Ins.* tom. 2, aq. 2, tab. 8.

2. *Libellula ænea*, Oliv.; figure copiée de Rœsel, *Ins.* tom. 2, aq. 2, tom. 4, fig. 1.

Nota. Le chiffre 2 n'est pas mis sur la planche, on a écrit dessus la figure : *la libellule cuivreuse.*

3. *Libellula Lucia*, Drury, *Ins.* tom. 2, tab. 45, fig. 1; *libellula variegata*, Oliv.

4. *Libellula Carolina*, Drury, *Ins.* tom. 1, tab. 48, fig. 1; Oliv.

5. *Libellula ferruginea*, Drury, *Ins.* tom. 1, tab. 47, fig. 6; Oliv.

PERLES.

1. *Perla*, Schæff, *Elem.* tab. 97; *perla bicaudata?* Lep. St.-Farg. et Serv.

2. —— Vue au port d'ailes.

3. Une des pattes très-grossie.

4. Antenne très-grossie.

5. *Fausse frigane cendrée*, De Géer, tom. 2, part. 2, pl. 23, fig. 17, grossie; *nemoura cinerea*, Oliv.

6. —— De grandeur naturelle.

RAPHIDIE.

1. *Raphidia notata*, Lep. St.-Farg. et Serv.

2. —— Les ailes étendues.

3. Sa tête grossie.

4. Une de ces pattes grossie.

Nota. Ces figures sont prises dans les *Élémens d'Entomologie* de Schæffer, pl. 107.

5. *Mantispa pagana*, Lep. St.-Farg. et Serv.; figure copiée de Pallas ou de Petiver.

PLANCHE 96.

HEMEROBES.

1. *Blatta laponica*, Oliv.

2. —— Ayant les ailes pliées.

Nota. Ces deux figures sont copiées de Schæffer, *Elem. Ent.* pl. 26, fig. 1 et 2.

3. *Hemerobius cornutus*, De Géer, *Ins.* tom. 3, pl. 27, fig. 1; *corydalis cornuta* Lat.

4. *Hemerobius perla*, Oliv., figure copiée de Rœsel, tom. 3, tab. 21, fig. 4 et 5.

5. *Hemerobius*, Schæff. *Icon.* tab. 5, fig 7 et 8; *osmylus maculatus*, Lat.

6. *Hemerobius hirtus*, etc., De Géer, tom. 2, pl. 22, fig. 4 et 5 ; Oliv.

7. —— De grandeur naturelle.

8. *Hemerobius italicus*, Rossi, *Faun. étr.* tom. 2, pag. 12, n°. 684, pl. 10, fig. 12. ; *osmylus?* Lat.

Nota. Cette espèce n'est pas mentionnée par Olivier dans l'*Encyclopédie.*

MYRMÉLÉON.

1. Cavité formée dans le sable par la larve du *myrméléon fourmilion.*

i. Tête de la larve.

k. Jet de sable qu'elle lance avec sa tête hors de son entonnoir.

1 *n°*. 2. Autre entonnoir dans le sable.

e. Mandibules de la larve ouvertes pour saisir sa proie.

d. Fourmi tombant dans le trou, et prête à être dévorée par le fourmilion.

1 *n°*. 3. Lave du *myrmeleo formicarius* extrêmement grossie. Vue en dessus.

1 *n°*. 4. —— Vue en dessous.

1 *n°*. 5. —— De grandeur naturelle.

Nota. Ces figures sont copiées de Rœsel, tom. 3, pl. 17, 18 et 19.

PLANCHE 67.

MYRMÉLÉONS.

1. *Myrméléo libelluloïdes*, Drury, *Ins.* tom. 1, tab. 46, fig. 1 ; Oliv.

2. *Myrméléon formicaynx*, Oliv. ; figure copiée de Rœsel, tom. 3, tab. 21, fig. 2.

3. *Myrméléon de Nismes.*

4. *Myrméléon Dillé.*

Nota. Nous pensons que ces deux figures ont été copiées de Scriba ; nous n'avons pu nous en assurer, parce que la Bibliothèque royale étoit en vacances quand nous avons fait notre travail, & que cet ouvrage n'existe pas ailleurs à Paris.

5. *Myrméléon libelluloïdes pisanus*, Rossi, *Faun. étr.*, tom. 2, pl. 9, fig 8 ; *myrmeleo occitanus*, Oliv.

ASCALAPHES.

1. *Libelluloïdes*, Schæff. *Elem.* tab. 77 ; *ascalaphus barbarus*, Oliv.

1 *n°*. 2. Sa tête très-grossie.

2. Cette espèce se rapporte assez bien à la description qu'Olivier donne de son *ascalaphus maculatus* ; ce seroit la première figure originale qu'on auroit donnée dans ces planches.

PANORPES.

1. *Panorpa*, Schæff. *Elem.* tab. 93 ; *panorpa communis*, Oliv.

2. —— Au port d'ailes.

3. Sa tête très-grossie.

4. Sa queue *idem.*

5. Une de ses pattes *idem.*

PLANCHE 98.

PANORPES.

1 *Nemoptera orientalis*, Oliv.

2. *Panorpa tipularia*, Sulzer, *Hist. Ins.* tab. 25, fig. 7, 8 ; *bittacus tipularius*, Lat.

3. —— Les ailes étendues.

4. *Nemoptera coa*, Oliv.

FRIGANES.

5. *Phryganea*, Schæff. *Elem.* tab. 100 ; *phryganea rhombica*, Oliv.

6. —— Au port d'ailes.

7. Une de ses pattes très-grossie.

8. Sa tête *idem.*

9. *Phryganea striata*, Oliv.

10. *Phryganea*, Schæff. *Icon.* tab. 196, fig. 1.

Nota. Cette espèce se rapproche un peu de la *phryganea grandis*, Oliv. *Encycl.* ; elle n'en est peut-être qu'une variété.

11. *Frigane noire à bande*, De Géer, *Ins.* tom. 2, pl. 15, fig. 5 ; *phryganea bimaculata*, Oliv.

EPHÉMÈRES.

12. *Ephemera vulgata* (*nymphe*), De Géer, *Mém. Ins.* tom. 2, pl. 16 fig. 1 ; Oliv.

13. Tête très grossie de l'*ephemera vulgata* à l'état parfait, d'après Schæffer, *Elem. Ent.* pl. 62, fig. 2.

14. Patte *idem.*

15. *Nymphe de l'ephemera marginata*, Oliv.; figure copiée de Rœsel, *Ins.* tom. 2, aq. 2, tab. 12, fig. 1.

16. *Ephemera marginata*, Oliv.

17. *Nymphe de l'ephemera venosa*, Oliv, d'après De Géer, *Ins.* tom. 2, pl. 18, fig. 1.

18. *Ephemera tuberculata*, Oliv.

19. Portion de thorax, et aile développée & grossie de l'*ephemera diptera*, Oliv., d'après De Géer, *Ins.* tom. 2, pl. 18, fig. 5.

Nota. On a gravé le n°. 10 au lieu de 19 sur cette figure.

TERMES.

20. *Termes destructor*, De Géer, tom. 7, pl. 37, fig. 1, 2.

21. La figure au-dessus du n°. 21 représente la lèvre supérieure et les mandibules de la sauterelle ronge-verrue, elle est copiée de De Géer, tom. 3, pl. 21, fig. 6.

La figure placée au-dessous du n°. 21 représente le côté de la poitrine de la même sauterelle. De Géer, pl. 21, fig. 7.

22. Sous ce numéro et à gauche, on voit la tête de la sauterelle ronge-verrue, très-grossie, vue en dessous et prise dans De Géer, tom. 3, pl. 21, fig. 4.

A droite est la lèvre inférieure de la même sauterelle, vue en dessous et prise dans le même ouvrage, fig. 5.

PLANCHE 99.

FOURMIS.

1 A. *Formica rufa*, De Géer, *Ins.* tom. 2, pl. 41, fig. 1, 2; Oliv.

B. *Formica*, Schæff. *Elem.* tab. 64; *formica rufa*, Oliv.

C. *Formica*, Schæff. *Elem.* tab. 64; *formica rufa*, Oliv.

D. Antenne de cette fourmi très-grossie.

2. *Formica fusca*, De Géer, *Ins.* tom. 2, pl. 42, fig. 12; Oliv.

3. *Formica nigra*, De Géer, *Ins.* tom. 2, pl. 42, fig. 16; Oliv.

4. *Formica rubra*, De Géer, *Ins.* tom. 2, pl. 43, fig. 1; Oliv.

5. *Formica pusilla*, De Géer, *Ins.* tom. 2, pl. 31, fig. 23, 24; Oliv.

6. *Formica flava*, De Géer, *Ins.* tom. 2, pl. 42, fig. 24, 25.; Oliv.

7. *Formica cæspitum*, Sulzer, *Ins.* tab. 17, fig. 20, 21; Oliv.

8. *Formica bidens*, De Géer, *Ins.* tom. 3, pl. 31, fig. 1, de grandeur naturelle; Oliv.

8. *bis.* —— Fig. 2; très-grossie.

9. *Formica bihamata*, Drury, *Ins.* tom. 2, pl. 38, fig. 8, de grandeur naturelle; Oliv.

10. —— Fig. 7, très-grossie.

11. *Formica migratoria*, De Géer, *Ins.* tom. 3, pl. 31, fig. 11; *formica cephalotes*, Oliv.

12. *Formica sexdens*, De Géer, *Ins.* tom. 3, pl. 31, fig. 14; Oliv.

13. *Formica quadridens*, De Géer, *Ins.* tom. 3, pl. 31, fig. 17; Oliv.

MUTILLES.

14. *Mutilla occidentalis*, Sulzer, *Ins.* tab. 19, fig. 9; *mutilla coccinea*, Oliv.

15. *Mutilla maura*, Cyrill, *Ent. neap.* tom. 4, fig. 5; *mutilla hungarica*, Oliv.

16. Cette figure est copiée de De Géer, elle représente son puceron du rosier, très-grossi.

17. *Mutilla*, Schæff. *Icon.* tab 175, fig. 4, 5; *mutilla europæa*, Oliv.

17. *n°.* 2. —— Mâle ou femelle.

FRÉLON.

18. *Sphex*, Schæff. *Icon.* tab. 177, fig. 7; *crabro cribrarius*, Oliv.

GUÊPES.

19. *Vespa*, Schæff. *Elem.* tab 130, fig. 1; *vespa vulgaris*, Oliv.

19 *n°.* 2. —— Les ailes étendues.

A. Sa tête grossie.

B. Une

B. Une antenne grossie.

C. Patte *idem*.

20. *Sphex tropica* Sulz. *Ins.* tab. 27, fig. 5; *vespa cincta*, Oliv.

21. *Vespa turcica*, Drury, *Ins.* tom. 2, pl. 39, fig. 1; *vespa orientalis*, Oliv.

22. *Vespa cornuta*, Drury, *Ins.* tom. 2, pl. 48, fig. 3; *vespa cornuta*, Oliv.

PLANCHE 100.

GUÊPES.

1. *Vespa crabro*, Schæff. *Icon.* tab. 53, fig. 5; Oliv.

2. *Vespa fasciata*, De Géer, *Ins.* tom. 3, pl. 29, fig. 8; Oliv.

3. *Vespa annularis*, De Géer, *Ins.* tom. 3, pl. 29, fig. 13; Oliv.

4. *Vespa uncinata*, De Géer, *Ins.* tom. 3, pl. 29, fig. 12; Oliv.

5. *Vespa muraria*, Schæff. *Icon.* tab. 24, fig. 3, Oliv.

6. *Vespa*, Schæff. *Icon.* tab. 93, fig. 8; *vespa arvensis*, Oliv.

7. *Vespa emarginata*, De Géer, *Ins.* tom. 3, pl. 29, fig. 1 et 2; Oliv.

LEUCOSPIS.

8. *Vespa dorsigera*, Sulz. *Ins.* tab. 27, fig. 11; *leucopsis dorsigera*, Oliv.

9. Une de ses pattes postérieures très-grossie.

CHRYSIS.

10. Nous ne savons de quel ouvrage on a copié ce *chrysis couleur de feu*.

10 *bis*. *Chrysis viridula*, Sulz. *Ins.* tab. 27, fig. 8.

11. *Chrysis bidentata*, De Géer, tom. 2, pl. 28, fig. 17, 18; Oliv.

12. *Chrysis*, Schæff. *Icon.* tab. 42, fig. 5, 6; *chrysis aurata*, Oliv.

12 *bis*. —— Les ailes étendues.

13. Nous n'avons pu découvrir de quel ouvrage ce *chrysis brûlant* est copié.

14. *Chrysis carnea*, Rossi, *Faun. étr.* tab. 8, fig. 5; *parnopes carnea*, Lep. St.-Farg. et Serv. *Encycl.*

15. *Chrysis rosea*, Rossi, *Faun. étr.* tab. 8, fig. 6; *cleptes ?* Lat.

16. *Chrysis dubia*, Rossi, *Faun. étr.* tab. 7, fig. 9, 10; *celonites apiformis*, Lat.

EVANIE.

17. *Ichneumon niger*, etc., De Géer, *Ins.* tom. 3, pl. 30, fig. 14; *evania appendigaster*, Oliv.

18. *Evania Albicincta*, Rossi, *Faun. étr.* tab. 6, fig. 8; *ichneumon?* Lat.

TIPHIE.

19. *Sphex radula*, Sulz. *Ins.* tab. 27, fig. 4; *scolia radula*. Lat.

20. *Tiphia stridula*, Rossi, *Faun. étr.* tab. 6, fig. 2; *mutilla*, Lat.

21. *Tiphia tripunctata*, Rossi, *Faun. étr.* tab. 6, fig. 10; *mutilla* Lat.

ICHNEUMONS.

22. *Ichneumon ruspator?* (furet.) Oliv. *Encycl.* Cette figure est très-imparfaite.

A. Antenne d'ichneumon d'après Schæffer, *Elem.* tab. 77, fig. 3.

B. Patte d'ichneumon d'après Schæff. *Elem.* tab. 77, fig. 4.

23. *Ichneumon*, Schæff. *Icon.* tab. 43, fig. 2; *ichneumon extensorius*, Oliv.

23 *bis*. *Ichneumon*, Schæff. *Icon.* tom 43, fig. 1; *ichneumon extensorius*, Oliv.; les ailes posées sur sur le corps.

24 *Ichneumon*, Schæff. *Icon.* tab. 6, fig. 12; *ichneumon pisorius*, Oliv.

25. *Ichneumon*, Schæff. *Icon.* tab. 61, fig. 4; *ichneumon saturatorius*, Oliv.

26. *Ichneumon persuasorius*, De Géer, *Ins.* tom. 1, pl. 36, fig. 8; Oliv.

27. *Ichneumon comitator*, De Géer, *Ins.* tom. 1, pl. 24, fig. 10; Oliv.

28. *Ichneumon incubitor*, Geoff. *Ins.* tom. 1, pl. 6, fig. 1; Oliv., grossi.

29. —— Vu de profil.

30. *Ichneumon*, Schæff. *Icon.* tab. 20, fig. 1, 2; *ichneumon desertor*, Oliv.

30 *bis.* —— Au port d'ailes.

31. *Ichneumon denigrator*, Sulz. *Icon.* tab. 26, fig. 16; Oliv.

32. *Ichneumon*, Schæff. *Icon.* tab. 10, fig. 3; *ichneumon manifestator*, Oliv.

PLANCHE 101.

1. *Ichneumon*, Schæff. *Icon.* tab. 49, fig. 4; *ichneumon compunctor*, Oliv.

2. *Ichneumon inculcator*, Oliv. *Encycl.*

3. *Ichneumon pugillator*, De Géer, tom. 1, pl. 6, fig. 12; Oliv.

4. *Ichneumon jaculator*, De Géer, *Ins.* tom. 1, pl. 36, fig. 10; Oliv.

5. *Ichneumon necator*, Oliv.

A. Chenille piquée par un de ces ichneumons.

B. Coçon et chrysalide de cette chenille ouverts pour faire voir la quantité de nymphes qu'elle contient.

a. L'*ichneumon necator* de grandeur naturelle.

b. —— Grossi.

Nota. Ces quatre figures sont copiées de Rœsel, *Ins.* tom. 2, *vesp.* 4, tab. 4.

6. *Ichneumon*, Schæff. *Icon.* tab. 101, fig. 4; *ichneumon luteus*, Oliv.

7. *Ichneumon*, Schæff. *Icon*, tab. 82, fig. 3; *ichneumon glaucopterus*, Oliv.

8. *Ichneumon bedeguaris*, Oliv.; copié de Rœsel, tom. 3, tab. 53, fig. F, H.

9. *Ichneumon puparum*, Oliv. *Encycl.*

a. Chrysalide attaquée par ces ichneumons.

b. L'ichneumon grossi.

c. —— De grandeur naturelle.

Nota. Ces figures sont copiées de Rœsel, tom. 2, *vesp.* tab. 3.

10. *Ichneumon globatus*, De Géer, *Ins.* tom. 2, pl. 29, fig. 13, 14; Oliv.

11. Cette espèce a reçu, du distributeur des planches, le nom d'*ichneumon renfermé;* nous n'avons pu découvrir dans quel ouvrage il l'a copié.

12. *Ichneumon pectinicornis*, De Géer, *Ins.*, tom. 1, pl. 16, fig. 6; Oliv.

13 *b.* *Ichneumon ramicornis*, De Géer, *Ins.* tom. 2, pl. 31, fig. 14; Oliv., grossi.

a. —— De grandeur naturelle.

c. Sa coque grossie.

d. Feuille avec des coques de grandeur naturelle.

14. *Ichneumon crassipes*, Rossi, *Faun. étr.* tom. 2, pl. 2, fig. 15; Oliv.

15. *Ichneumon agilis*, De Géer, *Ins.* tom. 2, tab. 31, fig. 18; Oliv.

16. *Ichneumon variegator*, Rossi, *Faun. étr.* tom. 2, pl. 10, fig. 13; Oliv.

17. *Ichneumon acarorum*, De Géer, tom. 2, pl. 31, fig. 19, 20; Oliv.

18. *Ichneumon semi-aurata*, Lin.; Oliv.

UROCÈRES.

19. *Uurocerus*, Schæff. *Icon.* tab. 10, fig. 2, 3; *sirex gigas*, Lin. Gmel.

Nota. On a mis le n°. 10 sur cette espèce, et on lui a donné le nom de *Colombe* sur la planche.

20. *Sirex pensylvanicus*, De Géer, *Ins.* tom. 1, pl. 30, fig. 13; *sirex columba*, Lin. Gmel.

21. *Sirex urocerus*, Schæff. *Icon.* tab. 4, fig. 9; *sirex spectrum*, Lin. Gmel.

21 *bis.* —— Au port d'ailes.

22. *Sirex juvencus*, De Géer, *Ins.* tom. 1, pl. 36, fig. 7.

23. *Sirex mariscus*, Lin. Cyrillo.

PLANCHE 102.

CLAVELLAIRE.

1. *Tenthredo sericea*, Rossi, *Faun. étr.* tom. 2, pl. 6, fig. 14; *cimbex nitens*, Oliv.

2. Variété de la même espèce.

3. *Cimbex*, Schæff. *Icon.* tab. 104, fig. 1, 2; *cimbex femorata*, Oliv.

4. —— Les ailes étendues.

5. *Cimbex lutea*, Oliv.

6. Sa chenille.

7. Sa coque.

Nota. Ces figures sont copiées de Rœsel, *Ins.* tom. 2, *vesp.* tab. 13.

8. *Cimbex*, Schæff. *Icon.* tab. 90, fig. 8, 9; *cimbex amerinæ*, Oliv.

9. —— Les ailes étendues.

TENTHRÈDE.

10. *Tenthredo*, Schæff. *Icon.* tab. 7, fig. 12; *tenthredo flavicornis*, Lep. St.-Farg. *Monogr.*

11. *Tenthrede*, Schæff. *Icon.* tab. 68, fig. 7, 8; *lophirus pini*, Lep. St.-Farg. *Monogr.*

12. —— Les ailes étendues.

13, 14. Parties de la larve d'une tenthrède inconnue.

15. *Tenthredo juniperi*, Sulz. *Hist. Ins.* tom. 26, fig. 5, 6; *lophirus juniperi*, Lep. St.-Farg. *Monogr.*

15 *bis.* Sa tête très-grossie.

16. *Tenthredo vidua*, Rossi, *Faun. étr.* tom. 2, pl. 3, fig. 6; Lep. St.-Farg. *Monogr.*

17. Larve du *tenthredo cerasi* de Lep. St.-Farg. *Monogr.*, très-grossie.

a, b, c, d, e, f. La même larve de grandeur naturelle et rongeant le parenchyme d'une feuille de poirier.

Nota. Ces figures sont copiée de Réaumur, tom. 5, pl. 12, fig. 1, 2. On a seulement oublié de copier la figure de l'insecte parfait.

18. Autre larve de tenthrède figurée d'après Réaumur, tom. 5, pl. 12, fig. 21.

PLANCHE 103.

TENTHRÈDE.

1. *Tenthrède de chèvrefeuille*, très-grossie.

2. La même, de grandeur naturelle.

Nota. Nous n'avons pu découvrir de quel ouvrage ces deux figures ont été copiées.

3. *Tenthredo americana*, De Géer, tom. 3, pl. 30, fig. 21; *hylotoma? americana*, Lep. St.-Farg. *Monogr.*

4. *Hylotoma rosæ*, Lep. St.-Farg. *Monogr.*

5. Sa larve sur une feuille de rosier.

6. Sa coque.

Nota. Ces trois figures sont copiées de Rœsel, *Ins.* tom. 2, *vesp.* pl. 2.

7. *Tenthredo viridis*, Sulz. *Ins.* tab. 18, fig. 112; Lep. St.-Farg. *Monogr.*

8. *Tenthredo*, Schæff. *Icon.* tab. 167, fig. 5, 6; *nematus septentrionalis*, Lep. St.-Farg. *Monogr.*

8 *bis.* —— Au port d'ailes.

9. *Tenthrède*, Schæff. *Icon.* tab. 94, fig. 9; *lyda erythrocephala*, Lep. St.-Farg. *Monogr.*

10. *Pamphilius cynosbati*, Lat. *Encycl.*; *lyda cynosbati*, Lep. St.-Farg. *Monogr.*

Nota. Cette figure est copiée de Réaumur, tom. 5, planche 15, fig. 6, et quoique Linné la cite sous son *tenthredo cynosbati*, M. Latreille pense qu'elle appartient à une autre espèce. *Voyez* les raisons qu'il en donne à l'article PAMPHILIE de l'*Encyclopédie*, pag. 694, n°. 27.

11. *Tenthredo ribi-idæi*, Rossi, *Faun. étr.* tab. 9, fig. 9.

12. *Tenthredo betulæ*, De Géer, *Ins.* tom. 3, pl. 40. fig. 21; *lyda betulæ*, Lep. St.-Farg. *Monogr.*

13. *Pamphilius flavus?* Lat. *Encycl.*; *nematus flavus?* Lep. St.-Farg. *Monogr.*; Oliv. *Encycl.*

13 *bis.* La même posée sur une feuille de groseiller.

Nota. Quoique cette espèce soit citée par Linné sous son *tenthredo flava*, et que M. Latreille l'ait rapportée avec doute à son *pamphilius flavus*, M. Lepelletier de Saint-Fargeau, dans son excellente *Monographie des Tenthrédines*, pense qu'elle ne doit pas faire partie du genre pamphilius qui correspond à ses lyda.

14. *Tenthredo vidua*, Rossi; déjà figurée pl. 102, n°. 16.

DIPLOLEPE.

15. *Diplolepis rosæ*, Oliv.; figure copiée de Réaumur, tom. 3, pl. 46, fig. 5.

15. *n°.* 2. —— Copiée de Réaumur, même pl. fig. 6.

16. *Diplolepis quercus folii*, Oliv.

Nota. Figure copiée de Sulzer, *Ins.* tab. 26, fig. 1, 2, 3.

16 *n°*. 2. L'insecte parfait grossi.

16 *n°*. 3. L'extrémité de son abdomen.

Planche 104.

1. Galles formées par la larve du *cinips glechomæ* Oliv.

1 *n°*. 2. Galle formée par la larve du *cinips glechomæ*, ouverte pour montrer la cavité habitée par la larve.

Nota. Figures copiées de Réaumur, tom. 3, pl. 42, fig. 1, 2. Les lettres indiquent les galles qui sont plus ou moins grosses, en raison de l'âge de la larve qu'elle contiennent.

2. Feuille de chêne montrant en *m* et *n* des galles du *cinips baccarum* d'Oliv., et copiée de Réaum. tom. 3, pl. 42, fig. 8.

3. Galles produites par le *diplolepis quercus folii* d'Oliv. Les lettres *a*, *b*, *c*, indiquent des galles de diverses grosseurs.

4. Une de ces galles ouverte pour montrer la cavité habitée par la larve du *diplolepis quercus folii*.

5. Une de ces larves très-grossie.

Nota. Ces trois figures sont copiées de Rœsel, tom. 3, *suppl*. pl. 52.

Planche 105.

Cinips.

1. Galles du *cinips quercus petioli* d'Oliv.

Nota. Figure copiée de Rœsel, tom. 3, *suppl*. pl. 35.

2. Feuille de saule défigurée par des galles du *cinips viminalis*, Oliv.

A. Larve grossie.

B. Sa coque.

C. L'insecte parfait.

D. Sa larve de grandeur naturelle.

E. Feuille de saule supportant une galle.

F. Insecte parfait.

Nota. Ces figures sont copiées de Rœsel, tom. 2, pl. 10, fig. 1 à 7.

Chalcis.

1. *Chalcis sispes*, Oliv.

2. Une de ses pattes postérieures très-grossie.

3. Sa tête *idem*.

Nota. Ces figures sont copiées du *Naturforscher*, 24, pl. 54, n°. 18, tab. *a*, fig. 22.

4. *Chalis clavipes*, Oliv.

5. Une de ses pattes postérieures très-grossie.

Nota. Figures copiées du *Naturforscher*, 24, n°. 19, pl. 2, fig. 23.

6. *Chalcis podagrica*, Oliv.

7. Sa tête très-grossie.

8. Une de ses pattes postérieures *idem*.

Nota. Figures copiées du *Naturforscher*, 24, n°. 20, tab. 2, fig. 24.

9. *Chalcis pusilla*, Oliv.

10. Une de ses pattes postérieures très-grossie.

Nota. Figures copiées du *Naturforscher*, 24, n°. 21, tab. 2, fig. 25.

Sphex.

11. *Sphex*, Schæff. *Icon*. tab. 83, fig. 1; *sphex sabulosus*, Lin.; *ammophila*, Lat.

12. *Sphex pensylvanica*, De Géer, *Ins*. tom. 3, pl. 30, fig. 2; *pepsis*, Fab. Lat.

13. *Sphex cœrulea*, De Géer, *Ins*. tom. 3, pl. 30, fig. 6; *sphex cyanea*, Lin.; *pepsis?* Lat.

14. *Sphex cœmentarius*, Drury, tom. 1, pl. 44, fig. 6; *pelopæus lunatus*, Lep. St.-Farg. et Serv. *Encycl*.

Planche 106.

1. *Sphex*, Schæff. *Icon*. tab. 38, fig. 1; *pelopæus spirifex*, Lep. St.-Farg. et Serv.

2. *Sphex fusca*, De Géer, tom. 2, pl. 28, fig. 6; *pompilus fuscus*, Lep. St.-Farg. et Serv. *Encycl*.

3. *Sphex viaticus*, De Géer, tom. 2, pl. 28; fig. 16; *pompilus viaticus*, Lep. St.-Farg. et Serv. *Encycl*.

4. *Sphex auripennis*, De Géer, tom. 2, pl. 30; fig. 1; *sphex cœrulea*, Lin.; *pepsis*, Lat.

5. *Sphex spirifex*, Rœm. *Gen. Ins*. pl. 27, fig. 2; *pelopæus spirifex*, Lep. St.-Farg. et Serv. *Encycl*.

6. *Sphex paludosa*, Rossi, *Faun. étr*. pl. 1, fig. 13.

Nota. Cette figure ne porte pas de numéro, elle est placée au coin d'en haut et du côté droit de la planche.

7. *Sphex*

7. *Sphex aterrima*, Rossi, *Faun. étr.* tab. 6, fig. 4.

8. On a figuré sous ce numéro un petit coléoptère qu'il est impossible de reconnoître.

SCOLIE.

9. *Sphex maculata*, Drury, *Ins.* tom. 2, pl. 39, fig. 2; *scolia quadrimaculata*, Lin. Gmel.

10. *Sphex bidens*, Sulzer, *Ins.* tab. 27, fig. 3; *scolia flavifrons*, Lep. St.-Farg. et Serv.

11. *Sphex plumipes*, Drury, *Ins.* tom. 1, pl. 44, fig. 5; *scolia radula*, Lin. Gmel.

12. *Sphex radula*, Sulzer, *Ins.* tab. 27, fig. 4; *scolia bicincta*, Lin. Gmel.

13. Cette espèce pourroit bien être la *scolia unifasciata* de Fabricius, qui ne cite pas de figures. On pourroit croire aussi qu'on a figuré une sésie: du reste, ce dessein est si défectueux, qu'il est difficile de se former une opinion juste à son sujet.

14. *Scolia hortorum?* Lin. Gmel.

Nota. Cette figure paroît copiée de Cyrillo, *Ent. neap.* tom. 1, tab. 1, fig. 3, 4.

15. Cette figure paroît représenter la même espèce que la précédente, vue de profil; elle doit avoir été copiée du même ouvrage.

15 n°. 2. Figure indéterminable.

16. *Idem.*

THYNNE.

17. *Thynnus dentatus*, Rœmer, *Ins.* tab. 35, fig. 8; Lep. St.-Farg. et Serv.

BEMBEX.

18. *Vespa signata*, Sulzer, *Ins.* tab. 27, fig. 9; *bembex signata*, Oliv.

19. *Vespa armata*, Sulzer, *Ins.* tab. 27, fig. 10; *bembex rostrata*, Oliv.

ANDRÈNE.

20. *Andrena*, Schæff. *Icon.* tab. 32, fig. 5; *andrena succincta*, Oliv.

21. *Andrena*, Schæff. *Icon*, tab. 112, fig. 5; *andrena rubida*, Oliv.

22. *Andrena etrusca*, Rossi, *Faun. étr.* pl. 6, fig. 11.

PLANCHE 107.

1. Figure copiée dans les Elémens de Schæffer, pl. 20, fig. 1: ce n'est certainement pas l'abeille terrestre d'Olivier.

2. *Apis*, Schæff. *Elem.* tab. 20, fig. 2; *apis acervorum*, Oliv.

Nota. Cette espèce est la même que celle que Schæffer figure dans ses *Icones*, pl. 78, fig. 5.

2 *bis*. *Apis*, Schæff. *Elém.* tab. 20, fig. 6; *apis terrestris*, Oliv.; *bombus*, Fab. Lat.

3. Extrémité de l'abdomen d'une abeille pour montrer l'aiguillon.

4. Tête grossie.

5. *Idem.*

Nota. Ces figures sont prises dans Schæff. *Elém.* tab. 20.

6. *Apis latipes*, Drury, *Ill.* tom. 2, pl. 48, fig. 2; *xylocopa latipes*, Lep. St-Farg. et Serv.

7. *Apis*, Schæff. *Icon.* tab. 102, fig. 7, 8; *xylocopa violocea*, Lep. St-Farg. et Serv.

7 *bis*. —— Vu de profil.

8. *Apis ruderata*, Oliv.; copié de Cyrillo, *Ent. neap.* tom. 1, pl. 2, fig. 5; *bombus*, Fab. Lat.

9. *Apis*, Schæff. *Icon.* tab. 69, fig. 9; *apis lapidaria*, Oliv.; *bombus*, Fab. Lat.

10. *Apis*, Schæff. *Icon.* tab. 250, fig. 4; *apis coronata*, Oliv.; *bombus?* Lat.

11. *Apis surinamensis*, Oliv.; copié de Drury, *Ill.* tom. 1, pl. 43, fig. 4; *centris*, Fab.

12. *Apis virginiana*, Oliv.; copié de Drury, *Ill.* tom. 1, pl. 43, fig. 1; *bombus*, Fab.

13. *Apis Americanorum*, Oliv.; copié de De Géer, tom. 3, pl. 28, fig. 12; *centris*, Lep. St.-Farg. et Serv.

14. *Apis æstuans*, Oliv.; copié de Réaumur, tom. 6, pl. 3, fig. 3; *xylocopa*, Lep. St.-Farg. et Serv.

15. *Apis*, Schæff. *Icon.* tab. 78, fig. 5; *apis acervorum*, Oliv.

16. *Apis*, Schæff. *Icon*, tab. 251, fig. 6; *apis serveensis*, Oliv.; *bombus*, Fab. Lat.

17. *Apis*, Schæff. *Icon.* tab. 69, fig. 7; *apis muscorum*, Oliv.; *bombus*, Fab. Lat.

18. *Apis collaris*, Oliv.; figure copiée de De Géer, tom. 7, pl. 45, fig. 7.

19. *Apis rufa?* Oliv.; Olivier ne cite pas de figure.

Nota. Cette figure porte, par erreur, le n°. 10 sur la planche.

20. Une de ses pattes isolée.

Planche 108.

1. *Apis mellifica*, Oliv.; Lat.; la neutre.

Nota. La figure placée au-dessous de la précédente répresente le mâle ou le faux-bourdon.

2. Réunion de plusieurs neutres accrochées les unes aux autres par les crochets de leurs tarses, et commençant ainsi un essaim.

3. La femelle ou reine abeille.

Nota. Ces figures ont été copiées de Réaumur, tom. 5, pl. 22, fig. 3.

4. *L'abeille maçonne*, Réaum. tom. 6, pl. 7, fig. 4, 5; *apis muraria*, Oliv.; *megachile*, Lat.

5. —— Les ailes posées sur le corps.

6. *Apis*, Schæff. *Icon.* tab. 45, fig. 6; *apis pilipes*, Oliv.; *anthophora*, Lat.

7. *Apis*, Schæff. *Icon.* tab. 22, fig. 5, 6; *apis cineraria*, Oliv.

8. *Apis*, Schæff. *Icon.* tab. 32, fig. 11; *apis manicata*, Oliv.; *anthidium*, Lat.

8 *bis.* —— Variété, Schæff. fig. 13.

8 *n°.* 3. —— Le mulet, Schæff. fig. 14.

8 *n°.* 4. Extrémité de l'abdomen d'une femelle.

9. *Apis*, Schæff. *Icon.* tab. 262, fig. 6, 7; *apis centuncularis*, Oliv.; *megachile*, Lat.

10. *Apis cordata*, Oliv.; copiée de De Géer, tom. 3, pl. 28, fig. 5; *euglossa*, Fab.

11. *Apis conica*, mâle, Oliv.; copiée de Réaum. tom. 6, pl. 11, fig. 2, 3, 4; *cœlioxys*, Lat.

11 *bis.* —— Femelle.

11 *n°.* 3. —— Mâle, les ailes pliées sur le corps.

12. *Apis fulvo-cincta*, Oliv.; copiée de De Géer, tom. 7, pl. 45, fig. 4.

13. *Apis stictica*, Oliv.; copiée de De Géer, tom. 7, pl. 45, fig. 5; *anthidium*, Fab.

Nomade.

14. *Crocisa histrio*, Lat., *Gen. Crust et Ins.*

Nota. Nous pensons que cette figure est copiée de De Géer.

Fulgore.

15. *Fulgora laternaria* de tous les auteurs, les ailes étendues.

15 *n°.* 2. —— Au port d'ailes et vue de profil.

15 *n°.* 3. —— Vue en dessous.

15 *n°.* 4. Partie de la tête où se trouve, en œil à réseau, un tubercule grainé et un mamelon.

Nota. Ces quatre figures sont copiées et réduites de Rœsel, tom. 2, *Locusta*, pl. 28, 29.

Planche 109.

1. *Fulgora serrata*, Oliv.

Nota. Cette figure est copiée du *Naturforcher*, 13, *stuk.* tab. 3, fig. 1.

2. *Fulgora diadema*, Oliv.

Nota. Cette figure est copiée du *Naturforcher*, 13, *stuk.* tab. 3, fig. 3.

3. *Fulgora candelaria*, Oliv. Vue les ailes étendues.

3 *n°.* 2. —— Au port d'ailes.

3 *n°.* 3. —— Vue en dessous.

Nota. Ces trois figures sont copiées de Rœsel, tom. 2, *Locusta*, pl. 300.

3 *n°.* 4. Autre figure du *fulgora candelaria.*

4. *Fulgora serrata*, Oliv.

Nota. Cette figure est copiée du *Naturforcher*, 13, *stuk.* tab. 3, fig. 2. C'est par une erreur bien grossière qu'on a mis au-dessous le nom de fulgore d'Europe.

4 *n°.* 2. *Fulgora Europea*, Oliv.

4 *n°.* 3. —— Grossie.

Nota. Ces figures sont copiées de Sulzer, *Ins.* tab. 9, fig. 5 et 5 *a.*

MEMBRACIS.

A. *Membracis*, etc., Schæff. *Icon.* tab. 96, fig. 3; *membracis aurita*, Oliv.

B. *Membracis spinosa*, Oliv.; copiée de Sulzer, *Ins.* tab. 9, fig. 6.

C. Nous n'avons pu reconnoître cette espèce. Cette figure est si mal gravée qu'il est bien difficile de la déterminer avec certitude.

CIGALES.

1. *La cigale écailleuse de Java*, Stoll, pl. 4, fig. 16; *cicada fasciata*, Oliv.

PLANCHE 110.

1. *La cigale à grand corcelet*, Stoll, pl. 12, fig. 57; *cicada limbata*, Oliv.

2. *La cigale chanteuse verte*, Stol, pl. 7, fig. 25; *cicada virescens*, Oliv.

2 *n°*. 2. —— Vue en dessous.

3. *La cigale chanteuse vert-sale à corselet large*, Stoll, pl. 17, fig. 49; *cicada armata*, Oliv.

4. *La cigale veilleuse*, De Géer, tom. 3, pl. 22, fig. 23; *cicada tibicen*, Oliv.

PLANCHE 111.

1. *La cigale chanteuse des champs*, Stoll, pl. 3, fig. 13; *cicada opercularis*, Oliv.

2. *La cigale de dix-sept ans*, Stoll, pl. 3, fig. 14; *cicada septendecim*, Oliv.

3. *La cigale chanteuse brune*, Stoll, pl. 7, fig. 36; *cicada fusca*, Oliv.

4. *La cigale géante*, Stoll, pl. 22, fig. 17; *cicada gigas*, Oliv.

5. *La cigale chinoise noire*, Stoll, pl. 22, fig. 18; *cicada nigra*, Oliv.

PLANCHE 112.

1. *La cigale chanteuse couleur de rouille*, Stoll, pl. 16, fig. 86; *cicada ferruginea*, Oliv.

2. *Cicada maculata*, Drury, *Ins.* tab. 37, fig. 1; Oliv.

3. *La cigale aux ailes velues*, Stoll, tab. 7, fig. 37? ou De Géer, tom. 3, pl. 33, fig. 2; *cicada ocellata*, Oliv.

4. *Cicada catenata*, Drury, *Ins.* tom. 2, pl. 37, fig. 2; *cicada stridula*, Oliv.

5. *Cicada capensis*, Sulzer, *Ins.* pl. 9, fig. 8; Oliv.

6. *La cigale bigarrée*, Stoll, pl. 4, fig. 17; *cicada nebulosa*, Oliv.

7. *La cigale à bouclier rouge*, Stoll, pl. 7, fig. 39; *cicada immaculata*, Oliv.

8. *La cigale aux anneaux rouges*, Stoll, pl. 2, fig. 11; *cicada hæmatodes*, Oliv.

9. *Cicada plebeia*, Oliv.

Nota. Figure copiée de Rœsel, tom. 2, *Locusta*, pl. 25, fig. 4.

10. *La cigale chantante*, Stoll, pl. 29, fig. 103; *cicada capitata*, Oliv.

PLANCHE 113.

1. *La cigale chanteuse vert lisse*, Stoll, pl. 23, fig. 17; *cicada viridis*, Oliv.

2. *La cigale chanteuse à bords verts*, Stoll, pl. 18, fig. 100; *cicada marginata*, Oliv.

3. *La cigale chanteuse grise*, Stoll, pl. 23, fig. 125; *cicada albida*, Oliv.

4. *La cigale à ventre blanc*, Stoll, pl. 19, fig. 104; *cicada hyalina*, Oliv.

5. *La cigale ensanglantée*, Stoll, pl. 8, fig. 11; *cicada testacea*, Oliv.

6. *La cigale chanteuse à anneaux bruns*, Stoll, pl. 26, fig. 147; *cicada varia*, Oliv.

6. *La cigale à deux taches*, Stoll, *cicad.* pl. 24, fig. 132; *cicada bimaculata*, Oliv.

8. *La cigale bordée de rouge*, Stoll, pl. 25, fig. 140; *cicada marginella*, Oliv.

9. *La cigale du cap tachetée de jaune*, Stoll, pl. 25, fig. 141; *cicada variegata*, Oliv.

10. *La cigale vide*, Stoll, pl. 12, fig. 58; *cicada vacua*, Oliv.

11. *La cigale gazouilleuse*, Stoll, pl. 12, fig. 59; *cicada garrula*, Oliv.

12. *La petite cigale chanteuse verte*, Stoll, pl. 25, fig. 138; *cicada lutescens*, Oliv.

13. *La cigale du cap à anneaux rouges*, Stoll, pl. 25, fig. 126; *cicada cafra*, Oliv.

14. *La cigale hottentote*, Stoll, pl. 25, fig 137; *cicada hottentota*, Oliv.

15. *La cigale jaune aux anneaux bruns*, Stoll, pl. 29, fig. 73; *cicada lutea*, Oliv.

16. *La cigale mouche*, Stoll, pl. 12, fig. 60; *cicada musca*, Oliv.

17. *La cigale petite mouche*, Stoll, pl. 14, fig. 82; *cicada vittata*, Oliv.

18. *La cigale blanche*, Stoll, pl. 14, fig. 72, *cicada pulvera*, Oliv.

PLANCHE 114.

TETTIGONE.

1 A. à G. *Cercopis sanguinolenta*, Lat.

Nota. Ces figures sont copiées du *Naturforcher*, 6, *stuk*. pl. 2.

2. Branche de saule couverte de l'écume produite par la larve du *cicada cercopis spumaria* de Linné.

3. Cette larve à découvert.

4. Son bec.

5. *La cicada cercopis spumaria*, Lin.; à l'état parfait.

6. Sa nymphe.

7. Antre *cercopis*, variété du n° 5.

Nota. Ces figures sont copiées de Rœsel, tom. 2, *cicad. germ.* pl. 23.

PSILLE.

8, *Tinea cereana*, Fab.

Nota. On a donné à cette figure le nom de *psille du buis*.

8 *n°*. 2. 1. La même espèce mâle. 2. La femelle vue en dessous.

8, *n°*. 3. Portion d'un gâteau d'abeille traversé par le fourreau que se construit la chenille de la teigne précédente.

1, 1, 1, 2. Cellules. 3. Fourreau.

9 *a*, *b*. Chenille hors de son fourreau; vue de profil et en dessous.

10. Coque dans laquelle ces chenilles se métamorphosent.

11. Fourreau de ces teignes, tiré du gâteau de cire et couvert par les excrémens de la chenille.

12. Groupe de fourreaux pareils aux précédens, présentant en *a* et *b* deux coques dans lesquelles sont des chrysalides

12. Tuyau de soie de la teigne.

Nota. Cette figure est placée au-dessous de la figure 11, dans la planche.

13. Chenille hors du fourreau précédent.

14. Coque de cette chenille.

15. Teigne provenant de la chenille n°. 13.

Nota. Toutes ces figures ont été copiées de la planche 29, tom. 3, de Réaumur. Il est inconcevable qu'on les ait placées ici sous le nom de *psille du buis*.

15. Sous ce numéro qui est répété, on a placé le *chermes alni* de Linné; en A se voit une feuille d'aune sur laquelle sont posés les insectes; en B est représenté un *chermes alni* grossi.

C. Le même insecte de grandeur naturelle et isolé.

D. Le même insecte dépouillé de son duvet et grossi.

Nota. Ces figures sont copiées de Schæffer, *Elém.* tab. 39.

PLANCHE 115.

PSILLE.

1. Portion de feuille de figuier sur laquelle on voit des larves du *chermes ficus*, appliquées en *a*, *a*, *a*.

2. —— Ayant des larves plus âgées.

3. Nymphe du *chermes ficus* grossie et vue en dessus; — *d*, thorax; — *e*, *e*, fourreaux des ailes.

4. —— Vue en dessous; — *e*, les antennes; — *h*, les pattes; — *g*, les fourreaux des ailes.

5. Nymphe du même *chermes*, au moment où l'insecte sort; — *p*, *p*, les antennes; — *q*, dépouille tenant aux corps de l'insecte et ayant en *o* une bulle transparente.

6. *Chermes ficus*, Lin. Gmel. Très-grossi et vu de profil.

7. —— Vu en dessous.

8. —— De

8. —— De grandeur naturelle.

Nota. Toutes ces figures sont copiées de Réaumur, tom 3, pl. 29, fig. 14 à 24.

PUCERON.

9. On a donné, sous le nom de *puceron du viorne*, une figure prise dans Schæffer, *Icon.* tab. 235, fig. 1 *a*. Il est représenté de grandeur naturelle.

10. Le même très-grossi, fig. *b*, de Schæff.

11 à 21. Larves d'une espèce du genre *tinea*, Lin.; copiée de Réaumur, tom. 3, pl. 8, et se nourrissant des feuilles de l'orme.

11. Fourreau de la chenille grossi et renversé; — *a*, la chenille sortie en partie.

12. Autre fourreau ayant aussi sa chenille sortie en *b*.

13. Fourreau dans lequel la chenille est rentrée; — *c*, dentelures de ce fourreau.

14. Autre fourreau plus grand; — *d*, ouverture par où la chenille sort la tête.

15. Autre fourreau d'une forme différente.

16. Le même de grandeur naturelle.

17. Fourreau grossi.

18. Chenille couverte d'un fourreau sans dentelures.

19. Feuille d'orme qu'une teigne mine; — *i*, la teigne, — *k*, son fourreau.

20. Autre feuille rongée par des teignes; — *q*, fourreau d'une teigne; — *r*, son corps à demi sorti; — *p*, *s*, *t*, places rongées par les teignes, et ouverture par lesquelles elles sont entrées dans les membranes de la feuille.

21. Autre feuille d'orme sur laquelle on avoit mis des chenilles dépouillées de leur fourreau. On voit en 1, 2, 3, 4, *g*, *x*, *z*, les diverses périodes de la construction d'un nouveau fourreau.

Nota. Gmelin cite ces figures sous son *aphis sambuci*; on les a copiées ici sans aucun discernement, et sans apercevoir qu'elles représentent les métamorphoses d'une teigne; et ce qu'il y a de plus remarquable, c'est qu'on a omis de copier l'insecte parfait provenant de ces chenilles.

22. *Aphis ribes*, Lin.; feuille de sycomore sur laquelle on voit des groupes en *d* et *e*.

a. L'insecte parfait grossi. Mâle.

b. —— Femelle.

c. —— Jeune.

Nota. Figures copiées de Réaumur, tom. 3, pl. 22, fig. 7 à 10.

PLANCHE 116.

1 à 5. Feuilles de peuplier chargées de plusieurs galles produites par l'*aphis bursaria* de Lin.

Nota. Figures copiées de Réaumur, tom. 3, pl. 26, fig. 7 à 11.

6. Portion de feuille de sycomore chargée d'un groupe de l'*aphis aceris* de Lin.

Nota. Figure copiée de Réaumur, tom. 3, pl. 22, fig. 6.

7. Feuille de prunier chargée d'un grand nombre d'*apis pruni* de Lin.

8. Autre feuille de prunier que les pucerons ont repliée sur elle-même.

Nota. Gmelin cite ces figures sous son *aphis pruni*; il les cite encore sous l'*aphis padi*. Ces figures sont copiées de Réaumur, tom. 3, pl. 23, fig. 9, 10.

9. *Aphis salicis*, Lin. Gmel.

Nota. Gmelin cite encore cette figure sous son *aphis betulæ*. Elle est copiée de Réaumur, tom. 3, pl. 22, fig. 2.

PLANCHE 117.

a 1. Branche de rosier sur laquelle il y a une multitude d'*aphis rosæ*.

a 2. Larve d'*aphis rosæ* de grandeur naturelle.

a 3. —— Grossie.

a 4. Mâle de grandeur naturelle.

a 5. *L'aphis rosæ*, Lin. Grossi.

Nota. Ces figures sont copiées de Schæff. *Icon.* tab. 231, fig. 6 à 10; Gmelin ne les cite pas sous son *aphis rosæ*.

2. Touffe de feuilles de tilleul qui doit sa forme à l'*aphis tiliæ*, Lin.

3. Jeune rameau de tilleul défiguré par des pucerons; — *a*, *b*, *c*, *d*, parties de la tige altérée et contournée en spirale.

4. La même partie de tige grossie; — *f*, *g*, *h*, tige; — *i*, *k*, *l*, *m*, pucerons femelles entourés de leurs petits.

5. *Aphis tiliæ*, femelle; vue de profil.

6. *Aphis tiliæ*, femelle, Lin.; vue en dessous.

7. —— Adulte et de grandeur naturelle.

8. —— Jeune.

9. —— Vue en dessous.

Nota. Ces figures sont copiées de Réaumur, tom. 3, pl. 23, fig. 1 à 8.

PLANCHE 118.

PUCERON.

1 à 10. *Aphis quercus*, Lin. Gmel.; grossi.

1. Le puceron tenant sa trompe raccourcie et piquée en devant.

2, 3, 4, 5, 6. Pucerons tenant leur trompe pliée sous le ventre, et dirigée en arrière en se recourbant plus ou moins.

7. Le même puceron très-grossi; — *a a*, ses antennes; — *b b*, *c c*, ses pattes; — *c*, *h*, *i*, sa trompe.

8. Portion de sa tête et trompe excessivement grossie; — *a*, *a*, antennes coupées; — *b*, *c*, la languette; — *d*, *e*, partie de la trompe qui rentre à la volonté de l'animal dans la partie *d*, *c*; — *f*, *g*, extrémité de la trompe.

9. Même figure ayant seulement la partie *d*, *e*, rentrée dans celle *b*, *c*.

10. Le puceron *aphis quercus* extrêmement grossi; — *a*, *a*, ses antennes; — *b*, *b*, *b*, ses pattes; — *c*, *k*, la languette; — *e*, *a*, cavité dans laquelle se loge la pièce précédente; — *f*, *g*, *h*, *i*, le reste de la trompe.

Nota. Ces figures sont copiées de Réaumur, tom. 3, pl. 28, fig. 5 à 14.

11. Tige de laitue couverte de l'*aphis lactucæ*, de Lin. Gmel.

12. *Aphis lactucæ*, Lin. Gmel.

13. —— Très-grossi.

Nota. Ces figures sont copiées de Réaumur, tom. 3, pl. 22, fig. 3, 4, 5. Gmelin les cite encore sous son *aphis sonchi*.

THRIPS.

1 *Thrips fasciata*, Lin. Gmel.; de grandeur naturelle.

2. —— Grossi.

Nota. Figures copiées de Sulzer, *Ins.* tab. 7. fig. 48.

A. *Tettigonia*, Schæff. *Elém.* tab. 77.

B. Une de ses pattes.

C. Antenne.

Nota. Ces figures sont citées par Gmelin sous son *thrips physapus*.

a. *Thrips ulmi*, Lin. Gmel.; de grandeur naturelle.

b. —— Grossi.

c. Sa tête *idem*.

d. Une de ses pattes *idem*.

Nota. Ces quatre figures sont copiées de De Géer, tom. 3, pl. 1, fig. 8 à 13.

KERMES.

1. Dessous de trois feuilles de hêtre couvert de pucerons (*kermes fagi*).

2. *Kermes fagi*, mâle, Lin. Gmel.

3. —— Jeune et dépouillé de son coton.

4. Dépouille cotonneuse du précédent, vue à la loupe.

5. *Kermes fagi*, très-grossi, couvert de son coton et vu de profil.

6. —— Vu de face.

Nota. Ces figures sont copiées de Réaumur, tom. 3, pl. 26.

PLANCHE 119.

KERMES.

1. Branche de pêcher sur laquelle sont attachés deux *kermes persicæ oblongus*, Lin. Gmel.; — *b*, *b*, les deux kermes.

1 *n°*. 2. Autre branche de pêcher presque couverte du même kermes; — *c*, *a*, indiquent ces insectes.

Nota. Ces deux figures sont copiées de Réaumur, tom. 4, pl. 1, fig. 1, 2.

3, 4, Sous le nom de *kermes de l'aulne*, on a représenté deux figures prises de Schæffer, *Icon.* pl. 271, fig. 4, 5.

COCHENILLE.

1. *Coccus hesperidum*, Oliv.; le mâle grossi.

2. La femelle grossie et de grandeur naturelle, vue en dessus.

3. La même plus grossie et vue en dessous.

4. Rameau de citronnier ou d'oranger couvert de *coccus* comme on le voit aux endroits désignés par les lettres *a*, *b*, *c*, *d*, *e*, *f*, *g*.

Nota. Ces figures sont copiées de Schæffer, *Elém.* tab. 48.

5. Branche de chêne à laquelle sont attachés en *a* et *b*, des *kermes reniformis* d'Oliv.

6. *Kermes reniformis* très-grossi et montrant en *c* un tubercule qui pourroit être une dépouille laissée par le gallinsecte pendant qu'il étoit jeune.

7. La même figure vue dans un autre sens.

8. —— Renversée, montrant en *e*, *f*, *g*, les œufs dont l'insecte est rempli.

PLANCHE 120.

1. Branche de chêne (*ilex cocci glandifera*) chargée en *a*, *b*, *c*, *d*, *e*, d'un grand nombre de *coccus ilicis* de Lin.

2. Petit rameau de noisetier présentant en A, *a*, le *coccus coryli* de Lin. et d'Oliv.

3. Autre rameau portant en A un gallinsecte arrivé au terme de son accroissement.

4. *Coccus coryli* très-grossi et vu en dessus.

5. —— Vu de profil.

6. Ses œufs.

7. *Coccus coryli* jeune. C'est probablement le mâle qui n'a pas encore d'ailes.

Nota. Ces figures sont copiées de Réaumur, tom. 4, pl. 3, fig. 4 à 10.

8. *Coccus coryli* grossi; — *a*, *a*, ses antennes; — *b*, pointes de la partie postérieure du corps.

9. Branche de tilleul portant en *a*, *b*, *c*, *d*, le *kermes tiliæ* d'Oliv.

10. Un de ces kermes coupé transversalement en *f*, *e*, pour montrer son intérieur dans lequel on voit les œufs.

11. La même figure grossie; — *i*, la partie postérieure de l'animal; — *h*, *k*, *l*, *m*, espace interne rempli par des œufs; — *g*, œufs isolés.

Nota. Toutes les figures qui précèdent sont copiées de Réaumur, tom 4, pl. 3, fig. 1, 2, 3.

12. Nous ne savons où l'on a pris cette figure qui porte le nom de *cochenille des graminées*.

13. Branche de vigne chargée en *b*, *c*, *d*, *e*, *f*, *g*, *h*, *i*, du *kermes vitis*, d'Oliv.

14. Œuf de ces chermes très-grossi.

15. *Kermes vitis* renversé; — *a*, *a*, bourrelet formé par le coton qui sert à envelopper les œufs, — *b*, partie antérieur de l'insecte; — *c*, *c*, *d*, œufs scellés bout-à-bout.

16. *Kermes cratægi*, Oliv.

a, *a*, nid de coton dans lequel le kermes pond ses œufs; — *b*, l'animal.

16 *n*°. 2. Branche d'aubépine chargée en *a*, *b*, *c*, de plusieurs *kermes cratægi*.

Nota. Ces figures sont copiées de Réaumur, tom. 4, pl. 6, fig. 5 à 12.

16 *n*°. 3. *Coccus cacti*, Oliv.; de grandeur naturelle et grossi.

Nota. Ces figures sont copiées de Réaumur, tom. 4, pl. 7, fig. 11, 12.

PLANCHE 121.

NOTONECTE.

1. *Notonecta glauca*, Lat.; à l'état de nymphe et vue en dessus.

1 *n*°. 2. —— Vue en dessous.

1 *n*°. 3. —— A l'état parfait, vue en dessous; — *a*, les pattes antérieures; — *b*, *b*, pattes moyennes; — *c*, *c*, pattes postérieures.

1 *n*°. 4. —— Vue en dessous.

2. Œufs de notonecte.

3, 4. Les mêmes œufs plus développés.

6. Larves de notonecte très-jeunes; — *a*, larve un peu plus âgée que celle représentée figure 6.

7. *Notonecta glauca* les ailes étendues.

8. Tête de notonecte très-grossie; — *a*, *a*, les yeux; — *b*, *b*, les antennes; — *c*. *d*, le rostre ou bec.

9. Pattes intermédiaires; *a* — cuisse; — *b*, jambe; — *c*, *d*, tarses; — *f*, crochets

Nota. Ces figures sont copiées de Rœsel, tom. 3, *cim. aquat.* pl. 27.

CORISE.

A. *Corixa striata*, Oliv.

A *n*°. 2. —— Les ailes étendues.

Nota. Ces deux figures sont copiées de Rœsel, tom. 3, *cim. aquat.* tab. 29, fig. *a*, *b*.

NÈPE.

1. *Nepa grandis*, Lat.; les ailes étendues.

a, *a*, Cuisse de la patte antérieure; — *b*, jambe; — *c*, tarse; — *d*, jambe gauche repliée sur la cuisse; — *f*, *f*, tarses postérieurs; — *e*, oviducte.

1 *n*°. 2. La même figure vue les ailes pliées sur le corps. Les lettres indiquent les mêmes parties que dans la figure précédente.

Nota. Cette nèpe forme le genre Bélostome de M. Latreille; elle a été copiée et réduite de Rœsel, tom. 3, *cim. aquat.* pl. 26, fig. 1, 2.

2. *Nepa cinerea*, Lat.

2 *bis*. Sa nymphe.

2 n°. 3. *Nepa cinerea* les ailes étendues; — *a*, *b*, pattes antérieures ravisseuses; — *b*, oviducte; — *c*, *c*, pattes postérieures; — *d*, *d*, ailes et élytres.

Nota. Ces trois figures sont copiées de Rœsel, tom. 3, *cim. aquat*. pl. 22, fig. 6, 7, 8.

PLANCHE 122.

NÈPE.

1. Larve du *nepa linearis*, Oliv.; très-jeune. (*Ranatra*, Lat.)

2. La même plus âgée.

3. Nymphe; — *a*, *a*, fourreaux des ailes et des élytres; — *b*, petit insecte aquatique qu'elle a saisi avec ses pattes ravisseuses et dont elle se nourrit.

4. L'insecte parfait ayant les ailes étendues.

5. Le même les ailes ployées sur le corps; — *a*, pattes intermédiaires; — *b*, *c*, pattes postérieures.

6. Tête de l'insecte précédent; — *a*, *a*, les yeux; — *b*, *c*, le rostre ou bec.

7. Jambe et tarse de la patte antérieure très-grossis; — *d*, tubercule épineux placé au milieu de la jambe; — *c*, *d*, canal dans lequel vient se placer le tarse *a*, *b*, *c*.

8. Haut de la jambe très-grossi, vu de manière à montrer le canal dans lequel se place le tarse.

9. Extrémité de l'abdomen très-grossi, montrant en *a*, *b*, les filets de l'oviducte.

10. Tronçon de ces filets très-grossi, pour faire voir le canal où passent les œufs.

Nota. Ces figures sont copiées de Rœsel, tom. 3, *cim. aquat*. pl. 23.

NAUCORE.

1. Larve du *naucoris cimicoïde*, Lat.

2. L'insecte parfait vu en dessus.

3. —— Vu en dessous.

4. —— Les ailes étendues.

5. Thorax et tête, vus en dessous, pour montrer le bec, les yeux et les pattes antérieures qui sont ravisseuses.

Nota. Ces figures sont copiées de Rœsel, tom. 3, *cim. aquat*. pl. 28.

PUNAISE.

1. *Cimex lectularius*, Lin.; très-grossi.

2. Sa tête très-grossie; — *a*, les yeux; — *b*, le rostre; — *c*, *c*, les antennes.

3. La même punaise de grandeur naturelle.

Nota. Ces figures sont copiées de Sulzer, *Ins*. tab. 20, fig. 69.

4. On a copié de Schæffer les deux insectes indiqués sous ce numéro, ce sont des élaters qu'on a pris pour des punaises. Ils sont figurés dans Schæffer, *Icon*. pl. 4, fig. 6 et 7.

5. *Cimex clavicornis*, Lin.; de grandeur naturelle.

5 n°. 2. —— Grossi.

Nota. Ces deux figures sont copiée de Schæffer, *Icon*. tab. 219, fig. 3, *a*, *b*. Gmelin ne le cite pas sous son *cimex clavicornis*

6. *Cimex*, Schæff. *Icon*. tab. 11, fig. 15; *cimex bifurcatus*, Lin. Gmel.

PLANCHE 123.

1. *Cimex scarabæïdes*, Lin.; figure copiée de Sulzer, *Ins*. tab. 11, fig. 10.

2. *Cimex Druræi*, Lin. Gmel.; copié de Drury, *Ins*. tab. 42, fig. 5.

3. *Galerita americana*, Lat.; copiée de Drury, *Ins*. tab. 42, fig. 2.

4. *Attelabus longicollis*, Drury, *Ins*. tom. 1, pl. 42, fig. 5, 6; genre *Casnonia*, Lat.

5. *Curculio minutus*, Drury, *Ins*. tom. 1, pl. 42, fig. 3, 7; genre *Brentus*, Lat.

6. *Cimex Druræi*, Lin. Gmel.; copiée de Drury, *Ins*. tab. 42, fig. 1.

7. *Cimex nigro-lineatus*, Lin. Gmel.; copié de Schæff. *Elém*. tab, 44, fig. 1.

8. *La punaise rayée de Surinam*, Stoll, pl. 2, fig. 8.

9 A. *Cimex maurus*, Lin. Gmel.

B. —— Les ailes étendues.

C. —— Variété.

D. —— Les ailes étendues.

10 *a*. *Cimex fuliginosus*, Lin. Gmel.

b. —— Les ailes étendues.

c. —— Vu en dessous.

Nota. Ces trois figures sont copiées de Schæff. *Icon*. tab. 11, fig. 10, 11, 12.

11 *b*. *Cimex*

11 *d. Cimex tetragrammus*, Lin. Gmel.

e. —— Les ailes étendues.

Nota. Figures copiées de Schæffer, *Icon.* tab. 43, fig. 7, 8.

12. *Cimex rufipes*, Lin. Gmel.; vu les ailes étendues.

12 n°. 2. La même les ailes pliées sur le corps.

Nota. Figures copiées de Schæffer, *Icon.* tab. 57, fig. 6, 7.

13. *Cimex digrammus*, Lin. Gmel.; copié de Schæff. *Icon.* tab. 13, fig. 9.

14. *Cimex bidens*, Lin. Gmel.; copié de Sulzer, *Ins.* tab. 11, fig. 72.

15. *Cimex flavicollis*, Drury, *Ins.* tom. 1, pl. 36, fig. 4.

16. *Cimex marginatus*, Lin. Gmel.; les ailes étendues.

17. —— Au port d'ailes.

Nota. Ces figures sont copiées de Schæffer, *Icon.* tab. 41, fig. 4, 5.

18. *Cimex calcaratus*, Lin. Gmel.

19. —— Les ailes étendues.

Nota. Ces figures sont copiées de Schæffer, *Icon.* tab. 123, fig. 2, 3.

20. *Cimex flavus*, Lin. Gmel.

21. —— Les ailes étendues.

22. Nous pensons que cet individu est le même que celui figuré par Drury, *Ins.* tom. 2, pl. 45, fig. 1.

23. *Cimex balteatus*, Drury, *Ins.* tom. 1, pl. 43, fig. 3.

24. *Cimex melanopus*, Lin. Gmel.; copié de Drury, *Ins.* tom. 2, tab. 36, fig. 5; *edessa nigripes*, Fab.

25. *Pentatoma* que nous n'avons pu reconnoître.

26. *Cimex sagittifer*, Lin. Gmel.; vu les ailes étendues.

27. —— Vu au port d'ailes.

28. —— Vu en dessous.

Nota. Ces figures sont copiées de Schæffer, *Icon.* tab. 41, fig. 1, 2, 3.

29. *Cimex ornatus*, Lin. Gmel.; copié de Schæff. *Icon*, tab. 60, fig. 10.

30. *Cimex bicolor*, Lin. Gmel.

31. —— Les ailes étendues.

Nota. Ces figures sont copiées de Schæffer, *Icon.* tab. 41, fig. 8, 9.

PLANCHE 124.

PENTATOME.

1. *Lygæus valgus?* Fab.

Nota. Nous n'avons pu découvrir de quel ouvrage il a été copié.

2. Cette pentatome bleuâtre nous est inconnue

3. *Cimex saturnius*, Rossi, *Faun. étr.* tab. 7, fig. 8.

4. *Cimex cæruleus*, Lin. Gmel.; copié de Schæff. *Icon.* tab. 51, fig. 4.

5. *Cimex carbonarius*, Rossi, *Faun. étr.* tab. 7, fig. 7.

6. *Cimex morio*, Lin.; copié de Schæff. *Icon.* tab. 82, fig. 6.

7. *Cimex acuminatus*, Lin.; copié de Schæff. *Icon.* tab. 12, fig. 11.

8. *Cimex mat.* Rossi, *Faun. étr.* tab. 7, fig. 8.

9. *Cimex equestris*, Lin.; copié de Schæff. *Icon.* tab. 48, fig. 8.

10. *Cimex hiosciami*, Lin.

Nota. Cette figure paroît être copiée de Mlle Mérian, *Ins. Eur.* tab. 51, fig. 1.

11. Nous n'avons pu reconnoître cette figure; elle est si imparfaite qu'il est impossible de dire à quelle espèce on pourroit la rapporter.

12. *Cimex stolatus*, Lin.; copié de Schæff. *Icon.* tab. 119, fig. 3.

13. *Cimex pini*, Lin.; copié de Schæff. *Icon.* tab. 42, fig. 12.

14. *Cimex rolandri*, Lin.; copié de Schæff. *Icon.* tab. 87, fig. 7.

15. *Cimex trifasciatus*, Lin.; copié de Schæff. *Icon.* tab. 13, fig. 8.

16. *Cimex hæmatostictos*, Lin.; copié de Schæff. *Icon.* tab. 13, fig. 3.

17. *Cimex triangularis*, Lin.; copié de Schæff. *Icon.* tab. 13, fig. 2.

18. *Cimex gothicus*, Lin.; copié de Schæff. *Icon.* tab. 13, fig 5.

19. *Cimex vandalicus*, Rossi, *Faun. étr.* pl. 7, fig. 12.

20. *Cimex striatus*, Lin. Gmel.; copié de Schæff. *Icon.* tab. 13, fig. 4.

21. *Gerris lacustris*, Lat.; copié de Sulzer, *Ins.* tab. 11, fig. 78.

22. *Cimex italicus*, Rossi, *Faun. étr.* tab. 7, fig. 11.

23. *Hydrometra stagnorum*, Lat.; copié de Sulz. *Ins.* tab. 10, fig. 17.

24. *Cimex purpureo-lineatus*, Rossi. *Faun. étr.* tab. 7, fig. 2.

25. *Cimex smaragdulus*, Lin.; copié de Schæff. *Icon.* tab. 46, fig. 3.

25 *bis*. *Cimex griseus*, Lin.; copié de Schæff. *Icon.* tab. 46, fig. 7, 8.

26 et 26 *bis*. C'est une pentatome si mal gravée, que l'on ne peut savoir quelle espèce on a voulu faire; elle porte, dans la planche, le nom de *pentatome agréable*.

27. *Cimex morio*, Lin.; copié de Schæff. *Icon.* tab. 82, fig. 6.

28. *Cimex tessellatus*, Lin.; copié de Schæff. *Icon.* tab. 13, fig. 11.

RÉDUVE.

29. *Reduvius personatus*, Lat.

29 *bis*. —— Les ailes étendues.

Nota. Ces figures sont copiées de Schæffer, *Icon.* tab. 13, fig. 6, 7.

30. *Cimex reduvius annulatus*, Lin. Gmel.

30 *n°*. 2. —— Les ailes étendues.

30 *n°*. 3. —— Mâle.

Nota. Figures copiées de Schæffer, *Icon.* tab. 5, fig. 9, 10, 11.

31. *Cimex reduvius cristatus*, Lin. Gmel.; figure copiée de Sulzer, tom. 10, fig. 12.

32. *Cimex reduvius acantharie*, Lin. Gmel.; copié de Sulzer, *Ins.* tab. 10, fig. 8.

33. *Reduvius ululans*, Rossi, *Faun. étr.* tab. 7, fig. 5.

PLANCHE 125.

BLATTE.

1. *Blatta gigantea*, Oliv.; copiée de Drury, *Ins.* tom. 2, pl. 36, fig. 2.

2. *Blatta Ægyptiaca*, Oliv.; copiée de Drury, *Ins.* tom. 2, pl. 36, fig. 3.

3. *Blatta surinamensis*, Oliv.; copiée de Sulz. *Ins.* tab. 8, fig. 1.

4. *Blatta nivea*, Oliv.; copiée de Drury, *Ins.* tom. 2, pl. 36, fig. 1.

5. *Blatta petiveriana*, Oliv.; copiée de Sulzer, *Ins.* tab. 11, fig. *a*, *b*.

5 *bis*. —— Vue en dessous.

6. *Blatta orientalis*, Oliv.; à l'état de nymphe.

6 *bis*. —— A l'état parfait.

Nota, Ces figures sont copiées de Schæffer, *Icon.* tab. 155, fig. 6, 7.

7. *Blatta picta*, Oliv.; copiée de Drury, *Ins.* tom. 3, pl. 50, fig. 3.

A. *Blatta maculata*, Oliv.

B. La même un peu plus grosse.

Nota. Figures copiées du *Naturforcher*, 15, *stuk.* tab. 3, fig. 17, 18.

C. *Blatta marginata*, Oliv.

Nota. Figure copiée du *Naturforcher*, 15, *stuk.* tab. 3, fig. 16.

GRILLON.

9. *Acrydium elephas*, Oliv.

Nota. Figure copiée de Rœsel, tom. 2, *loc. ind.* pl. 6, fig. 2.

10. *Acrydium cristatum*, Oliv.; vu de profil.

10 *n°*. 2. —— Vu les ailes étendues.

Nota. Ces deux figures sont réduites de Rœsel, tom. 2, *loc. ind.* pl. 5, fig. 1, 2.

PLANCHE 126.

1. *Acrydium dux*, Lin. Fab.; copié de Drury, *Ins.* tom. 1, tab. 44.

2. *Acrydium dentatum*, Oliv.; copié de De Géer, *Ins.* tom. 3, pl. 42, fig. 2.

3. *Acrydium punctatum*, Oliv.; copié de Drury, *Ins.* tab. 41, fig. 4.

4. *Gryllus squammosus*, Lin.; *acrydium*, Lat.; figure copiée de Drury, *Ins.* tom. 1, pl. 49, fig. 1.

5 A. *Acrydium migratorium*, Oliv.; figure copiée de Rœsel, tom. 2, *loc. germ.* pl. 24, fig. 1.

PLANCHE 127.

5 B. *Acrydium migratorium*, Oliv.; vu de profil.

5 C. —— Les ailes étendues.

5 D. Envoloppe des œufs.

5 E. Enveloppe ouverte pour montrer les œufs.

5 F. Œufs isolés.

Nota. Ces figures sont copiées de Rœsel, *loc. germ.* tom. 2, pl. 24, fig. 2 à 6.

6. *Acrydium stridulum*, Oliv.; copié de Rœsel, tom. 2, *loc. germ.* tab. 21, fig. 1.

7. *Acrydium italicum*, Oliv.; copié de Rœsel, tom. 2, *loc. germ.* tab. 21, fig. 6.

8. *Acrydium germanicum*, Oliv.; copié de Rœs. tom. 2, *loc. germ.* tom. 21, fig. 7.

9. *Acrydium obscurum*, Oliv.; copié de De Géer, tom. 3, tab. 41, fig. 4.

10. *Acrydium cœrulescens*, Oliv.; copié de Rœsel, tom. 2, *loc. germ.* pl. 21, fig. 4.

11. *Acrydium viridulum*, Oliv.; vu de profil.

11. *bis.* —— Les ailes étendues.

Nota. Ces figures sont copiées de Schæffer, *Icon.* tab. 141, fig. 2, 3.

12. *Acrydium punctulatum*, Oliv.; les ailes étendues.

12 *bis.* —— Vu de profil.

Nota. Ces figures sont copiées de De Géer, tom. 3, pl. 41, fig. 12.

PLANCHE 128.

1 *Acrydium rufum*, Oliv.; copié de Schæffer, *Icon.* tab. 136, fig. 4, 5.

2. —— Vu de profil.

3. Trou de taupe grillon dans lequel une femelle a pondu ses œufs.

4. Très-jeunes taupes grillons à l'état de larve.

5. Larve de taupe grillon plus âgée.

6, 7. Larves plus âgées.

8. Larve prête à se changer en nymphe.

9. Nymphe.

10. *Grillus talpa*, Lin. Oliv.; à l'état parfait et vu de profil.

11. —— Les ailes étendues.

12. Une de ses pattes antérieures très-grossie; — *a*, *b*, *c*, tarse.

13. Extrémité du tarse pour montrer ses crochets.

14. Tarse entier.

Nota. Ces figures sont copiées de Rœsel, tom. 2, *loc. germ.* pl. 14.

15. Cet *acrydium* est copié de Drury, *Ins.* tab. 42, fig. 1; il est d'Arfrique. C'est à tort qu'on lui a donné le nom de *grillon monstrueux*.

PLANCHE 129.

1. Nymphe du *grillus domesticus*, Oliv.

2. Larve du même au sortir de l'œuf.

3. Œufs de ce grillon.

4, 5. Larves plus âgées.

6. *Grillus domesticus*, femelle; à l'état parfait et les ailes étendues.

7. —— Vu de profil.

8. —— Mâle.

Nota. Figures copiées de Rœsel, tom. 2, *loc. germ.* pl. 12.

A. Œufs du *grillus campestris*, Oliv.

B. Jeune larve au sortir de l'œuf.

C, D, H. Larves plus âgées.

E, F. Nymphes.

G. *Grillus campestris*, femelle.

L. —— Mâle.

M. Le même chantant à l'entrée de son trou.

SAUTETELLES.

1. *Grillus locusta citrifolius*, Lin. Gmel.; copiée de Rœsel, tom. 2, *loc. ind.* tab. 16, fig. 1.

2. *Grillus locusta myrtifolius*, Lin. Gmel.; copiée de Drury, *Ins.* tom. 2, pl. 41, fig. 2.

PLANCHE 130.

1. *Gryllus locusta elongatus*, Lin. Gmel.; figure copiée de Rœsel, tom. 2, *loc. ind.* tab. 18, fig. 7.

2. *Gryllus locusta acuminatus*, Lin. Gmel.; figure copiée de Sulzer, *Ins.* pl. 9. fig. 1.

3. *Gryllus locusta viridissimus*, Lin. Gmel.; femelle.

A. Extrémité de l'abdomen.

Nota. Figures copiées de Rœsel, tom. 2, *loc. germ.* tab. 10, fig. 1, 2.

4. *Gryllus locusta verrucivorus*, Lin. Gmel.; femelle représentée au moment où elle pond ses œufs en terre.

c, œufs pondus; — *a*, *b*, autre trou dans lequel les œufs sont déjà pondus; — *d*, jeunes sauterelles à l'état de larves et au sortir de l'œuf.

5. La même sauterelle mâle.

6, 7. Deux femelles de la même espèce formant deux variétés distinctes.

8. Nymphe de cette sauterelle.

9. Sa larve.

Nota. Toutes ces figures sont copiées de Rœsel, tom. 2, *loc. germ.* pl. 8.

PLANCHE 131.

1. *Gryllus locusta varius*, Lin. Gmel.; figure copiée de Sulzer, *Ins.* tab. 8, fig. 9.

2. *Gryllus locusta papus*, Lin. Gmel.; figure copiée de Rœsel, tom. 2, *loc. ind.* pl. 6, fig. 3.

3. *Locusta perforata*, Rossi, *Faun. étr.* pl. 8, fig. 3; femelle.

3 n°. 2. *Locusta perforata*, Rossi, *Faun. étr.* pl. 8, fig. 4; le mâle.

4. *Gryllus locusta falcatus*, Lin. Gmel.; le mâle.

Nota. La figure placée à gauche de la précédente en est une variété. Ces figures sont copiées de Schæff. *Icon.* pl. 138, fig. 1 à 3.

5. *Ploiera vagabunda*, Lat.; *ploiera domestica*, Scop.; très-grossie.

6. —— Moins grossie.

7. —— De grandeur naturelle.

Nota. Figures copiées de Scopoli, *Deliciæ flor. et faun. insubr.* tab. 24, fig. 1, 3 et A.

PLANCHE 132.

1. *Mantis necydaloides*, Oliv.; genre *Phasma*, Lat.

2. *Mantis gigas*, Oliv.; genre *Phasma*, Lat.

Nota. Ces deux figures sont copiées de Rœsel, tom. 2, *loc. ind.* pl. 19, fig. 9, 10.

3. *Mantis gongyloides*, Oliv.; vue de profil; genre *Empusa*, Lat.

4. —— Variété.

5. —— A l'état de nymphe.

Nota. Figure copiée de Rœsel, tom. 2, *loc. ind.* tab. 7, fig. 1, 2, 3.

6. *Mantis strumaria*, Oliv.; à l'état de nymphe.

Nota. Figure copiée de Rœsel, tom. 2, *loc. ind.* tab. 3, fig. 1.

PLANCHE 133.

1. *Mantis strumaria*, Oliv.; à l'état parfait.

Nota. Figure copiée de Rœsel, tom. 2, *loc. ind.* pl. 3, fig. 2.

2. *Mantis siccifolia*, Oliv.; à l'état parfait; genre *Phyllium*, Lat.

2 *bis.* —— A l'état de larve.

Nota. Ces figures sont copiées de Rœsel, tom. 2, *loc. ind.* pl. 17, fig. 4, 5.

3. *Mantis pectinicornis*, Oliv.; les ailes étendues; genre *Empusa*, Lat.

Nota. Figure copiée de Drury, *Ins.* tom. 1, pl. 50, fig. 1.

PLANCHE 134.

1 A. *Mantis religiosa*, Oliv.; nymphe.

1 B. —— A l'état parfait.

E. Patte antérieure de cette mante, étendue.

F. Patte antérieure pliée.

Nota. Ces figures sont copiées de Rœsel, tom. 2, *loc. ind.* pl. 1, fig. 1, 2, 3, 4.

1. *Mantis oratoria* tenant une mouche entre ses pattes antérieures.

1 C. *Mantis oratoria*, Oliv.; les ailes étendues.

1 D. —— Les ailes posées sur le corps.

2. *Mantis pagana*, Oliv.; grossie.

3. —— De grandeur naturelle.

Nota. Ces figures sont copiées de Rœsel, *Ins.* tab. 1, fig. 5.

4. *Phasma Rossii*, Lat.; cette figure est copiée de Rossi, *Faun. étr.*

PLANCHE 135.

TRUXALE.

1. *Truxalis nasutus*, Lat.; vu de profil.

1 nº 2. —— Les ailes étendues.

Nota. Ces figures sont copiées de Rœsel, tom. 2, *loc. ind.* pl. 4.

CRIQUET.

A. *Acrydium bipunctatum*, Oliv.; le criquet à capuchon, copié de De Géer, tom. 3, pl. 23, fig. 15; genre *Tetrix*, Lat.

B. *Acrydium subulatum*, Oliv.; genre *Tetrix*, Lat.; vu de profil.

C. —— Les ailes étendues.

Nota. Ces figures sont copiées de Schæffer, *Icon.* tab. 161, fig. 2, 3.

LUCANE.

1. *Lucanus alces*, Oliv. *Ent.* nº. 1, *lucane*, tab. 2, fig. 3.

2. *Lucanus cervus*, Oliv. *Ent.* nº. 1, *lucane*, tab. 2, fig. 3, 6.

3. —— Femelle.

PLANCHE 136.

1. *Lucanus cepra*, Oliv. *Ent.* nº. 1, *lucane*, pl. 1, fig. 1, *e*.

2. *Lucanus elaphus*, Oliv. *Ent.* nº. 1, *lucane*, pl. 3, fig. 7.

3. *Lucanus bison*, Oliv. *Ent.* nº. 1, *lucane*, pl. 3, fig. 6.

4. *Lucanus gazella*, Oliv. *Ent.* nº. 1, *lucane*, pl. 4, fig. 13, *a*.

5. *Lucanus lama*, Oliv. *Ent.* nº. 1, *lucane*, pl. 3, fig. 8.

Nota. Cette figure ne porte point de numéro dans la planche.

6. *Lucanus capreolus*, Oliv. *Ent.* nº. 1, *lucane*, pl. 3, fig. 4, *e*.

Nota. Cette figure ne porte pas de numéro, elle est à droite de la précédente.

7. *Lucanus suturalis*, Oliv. *Ent.* nº. 1, *lucane*, pl. 4, fig. 12.

8. *Lucanus femoratus*, Oliv. *Ent.* nº. 1, *lucane*, pl. 4, fig. 10.

9. *Lucanus parallelipipedus*, Oliv. *Ent.* nº. 1, *lucane*, pl. 4, fig. 9, *a*.

10. *Lucanus cancroïdes*, Oliv. *Ent.* nº. 1, *lucane*, pl. 4, fig. 11, *a*.

11. *Lucanus striatus*, Oliv. *Ent.* nº. 1, *lucane*, pl. 4, fig. 14.

12. *Lucanus caraboïdes*, Oliv. *Ent.* nº. 1, *lucane*, pl. 2, fig. 2, *c*, *d*.

12 *bis*. *a*, *a*. Ses mandibules de grandeur naturelle.

A, A. —— Grossies.

b, *b*. Machoires de grandeur naturelle.

B, B. —— Grossies.

d, *d*. Palpes maxillaires de grandeur naturelle.

D, D. —— Grossis.

c. Lèvre inférieure de grandeur naturelle.

C. —— Grossie.

e, *e* Palpes labiaux de grandeur naturelle.

E, E. —— Grossis.

PLANCHE 137.

LETHRUS.

1. *Lethrus cephalotes*, femelle, Oliv. *Ent.* nº. 2, *lethrus*, pl. 1, fig. 1, *k*.

2. *Lethrus cephalotes*, mâle, Oliv. *Ent.* nº. 2, *lethrus*, pl. 1, fig. 1, *l*.

SCARABÉ.

3. *Scarabæus hercules*, Oliv. *Ent.* nº. 3, *scarabé*, pl. 1, fig. 1, *b*.

4. Tête du *scarabæus hercules*, vue de profil.

a. Prolongement du front.

b. Vertex.

c. Chaperon.

d. Antenne.

e, e. Mandibules.

f, f. Mâchoires avec les palpes maxillaires.

g. Lèvre inférieure ou languette avec les palpes labiaux.

5. *Scarabæus alcides*, Oliv. *Ent. n°.* 3, *scarabé*, pl. 1, fig. 2.

6. *Scarabæus perseus*, Oliv. *Ent. n°.* 3, *scarabé*, pl. 1, fig. 3,

7. *Scarabæus tityus*, Oliv. *Ent. n°.* 3, *scarabé*, pl. 4, fig. 31.

PLANCHE 138.

1. *Scarabæus acteon*, Oliv. *Ent. n°.* 3, *scarabé*, pl. 5, fig. 33.

2. *Scarabæus elephas*, mâle, Oliv. *Ent. n°.* 3, *scarabé*, pl. 15, fig. 138, *a.*

2 *bis. Scarabæus elephas*, femelle, Oliv. *Ent. n°.* 3, *scarabé*, pl. 15, fig. 138, *b.*

PLANCHE 139.

1. *Scarabæus typhon*, Oliv. *Ent. n°.* 3, *scarabé*, pl. 16, fig. 152.

2. *Scarabæus simson*, Oliv. *Ent. n°.* 3, *scarabé*, pl. 15, fig. 142.

3. *Scarabæus centaurus*, Oliv. *Ent. n°.* 3, *scar.* pl. 11, fig. 104.

4. *Scarabæus gedeon*, Oliv. *Ent. n°.* 3, *scarabé*, pl. 11, fig. 102.

5. *Scarabæus chorinæus*, Oliv. *Ent. n°.* 3, *scarabé*, pl. 2, fig. 7, *b.*

6. *Scarabæus eridanus*, Oliv. *Ent. n°.* 3, *scarabé*, pl. 14, fig. 127; genre *Copris*, Lat.

PLANCHE 140.

1. *Scarabæus phorbanta*, Oliv. *Ent. n°.* 3, *scar.* pl. 1, fig. 6.

2. *Scarabæus oremodon*, Oliv. *Ent. n°.* 3, *scar.* pl. 18, fig. 165.

3. *Scarabæus dichotomus*, Oliv. *Ent. n°.* 3, *scar.* pl. 17, fig. 156.

4. *Scarabæus hastatus*, Oliv. *Ent. n°.* 3, *scar.* pl. 19, fig. 175.

Nota. C'est par erreur qu'on a mis le nom de *scarabé porte-cerf* au-dessus de cette figure.

5. *Scarabæus claviger*, Oliv. *Ent. n°.* 3, *scar.* pl. 5, fig. 40.

5 *bis. Scarabæus claviger*, vu en dessous, Oliv. *n°.* 3, *scarabé*, pl. 5, fig. 40, *b.*

Nota. On a mis par erreur le nom de *scarabé piqueur* au-dessus de ces figures.

6. *Scarabæus enema*, Oliv. *Ent. n°.* 3, *scarabé*, pl. 17, fig. 157.

7. *Scarabæus endymion*, Oliv. *Ent. n°.* 3, *scar.* pl. 18, fig. 169.

8. *Scarabæus aloeus*, Oliv. *Ent. n°.* 3, *scarabé*, pl. 3, fig. 22.

9. *Scarabæus antæus*, Oliv. *Ent. n°.* 3, *scarabé*, pl. 12, fig. 105.

PLANCHE 141.

1. *Scarabæus siphax*, Oliv. *Ent. n°.* 3, *scarabé*, pl. 11, fig. 99.

2. *Scarabæus titanus*, Oliv. *Ent. n°.* 3, *scarabé*, pl. 5, fig. 38.

3. *Scarabæus ægeon*, Oliv. *Ent. n°.* 3, *scarabé*, pl. 26, fig. 219,

4. *Scarabæus ajax*, Oliv. *Ent. n°.* 3, *scarabé*, pl. 2, fig. 10.

5. *Scarabæus œnobarbus*, Oliv. *Ent. n°* 3, *scar.* pl. 16, fig. 147, *a.*

6. *Scarabæus sylvanus*, Oliv. *Ent. n°* 3, *scar.* pl. 12, fig. 107.

7. *Scarabæus maimon*, Oliv. *Ent. n°.* 3, *scar.* pl. 11, fig. 101.

8. *Scarabæus geryon*, Oliv. *Ent. n°.* 3, *scarabé*, pl. 24, fig. 208.

9. *Scarabæus bilobus*, femelle, Oliv. *Ent. n°.* 3, *scarabé*, pl. 5, fig. 35.

Nota. C'est par erreur qu'on a mis sur cette figure le nom de *scarabé tronqué.*

10. *Scarabæus bilobus*, mâle, Oliv. *Ent. n°.* 3, *scarabé*, pl. 23, fig. 35, *b.*

10 *bis. Scarabæus truncatus*, Oliv. *Ent. n°.* 3, *scarabé*, pl. 11, fig. 103.

Nota. C'est par erreur qu'on a mis sur cette figure le nom de *scarabé bilobe*, femelle.

PLANCHE 142.

1. *Scarabæus barbarossa*, Oliv. *Ent. n°.* 3, *scar.* pl. 12, fig. 109, *a.*

2. *Scarabæus quadrispinosus*, Oliv. *Ent. n°.* 3, *scarabé*, pl. 19, fig. 179.

3. *Scarabæus rhinoceros*, Oliv. *Ent. n°.* 3, *scar.* pl. 18, fig. 166; genre *Oryctes*, Lat.

4. *Scarabæus militaris*, Oliv. *Ent. n°.* 3, *scar.* pl. 6, fig. 44, *a*; genre *Oryctes*, Lat.

5. *Scarabæus boas*, Oliv. *Ent. n°.* 3, *scarabé*, pl. 4, fig. 24, *a*, *b.*

A. Le mâle vu de profil.
B. La femelle.

Nota. Cette espèce appartient au genre *Oryctes*, Lat.

6. *Scarabæus augias*, Oliv. *Ent. n°.* 3, *scarabé*, pl. 24, fig. 212; genre *Oryctes*, Lat.

7. *Scarabæus monoceros*, Oliv. *Ent. n°.* 3, *scar.* pl. 13, fig. 122; genre *Oryctes*, Lat.

8. *Scarabæus nasicornis*, Oliv. *Ent. n°.* 3, *scar.* pl. 3, fig. 19; genre *Oryctes*, Lat.

9. *Scarabæus tarandus*, mâle, Oliv. *Ent. n°.* 3, *scarabé*, pl. 21, fig. 69, *b.*

Nota. La femelle est placée à droite; elle est copiée d'Olivier, *Ent. n°.* 3, *scarabé*, pl. 8, fig. 69, genre *Oryctes*, Lat.

10. *Scarabæus satyrus*, Oliv. *Ent. n°.* 3, *scar.* pl. 94, *a*; genre *Oryctes*, Lat.

11. *Scarabæus jamaicensis*, Oliv. *Ent. n°.* 3, *scarabé*, pl. 16, fig. 148.

PLANCHE 143.

1. *Scarabæus silenus*, Oliv. *Ent. n°.* 3, *scarabé*, pl. 8, fig. 62, *a* et *b.*

A. Le mâle vu en dessus.
B. La femelle vue en dessous; genre *Oryctes*, Lat.

2. *Scarabæus didymus*, Oliv. *Ent. n°.* 3, *scar.* pl. 2, fig. 9; genre *Phyleurus.*

3. *Scarabæus valgus*, Oliv. *Ent. n°.* 3, *scarabé*, pl. 17, fig. 160.

4. *Scarabæus cadmus*, Oliv. *Ent. n°* 3, *scarabé*, pl. 1, fig. 4, *b.*

5. *Scarabæus arcas*, Oliv. *Ent. n°.* 3, *scarabé*, pl. 9, fig. 83; genre *Oryctes*, Lat.

6. *Scarabæus juvencus*, mâle, Oliv. *Ent. n°.* 3, *scarabé*, pl. 16, fig. 145.

6 *bis. Scarabæus juvencus*, femelle, Oliv. *Ent. n°.* 3, *scarabé*, pl. 8, fig. 66.

7. *Scarabæus zoilus*, Oliv. *Ent. n°.* 3, *scarabé*, pl. 9, fig. 84.

8. *Scarabæus retusus*, Oliv. *Ent. n°.* 3, *scarabé*, pl. 11, fig. 100.

9. *Scarabæus orion*, Oliv. *Ent. n°.* 3, *scarabé*, pl. 4, fig. 3; genre *Oryctes*, Lat.

10. *Scarabæus cylindricus*, Oliv. *Ent. scarabé*, pl. 9, fig. 80, *a*; genre *Sinodendron*, Lat.

11. *Scarabæus longimanus*, Oliv. *Ent. scarabé*, pl. 4, fig. 27.

12. *Scarabæus melampus*, Oliv. *Ent.* pl. 17, fig. 159.

PLANCHE 144.

1. *Scarabæus syrichtus*, Oliv. *Ent. n°.* 3, *scar.* pl. 6, fig. 48, *a.*

2. *Scarabæus hylax*, Oliv. *Ent. n°.* 3, *scarabé*, pl. 11, fig. 95, *b.*

3. *Scarabæus crassipes*, Oliv. *Ent. n°.* 3, *scar.* pl. 23, fig. 200, *a*, *b.*

3 *bis.* —— Vu en dessous.

4. *Scarabæus punctatus*, Oliv. *Ent. n°.* 3, *scar.* pl. 8, fig. 70.

5. *Scarabæus coronatus*, Oliv. *Ent. n°.* 3, *scar.* pl. 12, fig. 110.

6. *Scarabæus laborator*, Oliv. *Ent. n°.* 3, *scar.* pl. 14, fig. 132.

7. *Scarabæus piceus*, Oliv. *Ent. n°.* 3, *scarabé*, pl. 24, fig. 211.

8. *Scarabæus dispar*, Oliv. *Ent. n°.* 3, *scarabé*, pl. 3, fig. 20. *a.*

8 *bis.* *Scarabæus dispar*, vu en dessous, Oliv. *Ent. n°.* 3, *scarabé*, pl. 3, fig. 20. *c*; genre *Geotrupes*, Lat.

9. *Scarabæus typhæus*, Oliv. *Ent. n°.* 3, *scar.* pl. 7, fig. 52, *a*, *b.*

A. Le mâle.

B. La femelle; genre *Geotrupes*, Lat.

10. *Scarabæus momus*, Oliv. *Ent. n°.* 3; *scar.* pl. 17, fig. 154; genre *Géotrupes*, Lat.

11. *Scarabæus cyclopus*, Oliv. *Ent. n°.* 3, *scar.* pl. 15, fig. 140.

12. *Scarabæus coryphæus*, Oliv. *Ent. n°.* 3, *scar.* pl. 16, fig. 150; genre *Bolbocerus*, Lat.

13. *Scarabæus quadridantatus*, mâle, Oliv. *Ent. n°.* 3, pl. 12, fig. 108, *a.*

13 *bis.* *Scarabæus quadridentatus*, femelle, Oliv. *Ent. n°.* 3, pl. 12, fig. 108, *b.*

14. *Scarabæus lazarus*, Oliv. *Ent. n°.* 3, *scar.* pl. 16, fig. 146.

15. *Scarabæus mobilicornis*, mâle, Oliv. *Ent. n°.* 3, *scarabé*, pl. 10, fig. 88, *a.*

15 *bis.* *Scarabæus mobilicornis*, femelle, Oliv. *Ent. n°.* 3, pl. 10, fig. 88, *b*; genre *Bolbocerus*, Lat.

16. *Scarabæus stercorarius*, Oliv. *Ent. n°.* 3, *scarabé*, pl. 5, fig. 39, *a*, *b.*

A. Le mâle vu en dessus.

B. La femelle vue en dessous.

17. *Scarabæus vernalis*, Oliv. *Ent. n°.* 3, *scar.* pl. 4, fig. 13, *b*; genre *Geotrupes*, Lat.

18. Partie de la bouche de ce géotrupe.

a. Lèvre supérieure ou labre.

b, *b.* Mandibules.

c, *c.* Mâchoires.

e, *e.* Palpes maxillaires.

d. Lèvre inférieure.

f, *f.* Palpes labiaux.

Planche 145.

1. *Scarabæus hemisphericus*, Oliv. *Ent. n°.* 3, *scarabé*, pl. 2, fig. 15; genre *Geotrupes*, Lat.

2. *Scarabæus splendidus*, Oliv. *Ent. n°.* 3, *scar.* pl. 14, fig. 126, genre *Geotrupes*, Lat.

3. *Scarabæus cephus*, Oliv. *Ent. n°.* 3, *scarabé*, pl. 11, fig. 96, genre *Geotrupes*, Lat.

4. *Scarabæus testaceus*, Oliv. *Ent. n°.* 3, *scar.* pl. 17, fig. 158; genre *Bolbocerus*, Lat., variété du *mobilicornis.*

5. *Scarabæus fossor*, Oliv. *Ent. n°.* 3, pl. 20, fig. 184, *a*, *b*; genre *Aphodius*, Lat.

A. Variété brune.

B. Variété rougeâtre.

6. *Scarabæus subterraneus*, Oliv. *Ent. n°.* 3, *scarabé*, pl. 18 fig. 162, *a.*

6 *bis.* *Scarabæus subterraneus*, grossi, Oliv. *Ent. n°.* 3, *scarabé*, pl. 18, fig. 162, *b*; genre *Aphodius*, Lat.

7 *a.* *Scarabæus terrestris*, Oliv. *Ent. n°.* 3. *scar.* pl. 24, fig. 209, *a.*

7 A. *Scarabæus terrestris*, grossi, Oliv. *Ent. n°.* 3, *scarabé*, pl. 24, fig. 209, *b*; genre *Aphodius*, Lat.

8. *Scarabæus rubidus*, Oliv. *Ent. n°.* 3, *scar.* pl. 26, fig. 214; genre *Aphodius*, Lat.

9. *Scarabæus fimetarius*, Oliv. *Ent. n°.* 3, *scar.* pl. 18, fig. 167; genre *Aphodius*, Lat.

10 *a.* *Scarabæus scybalarius*, de grandeur naturelle, Oliv. *Ent. n°.* 3, *scar.* pl. 26, fig. 226, *a.*

10 A. *Scarabæus scybalarius*, grossi, Oliv. *Ent. n°.* 3, *scarabé*, pl. 26, fig. 226, *b.*

11. *Scarabæus conflagratus*, Oliv. *Ent. n°.* 3, *scarabé*, pl. 26, fig. 220, *a.*

12. *Scarabæus conflagratus*, grossi, Oliv. *Ent. n°.* 3, *scarabé*, pl. 26, fig. 220, *b.*

13. *Scarabæus conspurcatus*, Oliv.; figure copiée de Schæffer, *Icon. Ins.* tab. 26, fig. 8; genre *Aphodius*, Lat.

14. *Scarabæus sordidus*, Oliv.; copié de Schæff. *Icon.* tab. 74, fig. 3; genre *Aphodius*, Lat.

15. *Scarabæus hæmorrhoïdalis*, Oliv. *Ent.* n°. 3, *scarabé*, pl. 26, fig. 223, *a*.

16. *Scarabæus hæmorrhoïdalis*, grossi, Oliv. *Ent.* n°. 3, *scarabé*, pl. 26, fig. 223, *b*; genre *Aphodius*, Lat.

17 *a*. *Scarabæus inquinatus*, Oliv. *Ent.* n°. 3, *scarabé*, pl. 26, fig. 221, *a*.

A. *Scarabæus inquinatus*, grossi, Oliv. *Ent.* n°. 3, *scarabé*, pl. 26 fig. 221, *b*; genre *Aphodius*, Lat.

19. *Scarabæus bimaculatus*, Oliv. *Ent.* n°. 3, *scarabé*, pl. 9, fig. 72, *a*.

20. *Scarabæus bimaculatus*, grossi, Oliv. *Ent.* n°. 3, *scarabé*, pl. 9, fig. 72, *b*; genre *Aphodius*, Lat.

21. *Scarabæus fætens*, Oliv. *Ent.* n°. 3, *scarabé*, pl. 9, fig. 71, *a*.

22. *Scarabæus fætens*, grossi, Oliv. *Ent.* n°. 3, *scarabé*, pl. 9, fig. 71, *b*; genre *Aphodius*, Lat.

23. *Scarabæus lividus*, Oliv. *Ent.* n°. 3, *scar.* pl. 26, fig. 222, *a*.

24. *Scarabæus lividus*, grossi, Oliv. *Ent.* n°. 3, *scarabé*, pl. 26, fig. 222, *b*; genre *Aphodius*, Lat.

25. *Scarabæus rufipes*, Oliv. *Ent.* n°. 3, *scarabé*, pl. 18, fig. 171; genre *Aphodius*, Lat.

26. *Scarabæus gagates*, Oliv. *Ent.* n°. 3, *scar.* pl. 24, fig. 213; genre *Aphodius*, Lat.

27. *Scarabæus 7, maculatus*, Oliv. *Ent.* n°. 3, *scarabé*, pl. 14, fig. 134; genre *Aphodius*, Lat.

PLANCHE 146.

1. *Scarabæus elevatus*, Oliv. *Ent* n°. 3, *scarabé*, pl. 21, fig. 190, *a*, *b*.

2. Le même très-grossi; genre *Aphodius*, Lat.

3. *Scarabæus stercorator*, Oliv. *Ent.* n°. 3, *scar.* pl. 17, fig. 155, *a*, *b*.

4. Le même très-grossi; genre *Aphodius*, Lat.

5. *Scarabæus fasciatus*, Oliv. *Ent.* n°. 3, *scar.* pl. 14, fig. 130, *a*, *b*.

5 n°. 2. Le même très-grossi; genre *Aphodius*, Lat.

6. *Scarabæus luridus*, Oliv. *Ent.* n°. 3, *scarabé*, pl. 18, fig. 168; genre *Aphodius*, Lat.

7. *Scarabæus pubescens*, Oliv. *Ent.* n°. 3, *scar.* pl. 24, fig. 205, *a*, *b*.

8. Le même très-grossi; genre *Aphodius*, Lat.

9. *Scarabæus marginellus*, Oliv. *Ent.* n°. 3, *scar.* pl. 13, fig. 116, *a*, *b*.

10. Le même très-grossi; genre *Aphodius*, Lat.

11. *Scarabæus quadrimaculatus*, Oliv. *Ent.* n°. 3, pl. 19, fig. 174, *a*, *b*.

12. Le même grossi; genre *Aphodius*, Lat.

13. *Scarabæus plagiatus*, Oliv. *Ent.* n°. 3, *scar.* pl. 25, fig. 215, *a*, *b*.

14. Le même très-grossi; genre *Aphodius*, Lat.

15. *Scarabæus testudinarius*, Oliv. *Ent.* n°. 3, *scar.* pl. 20, fig. 186, *a*, *b*.

16. Le même très-grossi; genre *Aphodius*, Lat.

Nota. On a oublié les numéros 15 et 16 sur ces figures.

17. *Scarabæus asper*, Oliv. *Ent.* n°. 3, *scarabé*, pl. 23, fig. 204, *a*, *b*.

18. Le même très-grossi; genre *Aphodius*, Lat.

19. *Scarabæus merdarius*, Oliv. *Ent.* n°. 3, *scar.* pl. 19, fig. 173, *a*, *b*.

20. Le même grossi; genre *Aphodius*, Lat.

21. *Scarabæus quisquilius*, Oliv. *Ent.* n°. 3, *scar.* pl. 18, fig. 170, *a*, *b*.

22. Le même très-grossi; genre *Aphodius*, Lat.

23. *Scarabæus porcatus*, Oliv. *Ent.* n°. 3, *scar.* p. 19, fig. 178, *a*, *b*.

24. Le même très-grossi; genre *Aphodius*, Lat.

25. *Scarabæus arenarius*, Oliv. *Ent.* n°. 3, *scar.* pl. 24, fig. 206, *a*, *b*.

26. Le même très-grossi; genre *Aphodius*, Lat.

PLANCHE 147.

1. *Scarabæus antenor*, mâle, Oliv. *Ent. n°.* 3, *scarabé*, pl. 6, fig. 42, *a.*

2. *Scarabæus antenor*, femelle, Oliv. *Ent. n°.* 3, *scarabé*, pl. 6, fig. 42, *b.*

3. *Scarabæus hamadryas*, Oliv. *Ent. n°.* 3, *scar.* pl. 10, fig. 92, *a.*

4. *Scarabæus bucephalus*, Oliv. *Ent. n°.* 3, *scar.* pl. 4, fig. 26.

5. *Scarabæus midas*, Oliv. *Ent. n°.* 3, *scarabé*, pl. 20, fig. 183.

6. *Scarabæus molossus*, Oliv. *Ent. n°.* 3, *scar.* pl. 5, fig. 37.

7. *Scarabæus janus*, Oliv. *Ent. n°.* 3, *scarabé*, pl. 26, fig. 227.

8. *Scarabæus lancifer*, Oliv. *Ent. n°.* 3, *scarabé*, pl. 4, fig. 32.

9. *Scarabæus bellicosus*, Oliv. *Ent. n°.* 3, *scar.* pl. 22, fig. 32, *b.*

Nota. Toutes ces espèces appartiennent au genre *Copris* de M. Latreille.

PLANCHE 148.

1. *Scarabæus faunus*, Oliv. *Ent. n°.* 3, *scarabé*, pl. 10, fig. 87.

2. *Scarabæus nemestrinus*, Oliv. *Ent. n°.* 3, *scarabé*, pl. 12, fig. 115.

3. *Scarabæus jacchus*, Oliv. *Ent. n°.* 3, *scarabé*, pl. 22, fig. 195.

4. *Scarabæus phidias*, Oliv. *Ent. n°.* 3, *scarabé*, pl. 17, fig. 153.

5. *Scarabæus boreus*, Oliv. *Ent. n°.* 3, *scarabé*, pl. 13, fig 123.

6. *Scarabæus belzebut*, Oliv. *Ent. n°.* 3, *scarabé*, pl. 14, fig. 136, *a.*

7. *Scarabæus mimas*, Oliv.

Nota. Cette figure est copiée de Rœsel, *Ins.* tom. 2, 2e classe, 1; *scarabé terrestr.* tab. B, fig. 1.

8. *Scarabæus jasius*, Oliv. *Ent. n°.* 3, *scarabé*, pl. 7, fig. 5, *c.*

9. *Scarabæus festivus*, Oliv. *Ent. n°.* 3, *scar.* pl. 3, fig. 21, *a.*

10. *Scarabæus splendidulus*, mâle, Oliv. *Ent. n°.* 3, *scarabé*, pl. 2, fig. 18, *a.*

10 *n°.* 2. *Scarabæus splendidulus*, femelle, Oliv. *Ent. n°.* 3, *scarabé*, pl. 2, fig. 18, *b.*

11. *Scarabæus Œdipus*, mâle, Oliv. *Ent. n°.* 3, *scarabé*, pl. 13, fig. 121, *a.*

11 *n°.* 2. *Scarabæus Œdipus*, femelle, Oliv. *Ent. n°.* 3, *scarabé*, pl. 13, fig. 121, *b.*

12. *Scarabæus paniscus*, Oliv. *Ent. n°.* 3, *scar.* pl. 5, fig. 34.

13. *Scarabæus hispanus*, mâle, Oliv. *Ent. n°.* 3, *scarabé*, pl. 6, fig. 47, *b.*

13 *n°.* 2. *Scarabæus hispanus*, femelle, Oliv. *Ent. n°.* 3, *scar.* pl. 6, fig. 47, *b.*

Nota. Toutes ces espèces appartiennent au genre *Copris* de M. Latreille.

PLANCHE 149.

1. *Scarabæus lunaris*, Oliv.; genre *Copris*, Lat.

Nota. Figure copiée de Schæffer, *Icon.* pl. 63, fig. 3.

2. *Scarabæus emarginatus*, Oliv.; genre *Copris*, Lat.

Nota. Figure copiée de Schaffer, *Icon.* pl. 63, fig. 2.

3. *Scarabæus anceus*, Oliv. *Ent. n°.* 3, *scarabé*, pl. 2, fig. 14; genre *Copris*, Lat.

4. *Scarabæus pithecius*, Oliv. *Ent. n°.* 3, *scar.* pl. 9, fig. 73; genre *Copris*, Lat.

5. *Scarabæus sabæus*, Oliv. *Ent. n°.* 3, *scarabé*, pl. 9. fig. 85; genre *Copris*, Lat.

6. *Scarabæus tullius*, Oliv. *Ent. n°.* 3, *scarabé*, pl. 11, fig. 98; genre *Copris*, Lat.

7. *Scarabæus pactolus*, mâle, Oliv. *Ent. n°.* 3, *scarabé*, pl. 16, fig. 144, *a*; genre *Copris*, Lat.

7 *n°.* 2. *Scarabæus pactolus*, femelle, Oliv. *Ent. n°.* 3, *scarabé*, pl. 16, fig. 144, *b*; genre *Copris*, Lat.

8. *Scarabæus bison*, Oliv. *Ent. n°.* 3, *scarabé*, pl. 6, fig. 43, *a*; genre *Onitis*, Lat.

9. *Scarabæus dorcas*, Oliv. *Ent. n°.* 3, *scar.* pl. 4, fig. 29; genre *Ontophagus*, Lat.

10. *Scarabæus bonasus*, Oliv. *Ent. n°.* 3, *scar.* pl. 9, fig. 82; genre *Ontophagus*, Lat.

11. *Scarabæus fricator*, Oliv. *Ent. n°.* 3, *scar.* pl. 16, fig. 149; genre *Copris*, Lat.

12. *Scarabæus sinon*, Oliv. *Ent. n°.* 3, *scar.* pl. 9, fig. 179; genre *Copris*, Lat.

13. *Scarabæus Ammon*, Oliv. *Ent. n°.* 3, *scar.* pl. 12, fig. 111; genre *Copris*, Lat.

14. *Scarabæus seniculus*, Oliv. *Ent. n°.* 3, *scar.* pl. 7, fig. 56, *a*; genre *Ontophagus*, Lat.

15. *Scarabæus catta*, Oliv. *Ent. n°.* 3, *scar.* pl. 23, fig. 201; genre *Ontophagus*, Lat.

16. *Scarabæus sagittarius*, Oliv. *Ent. n°.* 3, *scar.* pl. 14, fig. 133; genre *Ontophagus*, Lat.

17. *Scarabæus vitulus*, Oliv. *Ent. n°.* 3, *scar.* pl. 20, fig. 181; genre *Ontophagus*, Lat.

18. *Scarabæus amyntas*, Oliv. *Ent. n°.* 3; *scar.* pl. 9, fig, 81; genre *Ontophagus*, Lat.

19. *Scarabæus vacca*, Oliv. *Ent. n°.* 3, *scar.* pl. 8, fig. 65; genre *Ontophagus*, Lat.

20. *Scarabæus lemur*, Oliv. *Ent. n°.* 3, *scarabé*, pl. 21, fig. 191, *a*; genre *Ontophagus*, Lat.

21. *Scarabæus bifasciatus*, Oliv. *Ent. n°.* 3, *scar.* pl. 13, fig. 119, *a*; genre *Ontophagus*, Lat.

22. *Scarabæus bidens*, Oliv. *Ent. n°.* 3, *scar.* pl. 9, fig. 75; genre *Ontophagus*, Lat.

23. *Scarabæus æneus*, Oliv. *Ent. n°.* 3, *scar.* pl. 14, fig. 128, *a*; genre *Ontaphagus*, Lat.

24. *Scarabæus bituberculatus*, Oliv. *Ent. n°.* 3, *scar.* pl. 22, fig. 197, *a*; genre *Ontophagus*, Lat.

25. *Scarabæus gigas*, Oliv. *Ent. n°.* 3, *scar.* pl. 14, fig. 137; genre *Copris*, Lat.

Planche 150.

1. *Scarabæus achates*, Oliv. *Ent. n°.* 3, *scar.* pl. 2, fig. 8; genre *Copris*, Lat.

2. *Scarabæus eridanus*, Oliv. *Ent. n°.* 3, *scar.* pl. 14, fig. 127; genre *Copris*, Lat.

3. *Scarabæus carolinus*, Oliv. *Ent. n°.* 3, *scar.* pl. 12, fig. 113; genre *Copris*, Lat.

4. *Scarabæus carnifex*, Oliv. *Ent. n°.* 3, *scar.* pl. 6, fig. 46, *a*; genre *Copris*, Lat.

5. *Scarabæus sphinx*, Oliv. *Ent. n°.* 3, *scar.* pl. 7, fig. 57, *a*; genre *Onitis*, Lat.

6. *Scarabæus mœris*, Oliv. *Ent. n°.* 3, *scar.* pl. 21, fig. 193; genre *Onitis*, Lat.

7. *Scarabæus aygulus*, Oliv. *Ent. n°.* 3, *scar.* pl. 13, fig. 120; genre *Onitis*, Lat.

8. *Scarabæus innuus*, Oliv. *Ent. n°.* 3, *scar.* pl. 14, fig. 135, *a*; genre *Onitis*, Lat.

9. *Scarabæus nisus*, Oliv. *Ent. n°.* 3, *scar.* pl. 2, fig. 17; genre *Onitis*, Lat.

10. *Scarabæus tridens*, Oliv. *Ent. n°.* 3, *scar.* pl. 12, fig. 106; genre *Onitis*, Lat.

11. *Scarabæus marsyas*, Oliv. *Ent. n°.* 3, *scar.* pl. 21, fig. 192; genre *Onitis*, Lat.

12. *Scarabæus undatus*, Oliv. *Ent. n°.* 3, *scar.* pl. 21, fig. 194; genre *Onitis*, Lat.

13. *Scarabæus apelles*, Oliv. *Ent. n°.* 3, *scar.* pl. 11, fig. 97; genre *Onitis*, Lat.

14. *Scarabæus sulcator*, Oliv. *Ent. n°.* 3, *scar.* pl. 26, fig. 225; genre *Onitis*, Lat.

15. *Scarabæus quadripunctatus*, Oliv. *Ent. n°.* 3, pl. 2, fig. 13, *a*; genre *Ontophagus*, Lat.

16. *Scarabæus tages*, Oliv. *Ent. n°.* 3, *scar.* pl. 9, fig. 76; genre *Ontophagus*, Lat.

17. *Scarabæus taurus*, Oliv.; genre *Ontophagus*, Lat.

Nota. Cette figure est copiée de Schæffer, *Icon.* tab. 63, fig. 4.

18. *Scarabæus capra*, grossi, Oliv. *Ent. n°.* 3, *scar.* pl. 20, fig. 182, *b*; genre *Ontophagus*, Lat.

Nota. Cet insecte est un peu plus petit que le précédent.

19. *Scarabæus nutans*, grossi, Oliv. *Ent. n°.* 3, *scar.* pl. 21, fig. 188, *b*; genre *Ontophagus*, Lat.

Nota. Il est de la grandeur du précédent.

20. *Scarabæus nuchicornis*, Oliv.; genre *Ontophagus*, Lat.

Nota. Cette figure est copiée de Schæffer, *Icon.* tab. 73, fig. 4.

21. *Scarabæus cœnobita*, Oliv. *Ent. n°.* 3, *scar.* pl. 26, fig. 228; genre *Ontophagus*, Lat.

PLANCHE 151.

1. *Scarabæus ferrugineus*, Oliv. *Ent. n°.* 3, *scar.* pl. 23, fig. 282; genre *Ontophagus*, Lat.

2. *Scarabæus spinifer*, Oliv. *Ent. n°.* 3, *scar.* pl. 12, fig. 112; genre *Ontophagus*, Lat.

3. *Scarabæus thoracicus*, Oliv. *Ent. n°.* 3, *scar.* pl. 25, fig. 218; genre *Ontophagus*, Lat.

4. *Scarabæus furcatus*, Oliv. *Ent. n°.* 3, *scar.* pl. 8, fig. 61, *b*; genre *Ontophagus*, Lat.

5. *Scarabæus sacer*, Oliv.; genre *Ateuchus*, Lat.

Nota. Cette figure est copiée de Schæffer, *Icon.* tab. 201, fig. 3.

6. *Scarabæus variolosus*, Oliv. *Ent. n°.* 3, *scar.* pl. 8, fig. 60; genre *Ateuchus*, Lat.

7. *Scarabæus laticollis*, Oliv. *Ent. n°.* 3, *scar.* pl. 8, fig. 68; genre *Ateuchus*, Lat.

8. *Scarabæus Bacchus*, Oliv. *Ent. n°.* 3, *scar.* pl. 17, fig. 161; genre *Ateuchus*, Lat.

9. *Scarabæus æsculapius*, Oliv. *Ent. n°.* 3, *scar.* pl. 24, fig. 207; genre *Ateuchus*, Lat.

10. *Scarabæus gibbosus*, Oliv. *Ent n°.* 3, *scar.* pl. 16, fig. 151, *a*; genre *Ateuchus*, Lat.

11. *Scarabæus icarus*, Oliv. *Ent. n°.* 3, *scar.* pl. 16, fig. 151, *b*; genre *Ateuchus*, Lat.

12. *Scarabæus sphinx*, Oliv. *Ent. n°.* 3, *scar. scar.* pl. 7, fig. 57, *b*; genre *Onitis*, Lat.

Nota. On a mis par erreur le nom de *scarabé cuivreux* au-dessus de cette figure.

13. *Scarabæus menalcas*, mâle, Oliv. *Ent. n°.* 3, pl. 2, fig. 11, *a*; genre *Onitis*, Lat.

13 *bis*. *Scarabæus menalcas*, femelle, Oliv. *Ent. n°.* 3, *scar.* pl. 2, fig. 11, *b*; genre *Onitis*, Lat.

14. *Scarabæus unguiculatus*, mâle: Oliv. *Ent. n°.* 3, *scar.* pl. 20, fig. 180, *a*; genre *Onitis*, Lat.

14 *bis*. *Scarabæus unguiculatus*, femelle, Oliv. *Ent. n°.* 3, *scar.* pl. 20, fig. 180, *b*; genre *Onitis*, Lat.

15. *Scarabæus hesperus*, Oliv. *Ent. n°.* 3, *scar.* pl. 14, fig. 129; genre *Ateuchus*, Lat.

16. *Scarabæus smaragdulus*, Oliv. *Ent. n°.* 3, *scar.* pl. 14, fig. 131; genre *Ateuchus*, Lat.

PLANCHE 152.

1. *Scarabæus nitens*, Oliv. *Ent. n°.* 3, *scar.* pl. 7, fig. 35; genre *Ateuchus*, Lat.

2. *Scarabæus sinuatus*, Oliv. *Ent. n°.* 3, *scar.* pl. 21, fig. 189; genre *Ateuchus*, Lat.

3. *Scarabæus lævigatus*, Oliv. *Ent. n°.* 3, *scar.* pl. 10, fig. 89; genre *Ateuchus*, Lat.

4. *Scarabæus pillularius*, Oliv.; genre *Ateuchus*, Lat.

Nota. Figure copiée de Schæffer, *Icon.* tab. 3, fig. 7.

5. *Scarabæus flagellatus*, mâle, Oliv. *Ent. n°.* 3, *scar.* pl. 7, fig. 51, *a*, *b*; genre *Ateuchus*, Lat.

6 *bis*. —— Femelle.

6. *Scarabæus Kenigii*, Oliv. *Ent. n°.* 3, *scar.* pl. 9, fig. 77; genre *Ateuchus*, Lat.

7. *Scarabæus Schæfferi*, Oliv.; genre *Sysiphus*, Lat.

Nota. Figure copiée de Schæffer, *Icon.* tab. 3, fig. 8.

8. *Scarabæus longipes*, Oliv. *Ent. n°.* 3, *scar.* pl. 19, fig. 177; genre *Sysiphus*, Lat.

9. *Scarabæus obliquus*, Oliv. *Ent. n°.* 3, *scar.* pl. 9, fig. 78; genre *Ateuchus*, Lat.

10. *Scarabæus triangularis*, Oliv. *Ent. n°.* 3, *scar.* pl. 15, fig. 139; genre *Ateuechus*, Lat.

11. *Scarabæus sexpunctatus*, Oliv. *Ent. n°.* 3, *scar.* pl. 2, fig. 16, *a*; genre *Ateuchus*, Lat.

12. *Scarabæus miliaris*, Oliv. *Ent. n°.* 3, *scar.* pl. 18, fig. 164; genre *Ateuchus*, Lat.

13. *Scarabæus fulgidus*, Oliv. *Ent. n°.* 3, *scar.* pl. 22, fig. 199; genre *Ateuchus*, Lat.

14. *Scarabæus granulatus*, Oliv. *Ent. n°.* 3, *scar.* pl. 8, fig. 67; genre *Ateuchus*, Lat.

15. *Scarabæus cinctus*, Oliv. *Ent. n°.* 3, *scar.* pl. 10, fig. 90; genre *Oniticellus*, Lat.

16. *Scarabæus flavipes*, Oliv.; genre *Oniticellus*, Lat.

Nota. Figure copiée de Schæffer, *Icon.* tab. 74, fig. 6.

17. *Scarabæus pallens*, Oliv. *Ent. n°.* 3, *scar.* pl. 23, fig. 203, *a*; genre *Oniticellus*, Lat.

Nota. On n'a point gravé le n°. 17 sur cette figure; on la reconnoît à son nom de *scarabé pâle.*

18. *Scarabæus discoïdeus*, Oliv. *Ent. n°.* 3, *scar.* pl. 22, fig. 196; genre *Ontophagus*, Lat.

19. *Scarabæus violaceus*, Oliv. *Ent. n°.* 3, *scar.* pl. 27, fig. 229; genre *Ateuchus*, Lat.

20. *Scarabæus schreberi*, Oliv.; genre *Ontophagus*, Lat.

Nota. Figure mal copiée de Schæffer, *Icon.* pl. 73, fig. 6.

21. *Scarabæus quadriguttatus*, Oliv. *Ent. n°.* 3, *scar.* pl. 27, fig. 230, *a*; genre *Ateuchus*, Lat.

22. *Scarabæus melanocephalus*, femelle, Oliv. *Ent. n°.* 3, *scar.* pl. 2, fig. 18, *b*; genre *Copris*, Lat.

22 *n°.* 2. *Scarabæus melanocephalus*, mâle, Oliv. *Ent. n°.* 3, *scar.* pl. 2, fig. 18, *a*; genre *Copris*, Lat.

23 *a. Scarabæus Novæ-Hollandiæ*, Oliv. *Ent. n°.* 3, *scar.* pl. 13, fig. 117, *a*, *b*; genre *Ateuchus*, Lat.

23 *b.* Le même très-grossi.

24 *c. Scarabæus bipustatus*, Oliv. *Ent. n°.* 3, *scar.* pl. 13, fig. 118, *a*, *b*; genre *Ateuchus*, Lat.

24 *b.* Le même très-grossi.

25 *e. Scarabæus quadripunctatus*, Oliv. *Ent. n°.* 3, *scar.* pl. 15, fig. 141, *a*, *b*; genre *Ateuchus*, Lat.

26. *Scarabæus punctatus*, Rossi, *Faun. étr.* pl. 1, fig. 1; genre *Scarabæus* proprement dit de M. Latreille.

PLANCHE 153.

TROX.

1. *Trox crispans*, Vœt, *coleopt.* tab. 11, fig. 95.

Nota. Il est douteux que ce soit un trox; sa forme ressemble a celle d'une pimélie; il n'y a que ses antennes qui indiquent un lamellicorne.

2. *Trox sabulosus*, Oliv.

Nota. Figure copiée de De Géer, *Ins.* tom. 4, pl. 10, fig. 12.

3. *Trox arenarius*, Oliv.

Nota. Figure copiée de Scriba, tab. 5, fig. 3, *a.*

4. *Trox gemmatus*, Fab.; *trox granulatus*, Herb.

Nota. Figure copiée de Herbst, *coleop.* tab. 21, fig. 3.

5. *Trox hispidus*, Oliv.; *trox horridus*, Fab., et *trox pectinatus*, Pallas.

Nota. Figure copiée de Pallas, *Icon. Ins. sibir.* tab. A, fig. 10.

6. *Trox morticinii*, Oliv.; *trox luridus*, Fab.

Nota. Figure copiée de Pallas, *Icon. Ins. sibir.* tab. A, fig. 11.

7. *Trox tuberculatus*, Oliv.

Nota. Figure copiée de De Géer, *Ins.* tom. 4, pl. 19, fig. 2.

8. *Trox gemmatus*, Oliv.

Nota. Figure copiée de Vœt, *coleopt.* pl. 11, fig. 53.

9. *Trox maurus*, Vœt?

Nota. Figure copiée de Vœt, *coleopt.* pl. 11, fig. 95.

MELOLONTHA.

10. *Melolontha fullo*, le mâle, Oliv.

10 *bis.* —— La femelle vue de profil.

Nota. Figures copiées de Rœsel, *supp.* tab. 4, pl. 30.

11. *Melolontha alba*, Oliv.; *melolontha hololeuca*, Pallas.

Nota. Figure copiée de Pallas, *Icon. Ins. sibir.* tab. B, fig. 21, *a.*

12. *Melolontha anketeri*, Oliv.; *melolontha pilosa*, var. Fab. Schœn.

Nota. Figure copiée de Pallas, *Icon. Ins. sibir.* tab. B. fig. 21, *b.* fig. 4.

13. *Melolontha ciliata*, Oliv.

Nota. Figure copiée de Herbst, *coleopt*. tab. 22, fig. 5.

A à H. Développemens du *melolontha vulgaris*, Oliv.

A. Œufs.

B. Jeunes larves.

C. Larve plus âgée.

D. Larve encore plus âgée.

E. Larve prête à se métamorphoser.

F. Nymphe.

G. L'insecte parfait sortant de terre.

H. Trou par où il a dû sortir.

Nota. Ces huit figures sont copiées de Rœsel, *Ins*. tom. 2, *scar. terrest*. class. 1, pl. 1.

PLANCHE 154.

1. *Melolontha vulgaris*, femelle.

2. —— Mâle les ailes étendues.

3. Autre mâle vu de trois-quarts.

4. Femelle vue de même.

Nota. Ces quatre figures sont copiées de Rœsel, *Ins*. tom. 1, *scar. terr*. clas. 1, tab. 1.

5. *Melolontha vulgaris*, Oliv.

Nota. Figure copiée de Herbst, *coleopt*. tab. 23, fig. 8.

6. *Melolontha villosa*, Oliv.

Nota. Figure copiée de Herbst, *coleopt*. tab. 22, fig. 8.

7. *Melolontha solstitialis*, Oliv.

Nota. Figure copiée de Herbst, *coleopt*. tab. 22, fig. 9.

8. *Melolontha pallida*, Oliv.

Nota. Figure copiée de Herbst, *coleopt*. tab. 22, fig. 10.

9. *Melolontha æquinoctialis*, Oliv.

Nota. Figure copiée de Herbst, *coleopt*. tab. 22, fig. 11.

10. *Melolontha dorsalis*, Oliv.

Nota. Figure copiée de Herbst, *coleopt*. tab. 22, fig. 12.

11. *Melolontha pallida*, Oliv.; *melolontha dispar*, Herbst.

Nota. Figure copiée de Herbst, *coleopt*. tab. 23, fig. 1.

12. *Melolontha glauca*, Oliv.; *melolontha americana*, Herbst; genre *Rutela*, Lat.

Nota. Figure copiée de Herbst, *coleopt*. pl. 23, fig. 3.

13. *Melolontha pilosa*, var? Fab. Schœn.; *melolontha ruficornis*, Herbst.

Nota. Figure copiée de Herbst, *coleopt*. pl. 23, fig. 4.

14. *Melolontha gracilipes?* Herbst, *coleopt*. pl. 23, fig. 5.

Nota. Olivier n'a pas décrit cette espèce dans l'*Encyclopédie*.

15. *Melolontha punctata*, Oliv.

Nota. Figure copiée de Herbst, *coleopt*. pl. 23, fig. 6.

16. *Trichius vittatus*, Schœn, *synon. Ins*. pag. 104; *melolontha surinamensis?* Herbst.

Nota. Cette figure paroît copiée de Herbst, *coleopt*. pl. 23, fig. 7.

17. *Melolontha occidentalis*, Oliv.

Nota. Figure copiée de Herbst, *coleopt*. pl. 23, fig. 8.

18. *Melolontha signata*, Oliv.

Nota. Figure copiée de Herbst, *coleopt*. pl. 23, fig. 9, il lui donne le nom de *melolontha discolor*.

PLANCHE 155.

1. *Melolontha æstiva*, Oliv.; *melolontha bimaculata*, Herbst.

Nota. Figure copiée de Herbst, *coleopt*. pl. 23, fig. 10.

2. *Melolontha castanea*, Herbst, *coleopt*. pl. 23. fig. 11.

Nota. Cette espèce n'a pas été décrite par Olivier.

3. *Melolontha assimilis*, Herbst, *coleopt*. pl. 23, fig. 12.

Nota. Cette espèce n'a pas été décrite par Olivier.

4. *Melolontha fusca*, Oliv.; *melolontha atra*, Herbst.

Nota. Figure copiée de Herbst, *coleopt*. pl. 24, fig. 1.

5. *Melolontha marginata?* copié de Herbst, *coleopt*. pl. 24, fig. 2.

Nota. Si c'est le vrai *marginata* de Herbst, c'est l'espèce à laquelle Fabricius a donné le nom de *melolontha ruficornis*.

6. *Melolontha brunnea*, Oliv.

Nota. Figure copiée de Herbst, *coleopt.* pl. 24, fig. 3.

7. *Melolontha variabilis*, Oliv.; *melolontha pellucida*, Herbst.

Nota. Figure copiée de Herbst, *coleopt.* pl. 24, fig. 5.

8. *Melolontha globosa*, Herbst, *coleopt.* pl. 24, fig. 5.

Nota. Cette espèce n'est pas décrite par Olivier : nous pensons que ce pourroit bien être l'*ægialia globosa* de M. Latreille.

9. *Melolontha rufa?* Fab.

Nota. Cette figure est copiée de Herbst, *coleopt.* tab. 24, fig. 7.

10. *Melolontha fruticola*, Oliv.; *melolontha austriaca*, Herbst.

Nota. Figure copiée de Herbst, *coleopt.* pl. 24, fig. 8.

11. *Melolontha agricola*, Oliv.; *melolontha crucifer*, Herbst.

Nota. Figure copiée de Herbst, *coleopt.* pl. 24, fig. 9.

12. *Melolontha agricola*, Oliv.

12 *n*°. 2. Le même, variété.

Nota. Ces figures sont copiées de Herbst, *coleopt.* pl. 24, fig. 10, 11.

13. *Melolontha fruticola*, Fab. Herbst.

13 *bis.* —— Vu de profil.

Nota. Ces figures sont copiées de Herbst, *coleopt.* pl. 24, fig. 12, 13.

14. *Melolontha ursus*, Oliv.; genre *Anisonyx*, Lat.

Nota. Figure copiée de Herbst, *coleopt.* pl. 24, fig. 14.

15. *Melolontha cinerea*, Oliv.; *melolontha mutabilis*, Herbst; genre *Anisonyx*, Lat.

Nota. Figure copiée de Herbst, *coleopt.* pl. 24, fig. 15.

16. *Melolontha horticola*, Oliv.

Nota. Figure copiée de Herbst, *coleopt.* pl. 25, fig. 1.

17. *Melolontha fruticola*, var. Oliv.; *melolontha campestris*, Herbst.

Nota. Figure copiée de Herbst, *coleopt.* pl. 25, fig. 2.

18. *Melolontha gramminicola*, Fab.; *melolontha farinosa*, Herbst.

Nota. Figure copiée de Herbst, *coleopt.* pl. 25, fig. 3.

19. *Melolontha argentea*, Oliv.; *melolontha philanthus*, Herbst.; genre *Hoplia*, Lat.

Nota. Figure copiée de Herbst, *coleopt.* pl. 25, fig. 4. On a mis le n°. 10 au lieu de 19 sur la planche.

20. *Melolontha squammosa*, Oliv.; *melolontha cœrulea*, Herbst; genre *Hoplia*, Lat.

Nota. Figure copiée de Herbst, *coleopt.* pl. 25, fig. 5.

21. *Melolontha farinosa*, Oliv.; *melolontha argentea*, Herbst; genre *Hoplia*, Lat.

Nota. Figure copiée de Herbst, *coleopt.* pl. 25, fig. 6.

22. *Melolontha pulverulenta*, Oliv.; genre *Hoplia*, Lat.

Nota. Figure copiée de Herbst, *coleopt.* fig. 25, fig. 7.

23. *Melolontha frischii*, Oliv.

Nota. Figure copiée de Herbst, *coleopt.* pl. 25, fig. 8.

24. *Melolontha frischii*, variété, Oliv.; *melolontha dubius*, Herbst.

Nota. Figure copiée de Herbst, *coleopt.* pl. 25, fig. 9.

25. *Melolontha vitis*, Oliv.

Nota. Figure copiée de Herbst, *coleopt.* pl. 25, fig. 10.

26. *Melolontha arctos*, Oliv.; genre *Amphicoma*, Lat.

Nota. Figure copiée de Herbst, *coleopt.* pl. 25, fig. 11.

27. *Melolontha hirta*, Oliv.; genre *Anisonyx*, Lat.

Nota. Figure copiée de Herbst, *coleopt.* pl. 25, fig. 12.

28. *Melolontha vulpes*, Oliv.; genre *Amphicoma*, Lat.

Nota. Figure copiée de Herbst, *coleopt.* pl. 25, fig. 13.

29. *Melolontha bombyliformis*, Oliv.; *melolontha crinita*, Herbst; genre *Amphicoma*, Lat.

Nota. Figure copiée de Herbst, *coleopt.* pl. 25, fig. 14.

30. *Melolontha vittata*, Oliv.; genre *Amphicoma*, Lat.

Nota. Figure copiée de Herbst, *coleopt.* pl. 26, fig. 1, 2.

31. *Melolontha subspinosa*, Oliv.; *melolontha elongata*, Herbst; genre Lat.

Nota. Figure copiée de Herbst, *coleopt.* pl. 26. fig. 3.

32. *Cetonia convexa*, Oliv.; *melolontha bicolor*, Herbst; genre *Rutela*, Lat.

Nota. Figure copiée de Herbst, *coleopt.* pl. 2.

33. *Melolontha veridis*, Oliv.; genre *Rutela*, Lat.

Nota. Figure copiée de Herbst, *coleopt.* pl. 26, fig. 5.

34 *Cetonia chrysis*, Oliv.; *melolontha chrysis*, Herbst; genre *Rutela*, Lat.

Nota. Figure copiée de Herbst, *coleopt.* pl. 26, fig. 6.

PLANCHE 156.

1. *Melolontha splendida*, Herbst, *coleopt.* pl. 26, fig. 7; genre *Rutela*, Lat.

Nota. Cette espèce n'est pas décrite par Olivier.

2. *Melolontha lanigera*, Oliv.; genre *Rutela*, Lat.

Nota. Figure copiée de Herbst, *coleopt.* pl. 27, fig. 8.

3. *Melolontha unicolor*, Herbst, *coleopt.* pl. 26, fig. 9; genre *Rutela*, Lat.

Nota. Cette espèce n'est pas décrite par Olivier.

4. *Cetonia lineola*, Oliv.; *melolontha lineola*, Herbst; genre *Rutela*, Lat.

Nota. Figure copiée de Herbst, *coleopt.* pl. 26, fig. 10.

5. *Cetonia lineola*, var. Oliv.; *melolontha ephipium*, Herbst; genre *Retula*, Lat.

Nota. Cette figure est copiée de Herbst, *coleopt.* pl. 26, fig. 11.

6. *Cetonia trigona*, Fab.; *melolontha trigona*, Herbst, genre *Rutela*, Lat.

Nota. Figure copiée de Herbst, *coleopt.* pl. 26, fig. 12.

7. *Cetonia surinama*, Oliv.; *melolontha unungula*, Herbst; variété de la *Rutela lineola*, Lat.

Nota. Figure copiée de Herbst, *coleopt.* pl. 26, fig. 13.

8. *Cetonia tetradactyla*, Oliv.; *melolontha tetradactyla*, Herbst; genre *Rutela*, Lat.

8 *bis.* Un de ses tarses très-grossi.

Nota. Ces figures sont copiées de Herbst, *coleopt.* pl. 27, fig. 1.

9. *Cetonia smaragdula*, Oliv.; *melolontha virens*, Herbst, genre *Rutela*, Lat.

Nota. Figure copiée de Herbst, *coleopt.* pl. 27, fig. 2.

10. *Melolontha*, *lutea*, Oliv.; *melolontha druryana*, Herbst; genre *Rutela*, Lat.

Nota. Figure copiée de Herbst, *coleopt.* pl. 27, fig. 3.

11. *Melolontha undata*, Oliv.; *melolontha spinophthalma*, Herbst; genre *Rutela*, Lat.

Nota. Figure copiée de Herbst, *coleopt.* pl. 27, fig. 4.

12. *Melolontha bimaculata*, Oliv.; genre *Cetonia*, Lat.

Nota. Figure copiée de Herbst, *coleopt.* pl. 27, fig. 5.

13. *Melolontha nobilis*, Oliv.; genre *Trichius*, Lat.

Nota. Figure copiée de Herbst, *coleopt.* pl. 27, fig 6.

14. *Cetonia variabilis*, Oliv.; *melolontha octopunctata*, Herbst; genre *Trichius*, Lat.

Nota. Figure copiée de Herbst, *coleopt.* pl. 27, fig. 7.

15. *Cetonia cuspidata*; Fab.; *melolontha albomarginata*, Herbst.

15 *n°*. 2. Sa tête très-grossie.

Nota. Figure copiée de Herbst, *coleopt.* pl. 27, fig. 8 et 8 *a*. Cette espèce n'est pas mentionnée dans Olivier.

16. *Cetonia eremita*, Oliv.; *melolontha eremita*, Herbst; genre *Trichius*, Lat.

Nota. Figure copiée de Herbst, *coleopt.* pl. 37, fig. 9.

17. *Cetonia fasciata*, Oliv.; *melolontha fasciata*, Herbst; genre *Trichius*, Lat.

Nota.

Nota. Figure copiée de Herbst, *coleopt.* pl. 27, fig. 10.

18. *Melolontha succincta*, Herbst, *coleopt.* pl. 27. fig. 11; genre *Trichius*, Lat.

Nota. Cette espèce n'a pas été décrite par Olivier. Il est probable qu'il l'a confondue avec la précédente.

19. *Melolontha cornuta*, Oliv.

19 *bis*. La même espèce vue en dessous.

Nota. Figures copiées de Petagna, *Ins. calabr.* pag. 3, pl. 1, fig. 6, *a*, *b*.

PLANCHE 157.

1. *Cerambix verrucosus*, Drury; *lamia verrucata*, Schœn.

Nota. Figure copiée de Drury, *Ins.* tom. 1, pl. 40, fig. 3. On a cru copier la cétoine goliath qui est figurée par Drury, tom. 3, pl. 40.

2. *Cetonia cacicus*, Oliv. *Ent. n°. 6*, *cétoine*, pl. 4, fig. 22; genre *Goliath*, Lat.

3. *Cetonia polyphemus*, Oliv. *Ent. n°. 6*, *cétoine*, pl. 7, fig. 61; genre *Goliath*, Lat.

4. *Cetonia micans*, Oliv. *Ent. n°. 6*, *cétoine*, pl. 1, fig. 2, *a*, *b*; genre *Goliath*, Lat.

4 *n°*. 2. —— Vue en dessous.

PLANCHE 158.

1. *Cetonia chinensis*, Oliv. *Ent. n°. 6*, *cétoine*, pl. 2, fig. 5, *a*, *b*.

1 *bis*. —— Vue en dessous.

2. *Cetonia nigrita*, Oliv. *Ent. n°. 6*, *cétoine*, pl. 10. fig. 92.

3. *Scarabæus speciosissimus*, Scopoli, *Faun. et Flor. insubr. pars* 1, *a*, tab. XXI, fig. A.

4. *Cetonia corticina*, Oliv. *Ent. n°. 6*, *cétoine*, pl. 3. fig. 11, *a*.

4 *n°*. 2. *Cetonia corticina*, variété, Oliv. *Ent. n°. 6*, *cétoine*, pl. 3, fig. 11, *b*.

4 *n°*. 3. *Cetonia corticina*, variété, Oliv. *Ent. n°. 6*, *cétoine*, pl. 3, fig. 11, *c*.

5. *Cetonia bimaculata*, Oliv. *Ent. n°. 6*, *cétoine*, pl. 2, fig. 6.

6. *Cetonia guttata*, Oliv. *Ent. n°. 6*, *cétoine*, pl. 2, fig. 7, *a*.

7. *Cetonia aulica*, Oliv. *Ent. n°. 6*, *cétoine*, pl. 8, fig. 67.

8. *Cetonia fascicularis*, Oliv. *Ent. n°. 6*, *cétoine*, pl. 11, fig. 108.

PLANCHE 159.

1. *Cetonia marmorea*, Oliv. *Ent. n°. 6*, *cétoine*, pl. 11, fig. 110.

2. *Cetonia nitida*, Oliv.

Nota. Figure copiée de Rœsel, *Ins.* tom. 2, clas. 1, *scar. terrest.* tab. B, fig. 4.

3. *Cetonia lanio*, Oliv. *Ent. n°. 6*, *cétoine*, pl. 2, fig. 4.

4. *Cetonia carnifex*, Oliv.

Nota. Figure copiée de Rœsel, *Ins.* tom. 2, clas. 1, *scar. terrest.* tab. B, fig. 4.

5. *Cetonia fuliginosa*, Oliv. *Ent. n°. 6*, *cétoine*, pl. 3, fig. 12.

6. *Cetonia pubescens*, Oliv. *Ent. n°. 6*, *cétoine*, pl. 11, fig. 100.

7. *Cetonia hepatica*, Oliv. *Ent. n°. 6*, *cétoine*, pl. 11, fig. 99.

8. *Cetonia tristis*, Oliv. *Ent. n°. 6*, *cétoine*, pl. 10, fig. 91.

9. *Cetonia lobata*, Oliv. *Ent. n°. 6*, *cétoine*, pl. 4, fig. 26.

10. *Cetonia irrorata*, Oliv. *Ent. n°. 6*, *cétoine*, pl. 11, fig. 105.

11. *Cetonia elongata*, Oliv. *Ent. n°. 6*, *cétoine*, pl. 6, fig. 51.

12. *Cetonia sinuata*, Oliv. *Ent. n°. 6*, *cétoine*, pl. 8, fig. 78.

13. *Cetonia gagates*, Oliv. *Ent. n°. 6*, *cétoine*, pl. 4, fig. 20.

14. *Cetonia marginata*, Oliv. *Ent. n°. 6*, *cétoine*, pl. 5, fig. 34.

15. *Cetonia morio*, Oliv. *Ent. n°. 6*, *cétoine*, pl. 2, fig. 3, *c*.

15 *bis* A. Parties de la bouche de la cétoine précédente, présentées de grandeur naturelle.

a. Tête.

b, *b*. Antennes.

c, *c*. Mandibules.

d. Mâchoire.

f, *f*. Palpes maxillaires.

e. Lèvre inférieure.

g, *g*. Palpes labiaux.

15. *n°*. 3 B. Les mêmes parties un peu grossies.

h. Tête.

i, *i*, *i*. Antennes.

l, *l*. Mandibules.

m, *m*. Mâchoires.

n. Lèvre inférieure.

o, *o*, *o*. Palpes maxillaires.

p, *p*, *p*. Palpes labiaux.

16. *Cetonia capensis*, Oliv.

Nota. Cette figure est copiée de Rœsel, *Ins.* clas. 1, *scar. terrest.* tab. B, fig. 6.

17. *Cetonia elegans*, Oliv. *Ent. n°. 6*, *cétoine*, pl. 4, fig. 25.

18. *Cetonia signata*, Oliv. *Ent. n°. 6*, *cétoine*, pl. 5, fig. 35.

19. *Cetonia quadrimaculata*, Oliv. *Ent. n°. 6*, *cétoine*, pl. 8, fig. 73.

20. *Cetonia africana*, Oliv. *Ent. n°. 6*, *cétoine*, pl. 8, fig. 70.

PLANCHE 160.

1. *Cetonia iris*, Oliv. *Ent. n°. 6*, *cétoine*, pl. 8, fig. 77.

2. *Cetonia suturalis*, Oliv. *Ent. n°. 6*, *cétoine*, pl. 8, fig. 74.

3. *Cetonia quinquelineata*, Oliv. *Ent. n°. 6*, *cét.* pl. 8, fig. 76.

4. *Cetonia philippensis*, Oliv. *Ent.* n°. *6*, *cétoine.* pl. 10, fig. 97.

5. *Cetonia herbacea*, Oliv. *Ent. n°. 6*, *cétoine*, pl. 11, fig. 101.

6. *Cetonia sulcata*, Oliv. *Ent. n°. 6*, *cétoine*, pl. 5, fig. 32.

7. *Cetonia maculata*, Oliv. *Ent. n°. 6*, *cétoine*, pl. 7, fig. 66.

8. *Cetonia olivacea*, Oliv. *Ent. n°. 6*, *cétoine*, pl. 8, fig. 69, *a*.

9. *Cetonia interrupta*, Oliv. *Ent. n°. 6*, *cétoine*, pl. 8, fig. 69, *b*, *c*.

9 *bis*. —— Vue en dessous.

10. *Cetonia bifida*, Oliv. *Ent. n°. 6*, *cétoine*, pl. 2, fig. 9.

11. *Cetonia crucifera*, Oliv. *Ent. n°. 6*, *cétoine*, pl. 5, fig. 29.

12. *Cetonia impressa*, Oliv. *Ent. n°. 6*, *cétoine*, pl. 8, fig. 71.

13. *Cetonia inda*, Oliv. *Ent. n°. 6*, *cétoine*, pl. 6, fig. 40.

14. *Cetonia cyanea*, Oliv. *Ent. n°. 6*, *cétoine*, pl. 9, fig. 79.

15. *Cetonia acuminata*, Oliv. *Ent. n°. 6*, *cétoine*, pl. 8, fig. 72.

16. *Cetonia aurichalcea*, Oliv. *Ent. n°. 6*, *cétoine*, pl. 9, fig. 78.

17. *Cetonia histrio*, Oliv. *Ent. n°. 6*, *cétoine*, pl. 10, fig. 94.

18. *Cetonia stolata*, Oliv. *Ent. n°. 6*, *cétoine*, pl. 7, fig. 59.

19. *Cetonia lugubris*, Oliv. *Ent. n°. 6*, *cétoine*, pl. 7, fig. 60.

20. *Cetonia versicolor*, Oliv. *Ent. n°. 6*, *cétoine*, pl. 4, fig. 23.

21. *Cetonia cærulea*, Oliv. *Ent. n°. 6*, *cétoine*, pl. 5, fig. 31, *a*

22. *Cetonia variegata*, Oliv. *Ent. n°. 6*, *cétoine*, pl. 5, fig. 31, *b*.

23. *Cetonia bipunctata*, Oliv. *Ent. n°. 6*, *cét.* pl. 6, fig. 45.

PLANCHE 161.

1. *Cetonia areata*, Oliv. *Ent. n°. 6*, *cétoine*, pl. 9, fig. 82.

2. *Cetonia sanguinolenta*, Oliv. *Ent. n°. 6*, *cét.* pl. 6, fig. 41.

3. *Cetonia equinoxialis*, Oliv. *Ent. n°. 6*, *cét.* pl. 6, fig. 42.

4. *Cetonia argentea*, Oliv. *Ent. n°. 6, cétoine*, pl. 6, fig. 49, *a*.

4 *bis*. *Cetonia argentea*, variété, Oliv. *Ent. n°. 6, cétoine*, pl. 6, fig. 49, *b*.

4 *n°. 3*. *Cetonia argentea*, variété, Oliv. *Ent. n°. 6, cétoine*, pl. 6, fig. 49, *c*.

5. *Cetonia irregularis*, Oliv. *Ent. n°. 6, cétoine*, pl. 6, fig. 39.

7. *Cetonia hirta*, Oliv. *Ent. n°. 6, cétoine*, pl. 6, fig. 36, *b*.

7 *bis*. *a*, *b*. Mandidules grossies de cette cétoine.

8. *Cetonia stictica*, Oliv. *Ent. n°. 6, cétoine*, pl. 7, fig. 57.

9. *Cetonia punctulata*, Oliv. *Ent. n°. 6, cétoine*, pl. 6, fig. 47.

10. *Cetonia hæmorrhoïdalis*, Oliv. *Ent. n°. 6, cétoine*, pl. 4, fig. 24.

11. *Cetonia nitidula*, Oliv. *Ent. n°. 6, cétoine*, pl. 6, fig. 46.

12. *Cetonia hottentota*, Oliv. *Ent. n°. 6, cétoine*, pl. 7, fig. 55.

13. *Cetonia cruenta*, Oliv. *Ent. n°. 6, cétoine*, pl. 6, fig. 37.

14. *Cetonia pulverulenta*, Oliv. *Ent. n°. 6, cét.* pl. 10, fig. 95 ; genre *Goliath*, Lat.

15. *Cetonia eremita*, Oliv. ; genre *Trichius*, Lat.

Nota. Figure copiée de Rœsel, *Ins.* tom. 2, clas. 1. *scar. terrest.* tab. 3, fig. *b*.

16. *Cetonia variabilis*, Oliv. *Ent. n°. 6, cétoine*, pl. 4, fig. 27 ; genre *Trichius*, Lat.

17. *Cetonia fasciata*, Oliv. *Ent. n°. 6, cétoine*, pl. 9, fig. 84 ; genre *Trichius*, Lat.

18. *Cetonia bidens*, Oliv. *Ent. n°. 6, cétoine*, pl. 8, fig. 87 ; genre *Trichius*, Lat.

19. *Cetonia viridula*, Oliv. *Ent. n°. 6, cétoine*, pl. 9, fig. 86 ; genre *Trichius*, Lat.

20. *Cetonia lunulata*, Oliv. *Ent. n°. 6, cétoine*, pl. 10, fig. 88 ; genre *Trichius*, Lat.

21. *Cetonia pigra*, Oliv. *Ent. n°. 6, cétoine*, pl. 7, fig. 84 ; genre *Trichius*, Lat.

22. *Cetonia delta*, Oliv. *Ent. n°. 6, cétoine*, pl. 11, fig. 107 ; genre *Trichius*, Lat.

23. *Cetonia hemiptera*, Oliv. *Ent. n°. 6, cétoine*, pl. 9, fig. 83 ; genre *Trichius*, Lat.

24. *Cetonia lineata*, Oliv. *Ent. n°. 6, cétoine*, pl. 7, fig. 63 ; genre *Hoplia*, Lat.

25. *Cetonia nigripes*, Oliv. *Ent. n°. 6, cétoine*, pl. 9, fig. 85 ; genre *Hoplia*, Lat.

26. *Cetonia crassipes*, Oliv. *Ent. n°. 6, cétoine*, pl. 7, fig. 62 ; genre *Hoplia*, Lat.

27. *Cetonia canaliculata*, grossie, Oliv. *Ent. n°. 4, cétoine*, pl. 10, fig. 89 ; genre *Trichius*, Lat.

27 *bis*. — De grandeur naturelle.

Planche 162.

1. *Cetonia fulminans*, Oliv. *Ent. n°. 6, cétoine*, pl. 10, fig. 96 ; genre *Rutela*, Lat.

2. *Cetonia glabrata*, Oliv. *Ent. n°. 6, cétoine*, pl. 9, fig. 80 ; genre *Rutela*, Lat.

3. *Cetonia bicolor*, Oliv. *Ent. n°. 6, cétoine*, pl. 11, fig. 109 ; genre *Rutela*, Lat.

4. *Cetonia emerita*, Oliv. *Ent. n°. 6, cétoine*, pl. 11, fig. 98 ; genre *Rutela*, Lat.

5. *Cetonia clavata*, Oliv. *Ent. n°. 6, cétoine*, pl. 8, fig. 68 ; genre *Rutela*, Lat.

6. *Cetonia convexa*, Oliv. *Ent. n°. 6, cétoine*, pl. 6, fig. 48 ; genre *Rutela*, Lat.

7. *Cetonia smaragdula*, Oliv. *Ent. n°. 6, cétoine*, pl. 10, fig. 90 ; genre *Rutela*, Lat.

8. *Cetonia quadrivittata*, Oliv. *Ent. n°. 6, cét.* pl. 7, fig. 65 ; genre *Rutela*, Lat.

9. *Cetonia tetradactyla*, Oliv. *Ent. n°. 6, cétoine*, pl. 7, fig. 53 ; genre *Rutela*, Lat.

10. *Cetonia lucida*, Oliv. *Ent. n°. 6, cétoine*, pl. 7, fig. 64 ; genre *Rutela*, Lat.

11. *Cetonia splendida*, Oliv. *Ent. n°. 6, cétoine*, pl. 4, fig. 21 ; genre *Rutela*, Lat.

12. *Cetonia brunipes*, Oliv. *Ent. n°. 6, cétoine*, pl. 6, fig. 50 ; genre *Rutela*, Lat.

13. *Cetonia lineola*, Oliv.; genre *Rutela*, Lat.

Nota. Figure copiée de Rœsel, *Ins.* tom. 2, clas. 1, *scar. terrest.* tab. B, fig. 7.

14. *Cetonia surinamensis*, Oliv. *Ent.* n°. 6, *cét.* pl. 11, fig. 104; genre *Rutela*, Lat.

15. *Cetonia striata*, Oliv. *Ent.* n°. 6, *cétoine*, pl. 11, fig. 102; genre *Rutela*, Lat.

16. *Cetonia quadripunctata*, Oliv. *Ent.* n°. 6, *cét.* pl. 10, fig. 93; genre *Rutela*, Lat.

17. *Cetonia lateralis*, Oliv. *Ent.* n°. 6, *cétoine*, pl. 3, fig. 13; genre *Rutela*, Lat.

18. *Cetonia pustulata*, Oliv. *Ent.* n°. 6, *cétoine*, pl. 3, fig. 15.

Planche 163.

1. *Hister unicolor*, Oliv.

Nota. Figure copiée de Schæff. *Icon.* tab. 42, fig. 10.

2. *Hister bimaculatus*, Oliv.

Nota. Figure copiée de Schæff. *Elem.* tab. 24, fig. 2.

3. *Hister quadrimaculatus*, Oliv.

Nota. Figure copiée de Schæff. *Elem.* tab. 24, fig. 1.

4. *Hister lævus*, Rossi, *Faun. étr.* tab. 2, fig. 1, 2.

4 *bis.* —— Vu de face.

5. *Hister sulcatus*, Rossi, *Faun. étr.* tab. 2, fig. 3.

6. *Hister maxillosus*, Oliv. *Ent.* n°. 8, *escarbot*, pl. 2, fig. 8.

7. *Hister maximus*, Oliv. *Ent.* n°. 8, *escarbot*, pl. 1, fig. 2.

8. *Hister major*, Oliv. *Ent.* n°. 8, *escarbot*, pl. 1, fig. 4, *a*, *b*.

8 *bis.* —— Vu en dessous.

9. *Hister inæqualis*, Oliv. *Ent.* n°. 8, *escarbot*, pl. 1, fig. 3.

10. *Hister cyaneus*, Oliv. *Ent.* n°. 8, *escarbot*, pl. 3, fig. 17.

11. *Hister reniformis*, Oliv. *Ent.* n°. 8, *escarbot*, pl. 1, fig. 5, *a*.

12. *Hister bipustulatus*, Oliv. *Ent.* n°. 8, *escarb.* pl. 3, fig. 19, *a*.

13. *Hister detritus*, Oliv. *Ent.* n°. 8, *escarbot*, pl. 2, fig. 16.

14. *Hister æneus*, grossi, Oliv. *Ent.* n°. 8, *esc.* pl. 2, fig. 10, *a*, *b*.

14 *bis.* —— De grandeur naturelle.

15. *Hister bicolor*, grossi, Oliv. *Ent.* n°. 8, *esc.* pl. 3, fig. 20, *a*, *b*.

15 *bis.* —— De grandeur naturelle.

16. *Hister punctulatus*, grossi, Oliv. *Ent.* n°. 8, *escarbot*, pl. 3, fig. 23, *a*, *b*.

16 *bis.* —— De grandeur naturelle.

17. *Hister quadridentatus*, Oliv. *Ent.* n°. 8, *esc.* pl. 2, fig. 11.

18. *Hister planus*, grossi, Oliv. *Ent.* n°. 8, *esc.* pl. 3, fig. 22, *a*, *b*; genre *Hololepta*, Lat.

18 *bis.* —— De grandeur naturelle.

19. *Hister depressus*, grossi, Oliv. *Ent.* n°. 8, *escarbot*, pl. 2, fig. 9, *a*, *b*.

19 *bis.* —— De grandeur naturelle; genre *Hololepta*, Lat.

20. *Hister elongatus*, grossi, Oliv. *Ent.* n°. 8, *escarbot*, pl. 2, fig 14, *a*, *b*.

20 *bis.* —— De grandeur naturelle.

21. *Hister globulosus*, grossi, Oliv. *Ent.* n°. 8, *escarbot*, pl. 2, fig. 15, *a*, *b*.

21. *bis.* —— De grandeur naturelle.

22. *Hister sulcatus*, grossi, Oliv. *Ent.* n°. 8, *escarbot*, pl. 1, fig. 6, *a*, *b*.

22 *bis.* —— De grandeur naturelle.

Planche 164.

1. *Hister brunneus*, Oliv. *Ent.* n°. 8, *escarbot*, pl. 3, fig. 21, *a*, *b*.

2. —— Grossi.

3. *Hister picipes*, Oliv. *Ent.* n°. 8, *escarbot*, pl. 2, fig. 13, *a*, *b*.

4. —— Grossi.

5. *Hister pygmæus*, Oliv. *Ent.* n°. 8, *escarbot*, pl. 3, fig. 24, *a*, *b*.

6. —— Grossi.

6. —— Grossi.

7. *Hister ferrugineus*, Oliv. *Ent. n°.* 8, *escarbot*, pl. 1, fig. 7, *a*, *b*.

8. —— Grossi.

DERMESTES.

9. Figure de dytique donnée par Schæffer dans ses *Elémens*, pl. 7, fig. 1, 2, pour démontrer les diverses parties du thorax des insectes.

9 *bis.* La même figure au trait.

Nota. On ne peut comprendre comment le distributeur des figures de ces planches a pu se tromper au point de prendre cet insecte pour le *dermestes lardarius*.

10. *Dermestes pellio*, Oliv.

Nota. Figure copiée de Schæff. *Icon.* tab. 42, fig. 4.

11. *Dermestes undatus*, de grandeur naturelle.

11 *bis.* —— Grossi.

Nota. Figure copiée de Schæffer, *Icon.* tab. 157, fig. 7, *a*, *b*.

12. *Dermestes quadripunctatus*, Sulzer, *Ins.* tab. 2, fig. 3.

13. *Dermestes vulpinus*, Oliv.

13 *bis.* —— Vu en dessous.

Nota Ces figures sont si mal gravées qu'on ne peut les reconnoître, même en les rapprochant de l'original; cependant il est certain qu'elles ont été copiées de Schæffer, *Icon. Ins.* tab. 42, fig. 1 et 2.

14. *Dermestes tomentosus*, Oliv.; genre *Byturus*, Lat.

Nota. Nous n'avons pu découvrir de quel ouvrage on a copié cette détestable figure.

15. Sous le nom de *dermestre cadavéreux*, on a donné la figure 1, pl. 118, des *Icones* de Schæffer. Olivier ne cite pas cet auteur sous son *dermestes cadaverinus*.

16. *Dermestes vigenti-punctatus*, Rossi, *Faun. étr.*; copié de Sulzer, *Ins.* tab. 2, fig. 13.

17. *Dermestes dentatus*, Rossi, *Faun. étr.* pl. 3, fig. 2; genre *Enoplium*, Lat. : c'est son *enoplium serraticornis*.

NICROPHORE.

18. *Nota.* Le petit insecte qu'on a représenté ici sous le nom de *nicrophore d'Allemagne* est si imparfaitement gravé, qu'il est impossible de savoir à quel genre il appartient.

19. *Nrcrophorus vespillo*, Oliv.

Nota. Figure copiée de Schæff. *Icon.* tab. 9, fig. 4.

BOUCLIER.

20. *Silpha surinamensis*, Oliv. *Ent. n°.* 11, *bouclier*, pl. 2, fig. 11.

21. *Silpha littoralis*, mâle, Oliv. *Ent. n°.* 11, *bouclier*, pl. 1, fig. 8, *a*.

21 *bis.* *Silpha littoralis*, femelle, Oliv. *Ent. n°.* 11, *bouclier*, pl. 1, fig. 8, *b*.

22. *Silpha livida*, Oliv. *Ent. n°.* 11, *bouclier*, pl. 1, fig. 8, *c*.

23. *Silpha americana*, Oliv. *Ent. n°.* 11, *boucl.* pl. 1, fig. 9, *a*.

23 *bis.* *Silpha americana*, variété, Oliv. *Ent. n°.* 11, pl. 1 fig. 9, *b*.

24. *Silpha thoracica*, Oliv. *Ent. n°.* 11, *boucl.* pl. 1, fig. 3, *a*, *b*.

24 *n°.* 2. —— Vu en dessous.

25. *Silpha lævicollis*, Oliv. *Ent. n°.* 11, *boucl.* pl. 2, fig. 15.

PLANCHE 165.

1. *Silpha granulata*, Oliv. *Ent. n°.* 11, *boucl.* pl. 2, fig. 10.

2. *Silpha punctata*, Oliv. *Ent. n°.* 11, *bouclier*, pl. 2, fig. 19.

3. *Silpha marginalis*, Oliv. *Ent. n°.* 11, *boucl.* pl. 2, fig. 5.

4. *Silpha rugosa*, Oliv. *Ent. n°.* 11, *bouclier*, pl. 2, fig. 17.

5. *Silpha atrata*, Oliv. *Ent. n°.* 11, *bouclier*, pl. 1, fig. 4.

6. *Silpha inæqualis*, Oliv. *Ent. n°.* 11, *bouclier*, pl. 2, fig. 20.

7. *Silpha lunata*, Oliv. *Ent. n°.* 11, *bouclier*, pl. 1, fig. 2.

8. *Silpha lævigata*, Oliv. *Ent. n°.* 11, *bouclier*, pl. 1, fig. 1 *b*.

9. *Silpha obscura*, Oliv. *Ent. n°.* 11, *bouclier*, pl. 2, fig. 18.

10. *Silpha sinuata*, Oliv. *Ent. n°.* 11, *bouclier*, pl. 2, fig. 12.

11. *Silpha quadripunctata*, Oliv. *Ent. n°.* 11, *bouclier*, pl. 1, fig. 7, *a*, *b*.

11 *bis*. —— Vue en dessous.

12. *Silpha pedemontana*, Oliv. *Ent. n°.* 11, *bouclier*, pl. 1, fig. 6.

13. *Silpha ferruginea*, Oliv. *Ent. n°.* 11, *boucl.* pl. 2, fig. 13, *a*, *b*.

13 *bis*. —— Très-grossie; genre *Thimalus*, Lat.; *Peltis*, Fab.

14. *Silpha oblonga*, Oliv. *Ent. n°.* 11, *bouclier*. pl. 2, fig. 16; genre *Thimalus*, Lat.; *Peltis*, Fab.

17. *Silpha limbata*, Oliv. *Ent. n°.* 11, *boucl.* pl. 2, fig. 14, *a*, *b*.

17 *bis*. —— Grossie; genre *Thimalus*, Lat.

NITIDULE.

a. *Nitidula ænea*, Rœmer, de grandeur naturelle.

b. —— Très-grossie.

Nota. Fig. copiée de Rœm. *Gen. Ins.* pl. 34, fig. 14.

c. *Nitidula bipustulata*, Oliv.

d. —— Très-grossie.

Nota. Figures copiées de De Géer, *Ins.* tom. 4, pl. 6, fig. 22, 23.

e. *Nitudila colon*, Fab. Lat.

Nota. Figure copiée de De Géer, *Ins.* tom. 4, pl. 6, fig. 24.

f. *Nitidula flavomaculata*, Rossi, *Faun. étr.* pl. 3, fig. 8.

g. *Nitidula hirta*, Rossi, *Faun. étr.* pl. 3, fig. 9.

h. *Nitidula veris*, Rossi, *Faun. étr.* pl. 2, fig. 12.

BIRRHE

i. *Molorchus dimidiatus*, Fab. Lat.; *necydalis minor*, Oliv.

Nota. C'est par une erreur bien grossière qu'on a pris cette figure pour celle du *birrhus gigas*; il y a bien sur la même planche de Schæffer un birrhus, mais il ressemble plutôt au *birrhus pillula*.

SPHÉRIDIE.

l. *Sphæridium scarabæides*, Fab.

Nota. Fig. copiée de Rœm. *Gen. Ins.* tab. 33, fig. 4.

m. *Sphæridium immaculatum*, Rossi, *Faun. étr.* pl. 3, fig. 5.

ANTHRÈNE.

1. *Anthrenus scrophulariæ*, grossi, Oliv.

2. —— De grandeur naturelle.

3. Son antenne très-grossie.

4. Patte très-grossie.

Nota. Ces quatre figures sont copiées de Schæffer, *Elém.* pl. 17.

5 *a*. *Anthrenus museorum*, Oliv.

b. —— Très-grossi.

Nota. Figures copiées de De Géer, *Ins.* tom. 4, pl. 8, fig. 11, 12.

PLANCHE 166.

VRILLETTE.

1. *Anobium pertinax*, Rœmer, Fab.

Nota. Figure copiée de Rœmer, *Ins.* pl. 34, fig. 6 et 7.

2. *Anobium pertinax*, Lin. Gmel.

Nota. Figure copiée de De Géer, tom. 4, pl. 8, fig. 29.

3 *a*. *Ptinus fur*, Lin. Gmel. Lat.

b. —— Grossi.

Nota. Figures copiées de Schæffer, *Icon.* tab. 155, fig. 3, *a*, *b*. Gmelin ne cite pas cette figure.

4 *c*. *Ptinus imperialis*, Lat.

Nota. Figure copiée de Sulzer, *Ins.* tab. 2, fig. 7.

5 *d*. *Ptinus fur?*

e. —— Grossi.

Nota. Nous n'avons pu découvrir de quel ouvrage on a copié ces figures.

6 *f*. *Ptinus scotias*, Lin. Gmel.; genre *Gibbium*, Lat.

g. —— Grossi.

Nota. Figures copiées de Schæffer, *Icon.* tab. 155, fig. 5, *a*, *b*. Gmelin ne cite pas cette figure.

IPS.

7. Figure indéterminable.

8. *Ips taxicornis*, Oliv.; Rossi, *Faun. étr.* tab. 4, fig. 2.

9. *Ips linearis*, vu de profil, Rossi, *Faun. étr.* tab. 2, fig. 4.

10. *Ips linearis*, Rossi, *Faun. étr.* pl. 2, fig. 5.

Nota. Ces figures sont tellement mal gravées, que nous avons eu beaucoup de peine à nous assurer qu'elles étoient réellement copiées de l'ouvrage de Rossi.

MÉLYRE.

1. *Melyris viridis*, Oliv. Lat.

Nota. Figure copiée du *Naturforcher*, 24, n°. 15, tab. 1, fig. 15.

2. *Melyris bimaculatus*, Rossi, *Faun. étr.* tab. 7. fig. 14; genre *Dasytes*, Lat.

LAGRIE.

A, B. *Spondylis buprestoïdes*, Lat. Fab.

Nota On a copié cette figure de l'ouvrage de Rœmer, *Genera Insect.* pl. 34, fig. 22; la figure de la *lagria hirta*, que l'on avoit eu l'intention de copier, se trouve au-dessus de celle-ci. Le plus plaisant, c'est qu'on a gravé *la grie* velue au-dessus de ce spondyle.

PANACHE.

1. *Drilus flavescens*, mâle, Lat.

2 *a.* Son antenne grossie.

b. Antenne de quelque autre insecte, prise pour terme de comparaison.

Nota Ces trois figures sont copiées de Sulzer, *Ins.* pl. 2, fig. 6 et *d*, *e*.

OMALISE.

A. *Cucujus depressus*, Fab. Lat.

Nota. Figure copiée de Rœmer, *Gen. Ins.* tab. 34, fig. 28. Elle est si mal gravée, qu'on a de la peine à croire que ce soit bien la même insecte.

LYMEXYLON.

B. *Lymexylon navale*, Oliv.

Nota. Figure copiée de Schæff. *Icon.* tab. 59, fig. 2.

HORIA.

1. *Horia testacea*, mâle, Oliv.; genre *Cissites*, Lat.

1 *n°.* 2. La femelle.

Nota. Ces figures sont copiées du *Naturforcher*, 24, n°. 13, tab. 3, fig. 14, 17.

TELEPHORE, *cantharis*, LIN.

1. *Cantharis fusca*, Lin.

Nota. Figure copiée de Schæffer, *Icon. Ins.* tab. 16, fig. 10.

2. Figure que nous n'avons pu reconnoître.

3. *Cantharis obscura*, Lin. Gmel.

Nota. Figure copiée de Schæffer, *Icon. Ins.* tab. 16, fig. 8.

4 et 5. Figures que nous n'avons pu reconnoître.

6. *Cantharis melanura*, Lin. Gmel.

Nota. Figure copiée de Schæffer, *Icon. Ins.* tab. 16, fig. 14.

7. *Cantharis testacea*, Lin. Gmel.

Nota. Figure copiée de Schæffer, *Icon. Ins.* tab. 52, fig. 8.

8. *Cantharis minuta*, Fab.; *la nécydale à points jaunes*, Geoffroy; genre *Malthinus*, Lat.

9. Une de ses pattes grossie.

10. Antenne grossie.

Nota. Ces figures sont copiées de Geoffroy, *Ins. Paris*, tom. 1, pl. 7, fig. 3, *d*, *e*, *f*.

MALACHIE.

1. *Malachius æneus*, Oliv.

4. —— Grossi.

Nota. Figures copiées de Schæffer, *Icon.* tab. 18, fig. 12, 13.

2. *Malachius bipustulatus*, Oliv.

5. —— Grossi.

Nota. Figures copiées de Schæffer, *Icon.* tab. 18, fig. 10, 11.

3. *Malachius fasciatus*, Oliv.

Nota. Figure copiée de Schæffer, *Icon.* tab. 189, fig. 3, *a*.

LAMPYRE.

1. *Lampyris noctiluca*, femelle, Oliv.

2. —— Vue de face.

Nota. Figures copiées de De Géer, *Ins.* tom. 4, pl. 1, fig. 19, 20.

3. *Lampyris pyralis*, Oliv.

Nota. Figure copiée de De Géer, *Ins.* tom. 4, pl. 17, fig. 7.

4. *Lampyris pectinata*, Oliv.

Nota. Figure copiée de De Géer, *Ins.* tom. 4, pl. 17, fig. 13.

5. *Lampyris ignita*, Oliv.

Nota. Figure copiée de De Géer, *Ins.* tom. 4, pl. 17, fig. 2.

6. *Lampyris hespera*, Oliv.

Nota. Figure copiée de De Géer, *Icon.* tom. 4, pl. 17, fig. 1.

7. *Lampyris phosphorea*, Oliv.

Nota. Figure copiée de De Géer, *Ins.* tom. 4, pl. 17, fig. 6.

8. *Lampyris italica*, Oliv.

Nota. Figure copiée de Sulzer, *Ins.* tab. 4, fig. 3.

9. *Lampyris splendidula*, Oliv.

A. Le même avec ses ailes étendues.

B. Son antenne grossie.

C. Une de ses pattes *idem*.

Nota. Ces quatre figures sont copiées de Schæffer, *Elem.* tab. 74.

19. On a donné sous ce numéro la figure d'une assez grande espèce de lampyre, que nous n'avons retrouvée dans aucun des ouvrages d'entomologie que nous consultons pour l'explication de ces planches.

LYCUS.

A. *Pyrochroa coccinea*, Oliv.

Nota. Cette figure est copiée de Schæffer, *Icon. Ins.* tab. 90, fig. 4.

B. *Lycus sanguineus*, Oliv.

Nota. Figure copiée de Schæffer, *Icon. Ins.* tab. 24, fig. 1.

C. *Lycus rostratus*, Oliv.

Nota. Figure copiée de De Géer, *Ins.* tom. 7, pl. 46, fig. 21.

COLLIURE.

1. *Colliuris surinamensis*, Oliv.; genre *Casnonia*, Lat.

2. Une de ses élytres très-grossie.

3. Son cou et sa tête *idem*.

Nota. Ces figures sont copiées de De Géer, *Ins.* tom. 4, pl. 17, fig. 16, 17, 18.

PLANCHE 167.

TAUPIN.

1. *Elater oculatus*, Oliv. *Ent.*

Nota. Figure copiée de De Géer, *Ins.* tom. 4, pl. 17, fig. 28.

2. *Elater ferrugineus*, Oliv. *Ent.*

Nota. Figure copiée de Schæff. *Icon.* tab. 19, fig. 1.

3. *Elater murinus*, Oliv. *Ent.*

Nota. Figure copiée de Schæffer, *Ins. Icon.* tab. 4, fig. 6.

3 *bis*. *Elater tessellatus*, Oliv. *Ent.*

Nota. Figure copiée de Schaff. *Icon.* tab. 4, fig. 7.

4. *Elater latus*, Sulzer, *Ins.* tab. 6, fig. 8.

5. *Elater sanguineus*, Oliv. *Ent.*

Nota. Figure copiée de Schæff. *Icon.* tab. 11, fig. 8.

6. *Elater thoracicus*, Oliv. *Ent.*

Nota. Figure copiée de Schæffer, *Icon.* tab. 31, fig. 3.

7. *Elater sanguineus*, Oliv. *Ent.*

Nota. Figure copiée de Schæff. *Elem.* tab. 60, fig. 2.

8. *Elater balteatus*, Oliv. *Ent.*

Nota. Figure copiée de Schæffer, *Icon. Ins.* tab. 77. fig. 2.

8 *bis*. *Elater pectinicornis*, Oliv. *Ent.*

Nota. Figure copiée de Schæff. *Icon. Ins.* tab. 3, fig. 5.

8 *n*°. 3. *Elater cruciatus*, Oliv. *Ent.*

Nota. Figure copié de Sulzer, *Ins.* tab. 6, fig. 10.

9. *Elater obscurus*, Oliv. *Ent.*

Noat. Figure copiée de Schæff. *Icon.* tab. 19, fig. 2.

10. *Elater limbatus*, Oliv. *Ent.*

Nota. Nous ne savons de quel ouvrage cet insecte a été copié.

11. *Elater maculatus*, Rossi, *Faun. étr.* pl. 5, fig. 7.

12. *Elater bimaculatus*, Rossi, *Faun. étr.* pl. 3, fig. 10.

BUPRESTES.

13. *Buprestis unidentata*, Oliv. *Ent.* *n*°. 32, *buprestes*, pl. 8, fig. 86.

14. *Buprestis*

14. *Buprestis mutabilis*, Oliv. *Ent. n°.* 32, *bupreste*, pl. 8, fig. 78, *a*, *b*.

15. —— Vu en dessous.

16. *Buprestis gigantea*, Oliv. *Ent. n°.* 32, *buprest.* pl. 1, fig. 1, *b*.

16 *bis*. Tête et pièces de la bouche de ce bupreste.

a. Tête.

b, *b*. Antennes.

c. Labre.

d, *d*. Mandibules.

e, *e*. Mâchoires.

g, *g*. Palpes maxillaires.

f. Lèvre inférieure et palpes labiaux.

17. *Buprestis vittata*, Oliv. *Ent. n°.* 32, *buprest.* pl. 3, fig. 17, *b*.

17 *bis*. Pièces de la bouche de ce bupreste.

a, *a*. Mandibules.

b, *b*. Mâchoires.

c. Lèvre inférieure.

d, *d*. Palpes maxillaires.

e, *e*. Palpes labiaux.

PLANCHE 168.

1. *Buprestis fulgida*, Oliv. *Ent. n°.* 32, *buprest.* pl. 7, fig. 69.

2. *Buprestis collaris*, Oliv. *Ent. n°.* 32, *buprest.* pl. 2, fig. 9.

3. *Buprestis fastuosus*, Oliv. *Ent. n°.* 32, *bupr.* pl. 8, fig. 81.

4. *Buprestis morbillosa*, Oliv. *Ent. n°.* 32, *bupr.* pl. 8, fig. 84.

5. *Buprestis equestris*, Oliv. *Ent. n°.* 32, *bupr.* pl. 9, fig. 103.

6. *Buprestis aurifer*, Oliv. *Ent. n°.* 32, *bupreste*, pl. 9, fig. 95.

7. *Buprestis punctatissima*, Oliv. *Ent. n°.* 32, *bupreste*, pl. 7, fig. 76.

8. *Buprestis marginalis*, Oliv. *Ent. n°.* 32, *bupr.* pl. 6, fig. 60.

9. *Buprestis striata*, Oliv. *Ent. n°.* 32, *bupreste*, pl. 7, fig. 77.

10. *Buprestis rufipes*, Oliv. *Ent. n°.* 32, *bupreste*, pl. 7, fig. 73, *a*, *b*.

10 *bis*. —— Vu en dessous.

11. *Buprestis ænea*, Oliv. *Ent. n°.* 32, *bupreste*, pl. 6, fig. 57.

12. *Buprestis corrusca*, Oliv. *Ent. n°.* 32, *bupr.* pl. 9, fig. 99.

13. *Buprestis decora*, Oliv. *Ent. n°.* 32, *bupr.* pl. 8, fig. 82.

14. *Buprestis aurulenta*, Oliv. *Ent. n°.* 32, *bupr.* pl. 9, fig. 98.

15. *Buprestis maura*, Oliv. *Ent. n°.* 32, *bupr.* pl. 5, fig. 42.

16. *Buprestis berolinensis*, Oliv. *buprestis oxyptera*, Pallas, *Icon. Ins. sibir.* pl. D, fig. 11.

17. *Buprestis austriaca*, Oliv. *Ent. n°.* 32, *bupr.* pl. 10, fig. 113.

18. *Buprestis lurida*, Oliv. *Ent. n°.* 32, *bupr.* pl. 8, fig. 83.

18 *bis*. Bupreste représenté vu en dessous et qu'il est impossible de déterminer.

PLANCHE 169.

1. *Buprestis fasciata*, Oliv. *Ent. n°.* 32, *bupreste*, pl. 9, fig. 92.

2. *Buprestis cærulea*, Oliv. *Ent. n°.* 32, *bupreste*, pl. 4, fig. 35.

3. *Buprestis punctata*, Oliv. *Ent. n°.* 32, *bupr.* pl. 6, fig. 55.

4. *Buprestis pagana*, Oliv. *Ent. n°.* 3, *bupreste*, pl. 10, fig. 114.

5. *Buprestis purpurea*, Oliv. *Ent. n°.* 32, *bupr.* pl. 10, fig. 105.

6. *Buprestis chrysis*, Oliv.; *buprestis chrysites*, Pallas, *Icon. Ins. sibir.* pl. D, fig. 1.

7. *Buprestis castanea*, Oliv. *Ent. n°.* 32, *bupr.* pl. 2, fig. 8, *b*, *c*.

7 *bis*. —— Vu en dessous.

8. *Buprestis sternicornis*, Oliv. *Ent. n°.* 32, *bupr.* pl. 6, fig. 52, *a*.

9. *Buprestis interrupta*, Oliv. *Ent. n°.* 32, *bupr.* pl. 4, fig. 28, *a*, *b*.

9 *n°*. 2. —— Vu en dessous.

11. *Buprestis ocellata*, Oliv. *Ent. n°*. 32, *bupr.* pl. 1, fig. 3, *a*, *b*.

11 *bis*. —— Vu en dessous et les ailes étendues.

12. *Buprestis viridulus*, Oliv. *Ent. n°*. 32, *bupr.* pl. 10, fig. 112.

13. *Buprestis lineata*, Oliv. *Ent. n°*. 32, *bupr.* pl. 8, fig. 80.

PLANCHE 170.

1. *Buprestis cuspidata*, Oliv. *Ent. n°*. 32, *bupr.* pl. 8, fig. 87.

2. *Buprestis maculata*, Oliv. *Ent. n°*. 32, *bupr.* pl. 10, fig. 61, *c*.

3. *Buprestis octoguttata*, Oliv. *Ent. n°*. 32, *bupr.* pl. 4, fig. 36.

4. *Buprestis ignita*, Oliv. *Ent. n°*. 32, *bupreste*, pl. 4, fig. 33.

5. *Buprestis fulgida*, grossi, Oliv. *Ent. n°*. 32, *bupreste*, pl. 11, fig. 119, *a*, *b*.

a. —— De grandeur naturelle.

6. *Buprestis iris*, Oliv. *Ent. n°*. 32, *bupreste*, pl. 5, fig. 39.

7. *Buprestis aurata*, Oliv. *Ent. n°*. 32, *bupreste*, pl. 9, fig. 93.

8. *Buprestis mariane*, Oliv. *Ent. n°*. 32, *bupreste*, pl. 9, fig. 4.

9. *Buprestis farinosa*, Oliv. *Ent. n°*. 32, *bupr.* pl. 7, fig. 70.

10. *Buprestis ventricosa*, Oliv. *Ent. n°*. 32, *bupr.* pl. 6, fig. 63, *a*, *b*.

10 *n°*. 2. —— Vu en dessous.

11. *Buprestis smaragdula*, Oliv. *Ent. n°*. 32, *bupreste*, pl. 1, fig. 2.

12. *Bupreste elegans*, Oliv. *Ent. n°*. 32, *bupr.* pl. 8, fig. 89.

13. *Bupreste triloba*, Oliv. *Ent. n°*. 32, *bupr.* pl. 1, fig. 5.

14. *Buprestis hæmorrhoïdalis*, Oliv. *Ent. n°*. 32, pl. 10, fig. 109.

15. *Buprestis cyanipes*, Oliv. *Ent. n°*. 32, *bupr.* pl. 9, fig. 104.

16. *Buprestis depressa*, Oliv. *Ent. n°*. 32, *bupr.* pl. 2, fig. 15.

17. *Buprestis nigrita*, Oliv. *Ent. n°*. 32, *bupr.* pl. 9, fig. 96.

PLANCHE 171.

1. *Buprestis modesta*, Oliv. *Ent. n°*. 32, *bupr.* pl. 7, fig. 72.

2. *Buprestis plana*, Oliv. *Ent. n°*. 32, *bupreste*, pl. 6, fig. 53.

3. *Buprestis blanda*, Oliv. *Ent. n°*. 32, *bupreste*, pl. 9, fig. 94.

4. *Buprestis orichalcea*, Pallas, *Icon. Ins. sibir.* tab. D, fig. 17.

5. *Buprestis elongata*, Oliv. *Ent. n°*. 32, *bupr.* pl. 9, fig. 102.

6. *Buprestis tripunctata*, Oliv. *Ent. n°*. 32, *bupr.* pl. 2, fig. 10, *a*, *b*.

6 *n°*. 2. —— Vu en dessus.

7. *Buprestis rutilans*, Oliv. *Ent. n°*. 32, *bupr.* pl. 5, fig. 45.

8. *Buprestis nobilis*, Oliv. *Ent. n°*. 32, *bupreste*, pl. 5, fig. 43.

9. *Buprestis frontalis*, Oliv. *Ent. n°*. 32, *bupr.* pl. 5, fig. 44.

10. *Buprestis chrysostigma*, Oliv. *Ent. n°*. 32, *bupreste*, pl. 6, fig. 54.

11. *Buprestis gibbosa*, Oliv. *Ent. n°*. 32, *bupr.* pl. 6, fig. 59, *a*, *b*.

11 *n°*. 2. —— Vu en dessous.

12. *Buprestis cruenta*, Oliv. *Ent. n°*. 32, *bupr.* pl. 3, fig. 21 ; genre *Trachys*, Lat.

13. *Buprestis novem-maculata*, Oliv. *Ent. n°*. 3, *bupreste*, pl. 4, fig. 30.

14. *Buprestis ornata*, Oliv. *Ent. n°*. 32, *bupr.* pl. 7, fig. 67.

15. *Buprestis tæniata*, Oliv. *Ent. n°*. 32, *bupr.* pl. 5, fig. 41, *b*.

15 *n°*. 2. *Buprestis tæniata*, variété, Oliv. *Ent. n°*. 32, *bupreste*, pl. 5, fig. 49, *b*.

16. *Buprestis bipunctata*, Oliv. *Ent. n°*. 32, *bupr.* pl. 6, fig. 56, *a*, *b*.

16 *n°*. 2. —— Grossi.

17. *Buprestis festiva*, Oliv. *Ent. n°*. 32, *bupr.* pl. 9, fig. 100.

18. *Buprestis andreæ*, Oliv. *Ent. n°*. 32, *bupr.* pl. 1, fig. 6.

19. *Buprestis variolaris*, Oliv. *Ent. n°*. 32, *bupr.* pl. 8, fig. 85.

20. *Buprestis fascicularis*, Oliv. *Ent. n°*. 32, pl. 4, fig. 38, *a*, *q*.

20 *n°*. 2. —— Variété.

PLANCHE 172.

1. *Buprestis pubescens*, Oliv. *Ent. n°*. 32, *bupr.* pl. 2, fig. 16.

2. *Buprestis æquinoctialis*, Oliv. *Ent. n°*. 32, *bupreste*, pl. 10, fig. 115.

3. *Buprestis tomentosa*, Oliv. *Ent. n°*. 31, *bupr.* pl. 4, fig. 37.

4. *Buprestis hirta*, Oliv. *Ent. n°*. 32, *bupreste*, pl. 3, fig. 18, *a*.

5. *Buprestis scabra*, Oliv. *Ent. n°*. 32, *bupr.* pl. 3, fig. 25

6. *Buprestis dilatata*, Oliv. *Ent. n°*. 32, *bupr.* pl. 3, fig. 24, *a*, *b*.

6 *n°*. 2. —— Vu en dessous.

7. *Buprestis ochreata*, Oliv. *Ent. n°*. 32, *bupr.* pl. 6, fig. 64.

8. *Buprestis lugubris*, Oliv. *Ent. n°*. 32, *bupr.* pl. 10, fig. 106.

9. *Buprestis cariosa*, Oliv.

Nota. Fig. copiée de Pall. *Icon. Ins. sibir.* pl. D, fig. 6.

10. *Buprestis tenebrionis*, Oliv. *Ent. n°*. 32, *bupr.* pl. 5, fig. 48.

11. *Buprestis tristis*, Oliv. *Ent. n°*. 32, *bupr.* pl. 7, fig. 71.

12. *Buprestis unicolor*, Oliv. *Ent. n°*. 32, *bupr.* pl. 8, fig. 91.

13. *Buprestis fusca*, Oliv. *Ent. n°*. 32, *bupr.* pl. 8, fig. 88.

14. *Buprestis biocellata*, Oliv. *Ent. n°*. 32, *bupreste*, pl. 8, fig. 90.

15. *Buprestis lateralis*, Oliv. *Ent. n°*. 32, *bupr.* pl. 10, fig. 108.

16. *Buprestis acuminata*, Pallas, *Icon. Ins. sibir.* pl. D, fig. 10.

17. *Buprestis marginata*, Oliv. *Ent. n°*. 32, *bupr.* pl. 5, fig. 51.

18. *Buprestis rustica*, Oliv. *Ent. n°*. 32, *bupr.* pl. 3, fig. 22.

PLANCHE 173.

1. *Buprestis sibirica*, Oliv. *Ent. n°*. 32, *bupr.* pl. 8, fig. 79.

2. *Buprestis laticollis*, Oliv. *Ent. n°*. 32, *bupr.* pl. 7, fig. 66.

3. *Buprestis guttata*, Oliv. *Ent. n°*. 32, *bupr.* pl. 7, fig. 58, *a*, *b*.

3 *n°*. 2. —— Vu en dessous.

4. *Buprestis sulcata*, Oliv.; *buprestis canaliculata*, Pallas.

Nota. Figure copiée de Pallas, *Icon. Ins. sibir.* pl. D, fig. 4.

5. *Buprestis saturalis*, Oliv. *Ent. n°*. 32, *bupr.* pl. 6, fig. 61, *a*, *b*.

5 *n°*. 2. —— Vu en dessous.

6. *Buprestis cyanicornis*, Oliv. *Ent. n°*. 32, *bupr.* pl. 3, fig. 20.

7. *Buprestis manca*, Oliv. *Ent. n°*. 32, *bupr.* pl. 2, fig. 12.

8. *Buprestis juncea*, Oliv.

Nota. Fig. copiée de Pall. *Icon. Ins. sibir.* pl. D, fig. 5.

9. *Buprestis linearis*, Oliv. *Ent. n°*. 32, *bupr.* pl. 5, fig. 40, *a*, *b*.

9 *n°*. 2. —— Grossi.

10. *Buprestis rubi*, Oliv. *Ent. n°*. 32, *bupreste*, pl. 4, fig. 29.

11. *Buprestis meditabunda*, Oliv. *Ent. n°*. 32, pl. 10, fig. 107.

12. *Buprestis pectoralis*, Oliv. *Ent n°*. 32, *bupr.* pl. 9, fig, 97, *a*, *b*.

12 n°. 2. —— Très-grossi.

13. *Buprestis quadrimaculata*, Oliv. *Ent. n°.* 32, *bupreste*, pl. 10, fig. 110

14. *Buprestis biguttata*, Oliv. *Ent. n°.* 32, *bupr.* pl. 7, fig. 75.

15. *Buprestis cruciata*, Oliv. *Ent. n°.* 32, *bupr.* pl. 7, fig. 74.

16. *Buprestis ruficollis*, Oliv. *Ent. n°.* 32, *bupr.* pl. 9, fig. 101.

17. *Buprestis læta*, Oliv. *Ent. n°.* 32, *bupreste*, pl. 6, fig. 50

18. *Buprestis salicis*, Oliv. *Ent. n°.* 32, *bupr.* pl. 2, fig. 13, *a*, *b*.

18 *n°*. 2. —— Un peu grossi.

19. *Buprestis onopordii*, Oliv. *Ent. n°.* 32, *bupr.* pl. 11, fig. 122.

Nota. C'est par une erreur bien grossière que l'on a donné le nom de *bupreste nitidule* à cette figure.

20. *Buprestis quadripunctata*, Oliv. *Ent. n°.* 32, pl. 10, fig. 117, *a*, *b*.

20 *n°*. 2. —— Très-grossi.

21. *Buprestis umbellatarum*, Oliv. *Ent. n°.* 32, pl. 3, fig. 23, *a*, *b*.

21 *n°*. 2. —— Un peu grossi.

22. *Buprestis discoïdea*, Oliv. *Ent. n°.* 32, *bupr.* pl. 10, fig. 65, *c*.

Nota. Cet insecte est grossi; sa grandeur naturelle est de trois lignes.

23. *Buprestis viridis*, Oliv. *Ent. n°.* 32, *bupr.* pl. 11, fig. 124, *b*.

Nota. Il est très-grossi; sa grandeur naturelle est de deux lignes et demie à trois lignes.

24. *Buprestis emarginata*, très-grossi, Oliv. *Ent. n°.* 32, *bupreste*, pl. 10, fig. 116, *a*, *b*.

24 *n°*. 2. —— De grandeur naturelle; genre *Aphanisticus*, Lat.

25. *Buprestis minuta*, Oliv. *Ent. n°.* 32, *bupr.* pl. 2, fig. 14, *a*, *b*.

25 *bis*. —— Grossi; genre *Trachys*, Lat.

26. *Buprestis pygmea*, Oliv. *Ent. n°.* 32, *bupr.* pl. 4, fig. 34, *a*, *b*.

26 *bis*. —— Grossi; genre *Aphanisticus*, Lat.

27. *Buprestis quadrifasciata*, Rossi, *Faun. étr.* tab. 4, fig. 6 et 7.

Planche 174.

Cicindèle.

1. *Cicindela aptera*, Oliv. *Ent. n°.* 33, *cicindèle*, pl. 1, fig. 1; genre *Trycondyla*, Lat.

2. *Cicindela longicollis*, Oliv. *Ent. n°.* 33, *cicind.* pl. 2, fig. 17; genre *Colliuris*, Lat.

3. *Cicindela catena*, Oliv. *Ent. n°.* 33, *cicindèle*, pl. 1, fig. 12.

Nota. On a gravé cette espèce sous le nom de *cicindèle mégacéphale*.

4. *Cicindela grossa*, Oliv. *Ent. n°.* 33, *cicind.* pl. 2, fig. 23; genre *Megacephala*, Lat.

5. *Cicindela chinensis*, Oliv. *Ent. n°.* 33, *cicind.* pl. 3, fig. 30.

6. *Cicindela cincta*, Oliv. *Ent. n°.* 33, *cicind.* pl. 3, fig. 33.

7. *Cicindela bicolor*, Oliv. *Ent. n°* 33, *cicindèle*, pl. 2, fig. 14.

8. *Cicindela campestris*, Oliv.

8 *bis*. —— Variété.

Nota. Figures copiées de Schæffer, *Icon. Ins.* tab. 34, fig. 8 et 9.

9. *Cicindela hybrida*, Oliv.

Nota. Figure copiée de Schæffer, *Icon. Ins.* tab. 35, fig. 10.

10. *Cicindela nemoralis*, Oliv. *Ent. n°.* 33, *cic.* pl. 3, fig. 36.

11. *Cicindela purpurea*, Oliv. *Ent. n°.* 33, *cicind.* pl. 3, fig. 34.

12. *Cicindela tristis*, Oliv. *Ent. n°.* 33, *cicind.* pl. 3, fig. 25; genre *Oxycheila*, Dej.

13. *Cicindela interrrupta*, Oliv. *Ent. n°.* 33, *cic.* pl. 2, fig. 15.

15. *Cicindela*

14. *Cicindela lunulata*, Oliv. *Ent. n°.* 33, *cic.* pl. 2, fig. 24.

15. *Cicindela lurida*, Oliv. *Ent. n°.* 33, *cicind.* pl. 3, fig. 35.

16. *Cicindela sinuata*, Oliv. *Ent. n°.* 33, *cicind.* pl. 1, fig. 10.

17. *Cicindela capensis*, Oliv, *Ent. n°.* 33, *cicind.* pl. 1, fig. 11.

18. *Cicindela catena*, Oliv. *Ent. n°.* 33, *cicind.* pl. 1, fig. 12.

19. *Cicindela tuberculosa*, Oliv. *Ent. n°.* 33, *cic.* pl. 3, fig. 28.

20. *Cicindela unipunctata*, Oliv. *Ent. n°.* 33, *cic.* pl. 3, fig. 27.

Planche 175.

1. *Cicindela cayennensis*, Oliv. *Ent. n°.* 33, *cic.* pl. 1, fig. 2.

2. *Cicindela sexpunctata*, Oliv. *Ent. n°.* 33, *cic.* pl. 1, fig. 6.

3. *Cicindela quadrilineata*, Oliv. *Ent. n°.* 33, *cic.* pl. 1, fig. 4.

4. *Cicindela biramosa*, Oliv. *Ent. n°.* 33, *cicind.* pl. 2, fig. 16, *a*, *b*.

4 *n°.* 2. —— Vue en dessous.

5. *Cicindela sexguttata*, Oliv. *Ent. n°.* 33, *cic.* pl. 2, fig. 21, *a*, *b*.

5 *bis.* —— Variété plus petite.

6. *Cicindela punctata*, Oliv. *Ent. n°.* 33, *cicind.* pl. 3, fig. 37, *a*, *b*.

6 *n°.* 2. —— Très-grossie.

7. *Cicindela octoguttata*, Oliv. *Ent. n°.* 33, *cic.* pl. 3, fig. 32.

8. *Cicindela trifasciata*, Oliv. *Ent. n°.* 33, *cic.* pl. 2, fig. 18.

9. *Cicindela carolina*, Oliv.; genre *Megacephala*, Lat.

Nota. Figure copiée du *Naturforcher*, 24, pl. 53, n°. 17, tab. 2, fig. 21.

10. *Cicindela virginica*, Oliv. *Ent. n°.* 33, *cic.* pl. 3, fig. 26; genre *Megacephala*, Lat.

11. *Cicindela maura*, Oliv. *Ent. n°.* 33, *cicind.* pl. 3, fig. 31.

12. *Cicindela emarginata*, Oliv. *Ent. n°.* 33, *cic.* pl. 3, fig. 38.

12 *n°.* 2. —— Grossie, genre *Drypta*, Lat.

13 *n°.* 2. *Cicindela minuta*, grossie, Oliv. *Ent. n°.* 33, *cicindèle*, pl. 3, fig. 38.

13. —— De grandeur naturelle; genre *Elaphrus*, Lat.

Elaphre.

13. *Elaphrus riparius*, Oliv.

Nota. Figure copiée de Schæff. *Icon.* tab. 86, fig. 4.

14. *Elaphrus riparius*, Oliv. *Ent. n°.* 34, *élaph.* pl. 1, fig. 1, *a* à *e*.

14 *n°.* 2. —— Très-grossi.

14 *n°.* 3. —— Grossi et vu en dessous.

14 *n°.* 4. —— De grandeur naturelle, vu en dessous.

15. *Elaphrus flavipes*, Oliv. *Ent. n°.* 34, *élaph.* pl. 1, fig. 2, *a*, *b*.

15 *n°.* 2. —— Grossi.

Planche 176.

1. *Carabus mendax*, Rossi, *Faun. étr.* tab. 2, fig. 10.

2. *Carabus fasciolatus*, Rossi, *Faun. étr.* tab. 2, fig. 8; genre *Polystichus*, Lat.

3. *Carabus maxillosus*, Oliv. *Ent. n°.* 35, *carabe*, pl. 8, fig. 90; genre *Anthia*, Lat.

4. *Carabus fimbriatus*, Oliv. *Ent. n°.* 35, *car.* pl. 1, fig. 5; genre *Anthia*, Lat.

5. *Carabus sexguttatus*, Oliv. *Ent. n°.* 35, *car.* pl. 1, fig. 6; genre *Anthia*, Lat.

6. *Carabus scabrosus*, Oliv. *Ent. n°.* 35, *carabe*, pl. 7, fig. 83; *Procerus Olivieri*, Dej.

7. *Carabus tenebrioïdes*, Oliv. *Ent. n°.* 35, *car.* pl. 6, fig. 67; genre *Catadromus*, Makleay, *Annulosa*, *Javan.*

8 *bis.* *Carabus coriaceus*, Oliv. *Ent. n°.* 35, *car.* pl. 1, fig. 2; genre *Procrustes*, Lat.

8. Parties de la bouche du *carabus coriaceus.*

a. Labre.
b, b. Mandibules.
c, c. Mâchoires.
f, f. Palpes maxillaires externes.
e, e. Palpes maxillaires internes.
d, d. Lèvre inférieure.
g, g. Palpes labiaux.
h. Lèvre inférieure.

9. *Carabus purpurascens*, Oliv.

Nota. Cette figure est copiée ne Schæff. *Icon. Ins.* pl 3, fig. 1.

10. *Carabus cyaneus*, Oliv. *Ent. n°.* 35, *carabe*, pl. 5, fig. 47.

PLANCHE 177.

1. *Carabus splendens*, Oliv. *Ent. n°.* 35, *car.* pl. 1, fig. 2.

2. *Carabus decemguttatus*, Oliv. *Ent. n°.* 35, *carabe*, pl. 9, fig. 15; genre *Anthia*, Lat.

3. *Carabus sulcatus*, Oliv. *Ent. n°.* 35, *carab.* pl. 8, fig. 97; genre *Anthia*, Lat.

4. *Carabus elongatus*, Oliv. *Ent. n°.* 35, *car.*; genre *Anthia*, Lat.

Nota. On a échangé les noms de ces deux figures.

5. On a copié ici sous le nom de *carabe denté*, un hister figuré dans Rossi, et que cet auteur nomme *hister lævus*, *Faun. étr.* tab. 2, fig. 1, 2.

6. *Carabus hortensis*, Oliv.

Nota Figure copiée de Schæff. *Icon.* pl. 11, fig. 2.

7. *Carabus tædatus*, Oliv. *Ent. n°.* 35, *carab.* pl. 6, fig. 45.

8. *Carabus maderæ*, Oliv. *Ent, n°.* 35, *carab.* pl. 7, fig. 74; genre *Panagæus*, Lat.

9. *Carabus auratus*, Oliv.

Nota. Figure copiée de Schæff. *Icon. Ins.* tab. 202, fig. 5.

10. *Carabus suturalis*, Oliv. *Ent. n°.* 35, *car.* pl. 6, fig. 71.

11. *Carabus granulatus*, Oliv.

Nota. Figure copiée de Schæff. *Icon.* pl. 18, fig. 6.

12. *Carabus clathratus*, Oliv. *Ent. n°.* 35, *car.* pl. 5, fig, 59.

13. *Carabus catenulatus*, Oliv. *Ent. n°.* 35, *car.* pl. 3. fig. 29.

14. *Carabus porcatus*, Oliv. *Ent. n°.* 35, *car.* pl. 7, fig. 84; genre *Adelium?* Kirby.

15. *Carabus reflexus*, Oliv. *Ent. n°.* 35, *car.* pl. 7, fig. 77; genre *Panagæus*, Lat.

16. *Carabus angulatus*, Oliv. *Ent. n°.* 35, *car.* pl. 7, fig. 76; genre *Panagæus*, Lat.

17. *Carabus nitens*, Oliv.

Nota. Figure copiée de Schæff. *Icon.* tab. 51, fig. 1.

PLANCHE 178.

1. *Carabus scrutator*, Oliv. *Ent. n°.* 35, *carabe*, pl. 3, fig. 32, *a*, *b*; genre *Calosoma*, Lat.

1 *n°.* 2. —— Vu en dessous.

2. *Carabus sycophanta*, Oliv.; genre *Calosoma*, Lat.

Nota. Figure très-mal copiée de Schæffer, *Icon.* tab. 66, fig. 6.

3. *Carabus indagator*, Oliv. *Ent. n°.* 35, pl. 8, fig. 88; genre *Calosoma*, Lat.

4. *Carabus rostratus*, Oliv. *Ent. n°.* 35. *carabe*, pl. 4, fig. 37; genre *Cychrus*, Lat.

5. *Carabus cyatiger*, Ross. *Faun. étr.* pl. 7, fig. 3; genre *Lebia*, Lat.

6. *Carabus leucophthalmus*, Oliv.; genre *Feronia*, Lat.

Nota. Figure copiée de Schæffer, *Icon.* tab. 18, fig. 1.

7. *Carabus parallelipipedus*, Oliv. *Ent. n°.* 35, *carabe*, pl. 4, fig. 34; genre *Feronia?* Lat.

8. *Carabus attelaboides*, Oliv. *Ent. n°.* 35, *car.* pl. 6, fig. 70; genre *Galerita*, Lat.

9. *Carabus multiguttatus*, Oliv. *Ent. n°.* 35, *carabe*, pl. 6, fig. 66; genre *Graphipterus*, Lat.

10. *Carabus trilineatus*, Oliv. *Ent. n°.* 35, *car.* pl. 9, fig. 101; genre *Graphipterus*, Lat.

11. *Carabus striatus*, Oliv. *Ent. n°.* 35, *car.* pl. 9, fig. 100; genre *Licinus*, Lat.

12. *Carabus complanatus*, Oliv. *Ent. n°.* 35, *carabe*, pl. 5, fig. 54, *a*, *b*; genre *Nebria*, Lat.

13. —— Vu en dessus.

14. *Carabus agricola*, Oliv. *Ent. n°.* 35, *car.* pl. 5, fig. 53; genre *Licinus*, Lat.

15. *Carabus madidus*, Oliv. *Ent. n°.* 35, *car.* pl. 5, fig. 61; genre *Feronia*, Lat.

16. *Carabus americanus*, Oliv. *Ent. n°.* 35, *car.* pl. 6, fig. 72; genre *Galerita*, Lat.

17. *Carabus fastigiatus*, Oliv. *Ent. n°.* 35, *car.* pl. 8, fig. 93; genre *Galerita?* Lat.

18. *Carabus crepitans*, Oliv. genre *Brachinus*, Lat.

Nota. Figure copiée de Schæffer, *Icon.* tab. 11, fig. 13.

19. *Carabus bimaculatus*, Oliv. *Ent. n°.* 35, *carabe*, pl. 2, fig. 16, *a*, *b*; genre *Brachinus*, Lat.

19 *n°.* 2. —— Variété.

Planche 179.

1. *Carabus acuminatus*, Oliv. *Ent. n°.* 35, *car.* pl. 1, fig. 8; genre *Cordistes*, Lat.

2. *Carabus spinibarbis*, Oliv. *Ent. n°.* 33, *car.* pl. 2, fig. 22, *a*; genre *Pogonophorus*, Lat.

2 *n°.* 2. Partie de la bouche de ce carabe.

a. Labre.
b, *b.* Mandibules.
c, *c.* Mâchoires.
e, *e.* Palpes maxillaires externes.
f, *f.* Palpes maxillaires internes.
d. Lèvre inférieure et languette.
g, *g.* Palpes labiaux
h. Languette.

3. *Carabus cærulescens*, Oliv.; genre *Feronia*, Lat.

3 *n°.* 2. —— Variété.

Nota. Ces figures sont copiées de Schæffer, *Icon.* tab. 18, fig. 3, 4.

4. *Carabus vulgaris*, Oliv.; genre *Feronia*, Lat.

Nota. Cette figure est copiée de Schæffer, *Icon.* tab. 18, fig. 2, Olivier, dans l'*Encyclopédie*, la cite avec doute. On a mis sur cette figure le nom de *carabe savonnier*, qui appartient à l'espèce fig. 7, et réciproquement.

5. *Carabus olens*, Ross. *Faun. étr.* pl. 5, fig. 2; genre *Zuphium*, Lat.

6. *Carabus chrysocephalus*, Rossi, *Faun. étr.* pl. 2, fig. 9; genre *Feronia*, Lat.

7. *Carabus saponarius*, Oliv. *Ent. n°.* 35, *car.* pl. 3, fig. 26; genre *Feronia*, Lat.

8. *Carabus latus*, Oliv.; genre *Feronia*, Lat.

Nota. Figure copiée de Schæffer, *Icon.* tab. 194, fig. 7.

9. *Carabus sexpuncatus*, Oliv.; genre *Feronia*, Lat.

Nota. Figure copiée de Schæffer, *Icon.* tab. 66, fig. 7.

10 *Carabus bifasciatus*, Oliv. *Ent. n°* 35, *car.* pl. 7, fig. 80; genre *Cordistes*, Lat.

11. *Carabus trimaculatus*, Oliv. *Ent. n°.* 35, *carabe*, pl. 7, fig. 85; genre *Lebia?* Lat.

12. *Carabus limbatus*, Oliv. *Ent. n°.* 33, *car.* pl. 4, fig. 43, *a*, *b*; genre *Omophron*, Lat.

12 *n°.* 2. —— Grossi.

13. *Carabus melanocephalus*, Oliv. *Ent. n°.* 35, pl. 2, fig. 14, *a*, *b*; genre *Feronia*, Lat.

13 *n°.* 2. —— Grossi.

14. *Carabus cyanocephalus*, Oliv.; genre *Lebia*, Lat.

Nota. Figure copiée de Schæffer, *Icon.* tab. 11, fig. 14.

15. *Carabus ruficollis*, Oliv. *Ent n°.* 35, *car.* pl. 7, fig. 78; genre *Calleida*, Dej. Lat.

16. *Carabus vittatus*, Oliv. *Ent. n°.* 35, *carab.* pl. 6, fig. 69, *a*, *b*; genre *Lebia*, Lat.

16 *n°.* 2. —— Très-grossi.

17. *Carabus cruxminor*, Oliv.; genre *Lebia*, Lat.

Nota. Figure copiée de Schæffer, *Icon.* tab. 18, fig. 8.

18. *Carabus viridanus*, Oliv.; genre *Feronia*, Lat.

Nota. Figure copiée de Schæffer, *Icon.* tab. 31, fig. 13.

19. *Carabus bipustulatus*, Oliv; genre *Panagæus*, Lat.

Nota. Figure copiée de Schæffer, *Icon*. tab. 1, fig. 13.

20. *Carabus lunatus*, Oliv. *Ent. n°*. 35, *car.* pl. 3, fig. 27; genre *Callistus*, Lat. Dej.

21. *Carabus vaporariorum*, Oliv. *Ent. n°*. 35, pl. 5, fig. 57, *a*, *b*; genre *Feronia*, Lat.

21 *n°*. 2. —— Grossi.

22. *Carabus angustatus*, Oliv. *Ent. n°*. 35, *car.* pl. 1, fig. 7, *a*, *b*; genre *Odacantha*, Lat.

23. *Carabus arenarius*, Rossi, *Faun. étr.* tab. 3, fig. 4; genre *Nebria*, Lat.

24. *Carabus pulverulentus*, Rossi, *Faun. étr.* tab. 3, fig. 7; genre *Feronia*, Lat.

25. *Carabus silphoides*, Rossi, *Faun. étr.* pl. 1, fig. 7; genre *Feronia*, Lat.

PLANCHE 180.

1. *Carabus lepidus*, Oliv. *Ent. n°*. 35, *carabe*, pl. 11, fig. 118, *a*, *b*; genre *Feronia*, Lat.

1 *n°*. 2. —— Variété.

2. *Carabus auratus*, var. Oliv. *Ent. n°*. 35, *car.* pl. 11, fig. 51, *d*; genre *Carabus*, Lat.

3. *Carabus analis*, var., Oliv. *Ent. n°*. 35, *car.* pl. 11, fig. 115, *b*; genre *Bembidion*, Lat.

4. *Carabus pilicornis*, Oliv. *Ent. n°*. 35, *car.* pl. 11, fig. 119; genre *Loricera*, Lat.

5. *Carabus quadrum*, Oliv. *Ent. n°*. 35, *carab.* pl. 11, fig. 120; genre *Lebia*, Lat.

6. *Carabus clathratus*, var., Oliv. *Ent. n°*. 35, *carabe*, pl. 11, fig. 59, *b*; genre *Carabus*, Lat.

7. *Carabus dimidiatus*, Oliv. *Ent. n°*. 35, *car.* pl. 11, fig. 121; genre *Feronia*, Lat.

8. *Carabus holosericeus*, Oliv. *Ent. n°*. 35, *car.* pl. 11, fig. 122; genre *Feronia*, Lat.

9. *Carabus piceus*, Oliv. *Ent. n°*. 35, *carabe*, pl. 11, fig. 123; genre *Feronia*, Lat.

10. *Carabus terricola*, Oliv. *Ent. n°*. 35, *car.* pl. 11, fig. 124; genre *Feronia*, Lat.

11. *Carabus impressus*, Oliv. *Ent. n°*. 35, *car.* pl. 11, fig. 127; genre *Feronia*, Lat.

12. *Carabus bicolor*, Oliv. *Ent. n°*. 35, *carab.* pl. 11, fig. 92, *b*; genre *Feronia*, Lat.

13. *Carabus macilentus*, Oliv. *Ent. n°*. 35, *car.* pl. 11, fig. 130; genre *Anthia*, Lat.

14. *Carabus cicindeloides*, Oliv. *Ent. n°*. 35, *carabe*, pl. 11, fig. 125; genre *Graphipterus*, Lat.

15. *Carabus amethystinus*, Oliv. *Ent. n°*. 35, *car.* pl. 11, fig. 126; genre *Feronia*, Lat.

16. *Carabus rostratus*, Oliv. *Ent. n°*. 35, *car.* pl. 11, fig. 128; genre *Cychrus*, Lat.

17. *Carabus scabriusculus*, Oliv. *Ent. n°*. 35, *car.* pl. 11, fig. 38, *b*; genre *Feronia*, Lat.

18. *Carabus tridentatus*, Oliv. *Ent. n°*. 35, *car.* pl. 11, fig. 129; genre *Agra*, Lat.

19. *Carabus azureus*, Oliv. *Ent. n°*. 35, *car.* pl. 12, fig. 135; genre *Feronia*, Lat.

20. *Carabus cayennensis*, Oliv. *Ent. n°*. 35, *car.* pl. 12, fig. 133; genre *Agra*, Lat.

21. *Carabus spinifex*, Oliv. *Ent. n°*. 35, *car.* pl. 12, fig. 58, *b*; genre *Feronia*, Lat.

22. *Carabus irregularis*, Oliv. *Ent. n°*. 35, *car.* pl. 11, fig. 131; genre *Carabus*, Lat.

23. *Carabus cærulescens*, Oliv. *Ent. n°*. 35, *car.* pl. 12, fig. 132, *a*, *b*; genre *Feronia*, Lat.

24. *Carabus agrorum*, Oliv. *Ent. n°*. 35, *car.* pl. 12, fig. 144; genre *Feronia*, Lat.

25. *Carabus nigricornis*, Oliv. *Ent. n°*. 35, *car.* pl. 12, fig. 143; genre *Feronia*, Lat.

26. *Carabus alpinus*, Oliv. *Ent. n°*. 35, *car.* pl. 12, fig. 148; genre *Feronia*, Lat.

27. *Carabus reticulatus*, Oliv. *Ent. n°*. 35, *car.* pl. 12, fig. 134; genre *Calosoma*, Lat.

27 *bis*. —— Variété.

PLANCHE 181.

1. *Scarites sabulosus*, Oliv. *Ent.*

Nota. Figure copiée de Sulzer, *Ins.* pl. 7. fig. 4.

2. *Scarites gigas*, Oliv. *Ent. n°*. 36, *scarite*, pl. 1, fig. 1, *b*, *c*.

3. *Scarites*

3. *Scarites calydonius*, mâle, Rossi, *Faun. étr. scar.* tab. 8, fig. 8, 9 ; Oliv. *Ent. n°. 36* ; genre *Ditomus*, Lat.

4. *Scarites calydonius*, mâle, Oliv. *Ent. n°. 36, scar.* pl. 2, fig. 12, *a*; genre *Ditomus*, Lat.

5. *Scarites thoracicus*, Oliv. *Ent. n°. 36, scar.* pl. 2, fig. 14, *b*; genre *Clivina*, Lat.

Nota. On a oublié de représenter la grandeur naturelle de cet insecte ; il a à peu près une ligne et demie de long.

6. *Scarites lævigatus*, Oliv. *Ent. n°. 36, scar.* pl. 2, fig. 18.

7. *Scarites calydonius*, femelle, Rossi, *Faun. étr.* tab. 8, fig. 8, 9 ; Oliv. ; genre *Ditomus*, Lat.

8. *Scarites marginatus*, Oliv. *Ent. n°. 36, scar.* pl. 2, fig. 20 ; genre *Pamisiachus*, Lat.

9. *Scarites subterraneus*, Oliv. *Ent. n°. 36, scar.* pl. 1, fig. 10.

10. *Scarites picipes*, Oliv. *Ent. n°. 36, scarit.* pl. 1, fig. 7.

11. *Scarites sabulosus*, Oliv. *Ent. n°. 36, scar.* pl. 1, fig. 8.

12. *Scarites sulcatus*, Oliv. *Ent. n°. 36, scar.* pl. 1, fig. 11.

13. *Scarites cephalotes*, Oliv. *Ent. n°. 36, scar.* pl. 1, fig. 9 ; genre *Feronia*, Lat.

13 *n°*. 2. *Scarites rufus*, Rossi, *Faun. étr.* tab. 4, fig. 5 ; genre *Apotomus*, Lat.

MANTICORE.

14. *Manticora maxillosa*, Oliv.

Nota. Cette figure est copiée de Rœmer, *Gen. Ins.* tab. 34, fig. 30.

15. La même espèce copiée d'Olivier, *Ent. n°. 37. manticore*, pl. 1. fig. 1, *b*.

15 *n°*. 2. La même espèce vue un peu de côté, Oliv. *manticore*, pl. 1, fig. 1, *e*.

PLANCHE 182.

1. *Manticora maxillosa*, Oliv. *Ent. n°. 37, manticore*, pl. 1, fig 1, *c*.

1 *n°*. 2. *Manticora maxillosa*, vue en dessous, Oliv. *Ent. n°. 27*, pl. 1, fig. 1, *b*.

a. Lèvre inférieure du *Manticora maxillosa*.

b, *b*. Mandibules.

c, *c*. Mâchoires.

e, *e*. Palpes maxillaires internes.

f, *f*. Palpes maxillaires externes.

d. Lèvre inférieure.

g, *g*. Palpes labiaux.

ELOPHORE.

1. *Elophorus aquaticus*, Rœmer.

Nota. Figures copiées de Rœmer, *Gen. Ins.* tab. 34, fig. 8.

2. Mâchoires et lèvre inférieure de l'élophore aquatique.

a. Lèvre inférieure.

f, *f*. Palpes labiaux.

c, *c*. Mâchoires.

e, *e*. Palpes maxillaires.

3. *Elophorus aquaticus*, très-grossi, Oliv. *Ent. n°. 38, élophore*, pl. 1, fig. 1, *c*.

3 *n°*. 2. —— Vu en dessous.

Nota. On a oublié de copier la figure de grandeur naturelle ; elle a près de deux lignes de long.

4. *Elophorus nubilus*, très-grossi, Oliv. *Ent. n°. 38, élophore*, pl. 1, fig. 2, *a*, *b*.

Nota. La figure de grandeur naturelle a été oubliée ; elle n'a pas plus d'une demi-ligne de hauteur.

5. *Elophorus rugosus*, très-grossi, Oliv. *Ent. n°. 38, éloph.* pl. 1, fig. 5, *a*, *b*.

Nota. On a oublié de copier la figure de grandeur naturelle, qui a un peu plus d'une ligne de long.

6. *Elophorus elongatus*, très-grossi, Oliv. *Ent. n°. 38, élophore*, pl. 1, fig. 4, *a*, *b*.

Nota. La figure de grandeur naturelle est oubliée ; elle a une ligne de long.

7. *Elophorus minutus*, très-grossi, Oliv. *Ent. n°. 38, élophore*, pl. 2, fig. 6, *a*, *b*.

Nota. On a oublié de copier sa grandeur naturelle, qui est de moins d'une demi-ligne.

8. *Elophorus flavipes*, Oliv. *Ent. n°. 28, éloph.* pl. 1, fig. 3, *a*, *b*.

Nota. La grandeur naturelle de de cet insecte est de moins d'une demi-ligne.

HYDROPHILE.

1. *Hydrophilus piceus*, Oliv.; vu sur le dos.

1 n°. 2. —— Vu les ailes étendues.

Nota. Ces figures sont copiées de Schæffer, *Icon. Ins.* tab. 32, fig. 1 et 2.

PLANCHE 183.

1. *Hydrophilus caraboïdes*, Oliv.

1 n°. 2. —— Vu en dessous.

Nota. Ces figures sont copiées de Rœsel, *Ins.* tom. 2, *scar. aquat:* class. 1, pl. 4.

2. *Hydrophilus olivaceus*, Oliv. *Ent.* n°. 39, *hydrophile*, pl. 1, fig. 1, *a*, *b*.

2 n°. 2. —— Variété plus petite.

3. *Hydrophilus piceus*, mâle, Oliv. *Ent.* n°. 39, pl. 1, fig. 2, *b*, *d*.

3 n°. 2. —— Femelle.

4. *Hydrophilus luridus*, grossi, Oliv. *Ent.* n°. 39, *hydrophile*, pl. 1, fig. 3, *b*.

Nota. On a oublié de figurer l'insecte de grandeur naturelle; il a une ligne de long.

5. *Hydrophilus lividus*, Oliv. *Ent.* n°. 39, *hydr.* pl. 1, fig. 4, *a*, *b*.

6. *Dytiscus lineatus*, Oliv. *Ent.* n°. 39, *dytique*, pl. 1, fig. 5, *a*, *b*.

DYTIQUE.

1. *Dytiscus latissimus*, mâle, Oliv.

Nota. Figure copiée de Sulzer, *Ins.* tab. 6, fig. 19.

2. *Dytiscus marginalis*, Oliv.

3. Le même, vu en dessous.

4. Le même, femelle.

5. Nymphe de ce dytique.

5. n°. 2. Sa larve.

Nota. Les figures 2, 3, 5, 5 n°. 2, sont copiées de Rœsel, *Ins.* tom. 2, *aquat.* class. 1, tab. 1; le n°. 4 est copié de Schæffer, *Icon. Ins.* tab. 8, fig. 7.

PLANCHE 184.

5 n°. 3. C. *Dytiscus punctulatus*, mâle, Oliv.

D. —— Femelle, vue en dessous.

5 n°. 4. E. —— Ayant les ailes étendues.

5 n°. 5. *a*. Patte antérieure de la femelle.

b. Patte intermédiaire.

c. Patte postérieure.

Nota. ces figures sont copiées de Rœsel, *Ins.* t. 2, *aquat.* class. 1, tab. 2, fig. 3, 4, 5, *a*, *b*, *c*.

6. *Dytiscus sulcatus*, Oliv.

6 n°. 2. *Dytiscus cinereus*, Oliv.

Nota. Ce sont les deux sexes de la même espèce qu'Olivier a séparés ainsi. Ces figures sont copiées de Rœsel, *Ins.* tom. 2, *aquat.* class. 1, pl. 3, fig. 6, 7.

7. *Dytiscus ruficollis*, De Géer, *Ins.* tom. 4, pl. 16, fig. 9; genre *Haliplus*, Lat.

8. *Dytiscus marginalis*, mâle, Oliv. *Ent.* n°. 40, *dytique*, pl. 1, fig. 1, *b*.

8 n°. 2. *Dytiscus marginalis*, vu en dessous, Oliv. *Ent.* n°. 40, *dytique*, pl. 1, fig. 1, *c*.

8 n°. 3. *Dytiscus marginalis*, femelle, Oliv. *Ent.* n°. 40, *dytique*, pl. 1, fig. 1, *d*.

9. *Dytiscus marginalis*, variété plus petite, Oliv. *Ent.* n°. 40, *dytique*, pl. 1, fig. 1, *e*.

10. *Dytiscus lineatus*, Oliv. *Ent.* n°. 40, *dyt.* pl. 1 fig. 2.

Nota. Ce n'est pas d'après Olivier qu'on a donné ce nom à ce dytique, car on trouve à l'explication de la planche 1 que la description de la figure 2 est omise.

11. *Dytiscus dorsalis*, Oliv. *Ent.* n°. 40, *dyt.* pl. 1, fig. 3, *a*, *b*; genre *Hydroporus*, Lat.

12. *Dytiscus variegatus*, Oliv. *Ent.* n°. 40, *dytique*, pl. 1, fig. 4, *a*, *b*; genre *Hydroporus*, Lat.

13. *Dytiscus vittatus*, Oliv. *Ent.* n°. 40, *dyt.* pl. 1, fig. 5.

14. *Dytiscus punctulatus*, Oliv. *Ent.* n°. 40. *dytique*, pl. 1, fig. 6, *a*.

9 bis. *Dytiscus punctulatus* variété, Oliv. *Ent.* n°. 40, *dytique*, pl. 1, fig. 6, *b*.

15. *Dytiscus costalis*, Oliv. *Ent.* n°. 40, *dyt.* pl. 1, fig. 7.

PLANCHE 185.

1. *Dytiscus latissimus*, mâle, Oliv. *Ent.* n°. 40, *dytique*, pl. 2, fig. 8, *a*.

1 n°. 2. *Dytiscus latissimus*, femelle, Oliv. *Ent.* n°. 40, *dytique*, pl. 2, fig. 8, *b*.

2. *Dytiscus lanio*, Oliv. *Ent.* n°. 40, *dytique*, pl. 2, fig. 9.

3. *Dytiscus griseus*, Oliv. *Ent.* n°. 40, *dytique*, pl. 2, fig. 12.

4. *Dytiscus ruficollis*, Oliv. *Ent.* n°. 40, *dyt.* pl. 2, fig. 10.

5. *Dytiscus bipunctatus*, Oliv. *Ent.* n°. 40, *dyt.* pl. 2, fig. 15; genre *Colymbetes*, Lat.

6. *Dytiscus Hermanni*, Oliv. *Ent.* n°. 40, *dyt.* pl. 2, fig. 14, *a*, *b*.

6 n°. 2. —— Variété; genre *Hygrobia*, Lat.

7. *Dytiscus granularis*, grossi, Oliv. *Ent.* n°. 40, *dytique*, pl. 2, fig. 13, *a*, *b*; genre *Hydroporus*, Lat.

Nota. On a oublié de copier la grandeur naturelle de cet insecte; il a moins d'une demi-ligne de long.

8. *Dytiscus varius*, Oliv. *Ent.* n°. 40, *dytiq.* pl. 2, fig. 17; genre *Colymbetes*, Lat.

9. *Dytiscus maculatus*, Oliv. *Ent.* n°. 40, *dyt.* pl. 2. fig. 16; genre *Colymbetes*, Lat.

10. *Dytiscus sticticus*, Oliv. *Ent.* n°. 40, *dyt.* pl. 2, fig. 11.

11. *Dytiscus striatus*, Oliv. *Ent.* n°. 40, *dytiq.* pl. 2, fig. 20.

12. *Dytiscus fasciatus*, Oliv. *Ent.* n°. 40, *dyt.* pl. 2, fig. 19.

13. *Dytiscus bimaculatus*, Oliv. *Ent.* n°. 40, *dytique*, pl. 2, fig. 18; genre *Phaleria*, Lat.

14. *Dytiscus Rœselii*, mâle, Oliv. *Ent.* n°. 40, *dytique*, pl. 3, fig. 21, *a*, *b*.

14. *bis*. —— Femelle.

15. *Dytiscus transversalis*, Oliv. *Ent.* n°. 40, pl. 3, fig. 22.

16. *Dytiscus lævigatus*, Oliv. *Ent.* n°. 40, *dyt.* pl. 3, fig. 23.

17. *Dytiscus leander*, Oliv. *Ent.* n°. 40, *dytiq.* pl. 3, fig. 25; genre *Colymbetes*, Lat.

18. *Dytiscus tripunctatus*, Oliv. *Ent.* n°. 40; *dytique*, pl. 3, fig. 24.

19. *Dytiscus ovalis*, Oliv. *Ent.* n°. 40, *dytique*, pl. 3, fig. 28, *a*, *b*; genre *Hyphidrus*, Lat.

Nota. On a oublié de copier ici la grandeur naturelle de cet insecte; il a près d'une ligne de longueur.

20. *Dytiscus fenestratus*, mâle et femelle, Oliv. *Ent.* n°. 40, *dytique*, pl. 3, fig. 27, *a*, *a*, *b*, *b*; genre *Colymbetes*, Lat.

20 A. Elytre du mâle, séparée du corps.

20 B. Elytre de la femelle, *idem*.

21. *Dytiscus bipustulatus*, Oliv. *Ent.* n°. 40, pl. 3, fig. 26.

PLANCHE 186.

1. *Dytiscus inæqualis*, Oliv. *Ent.* n°. 40, *dyt.* pl. 3, fig. 29, *a*, *b*; genre *Hyphidrus*, Lat.

Nota. On a oublié la grandeur de cet insecte, qui n'a pas une demi-ligne de longueur.

2. *Dytiscus aciculatus*, mâle, Oliv. *Ent.* n°. 40, *dytique*, pl. 3, fig. 30, *a*, *b*.

2 n°. 2. —— Femelle.

3. *Dytiscus sulcatus*, mâle, Oliv. *Ent.* n°. 40, *dytique*, pl. 4, fig. 31, *a*, *b*.

3 n°. 2. —— Femelle.

4. *Dytiscus cinereus*, mâle, Oliv. *Ent.* n°. 40, *dytique*, pl. 4, fig. 23, *a*, *b*.

4 n°. 2. —— Femelle.

5. *Dytiscus hybneri*, Oliv. *Ent.* n°. 40, *dytiq.* pl. 4, fig. 33.

6. *Dytiscus crassicornis*, très-grossi, Oliv. *Ent.* n°. 40, *dytique*, pl. 7, fig. 34, *a*, *b*; genre *Noterus*, Lat.

Nota. On a oublié de copier la grandeur naturelle de ce dytique; il a près d'une ligne de longueur.

7. *Dytiscus sexpustulatus*, grossi, Oliv. *Ent.* n°. 40, *dytique*, pl. 4, fig. 35, *a*, *b*; genre *Hydroporus*, Lat.

Nota. On a oublié de copier sa grandeur naturelle, qui est de moins d'une ligne.

8. *Dytiscus biguttatus*, Oliv. *Ent. n°*. 40, *dyt.* pl. 4, fig. 38; genre *Colymbetes*, Lat.

9. *Dytiscus didymus*, Oliv. *Ent. n°*. 40, *dytiq.* pl. 4, fig. 37; genre *Colymbetes*, Lat.

10. *Dytiscus abbreviatus*, Oliv. *Ent. n°*. 40, *dytique*, pl. 4, fig. 38; genre *Colymbetes*, Lat.

11. *Dytiscus confluens*, grossi, Oliv. *Ent. n°*. 40, *dytique*, pl. 5, fig. 43, *a*, *b*; genre *Hydroporus*, Lat.

Nota. On a oublié de copier sa grandeur naturelle, qui est de près d'une ligne.

12. *Dytiscus duodecimpustulatus*, Oliv. *Ent. n°*. 40, *dytique*, pl. 5, fig. 46, *a*, *b*; genre *Hydroporus*, Lat.

12 *n°*. 2. —— Très-grossi.

13. *Dytiscus rufipes*, grossi, Oliv. *Ent. n°*. 40, *dytique*, pl. 4, fig. 39, *a*, *b*; genre *Hydroporus*, Lat.

Nota. On a oublié de copier sa grandeur naturelle, qui est de près d'une ligne.

14. *Dytiscus unistriatus*, grossi, Oliv. *Ent. n°*. 40, *dytique*, pl. 4, fig. 41, *a*, *b*; genre *Hydroporus*, Lat.

Nota. On a oublié sa grandeur naturelle, qui est d'un quart de ligne.

15. *Dytiscus impressus*, Oliv. *Ent. n°*. 40, *dyt.* pl. 4, fig. 40, *a*, *b*; genre *Haliplus*, Lat.

Nota. On a oublié sa grandeur naturelle, qui est d'un quart de ligne.

16. *Dytiscus notatus*, Oliv. *Ent. n°*. 40, *dytiq.* pl. 5, fig. 47; genre *Colymbetes*, Lat.

17. *Dytiscus duodecimpustulatus*, mâle, Oliv. *Ent. n°*. 40, *dytique*, pl. 5, fig. 46, *c*, *d*.

17 *n°*. 2. —— Très-grossi; genre *Hydroporus*, Lat.

18. *Dytiscus lineatus*, grossi, Oliv. *Ent. n°*. 40, *dytique*, pl. 5, fig. 44, *a*, *b*; genre *Hydroporus*, Lat.

Nota. On a oublié de copier sa grandeur naturelle, qui est de près d'une demi-ligne,

19. *Dytiscus amœnus*, Oliv. *Ent. n°*. 40, *dyt.* pl. 5, fig. 49, *a*, *b*; genre *Hydroporus*, Lat.

19 *n°*. 2. —— Très-grossi.

20. *Dytiscus marmoreus*, grossi, Oliv. *Ent. n°*. 40, *dytique*, pl. 5, fig. 50, *a*, *b*; genre *Hydroporus*, Lat

Nota. On a oublié de copier sa grandeur naturelle, qui est de près d'une ligne.

21. *Dytiscus flavipes*, grossi, Oliv. *Ent. n°*. 40, *dytique*, pl. 5, fig. 51, *a*, *b*; genre *Hydroporus*, Lat.

Nota. On a oublié sa grandeur naturelle, qui est d'une demi-ligne.

22. *Dytiscus lepidus*, Oliv. *Ent. n°*. 40, *dytiq.* pl. 5, fig. 52, *a*, *b*; genre *Hydroporus*, Lat.

Nota. On a oublié de copier sa grandeur naturelle, qui est d'un quart de ligne.

Planche 187.

Gyrin.

1. Sous le nom de *gyrin nageur*, on a copié la planche 57 des Elémens d'Entomologie de Schæffer, qui représente un dermeste : ce qui a induit le copiste en erreur, c'est qu'Olivier cite mal à propos cette planche sous son *gyrinus natator*. Ce gyrin nageur est représenté dans Schæffer, *Elem.* pl. 67 et non 57.

A. Antenne du dermeste précédent très-grossie.

B. Patte *idem*.

2. *Gyrinus natator*, grossi, Oliv. *Ent. n°*. 41, *gyrin*, pl. 1, fig. 1, *a*, *b*, *c*, *d*, *e*.

2 *n°*. 2. —— Vu en dessous.

Nota. On a oublié de copier la grandeur naturelle de cet insecte, qui a près de deux lignes de long.

3. *Gyrinus striatus*, Oliv. *Ent. n°*. 41, *gyrin*, pl. 1, fig. 2, *a*, *b*.

4. *Gyrinus longimanus*, Oliv. *Ent. n°*. 41, *gyr.* pl. 1, fig. 3.

5. *Gyrinus australis*, Oliv. *Ent. n°*. 41, *gyr.* pl. 1, fig. 4.

6. *Gyrinus americanus*, Oliv. *Ent. n°*. 41, *gyr.* pl. 1, fig. 5.

7. *Gyrinus*

7. *Gyrinus bidens*, Oliv. *Ent. n°.* 41, *gyrin*, pl. 1, fig. 6.

8. *Gyrinus spinosus*, Oliv. *Ent. n°.* 41, *gyrin*, pl. 1, fig. 7.

9. *Gyrinus bicolor*, Oliv. *Ent. n°.* 41, *gyrin*, pl. 1, fig. 8, *a*, *b*.

STAPHYLIN.

1. *Staphylinus hirtus*, Oliv. *Ent.*

Nota. Figure copiée de Schæff. *Icon.* tab. 36, fig. 6.

2. *Staphylinus erythropterus*, Oliv. *Ent.*

Nota. Figure copiée de Schæffer, *Icon.* tab. 2, fig. 2.

3. *Staphylinus maxillosus*, Oliv. *Ent.*

Nota. Figure copiée de Schæff. *Icon.* tab. 20, fig. 1.

4. *Staphylinus murinus*, Oliv. *Ent.*

Nota. Figure copiée de Schæff. *Icon.* tab. 4, fig. 11.

5. *Staphylinus politus*, Oliv. *Ent.*

Nota. Figure copiée de Schæffer, *Icon.* tab. 39, fig. 12.

6. *Curculio latirostris*, Rossi; genre *Athribus*, Lat.

Nota. Figure copiée de Rossi, *Faun. étr.* tab. 5, fig. 6. On l'a prise pour celle du *Staphylinus ulmi*, qui se trouve à côté dans la planche de Rossi.

7. *Staphylinus cupreus*, Rossi, *Faun. étr.* tab. 7. fig. 13; Oliv. *Ent.*

8. *Staphylinus olens*, Oliv. *Ent. n°.* 42, *staph.* pl. 1, fig. 1, *b*.

8 *n°.* 2. *Staphylinus olens*, variété, Oliv. *Ent. n°.* 42, *staph.* pl. 1, fig. 1, *c*.

8 *n°.* 3. *Staphylinus aureus*, Oliv. *Ent. n°.* 42, *staph.* pl. 1, fig. 2.

9. *Staphylinus pilosus*, Oliv. *Ent. n°.* 42, *staph.* pl. 1, fig. 3.

10. *Staphylinus cyaneus*, Oliv. *Ent. n°.* 42, *staph.* pl. 1, fig. 4.

11. *Staphylinus maxillosus*, Oliv. *Ent. n°.* 42, *staph.* pl. 1, fig. 5, *a*, *b*.

11 *n°.* 2. —— Variété.

12. *Staphylinus hirtus*, Oliv. *Ent. n°.* 42, *staph.* pl. 1, fig. 6.

13. *Staphylinus brunipes*, Oliv. *Ent. n°.* 42, *staph.* pl. 1, fig. 7, *a*, *b*.

14. *Staphylinus violaceus*, Oliv. *Ent. n°.* 42, *staph.* pl. 1, fig. 8.

PLANCHE 188.

1. *Staphylinus erythrocephalus*, Oliv. *Ent. n°.* 42, *staph.* pl. 2, fig. 9.

2. *Staphylinus politus*, Oliv. *Ent. n°.* 42, *staph.* pl. 2, fig. 10.

3. *Staphylinus æneus*, Oliv. *Ent. n°.* 42, *staph.* pl. 2, fig. 11.

4. *Staphylinus emarginatus*, Oliv. *Ent. n°.* 42, *staph.* pl. 2, fig. 12, *a*, *b*.

4 *n°.* 2. *Staphylinus emarginatus*, vu de profil, Oliv. *Ent. n°.* 42, *staph.* pl. 2, fig. 12, *c*, *d*.

5. *Staphylinus collaris*, Oliv. *Ent. n°.* 42, *staph.* pl. 2, fig. 13, *a*, *b*.

6. *Staphylinus erythropterus*, Oliv. *Ent. n°.* 42, *staph.* pl. 2, fig. 14.

7. *Staphylinus pubescens*, Oliv. *Ent. n°.* 42, *staph.* pl. 2, fig. 15.

8. *Staphylinus cupreus*, Oliv. *Ent. n°.* 42, *staph.* pl. 2, fig. 16.

9. *Staphylinus caraboïdes*, Oliv. *Ent. n°.* 42, *staph.* pl. 2, fig. 17, *a*, *b*.

10. *Staphylinus angustatus*, Oliv. *Ent. n°.* 42, *staph.* pl. 2, fig. 18, *a*, *b*.

11. *Staphylinus oculatus*, Oliv. *Ent. n°.* 42, *staph.* pl. 2, fig. 19.

12. *Staphylinus hæmorrhoïdalis*, Oliv. *Ent. n°.* 42, *staph.* pl. 2, fig. 20.

13. *Staphylinus tectus*, Oliv. *Ent. n°.* 42, *staph.* pl. 3, fig. 21, *a*, *b*.

14. *Staphylinus chrysomelinus*, Oliv. *Ent. n°.* 42, *staph.* pl. 3, fig. 22, *a*, *b*.

15. *Staphylinus stercorarius*, Oliv. *Ent. n°.* 42, *staph.* pl. 3, fig. 23.

16. *Staphylinus analis*, Oliv. *Ent. n°.* 42, *staph.* pl. 3, fig. 24, *a*, *b*.

17. *Staphylinus socialis*, Oliv. *Ent. n°.* 42, *staph.* pl. 3, fig. 25, *a*, *b*.

18. *Staphylinus depressus*, Oliv. *Ent. n°.* 42, *staph.* pl. 3, fig. 26, *a*, *b*.

19. *Staphylinus marginatus*, Oliv. *Ent. n°.* 42, *staph.* pl. 3, fig. 29, *a*, *b*.

20. *Staphylinus piceus*, Oliv. *Ent. n°.* 42, *staph.* pl. 3, fig. 30, *a*, *b*.

21. *Staphylinus rivularis*, Oliv. *Ent. n°.* 42, *staph.* pl. 3, fig. 27, *a*, *b*.

22. *Staphylinus nitidulus*, Oliv. *Ent. n°.* 42, *staph.* pl. 3, fig. 28, *a*, *b*.

Planche 189.

1. *Staphylinus canaliculatus*, Oliv. *Ent. n°.* 42, *staphylin*, pl. 3, fig. 31, *a*, *b*.

2. *Staphylinus melanocephalus*, Oliv. *Ent. n°.* 42, *staph.* pl. 4, fig. 32, *a*, *b*.

3. *Staphylinus porcatus*, Oliv. *Ent. n°.* 42, *staph.* pl. 4, fig. 33, *a*, *b*.

4. *Staphylinus fulgidus*, Oliv. *Ent. n°.* 42, *staph.* pl. 4, fig. 34, *a*, *d*.

5. *Staphylinus rufipes*, Oliv. *Ent. n°.* 41, *staph.* pl. 4, fig. 35, *a*, *b*.

6. *Staphylinus a[illegible]enus*, Oliv. *Ent. n°.* 42, *staph.* pl. 4, fig. 36.

7. *Staphylinus ulmi*, Oliv. *Ent. n°.* 42, *staph.* pl. 4, fig. 37.

8. *Staphylinus linearis*, Oliv. *Ent. n°.* 42, *staph.* pl. 4, fig. 38, *a*, *b*.

9. *Staphylinus atricapillus*, Oliv. *Ent. n°.* 42, *staph.* pl. 4, fig. 39, *a*, *b*.

10. *Staphylinus flavopterus*, Oliv. *Ent. n°.* 42, *staph.* pl. 4, fig. 40, *a*, *b*.

11. *Staphylinus impressus*, Oliv. *Ent. n°.* 42, *staph.* pl. 5, fig. 41, *a*, *b*.

12. *Staphylinus similis*, Oliv. *Ent. n°.* 42, *staph.* pl. 5, fig. 42.

13. *Staphylinus rugosus*, Oliv. *Ent. n°.* 42, *staph.* pl. 5, fig. 43, *a*, *b*.

14. *Staphylinus bipunctatus*, Oliv. *Ent. n°.* 42, *staph.* pl. 5, fig. 44, *a*, *b*.

15. *Staphylinus merdarius*, Oliv. *Ent. n°.* 42, *staph.* pl. 5, fig. 45, *a*, *b*.

16. *Staphylinus varians*, Oliv. *Ent. n°.* 42, *staph.* pl. 5, fig. 46, *a*, *b*.

17. *Staphylinus striatus*, Oliv. *Ent. n°.* 42, *staph.* pl. 5, fig. 47, *a*, *b*.

18. *Staphylinus trilobus*, Oliv. *Ent. n°.* 42, *staph.* pl. 5, fig. 48, *a*, *b*.

19. *Staphylinus cruentus*, Oliv. *Ent. n°.* 42, *staph.* pl 5, fig. 49, *a*, *b*.

20. *Staphylinus elegans*, Oliv. *Ent. n°.* 42, *staph.* pl. 5, fig. 50, *a*, *b*.

Planche 190.

1. *Staphylinus murinus*, Oliv. *Ent. n°.* 42, *staph.* pl. 6, fig. 51, *a*.

1 *n°.* 2. *Staphylinus murinus*, variété, Oliv. *Ent. n°.* 42, *staph.* pl. 6, fig. 51, *b*.

2. *Staphylinus sulcatus*, Oliv. *Ent. n°.* 42, *staph.* pl. 6, fig. 52, *a*, *b*.

3. *Staphylinus minutus*, Oliv. *Ent. n°.* 42, *staph.* pl. 6, fig. 53, *a*, *b*.

4. *Staphylinus sanguineus*, Oliv. *Ent. n°.* 42, pl. 6, fig. 54, *a*, *b*.

5. *Staphylinus alpinus*, Oliv. *Ent. n°.* 42, *staph.* pl. 6, fig. 55, *a*, *b*.

6. *Staphylinus tricornis*, Oliv. *Ent. n°.* 42, *staph.* pl. 6, fig. 56, *a*, *b*, *c*, *d*.

6 *n°.* 2. —— Vu de profil.

Oxypore.

1. Parties de la bouche de l'*oxyporus rufus*.

a. Lèvre supérieure ou labre.

b, *b*. Mandibules.

c, *c*. Mâchoires.

e, *e*. Palpes maxillaires.

d. Lèvre inférieure.

f. Palpes labiaux.

2. *Oxyporus rufus*, Oliv. *Ent. n°.* 43, *oxypore*, pl. 1, fig. 1.

2 *a.* L'insecte vu en dessus et de grandeur naturelle.
2 *b.* —— Très-grossi.
2 *c.* —— De grandeur naturelle et vu en dessous.
2 *n°.* 2. *d.* —— Grossi et vu en dessous.

PÆDÈRE.

1. *Pæderus ruficollis*, Oliv. *Ent. n°.* 44, *pædère*, pl. 1, fig. 1, *b*, *c*.

2 *a. Pæderus riparius*, Oliv. *Ent. n°.* 44, *pædère*, pl. 1, fig. 2, *a*, *b*, *d*.

b. —— Très-grossi.

3. *Pæderus biguttatus*, Oliv. *Ent. n°.* 44, *pædère*, pl. 1, fig. 3, *a*, *b*.

4. *Pæderus riparius*, vu en dessus et très-grossi.

5. —— Vu en dessous.

6. *Pæderus testaceus*, Oliv. *Ent. n°.* 44, *pædère*, pl. 1, fig. 3, *d*, *c*.

7. *Pæderus bicolor*, Oliv. *Ent. n°.* 44, *pædère*, pl. 1, fig. 4, *a*, *b*.

8. *Pæderus proboscideus*, Oliv. *Ent. n°.* 44, *pæd.* pl. 1, fig. 5, *a*, *b*.

9. *Pederus testaceus*, Oliv. *Ent. n°.* 44, *pædère*, pl. 1, fig. 6, *a*, *b*.

PLANCHE 191.

MÉLOÉ.

1. *Meloe proscarabæus*, Oliv. *Ent.*

Nota. Figure copiée de Schæff. *Icon.* tab. 3, fig. 5.

2. *Meloe mayalis*, Oliv. *Ent.*

Nota. Figure copiée de Schæff. *Icon.* tab. 3, fig. 6; c'est le *meloe scabrosus* des auteurs modernes.

3. *Meloe tuccia*, Rossi, *Faun. étr.*, pl. 4, fig. 5.

4. *Meloe proscarabæus*, Oliv. *Ent. n°.* 45, *mél.* pl. 1, fig. 1, *b*.

4 *bis. Meloe proscarabæus*, vu de profil, Oliv. *Ent. n°.* 45, *méloé*, pl. 1, fig. 1, *a*, *b*.

5. *Meloe autumnalis*, Oliv. *Ent. n°.* 45, *méloé*, pl. 1, fig. 2, *b*, *c*.

6. —— Variété.

7. *Meloe proscarabæus*, variété, Oliv. *Ent. n°.* 45, *méloé*, pl. 1, fig. 1, *d*.

8. *Meloe proscarabæus*, vu en dessous, Oliv. *Ent. n°.* 45, *méloé*, pl. 1, fig. 1, *e*.

9. *Meloe marginatus*, Oliv. *Ent. n°.* 45, *méloé*, pl. 1, fig. 3, *a*, *b*.

10. —— Variété.

Nota. Ces deux espèces appartiennent au genre Galéruque de M. Latreille; c'est sa *galeruca marginata*.

11. *Meloe mayalis*, Oliv. *Ent. n°.* 45, *mél.* pl. 1, fig. 4, *a*.

CANTHARIDE.

1. *Cantharis vessicatoria*, mâle, Oliv. *Ent.*

2. La femelle.

3. Les deux sexes accouplés.

2 *b.* Un œuf de grandeur naturelle.

c. —— Œuf grossi.

a. Larve au sortir de l'œuf.

2 *n°.* 3. A. —— Grossie.

2 *n°.* 4. B. —— Dans une autre attitude.

Nota. Ces figures sont copiées du *Naturforcher*, 23, *stuk.* pl. 1, fig. 1 à 8.

3. *Cantharis collaris*, Oliv. *Ent.*

3. *n°.* 2. —— Vu de profil.

Nota. Figure copiée de Pallas, *Icon. Ins. sibir.* pl. E, 27, *a*, *b*.

4. *Cantharis ruficollis*, Oliv.

Nota. Figure copiée de Pallas, *Icon. Ins. sibir.* pl. E, fig. 35.

5. *Meloe calida*, Pallas, *Ins. sibir.* pl. E, fig. 11.

6. *Meloe clematides*, Pallas, *Icon. Ins. sibir.* tab. E, fig. 25; *Meloe algirus*, Lin.; *Lydus algirus*, Lat.

7. *Cantharis festiva*, Oliv. *Ent.*

Nota. Figure copiée de Pallas, *Icon. Ins. sibir.* tab. E, fig. 29, *a*.

8. *Cantharis dubia*, Oliv. *Ent.*

8 *bis.* —— Variété.

Nota. Figures copiées de Pallas, *Icon. Ins. sibir.* tab. E, fig. 29, *a*, *b*.

PLANCHE 192.

CANTHARIDE.

1. *Meloe bivittis*, Pallas, *Icon. Ins. sibir.* pl. E, fig. 21.

2. *Meloe caucassica*, Pallas, *Icon. Ins. sibir.* pl. E, fig. 24.

3. *Meloe necydalea*, Pallas, *Icon. Ins. sibir.* pl. E, fig. 19.

4. *Lytta afra*, *fœm.*, Rossi, *Faun. étr.* tab. 3, fig. 1.

5. *Lytta afra*, *mas.*, Rossi, *Faun. étr.* tab. 3, fig. 3.

6. *Cantharis vessicatoria*, Oliv. *Ent. n°.* 46, *cantharide*, pl. 1, fig. 1, *b*.

7. *Cantharis vessicatoria*, variété. Oliv. *Ent. n°.* 46, *cantharide*, pl. 1, fig. 1, *c*.

8. *Cantharis marginata*, Oliv. *Ent. n°.* 46, *canth.* pl. 1, fig. 2.

9. *Cantharis vittata*, Oliv. *Ent. n°.* 46, *canth.* pl. 1, fig. 3.

10. *Cantharis afra*, Oliv. *Ent. n°.* 46, *canthar.* pl. 1, fig. 4, *a*, *b*; genre *Ænas*, Lat.

10 *bis*. —— Très-grossi.

11. *Cantharis syriaca*, Oliv. *Ent. n°.* 46, *canth.* pl. 1, fig. 5.

12. *Cantharis ruficollis*, Oliv. *Ent. n°.* 46, *canth.* pl. 1, fig. 6.

13. *Cantharis dubia*, Oliv. *Ent. n°.* 46, *canth.* pl. 1, fig. 7.

14. *Cantharis sericea*, Oliv. *Ent. n°.* 46, *canth.* pl. 1, fig. 8.

15. *Cantharis gigas*, Oliv. *Ent. n°.* 46, *canth.* pl. 1, fig. 9, *a*, *b*, *c*.

15 *n°*. 2. —— Variété.

15 *n°*. 3. —— Vu en dessous.

MYLABRE.

1. *Mylabris lunata*, vue de profil, Oliv. *Ent.*; *meloe cichorii*, Wulf.

1 *n°*. 2. La même, vue sur le dos.

Nota. Figures copiées de Wulfen, *Descr. Cap. Ins.* pl. 1, fig. 3, *a*, *b*.

2. *Mylabris capensis*, Oliv.; *meloe capensis*, Wulf.

2 *bis*. La même, vue de profil.

Nota. Figures copiées de Wulfen, *Descr. Cap. Ins.* pl. 1, fig. 5 *a*, 5 *b*.

3. *Mylabris cichorii*, Oliv. *Ent n°.* 47, *mylabre*, pl. 1, fig. 1, *b*, *c*, *d*, *e*.

4. —— Variété.

5. —— Variété plus grande.

6. —— Plus petite.

PLANCHE 193.

MYLABRE.

7. *Mylabris pustulata*, Oliv. *Ent. n°.* 47, *myl.* pl. 1, fig. 1, *f*.

8. *Mylabris lunata*, Oliv. *Ent. n°.* 47, *mylab.* pl. 1, fig. 2, *a*, *b*.

9. La même, vue de profil; genre *Decatoma*, Lat

10. *Mylabris pala*, Oliv. *Ent. n°.* 47, *mylabre*, pl. 1, fig. 3.

11. *Mylabris decempunctata*, Oliv. *Ent. n°.* 47, *mylabre*, pl. 1, fig. 4.

12. *Mylabris algirica*, Oliv. *Ent. n°.* 47, *myl.* pl. 1, fig. 5; genre *Lydus*, Lat.

13. *Mylabris atrata*, Oliv. *Ent. n°.* 47, *mylab.* pl. 1, fig. 6.

14. *Cerocoma ocellata*, Oliv. *Ent. n°.* 47, *myl.* pl. 1, fig. 7; genre *Hyclaus*, Lat.

15. *Mylabris trifasciata*, Oliv. *Ent. n°.* 47, *mylabre*; pl. 1, fig. 8.

16. *Mylabris maculata*, Oliv. *Ent. n°.* 47, *myl.* pl. 1, fig. 9.

17. *Mylabris bifasciata*, Oliv. *Ent. n°.* 47, *myl.* pl. 1, fig. 10.

CÉROCOME.

A. *Cerocoma Schæfferi*, Oliv. *Ent.*

B. Antenne du mâle très-grossie.

D. Antenne de la femelle *idem*.

E. Patte postérieure *idem*.

F. Patte antérieure *idem*.

Nota. Figures copiées de Schæff. *Elem. Ent.* tab. 37.

ÆDÉMÈRE.

ÆDÉMÈRE.

1. *Ædemera cærulea*, Oliv. *Ent.*

Nota. Figure copiée de Sulzer, *Ins.* tab. 6, fig. 2.

2. On a copié ici, sous le nom d'*ædémère fauve.*, le *necidalis rufa*, Lat., figuré dans Schæffer, *Icon. Ins.* tab. 94, fig. 8.

3. *Ædemera podagrariæ*, Oliv.

Nota. Figure copiée de Schaff. *Icon.* tab. 85, fig. 7.

PYRCOHRE.

Pyrochroa coccinea, Oliv. *Ent.*

Nota. Figure copiée de Schæff. *Icon.* tab. 90, fig. 4.

CISTÈLE.

A. *Scarites calydonius*, Rossi ; genre *Ditomus*, Lat.

Nota. On a copié sous le nom de *cistèle géant*, le *scarites calydonius* de Rossi, *Faun. étr.* pl. 8, fig. 9, croyant reproduire la *cistela gigas*, qui se trouve à la pl. 7, fig. 9. Cette cistèle est le *cebrio gigas* d'Olivier.

APALE.

1. *Apalus sexmaculatus*, Oliv.

Nota. Fig. copiée de Pall. *Icon. Ins. sib.* pl. E, fig. 16.

NOTOXE.

1. *Notoxus monoceros*, Oliv.

Nota. Figure copiée de Schæff. *Elem. Ent.* tab. 140, fig. 1, 2.

1 n°. 2. *Notoxus cornutus*, Oliv.

Nota. Fig. copiée de Rossi, *Faun. étr.* tab. 2, fig. 14.

PLANCHE 194.

DIAPÈRE.

1. *Diaperis boleti*, Oliv.

A. Une de ses antennes très-grossie.

B. Une de ses pattes antérieures *idem*.

C. Une de ses pattes postérieures *idem*.

Nota. Figures copiées de Schæff. *Elem. Ent.* pl. 58,

OPATRE.

2. *Donacia simplex*, Fab. Rœmer.

Nota. Figure copiée de Rœmer, *Gen. Ins.* pl. 34, fig. 24. On a placé cette espèce sous le nom d'*opatre sablonnneux*, dans ces planches.

3. *Opatrum griseum*, Oliv. *Ent.* ; genre *Asida*, Lat.

a. Une de ses antennes grossie.

b. Patte postérieure *idem*.

c. Patte antérieure *idem*.

Nota. Ces figures sont copiées de Geoffroy, *Ins. Paris.* tom. 1, pl. 6, fig. 6, *s*, *t*, *u*, *v*.

SEPIDION.

8. *Sepiditum reticulatum*, Rœmer, *Gen. Ins.* tab. 34, fig. 29.

TÉNÉBRION.

4. *Tenebrio mauritanicus*, Linn. Gmel. ; genre *Trogossita*, Lat.

Nota. Figure copiée de Rossi, *Faun. étr.* pl. 3, fig. 12. Nous n'avons pu découvrir de quel ouvrage on a copié la figure placée à gauche..

5. *Tenebrio dubius*, Rossi, *Faun. étr.* pl. 1, fig. 2; *Cebrio gigas*, femelle. Lat. (*Voyez* le *Dictionnaire classique d'histoire naturelle*, article CÉBRION.)

6. *Tenebrio molitor*, Oliv. *Ent.*

Nota. Figure copiée de Schæffer, *Icon. Ins.* tab. 66, fig. 1.

7. *Tenebrio caraboides*, Linn. Gmel. ; genre *Cychrus?* Lat.

Nota. Figure copiée de De Géer, *Ins.* tom. 4, pl. 3, fig. 13.

PIMÉLIE.

8. *Tenebrio gigas*, Sulzer, *Ins.* tab. 7, fig. 7.

9. *Pimelia muricata*, Oliv. *Ent.* n°. 59, *pimélie*, pl. 1, fig. 1, *b*.

10. *Pimelia hirtipes*, Oliv. *Ent.* n°. 59, *pimélie*, pl. 1, fig. 2.

11. *Pimelia longipes*, Oliv. *Ent.* n°. 59, *pimélie*, pl. 1, fig. 3.

12. *Pimelia muricata*, variété, Oliv. *Ent.* n°. 59, *pimélie*, pl. 1, fig. 4.

13. *Pimelia gibbosa*, Oliv. *Ent.* n°. 59, *pimélie*, pl. 1, fig. 5, *a*.

14. *Pimelia brunea*, Oliv. *Ent.* n°. 59, *pimélie*, pl. 1, fig. 6.

15. *Pimelia senegalensis*, Oliv. *Ent. n°.* 59, *pimélie*, pl. 1, fig. 7.

16. *Pimelia collaris*, Oliv. *Ent. n°.* 59, *pimél.* pl. 1, fig. 8; genre *Elenophorus*, Lat.

17. *Pimelia reflexa*, Oliv. *Ent. n°.* 59, *pimélie*, pl. 1, fig. 9; genre *Akis*, Lat.

18. *Pimelia hispida*, Oliv. *Ent. n°.* 59, *pimélie*, pl. 1, fig. 10.

19. *Pimelia striata*, Oliv. *Ent. n°.* 59, *pimélie*, pl. 1, fig. 11; genre *Moluris*, Lat.

PLANCHE 195.

1. *Pimelia hispida*, variété, Oliv. *Ent. n°.* 59, *pimélie*, pl. 1, fig. 12.

2. *Pimelia glabra*, Oliv. *Ent. n°.* 59, *pimélie*, pl. 2, fig. 13; genre *Tentyria*, Lat.

3. *Pimelia scabra*, Oliv. *Ent. n°.* 59, *pimélie*, pl. 2, fig. 14.

4. *Scaurus striatus*, Oliv. *Ent. n°.* 59, *pimélie*, pl. 2, fig. 15.

5. *Pimelia grossa*, Oliv. *Ent. n°.* 59, *pimélie*, pl. 2, fig. 16.

6. *Pimelia coronata*, Oliv. *Ent. n°.* 59, *pimélie*, pl. 2, fig. 17.

7. *Scaurus tristis*, Oliv. *Ent. n°.* 59, *pimélie*, pl. 2, fig. 18.

8 *a*. *Pimelia ciliata*, Oliv. *Ent. n°.* 59, *pimélie*, pl. 2, fig. 19, *a*, *b*; genre *Eurychora*, Lat.

8 *b*. —— Vu en dessous.

9. *Pimelia lineata*, Oliv. *Ent. n°.* 59, *pimélie*, pl. 2, fig. 2; *Sepidium lineatum*, Thumberg.

10. *Pimelia minuta*, Oliv. *Ent. n°.* 59, *pimélie*, pl. 2, fig. 21.

11. *Pimelia unicolor*, Oliv. *Ent. n°.* 59, *pimél.* pl. 2, fig. 22; *Blaps spinimanus*, Lat.

12. *Pimelia angulosa*, Oliv. *Ent. n°.* 59, *pimél.* pl. 2, fig. 23.

13. *Pimelia gibba*, Oliv. *Ent. n°.* 59, *pimélie*, pl. 2, fig. 24; genre *Moluris*, Lat.

14. *Pimelia scabriuscula*, Oliv. *Ent. n°.* 59, *pim.* pl. 3, fig. 25. *Tentyria*, Lat.

15. *Pimelia inflata*, Oliv. *Ent. n°.* 59, *pimélie*, pl. 3, fig. 26.

16. *Pimelia globularis*, Oliv. *Ent. n°.* 59, *pimél.* pl. 3, fig. 27.

17. *Pimelia variabilis*, Oliv. *Ent. n°.* 59, *pim.* fil. 3. fig. 28, *a*.

18. *Pimelia variabilis*, variété, Oliv. *Ent. n°.* 59, pl. 3, fig. 28, *b*.

19. *Pimelia striatula*, Oliv. *Ent. n°.* 59, *pim.* pl. 3, fig. 29.

20. *Pimelia ovata*, Oliv. *Ent. n°.* 59, *pimélie*, pl. 3, fig. 30; genre *Cryptochylus*, Lat., *Dictionnaire class. d'hist. nat.*

21. *Pimelia maculata*, Oliv. *Ent. n°.* 59, *pim.* pl. 3, fig. 31.

22. *Pimelia echinata*, Oliv. *Ent. n°.* 59, *pimél.* pl. 3, fig. 32.

23. *Pimelia silphoides*, Oliv. *Ent. n°.* 59, *pim.* pl. 3, fig. 33.

PLANCHE 196.

PIMÉLIE.

1. *Pimelia obscura*, Oliv. *Ent. n°.* 59, *pimélie*, pl. 3, fig. 34; genre *Heteroscelis*, Lat.

2. *Pimelia spinosa*, Oliv. *Ent. n°.* 59, *pimélie*, pl. 3, fig. 35; genre *Akis*, Lat.

3. *Pimelia acuminata*, Oliv. *Ent. n°.* 59, *pimél.* pl. 3, fig. 36; genre *Akis*, Lat.

BLAPS.

4. *Tenebrio gigas*, Sulzer, *Ins.* tab. 7, fig. 9; genre *Moluris*, Lat.

5. *Blaps mortisaga*, Oliv.; *tenebrio*, Schæff.

Nota. Figure copiée de Schæffer, *Elem.* pl. 124, fig. 1.

HELOPS.

6. *Helops lanipes*, Oliv. Lat.

Nota. Figure très-mal copiée de Rœmer, *Gen. Ins.* tab. 34, fig. 32.

7. *Helops tristis*, Rossi.

Nota. Figure copiée de Rossi, *Faun. étr.* pl. 5, fig. 1.

8. *Helops ovatus*, Rossi.

Nota. Figure copiée de Rossi, *Faun. étr.* pl. 4, fig. 1.

ERODIE.

9. *Erodius testudinarius*, Rœm. *Gen. Ins.* tab. 34, fig. 33.

MORDELLE.

10. *Mordella aculeata*, Oliv.

11. Son antenne très-grossie.

12. Sa patte antérieure *idem*.

13. Sa patte postérieure *idem*.

Nota. Figures copiées de Schæff. *Elem.* tab. 84.

14. *Mordella abdominalis*, Oliv.; *mordella bicolor*, Sulzer.

Nota. Figure copiée de Sulzer, *Ins.* tab. 7, fig. 15.

15. *Mordella faciata*, Oliv.

Nota. Figure copiée de Schæff. *Icon.* tab. 127, fig. 7.

16. *Mordella duodecim-punctata*, Oliv. Rossi.

Nota. Figure copiée de Rossi, *Faun. étr.* pl. 4, fig. 4.

SPONDYLE.

17. *Spondylis buprestoïdes*, Lat.

Nota. Figure copiée de Rœmer, *Gen. Ins.* tab. 34, fig. 22.

PRIONE.

18. *Prionus faber*, mâle, Oliv.

Nota. Figure copiée de Schæffer, *Icon. Ins.* tab. 72, fig. 3.

PLANCHE 197.

1. *Prionus cervicornis*, Oliv. *Ent.*

Nota. Figure copiée de Rœsel, *Ins.* 2, *scar.* 2, tab. 1, fig. 8.

2. *Prionus coriarius*, mâle, Oliv. *Ent.*

Nota. Figure copiée de Schæff. *Elem. Ent.* tab. 103.

3. *Prionus cinnamomeus*, Oliv. *Ent.*

Nota. Figure copiée de Sulzer, *Ins.* tab. 5, fig. 2.

4. *Prionus coriarius*, mâle, Oliv. *Ent. n°.* 66, *prione*, pl. 1, fig. 1, *b*.

5. *Prionus coriarius*, mâle, vu en dessous, Oliv. *Ent. n°. 66*, *prione*, pl. 1, fig. 1, *d*.

6. *Prionus coriarius*, femelle, Oliv. *Ent. n°. 66*, *prione*, pl. 1, fig. 1, *c*.

7. *Prionus angulatus*, Oliv. *Ent. n°. 66*, *prione*, pl. 1, fig. 2.

PLANCHE 198.

1. *Prionus maxillaris*, Oliv. *Ent. n°. 66*, *prione*, pl. 1, fig. 3.

2. *Prionus bifasciatus*, Oliv. *Ent. n°. 66*, *prione*, pl. 1, fig. 4, *a*.

2 n°. 2. *Prionus bifasciatus*, vu en dessous, Oliv. *Ent. n°. 66*, *prione*, pl. 1, fig. 4, *b*.

3. *Prionus pectinicornis*, Oliv. *Ent. n°. 66*, *prione*, pl. 1, fig. 5.

5. *Prionus obscurus*, Oliv. *Ent. n°. 66*, *prione*, pl. 1, fig. 7.

6. *Prionus cylindricus*, Oliv. *Ent. n°. 66*, *prionc*, pl. 1, fig. 6.

7. *Prionus cervicornis*, Oliv. *Ent. n°. 66*, *prione*, pl. 2, fig. 8, *b*.

PLANCHE 199.

1. *Prionus scutellaris*, Oliv. *Ent. n°. 66*, *prione*, pl. 2, fig. 9, *a*.

2. *Prionus scutellaris*, vu en dessous, Oliv. *Ent. n°. 66*, *prione*, pl. 2, fig. 9, *b*.

3. *Prionus*, Oliv. *Ent. n°. 66*, *prione*, pl. 3, fig. 10.

Nota. Olivier avertit, à la fin de son genre *Prione*, tom. 4, p. 41, que le cabinet dans lequel on a dessiné cette espèce n'existant plus, elle n'a pu être décrite, et qu'elle le sera au supplément. Comme il n'a pas donné ce supplément, cette espèce reste sans nom.

4. *Prionus quadrilineatus*, Oliv. *Ent. n°. 66*, *prione*, pl. 3, fig. 11.

5. *Prionus longimanus*, femelle, Oliv. *Ent. n°. 66*, *prione*, pl. 4, fig. 12, *c*; genre *Macropus*, Thumb.; *Acronicus*, Lat.

6. *Prionus speciosus*, Oliv. *Ent. n°. 66*, *prione*, pl. 4, fig. 13.

PLANCHE 200.

1. *Prionus maculatus*, Oliv. *Ent. n°. 66*, *prione*, pl. 4, fig. 14.

2. *Prionus*, Oliv. *Ent. n°. 66*, *prio.* pl. 4, fig. 15.

Nota. Olivier avertit, à la fin de son genre *Prione*, tom. 4, p. 41, que le cabinet dans lequel on a dessiné cette espèce n'existant plus, elle n'a pu être décrite, et qu'elle le sera au supplément. N'ayant pas donné ce supplément, cette espèce est sans nom.

3. *Prionus accentifer*, Oliv. *Ent. n°. 66*, *prione*, pl. 4, fig. 16; genre *Macropus*, Lat.

4. *Prionus armillatus*, Oliv. *Ent. n°. 66*, *prione*, pl. 5, fig. 17.

PLANCHE 201.

1. *Prionus cinnamomeus*, Oliv. *Ent. n°. 66*, *prione*, pl. 5, fig. 18.

2. *Prionus octangularis*, Oliv. *Ent. n°. 66*, *prione*, pl. 6, fig. 19.

3. *Prionus vittatus*, Oliv. *Ent. n°. 66*, *prione*, pl. 6, fig. 20.

4. *Prionus giganteus*, Oliv. *Ent. n°. 66*, *prione*, pl. 6, fig. 21.

5. *Prionus tuberculatus*, Oliv. *Ent. n°. 66*, *prione*, pl. 6, fig. 22.

PLANCHE 202.

1. *Prionus faber*, var. Oliv. *Ent. n°. 66*, *prione*, pl. 6, fig. 23.

2. *Prionus senegalensis*, Oliv. *Ent. n°. 66*, *prione*, pl. 7, fig. 25, *a.*

3. *Prionus ater*, Oliv. *Ent. n°. 66*, *prione*, pl. 7, fig. 24.

4. *Prionus senegalensis*, Oliv. *Ent. n°. 66*, *prione*, pl. 7, fig. 25, *b.*

PLANCHE 203.

1. *Prionus sericeus*, Oliv. *Ent. n°. 66*, *prione*, pl. 8, fig. 26.

2. *Prionus sulcatus*, Oliv. *Ent. n°. 66*, *prione*, pl. 8, fig. 27.

3. *Prionus castaneus*, Oliv. *Ent. n°. 66*, *prione*, pl. 8, fig. 28.

4. *Prionus castaneus*, var. Oliv. *Ent. n°. 66*, *prione*, pl. 8, fig. 29.

5. *Prionus lineatus*, var. Oliv. *Ent. n°. 66*, *prione*, pl. 8, fig. 30.

6. *Prionus exsertus*, Oliv. *Ent. n°. 66*, *prione*, pl. 8, fig. 31.

PLANCHE 204.

1. *Prionus canaliculatus*, Oliv. *Ent. n°. 66*, *prione*, pl. 9, fig. 32, *a.*

2. *Prionus canaliculatus*, vu en dessous, Oliv. *Ent. n°. 66*, *prione*, pl. 9, fig. 32, *b.*

3. *Prionus serraticornis*, Oliv. *Ent. n°. 66*, *prione*, pl. 9, fig. 33.

4. *Prionus corticinus*, Oliv. *Ent. n°. 66*, *prione*, pl. 9, fig. 34.

5. *Prionus faber*, Oliv. *Ent. n°. 66*, *prione*, pl. 9, fig. 35.

PLANCHE 205.

6. *Prionus serripes*, Oliv. *Ent. n°. 66*, *prione*, pl. 10, fig. 36.

7. *Prionus rostratus*, Oliv. *Ent. n°. 66*, *prione*, pl. 10, fig. 37.

8. *Prionus arcuatus*, Oliv. *Ent. n°. 66*, *prione*, pl. 10, fig. 38.

9. *Prionus fuliginosus*, Oliv. *Ent. n°. 66*, *prione*, pl. 10, fig. 39.

10. *Prionus barbatus*, Oliv. *Ent. n°. 66*, *prione*, pl. 20, fig. 42.

11. *Prionus depsarius*, Oliv. *Ent. n°. 66*, *prione*, pl. 11, fig. 41.

12. *Prionus scabricornis*, Oliv. *Ent. n°. 66*, *prione*, pl. 10, fig. 41.

13. *Prionus spinicornis*, Oliv. *Ent. n°. 66*, *prione*, pl. 11, fig. 43.

PLANCHE 206.

1. *Prionus luzonum*, Oliv. *Ent. n°. 66*, *prione*, pl. 11, fig. 44.

2. *Prionus crenatus*, Oliv. *Ent. n°. 66*, *prione*, pl. 12, fig. 45.

3. *Prionus melanopus*, Oliv. *Ent. n°. 66*, *prione*, pl. 12, fig. 46.

4. *Cerambix marginalis*, Oliv. *Ent. n°. 66*, pl. 12, fig. 47.

5. *Prionus nitidus*, Oliv. *Ent. n°. 66*, *prione*, pl. 12, fig. 48.

PLANCHE 207.

1. *Cerambix ædilis*, Oliv.; genre *Lamia*, Lat.

Nota. Figure copiée de Schæff. *Icon.* tab. 14, fig. 7.

2. *Cerambix varius*, Oliv. *Ent. n°. 67*, *capric.* pl. 3, fig. 16; genre *Lamia*, Lat.

3. *Cerambix aranæïformis*, Oliv. *Ent. n°. 67*, *capricorne*, pl. 5, fig. 34, *a*; genre *Lamia*, Lat.

3 *n°. 2*. *Cerambix aranæïformis*, variété, Oliv. *Ent. n°. 67*, *capricorne*, pl. 5, fig. 34, *b*; genre *Lamia*, Lat.

4. *Cerambix nodosus*, Oliv. *Ent. n°. 67*, *capr.* pl. 14, fig. 103; genre *Lamia*, Lat.

5. *Cerambix tuberculatus*, Oliv. *Ent. n°. 67*, *capricorne*, pl. 16, fig. 114; genre *Lamia*, Lat.

6. *Cerambix hebræus*, Oliv. *Ent. n°. 67*, *capric.* pl. 15, fig. 106; genre *Lamia*, Lat.

7. *Cerambix glaucus*, Oliv. *Ent. n°. 67*, *capr.* pl. 17, fig. 123; genre *Lamia*, Lat.

8. *Cerambix depressus*, Oliv.

Nota. Figure copiée de Sulzer, *Ins.* tab. 5, fig. 5. Cet auteur donne le nom de *brevis* à cette espèce.

9. *Cerambix nebulosus*, Oliv.; genre *Lamia*, Lat.

Nota. Fig. copiée de Schæff. *Icon. Ins.* tab. 14, fig. 9.

10. *Cerambix fasciculatus*, Fab.; *cerambix hispidus*, *a*, Lin.; genre *Lamia*, Lat.

Nota. Figures copiées de De Géer, *Ins.* tom. 5, pl. 3, fig. 17.

11. *Cerambix pilosa*, Oliv.; *cerambix hispidus*, Panzer, *Naturf.*; genre *Lamia*, Lat.

Nota. Figure copiée du *Naturforcher*.

12. *Cerambix corticinus*, Oliv. *Ent. n°. 67*, *capricorne*, pl. 4, fig. 28.

PLANCHE 208.

1. *Cerambix scabrosus*, Oliv. *Ent. n°. 67*, *capr.* pl. 10, fig. 70; genre *Lamia*, Lat.

2. *Cerambix batus*, Oliv. *Ent. n°. 67*, *capric.* pl. 5, fig. 32.

3. *Cerambix cæruleus*, Oliv. *Ent. n°. 67*, *capr.* pl. 18, fig. 140.

Nota. C'est par erreur qu'on a mis le nom de *capricorne ferrugineux* sur cette figure.

4. *Cerambix heros*, Oliv.

Nota. Figure copiée de Schæffer, *Icon. Ins.* pl. 124, fig. 3.

5. *Cerambix cerdo*, Oliv.

Nota. Fig. copiée de Schæff. *Ins. Icon.* pl. 14, fig. 8.

6. *Cerambix moschatus*, Oliv.

Nota. Fig. copiée de Schæff. *Icon. Ins.* pl. 11, fig. 7.

6. *Cerambix nitens*, Oliv. *Ent. n°. 67*, *capric.* pl. 15, fig. 107.

7. *Cerambix nitens*, Oliv. *Ent. n°. 67*, *capric.* pl. 15, fig. 107.

8. *Cerambix humeralis*, Oliv. *Ent. n°. 67*, *capr.* pl. 19, fig. 141, *a*.

8 *bis*. *Cerambix humeralis*, variété, Oliv. *Ent. n°. 67*, *cap.* pl. 19, fig. 141, *b*; genre *Lamia*, Lat.

Nota. On a gravé par erreur le nom de *capricorne africain* entre ces deux figures.

9. *Cerambix festivus*, Oliv. *Ent. n°. 67*, *capric.* pl. 7, fig. 44.

10. *Cerambix femoralis*, Oliv. *Ent. n°. 67*, *capr.* pl. 7, fig. 45.

PLANCHE 209.

1. *Cerambix vittatus*, Oliv. *Ent. n°. 67*, *capric.* pl. 2, fig. 10.

2. *Cerambix velutinus*, Oliv. *Ent. n°. 67, capr.* pl. 6, fig. 41.

3. *Cerambix suturalis*, Oliv. *Ent. n°. 67, capr.* pl. 6, fig. 40.

4. *Cerambix spinicornis*, Fab.; *cerambix torridus*, Oliv. *Ent. n°. 67, capricorne*, pl. 14, fig. 95.

5. *Cerambix elegans*, Oliv. *Ent. n°. 67, capric.* pl. 5, fig. 35.

6. *Cerambix latipes*, Oliv. *Ent. n°. 67, capric.* pl. 16, fig. 116.

7. *Cerambix rugosus*, Oliv. *Ent. n°. 67, capric.* pl. 21, fig. 159.

Nota. Cette figure est si mal gravée que nous avons eu bien de la peine à nous persuader qu'elle étoit la copie de celle d'Olivier.

8. *Cerambix fuliginosus*, Oliv. *Ent. n°. 67, cap.* pl. 10, fig. 64.

9. *Cerambix barbicornis*, Oliv. *Ent. n°. 67, capricorne*, pl. 7, fig. 48.

Planche 210.

1. *Cerambix alpinus*, Oliv.

Nota. Figure copiée de Schæffer, *Icon. Ins.* tab. 123, fig. 1.

2. *Cerambix fasciatus*, Oliv. *Ent. n°. 67, capr.* pl. 1, fig. 4, *a*.

3. *Cerambix barbatus*, Oliv. *Ent. n°. 67, capr.* pl. 13, fig. 94.

4. *Cerambix thoracicus*, Oliv. *Ent. n°. 67, cap.* pl. 12, fig. 85; *Cerambix morio*, Fab.; genre *Trachyderes*, Dalm. Schœn.

5. *Cerambix rufipes*, Oliv. *Ent. n°. 67, capric.* pl. 1, fig. 3; genre *Trachyderes*, Dalm. Schœn.

6. *Cerambix succinctus*, mâle, Oliv. *Ent. n°. 67, capricorne*, pl. 7, fig. 43, *a*; genre *Trachyderes*, Dalm. Schœn.

6 *n°. 2. Cerambix succinctus*, variété, Oliv. *Ent. n°. 67, capricorne*, pl. 7, fig. 43, *b*.

7. *Cerambix dimidiatus*, Oliv. *Ent. n°. 67, cap.* pl. 14, fig. 96; genre *Trachyderes*, Dalm. Schœn.

8. *Cerambix bicolor*, Oliv. *Ent. n°. 67, capric.* pl. 9, fig. 61; genre *Trachyderes*, Dalm. Schœn.

9. *Cerambix striatus*, Oliv. *Ent. n°. 67, capric.* pl. 10, fig. 71, *a*; genre *Trachyderes*, Dalm. Schœn.

10 *n°. 2. Cerambix striatus*, variété, Oliv. *Ent. n°. 67, capricorne*, pl. 10, fig. 71, *b*.

11. *Cerambix farinosus*, Oliv. *Ent. n°. 67, cap.* pl. 7, fig. 46, *a*; genre *Lamia*, Fab. Lat.

Planche 211.

1. *Cerambix pulverulentus*, Oliv. *Ent. n°. 67, capricorne*, pl. 7, fig. 46, *b*; genre *Stenochorus*, Fab. Lat.

2. *Cerambix holosericeus*, Oliv. *Ent. n°. 67, cap.* pl. 17, fig. 127; genre *Stenochorus*, Fab. Lat.

3. *Cerambix semipunctatus*, Oliv. *Ent. n°. 67, capricorne*, pl. 2, fig. 9; genre *Stenochorus*, Fab. Lat.

4. *Cerambix garganicus*, Oliv. *Ent. n°. 67, cap.* pl. 15, fig. 105; genre *Stenochorus*, Fab. Lat.

5. *Cerambix sulcatus*, Oliv. *Stenochorus festivus*, Oliv.

Nota. Figure copiée de Sulzer, *Ins.* tab. 5, fig. 6.

6. *Cerambix tigrinus*, Oliv. *Ent. n°. 67, capr.* pl. 19, fig. 142; genre *Stenochorus*, Fab. Lat.

7. *Carambix decemmaculatus*, Oliv. *Ent. n°. 67, capricorne*, pl. 12, fig. 86; genre *Stenochorus*, Fab. Lat.

8. *Cerambix rusticus*, Oliv.; *Ent. n°. 67, stenc.* pl. 2, fig. 16; genre *Stenochorus*, Fab. Lat.

Nota. C'est par erreur qu'on a mis le nom de *cerambix quatre taches* sur cette figure. On a oublié de graver le numéro 8 avec cette figure.

9. *Cerambix analis*, Oliv. *Ent. n°. 67, capric.* pl. 19, fig. 144; genre *Stenochorus*, Fab. Lat.

Nota. On a oublié de graver le numéro 9 au-dessus de cette figure, qui porte, par erreur, le nom de *cap. rustique*.

10. *Cerambix sexmaculatus*, Oliv. *Ent.* n°. 67, *capricorne*, pl. 15, fig. 108 ; genre *Stenochorus*, Fab. Lat.

11. *Cerambix unidentatus*, Oliv. *Ent.* n°. 67, pl. 19, fig. 145 ; genre *Lissonotus*, Dalm. Schœn.

Nota. C'est par erreur que cette figure porte le nom de *cap. parsemé*.

12. *Cerambix fimbriatus*, Oliv. *Ent.* n°. 67, *capricorne*, pl. 19, fig. 143 ; genre *Lamia*, Fab. Lat.

13. *Cerambix spinicornis*, Oliv. *Ent.* n°. 67, *capricorne*, pl. 17, fig. 130 ; genre *Stenochorus*, Fab. Lat.

14. *Cerambix bidens*, Oliv. *Ent.* n°. 67, *capr.* pl. 17, fig. 125 ; genre *Stenochorus*, Fab. Lat.

PLANCHE 212.

CAPRICORNE.

1. *Cerambix annularis*, Oliv. *Ent.* n°. 67, *capr.* pl. 16, fig. 117 ; genre *Stenochorus*, Fab. ; *Saperda murina*, Schœn.

2. *Cerambix interruptus*, Oliv. *Ent.* n°. 67, *cap.* pl. 17, fig. 133 ; genre *Stenochorus*, Fab.

3. *Cerambix lynceus*, Oliv. *Ent.* n°. 67, *capric.* pl. 14, fig. 97.

4. *Cerambix Kochleri*, Oliv.

Nota. Figure copiée de Schæffer, *Icon. Ins.* tab. 1, fig. 1.

5. *Callidium brevicornis*, Oliv. *Ent.* n°. 70, *cal.* pl. 2, fig. 22 ; *Cerambix brevicornis*, Fab.

6. *Cerambix surinamensis*, Oliv. *Ent.* n°. 67, *capricorne*, pl. 13, fig. 93 ; *Stenochorus pallens*, Fab.

7. *Callidium longipes*, Oliv. *Ent.* n°. 70, *callid.* pl. 1, fig. 3 ; *Cerambix longipes*, Fab.

8. *Callidium lucidum*, Oliv. *Ent.* n°. 70, *callid.* pl. 1, fig. 10.

9. *Cerambix nigricornis*, Oliv. *Ent.* n°. 67, *cap.* pl. 8, fig. 55 ; *Saperda perforata*, Fab. Schœn.

Nota. Cette figure porte par erreur le nom de *capricorne noir*.

10. *Cerambix pubescens*, Oliv. *Ent.* n°. 67, *cap.* pl. 18, fig. 135 ; genre *Stenochorus*, Fab.

11. *Cerambix tenebrosus*, Oliv. *Ent.* n°. 67, *capricorne*, tab. 18, fig. 139 ; *Callidium tenebrosum*, Fab. Schœn.

12. *Cerambix balteus*, très-grossi, Oliv. *Ent.* n°. 67, *capricorne*, pl. 17, fig. 124 ; genre *Lamia*, Fab. Schœn.

12 n°. 2. *Cerambix balteus*, de grandeur naturelle, Oliv. *Ent.* n°. 67, *capr.*, pl. 17, fig. 124, *a*.

SAPERDE.

1. *Saperda carcharias*, Oliv. *Ent.*

Nota. Figure copiée de Schæffer, *Icon. Ins.* tab. 38, fig. 4.

2. *Saperda scalaris*, Oliv. *Ent.*

Nota. Figure copiée de Schæffer, *Icon. Ins.* tab. 38, fig. 5.

3. *Saperda oculata*, Oliv. *Ent.*

Nota. Figure copiée de Schæff. *Icon. Ins.* tab. 128, fig. 4.

PLANCHE 213.

1 à 8. Développemens de la saperde cylindrique.

1. Branche d'arbre dans l'intérieure de laquelle on voit une larve et une nymphe de saperde.

2. Jeune larve hors de sa retraite.

3. Larve plus âgée.

4. Larve arrivée à son dernier période d'accroissement et prête à se métamorphoser.

5. Nymphe placée dans la cavité de la branche que la larve a formée en se nourrissant de la moelle du bois.

6. *Saperda cylindrica*, Oliv. *Ent.*

7. La même, ayant les ailes déployées.

8. Œufs de cette saperde.

Nota. Figures copiées de Rœsel, *Ins.* tom. 2, *scar. terrest.* clas. 2. pl. 3, fig. 2.

3. *Saperda tremula*, Fab.

Nota. Figure copiée de Schæffer, *Icon. Ins.* tab. 101, fig. 1.

4. *Saperda prausta*, Fab. Oliv. *Ent.*

Nota. Figure copiée de Schæffer, *Icon. Ins.* tab. 52, fig. 8.

5. *Saperda hirta*, Fab.; *saperda filum*, Rossi.

Nota. Figure copiée de Rossi, *Faun. étr.* pl. 5, fig. 10.

6. *Saperda populnea*, mâle, Oliv. *Ent. n°.* 68, *saperde*, pl. 1, fig. 1, *b.*

7. *Saperda populnea*, femelle, Oliv. *Ent. n°.* 68, *saperde*, pl. 1, fig. 1, *c.*

8. *Saperda plumigera*, Oliv. *Ent. n°.* 68, *sap.* pl. 1, fig. 2, *a.*

8 *n°.* 2. *Saperda plumigera*, vue en dessous, Oliv. *Ent. n°.* 68, *saperde*, pl. 1, fig. 2, *b.*

9. *Saperda fasciculata*, Oliv. *Ent. n°.* 68, *sap.* pl. 1, fig. 3.

10. *Saperda oculata*, Oliv. *Ent. n°.* 68, *sap.* pl. 1, fig. 4.

11. *Saperda carduii*, Oliv. *Ent. n°.* 68, *sap.* pl. 1, fig. 5.

12. *Saperda prausta*, Oliv. *Ent. n°.* 68, *saperde*, pl. 1, fig, 6, *a.*

13. *Saperda prausta*, grossie, Oliv. *Ent. n°.* 68, *saperde*, pl. 1. fig. 6, *b.*

14. *Saperda hirripes*, Oliv. *Ent. n°.* 68, *sap.* pl. 1, fig. 8.

15. *Saperda scalaris*, Oliv. *Ent. n°.* 68, *sap.* pl. 1, fig. 7, *a.*

16. *Saperda scalaris*, var., Oliv. *Ent. n°.* 68, *sap.* pl. 1, fig. 7, *b.*

17. *Saperda punctata*, Oliv. *Ent. n°.* 68, *sap.* pl. 1, fig. 9, *a.*

17 *n°.* 2. *Saperda punctata*, vue en dessous, Oliv. *Ent. n°.* 68, *saperde*, pl. 1, fig. 9, *b.*

Planche 214.

1. *Saperda mucronata*, Oliv. *Ent. n°.* 68, *sap.* pl. 1, fig. 10.

2. *Saperda virescens*, Oliv. *Ent. n°.* 68, *sap.* pl. 2, fig. 11, *b.*

3. *Saperda violacea*, Oliv. *Ent. n°.* 68, *superde*, pl. 2, fig. 12.

4. *Saperda linearis*, Oliv. *Ent. n°.* 68, *saperde*, pl. 2, fig. 13.

5. *Saperda rufipes*, Oliv. *Ent. n°.* 68, *saperde*, pl. 2, fig. 14.

6. *Saperda testacea* Oliv. *Ent. n°.* 68, *saperde*, pl. 2, fig. 15, *a.*

6 *n°.* 2. *Saperda testacea*, grossie, Oliv. *Ent. n°.* 68, pl. 2, fig. 15, *b.*

7. *Saperda suturalis*, Oliv. *Ent. n°.* 68, *saperde*, pl. 2, fig. 16.

8. *Saperda ferruginea*, Oliv. *Ent. n°.* 68, *sap.* pl. 2, fig. 17.

9. *Saperda cylindrica*, Oliv. *Ent. n°.* 68, *sap.* pl. 2, fig. 18.

10. *Saperda thoracica*, Oliv. *Ent. n°.* 68, *sap.* pl. 2, fig. 19, *a.*

10 *n°.* 2. *Saperda thoracica*, Oliv. *Ent. n°.* 68, *saperde*, pl. 2, fig. 19, *b.*

11. *Saperda lineola*, Oliv. *Ent. n°.* 68, *saperde*, pl. 2, fig. 20.

12. *Saperda lunaris*, Oliv. *Ent. n°* 68, *saperde*, pl. 2, fig. 21, *a.*

12 *n°.* 2. *Saperda lunaris*, variété, Oliv. *Ent. n°.* 68, *saperde*, pl. 2, fig. 21, *b.*

13. *Saperda analis*, Oliv. *Ent. n°.* 68, *saperde*, pl. 3, fig. 23.

14. *Saperda carcharias*, Oliv. *Ent. n°.* 68, *sap.* pl. 2, fig. 22.

15. *Saperda fasciata*, Oliv. *Ent. n°.* 68, *sap.* pl. 3, fig. 24.

16. *Saperda modesta*, Oliv. *Ent. n°.* 68, *sap.* pl. 3, fig. 27.

17. *Saperda bicolor*, Oliv. *Ent. n°.* 68, *sap.* pl. 3, fig. 25.

18. *Saperda longicornis*, Oliv. *Ent. n°.* 68, *sap.* pl. 3, fig. 26.

19. *Saperda unicolor*, Oliv. *Ent. n°.* 68, *sap.* pl. 3, fig. 28.

20. *Saperda erythrocephala*, Oliv. *Ent. n°.* 68, *saperde*, pl. 3, fig. 29.

PLANCHE 215.

1. *Saperda clavicornis*, Oliv. *Ent. n°.* 68, *sap.* pl. 3, fig. 30.

2. *Saperda minuta*, Oliv. *Ent. n°.* 68, *saperde*, pl. 3, fig. 31, *a.*

2 *n°.* 2. *Saperda minuta*, très-grossie, Oliv. *Ent. n°.* 68, *saperde*, pl. 3, fig. 31, *b.*

3. *Saperda elongata*, Oliv. *Ent. n°.* 68, *saperde*, pl. 3, fig. 34.

4. *Saperda grisea*, Oliv. *Ent. n°.* 68, *saperde*, pl. 3, fig. 32.

5. *Saperda maculata*, Oliv. *Ent. n°.* 68, *sap.* pl. 3, fig. 33.

6. *Saperda cinerea*, Oliv. *Ent. n°.* 68, *saperde*, pl. 3, fig. 35.

STENCORE.

1. *Stenocorus meridianus*, *mas.* Oliv. *Ent.*; *leptura meridiana*, Fab. Lat.

Nota. Figure copiée de Schæffer, *Icon. Ins.* tab. 3, fig. 13.

2. *Cerambix sulcatus*, Oliv.; *stenochorus sulcatus*, Fab.

Nota. Figure copiée de Sulzer, *Ins.* tab. 5, fig. 7.

3. *Cetonia capensis*, Oliv.

Nota. Figure copiée de Drury, *Ins.* tom. 1, pl. 33, fig. 3. Il est inconcevable qu'on ait pris cette cétoine pour un capricorne.

4. *Cerambix quadrimaculatus*, Oliv.; *stenochorus quadrimaculatus*, Fab.

Nota. Fig. copiée de Drury, *Ins.* tom. 1, pl. 37, fig. 3.

5. *Stenocorus meridianus*, Oliv. *Ent. n°.* 69, *stencore*, pl. 1, fig. 2, *b*; genre *Lepture*, Fab. Lat.

6. *Stenocorus minutus*, Oliv. *Ent. n°.* 69, *stenc.* pl. 1, fig. 3; *Rhagium indagator*, var.; Fab. Lat.

7. *Stenocorus strepens*, Oliv. *Ent. n°.* 69, *stenc.* pl. 1, fig. 1, *b*; genre *Vesperus*, Dej.; *stenochorus*, Fab.

8. *Stenocorus salicis*, var., Oliv. *Ent. n°.* 69, *stenc.* pl. 1, fig. 5, *a*; genre *Rhagium*, Fab. Lat.

9. *Stenocorus bicolor*, Oliv. *Ent. n°.* 69, *stenc.* tab. 1, fig. 4; genre *Rhagium*, Schœn.

10. *Stenocorus salicis*, Oliv. *Ent. n°.* 69, *stenc.* pl. 1, fig. 5, *b*; genre *Rhagium*, Fab. Lat.

11. *Stenocorus salicis*, vu en dessous, Oliv. *Ent. n°.* 69, *stencore*, pl. 5, fig. 1, *c*; genre *Rhagium*, Fab. Lat.

12. *Stenocorus bifasciatus*, Oliv. *Ent. n°.* 69, *stencore*, pl. 1, fig. 6; genre *Rhagium*, Fab. Lat.

13. *Stenocorus quadriguttatus*, Oliv. *Ent. n°.* 69, *stencore*, pl. 1, fig. 7; genre *Stenochorus*, Fab.

PLANCHE 216.

1. *Stenocorus sericeus*, Oliv. *Ent. n°.* 69, *stenc.* pl. 1, fig. 8; *Leptura meridiana*, Fab. Lat.

2. *Stenocorus cursor*, Oliv. *Ent. n°.* 69, *stenc.* pl. 1, fig. 9; *Rhagium cursor*, Fab. Lat.

3. *Stenocorus noctis*, Oliv. *Ent. n°.* 69, *stenc.* pl. 1, fig. 10; *Rhagium cursor*, variété, Fab. Lat.

4. *Stenocorus inquisitor*, Oliv. *Ent. n°.* 69, *stenc.* pl. 2, fig. 11, *b*; *Rhagium mordax*, Fab. Lat.

5. *Stenocorus mordax*, Oliv. *Ent. n°.* 69, *stenc.* pl. 2, fig. 12; *Rhagium inquisitor*, Fab. Lat.

6. *Stenocorus indagator*, Oliv. *Ent. n°.* 69, *stenc.* pl. 2, fig. 13; *Rhagium indagator*, Fab. Lat.

7. *Stenocorus bifasciatus*, Oliv. *Ent. n°.* 69, *stencore*, pl. 2, fig. 14; *Rhagium bifasciatum*, Fab. Lat.

8. *Stenocorus undatus*, Oliv. *Ent. n°.* 69, *stenc.* pl. 2, fig. 15; *Stenochorus undatus*, Fab. Schœn.

9. *Cerambix rusticus*, Oliv. *Ent. n°.* 69, *stenc.* pl. 2, fig. 16; *Stenochorus rusticus*, Fab. Schœn.

10. *Cerambix lineola*, Oliv. *Ent. n°.* 69, *stenc.* pl. 2, fig. 17; *Stenochorus lineola*, Fab. Schœn.

11. *Stenocorus humeralis*, Oliv. *Ent. n°.* 69, *stencore*, pl. 2, fig. 18; *Leptura humeralis*, Fab. Schœn.

12. *Cerambix semipunctatus*, Oliv. *Ent. n°.* 69, *stencore*, pl. 2, fig. 19; *stenochorus semipunctatus*, Fab. Schœn.

13. *Stenocorus testaceus*, Oliv. *Ent. n°.* 69, *stencore*, pl. 2, fig. 20; *cerambix ebulinus*, Fab. Schœn.

CALLIDIE.

1. *Callidium hispicorne*, Oliv. *Ent. n°.* 70, *callid.* pl. 5, fig. 57; *stenochorus hispicornis*, Schœn.

Nota. On a écrit par erreur le nom de *callidie bispicorne* sur cette figure.

2. *Callidium verbasci*, Oliv. *Ent. n°.* 70, *callid.* pl. 1, fig. 15; *clytus verbasci*, Fab. Schœn.

Nota. C'est par erreur qu'on a gravé, au-dessus de cette figure, le nom de *callidie marylandois.*

3. *Callidium bajulus*, Oliv. Fab.

Nota. Figure copiée de Schæff. *Elem. Ent.* tab. 76, fig. 4.

PLANCHE 217.

1. *Callidium stigma, fæm.*, Oliv. *Ent. n°.* 70, *callidie*, pl. 2, fig. 21, *a*; Fab. *Cerambix stigma*, Schœn; genre *Megaderus*, Dej.

1 *n°.* 2. *Callidium stigma, mas.* Oliv. *Ent. n°.* 70, *callidie*, pl. 2, fig. 21, *b.*

2. *Callidium hirtum*, Oliv. *Ent. n°.* 70, *callid.* pl. 5, fig. 62; *prionus pallens*, Fab. Schœn.

3. *Callidium compressum*, Oliv. *Ent. n°.* 70, pl. 4, fig. 44.

4. *Callidium barbatum*, Oliv. *Ent. n°.* 70, *call.* pl. 4, fig. 41.

5. *Callidium sericeum*, Oliv. *Ent. n°.* 70, *callid.* pl. 3, fig. 38, *a.*

5 *n°.* 2. *Callidium sericeum*, variété, Oliv. *Ent. n°.* 70, *callidie*, pl. 3, fig. 38, *b.*

6. *Callidium angustatum*, Oliv. *Ent. n°.* 70, *callidie*, pl. 6, fig. 71; *clytus coarctatus*, Fab. Schœn.

7. *Callidium rusticum*, Oliv.

Nota. Figure copiée de Schæffer, *Icon. Ins.* tab. 63, fig. 6.

8. *Callidium fugax*, Oliv. *Ent. n°.* 70, *callid.* pl. 6, fig. 69.

9. *Callidium ruficollis*, Oliv. *Ent. n°.* 70, *callid.* pl. 2, fig. 27.

10. *Callidium lineolatum*, Oliv. *Ent, n°.* 70, pl. 4, fig. 50.

11. *Callidium sulcatum*, Oliv. *Ent. n°.* 70, *call.* pl. 4, fig. 48.

12. *Callidium variegatum*, Oliv. *Ent. n°.* 70, pl. 5, fig. 58.

12 *bis.* *Callidium testaceum*, Oliv.; *Callidium variabilis*, Schœn.

Nota. Figure copiée de Schæffer, *Icon. Ins.* tab. 64, fig. 6. Cette figure est placée au-dessous de la précédente.

13. *Callidium fennicum*, Oliv. *Ent. n°.* 70, *call.* pl. 1, fig. 9; *Callidium variabilis*, Schœn.

14. *Callidium æneum*, Oliv. *Ent. n°.* 70, *callid.* pl. 4, fig. 46.

15. *Callidium clavipes*, Oliv. *Ent. n°.* 70, *call.* pl. 3, fig. 33

16. *Callidium femoratum*, Oliv.

Nota. Fig. copiée de Schæff. *Icon. Ins.* tab. 55, fig. 7.

PLANCHE 218.

1. *Callidium variabile*, Oliv. *Ent. n°.* 70, *callid.* pl. 6, fig. 65, *a*; *Callidium dilatatum*, Payk. Schœn.

1 *n°.* 2. *Callidium variabile*, variété, Oliv. *Ent. n°.* 70, *callidie*, pl. 6, fig. 65, *b*; *Callidium dilatatum*, Payk. Schœn.

2. *Callidium chloroticum*, Oliv. *Ent. n°.* 70, *callidie*, pl. 3, fig. 31.

3. *Callidium pubescens*, Oliv. *Ent. n°.* 70, *callid.* pl. 6, fig. 75.

4. *Callidium plebeium*, Oliv. *Ent. n°.* 70, *callid.* pl. 6, fig. 72; *clytus plebeius*, Fab. Schœn.

Nota. C'est par une erreur bien extraordinaire qu'on a gravé le nom *callidie pâle* à côté de cette figure.

5. Le *callidium* figuré ici sous le nom de *callidie marron* est si mal gravé, que nous n'avons pu découvrir à quelle espèce il se rapporte. Schœnnherr cite l'ouvrage de Schæffer, *Icon.* tab. 4, fig. 3, et tab 221, fig. 4, sous le *callidium fuscum* de Fabricius, qui est le *callidium triste* d'Olivier, *Ent.* n°. 70, *callid.* pl. 7, fig. 88; mais ces figures de Schæffer diffèrent tellement de la nôtre, que nous ne pouvons croire que ce soit la même. Il est plus probable que l'on aura copié une autre espèce sur laquelle on a mis le nom de *callidie marron.*

6. *Callidium sanguineum*, Oliv.

Nota. Figure copiée de Schæffer, *Icon. Ins.* tab. 64, fig. 5.

17. *Callidium nebulosum*, Oliv. *Ent.* n°. 70, *callidie*, pl. 1, fig. 6.

Nota. On a mis le n°. 17 pour 7 à côté de cette figure.

8. *Callidium striatum*, Oliv. *Ent.* n°. 70, *callid.* pl. 2, fig. 24, *a.*

8 n°. 2. *Callidium striatum*, variété, Oliv. *Ent.* n°. 70, *callidie*, pl. 2, fig. 24, *b.*

9. *Callidium lugubre*, Oliv. *Ent.* n°. 70, *callid.* pl. 1, fig. 13.

10. *Callidium bicolor*, Oliv. *Ent.* n°. 70, *callid.* pl. 1, fig. 4.

11. *Callidium bifasciatum*, Oliv. *Ent.* n°. 70, *callidie*, pl. 4, fig. 42.

12. *Callidium clavicorne*, Oliv. *Ent.* n°. 70, *callidie*, pl. 2, fig. 23.

13. *Callidium undatum*, Oliv.

Nota. Figure copiée de Schæff. *Icon. Ins.* tab. 206, fig. 4.

14. *Callidium bimaculatum*, Oliv. *Ent.* n°. 70, *callidie*, pl. 5, fig. 61.

15. *Callidium colonum*, Oliv. *Ent.* n°. 70, *cal.* pl. 6, fig. 67; *clytus colonus*, Fab. Schœn.

15 *bis.* *Callidium rhombifer*, Oliv. *Ent.* n°. 70, pl. 4, fig. 51.

16. *Callidium varium*, Oliv. *Ent.* n°. 70, *callid.* pl. 5, fig. 55.

17. *Callidium rusticum*, Oliv. *Ent.* n°. 70, *call.* pl. 4, fig. 49.

18. *Callidium detritum*, Oliv.; *Clytus detritus*, Fab. Schœn.

Nota. Figure très-mal copiée de Schæff. *Icon. Ins.* tab. 38, fig. 9.

19. *Callidium rhombifer*, Oliv. *Ent.* n°. 70, *callid.* pl. 4, fig. 51, *b.*

20. *Callidium striatum?* variété, Oliv. *Ent.* n°. 70, pl. 1, fig. 24, *b.*

Nota. C'est avec beaucoup de doute que nous citons cette espèce; on a donné, par erreur, le nom de *callidie aulique* à cette figure.

21. *Callidium flexuosum*, Oliv. *Ent.* n°. 70, *callid.* pl. 6, fig. 76; *clytus flexuosus*, Fab. Schœn.

22. *Callidium arcuatum*, Oliv.; *clytus arcuatus*, Fab. Schœn.

Nota. Figure très-mal copiée de Schæffer, *Icon. Ins.* tab. 38, fig. 6.

Planche 219.

1. *Callidium arietis*, Oliv.; *clytus tropicus*, Panz. Schœn.

Nota. Fig. copiée de Schæff. *Icon. Ins.* tab. 38, fig. 7.

1 n°. 2. *Callidium arietis*, Oliv.; *clytus arietis*, Fab. Schœn.

Nota. Figure copiée de Schæffer, *Icon. Ins.* tab. 38, fig. 8. Ces deux espèces sont confondues par Olivier, qui cite les deux figures précédentes sous son *callidium arietis.*

2. *Callidium florale*, Oliv. *Ent.* n°. 70, *callid.* pl. 5, fig. 53; *clytus florale*, Fab. Schœn.

3. *Callidium erytrocephala*, Oliv. *Ent.* n°. 70, *callid.* pl. 5, fig. 60; *clytus erytrocephalus*, Fab. Schœn.

4. *Callidium fulminans*, Oliv. *Ent.* n°. 70, *callid.* pl. 5, fig. 63; *clytus fulminans*, Fab. Schœn.

5. *Callidium liciatum*, Oliv. *Ent.* n°. 70, *callid.* pl. 1, fig. 8; *clytus liciatus*, Schœn.

6. *Callidium glaucum*, Oliv. *Ent.* n°. 70, *callid.* pl. 6, fig. 68; *clytus glaucus*, Fab. Schœn.

7. *Callidium verbasci*, Oliv. *Ent.* n°. 70, *callid.* pl. 6, fig. 15, *b, c*; *clytus verbasci*, Fab. Schœn.

9. *Callidium mucronatum*, Oliv. *Ent. n°.* 70, *callid.* pl. 3, fig. 34; *clytus mucronatus*, Fab. Schœn.

10. *Callidium hottentotum*, Oliv. *Ent. n°.* 70, *callid.* pl. 3, fig. 29.

Nota. Quoique Schœnnherr laisse cette espèce dans son genre *Callidium* proprement dit, nous pensons qu'on doit la ranger parmi celles qui forment le genre *Clytus* de Fabricius.

11. *Callydium plebeium*, Oliv.; *clytus plebeius*, Fab. Schœn.

Nota. Figure détestablement mal copiée de Schæff. *Icon. Ins.* tab. 2, fig. 7.

12. *Callidium sexfasciatum*, Oliv. *Ent. n°.* 70, *callid.* pl. 4, fig. 47; *clytus sexfasciatus*, Fab. Schœn.

13. *Callidium trifasciatum*, Oliv. *Ent. n°.* 70, *callid.* pl. 5, fig. 59; *clytus trifasciatus*, Fab. Schœn.

14. *Callidium ruficorne*, Oliv. *Ent. n°.* 70, *callid.* pl. 6, fig. 73; *clytus ruficorne*, Schœn.

15. *Callidium gibbosum*, Oliv. *Ent. n°.* 70, *callid.* pl. 2, fig. 18; *clytus gibbosus*, Fab. Schœn.

16. *Callidium scutellare*, Oliv. *Ent. n°.* 70, *callid.* pl. 5, fig. 52; *clytus scutellare*, Fab. Schœn.

17. *Callidium annulare*, Oliv. *Ent. n°.* 70, *callid.* pl. 6, fig. 74; *clytus annulare*, Fab. Schœn.

18. *Callidium massiliense*, Oliv. *Ent. n°.* 70, *callidie*, pl. 6, fig. 70; *clytus massiliense*, Fab. Schœn.

19. *Callidium dentipes*, Oliv. *Ent. n°.* 70, *callid.* pl. 4, fig. 40; *clytus dentipes*, Schœn.

20. *Callidium mysticum*, Oliv.; *clytus mysticus*, Fab. Schœn.

Nota. Figure copiée de Schæffer, *Icon. Ins.* tab. 2, fig. 9.

21. *Callidium picipes*, très-grossi, Oliv. *Ent. n°.* 70, *callid.* pl. 4, fig. 43, *b.*

21 *n°.* 2. *Callidium picipes*, de grandeur naturelle, Oliv. *Ent. n°.* 70, *callid.* pl. 4, fig. 43, *a.*

22. *Cerambix lusitanicus*, très-grossi, Oliv. *Ent. n°.* 70, *callid.* pl. 5, fig. 54, *b*; *lamia balteata*, Fab. Schœn.

22 *n°.* 2. *Cerambix lusitanicus*, vu de grandeur naturelle, Oliv. *Ent. n°.* 70, *callid.* pl. 5, fig. 54.

23. *Callidium rufipes*, Oliv. *Ent. n°.* 70, *callid.* pl. 6, fig. 66, *a*; *Callidium amethystinum*, Fab. Schœn.

23 *n°.* 2. *Callidium rufipes*, très-grossi, Oliv. *Ent. n°.* 70, *callid.* pl. 6, fig. 66, *b.*

PLANCHE 220.

1. *Callidium alni*, Oliv. *Ent. n°.* 70, *callidie*, pl. 3, fig. 37, *a.*

1 *n°.* 2. *Callidium alni*, grossi, Oliv. *Ent. n°.* 70, pl. 3, fig. 37, *b.*

2. *Callidium unifasciatum*, Oliv. *Ent. n°.* 70, *callidie*, pl. 1, fig. 12.

3. *Callidium minutum*, Oliv. *Ent. n°.* 70, *call.* pl. 5, fig. 36, *a*; *clytus minutus*, Fab. Schœn.

3 *n°.* 2. *Callidium minutum*, très-grossi, Oliv. *Ent. n°.* 70, *callidie*, pl. 5, fig. 36, *b.*

DONACIE.

Donacia crassipes, Oliv.; *donacia sericea*, Gyll. Schœn.

Nota. Figure copiée de Schæffer, *Icon. Ins.* tab. 84, fig. 1.

LEPTURE.

1. *Leptura melanura*, femelle, Oliv.

Nota. Figure copiée de Schæffer, *Icon. Ins.* tab. 39, fig. 4.

2. *Leptura sanguinolenta*, *fœm.* Oliv.

Nota. Figure copiée de Schæffer, *Icon. Ins.* tab. 39, fig. 9.

3. *Leptura rubra*, Oliv.

Nota. Figure copiée de Schæffer, *Icon. Ins.* tab. 39, fig. 2.

4. *Leptura testacea*, Oliv.

Nota. Figure copiée de Schæffer, *Icon. Ins.* tab. 39, fig 3.

5. *Leptura nigra*, Oliv.

Nota. Figure copiée de Schæffer, *Icon. Ins.* tab. 39, fig. 7.

6. *Leptura quadrimaculata*, Oliv.

Nota. Figure copiée de Schæffer, *Icon. Ins.* tab. 1, fig. 7.

7. *Leptura quadrifasciata*, Oliv.

Nota. Figure copiée de Schæffer, *Icon. Ins.* tab. 59, fig. 6.

8. *Leptura sericea*, Lin. Fab.; *donacia crassipes*, var., Oliv.; *donacia sericea*, Gyll. Schœn.

Nota. Figure copiée de Schæffer, *Icon. Ins.* tab. 84, fig. 1. On a déjà donné cette figure sous le nom de *donacia crassipes*; ici elle joue un autre rôle.

9. *Leptura collaris*, *mas.* Oliv. Fab.

Nota. Figure copiée de Schæffer, *Icon. Ins.* tab. 58, fig. 9.

10. *Leptura collaris*, femelle, Oliv.

Nota. Figure copiée de Schæffer, *Icon. Ins.* pl. 58, fig. 8. Nous ne savons pas pourquoi on a mis le nom de *lepture violet* sur cette figure.

11. *Leptura calcarata*, Oliv. *Ent. n°.* 73, *lepture*, pl. 1, fig. 1, *b.*

12. *Leptura quadriguttata*, Oliv. *Ent. n°.* 73, *lept.* pl. 1, fig. 2.

13. *Leptura interrogationis*, Oliv. *Ent. n°.* 73, pl. 1, fig. 3.

14. *Leptura atra*, Oliv. *Ent. n°.* 73, *lepture*, pl. 1, fig. 4.

15. *Leptura hastata*, Oliv. *Ent. n°.* 73, *lepture*, pl. 1, fig. 5, *a.*

15 *n°.* 2. *Leptura hastata*, variété, Oliv. *Ent. n°.* 73, *lepture*, pl. 1, fig. 5, *b.*

15 *n°.* 3. *Leptura hastata*, vue en dessous, Oliv. *Ent. n°.* 93, *lepture*, pl. 1, fig. 5, *c.*

16. *Leptura cruciata*, Oliv. *Ent. n°.* 73, *lepture*, pl. 3, fig. 5, *d.*

17. *Leptura quadrimaculata*, Oliv. *Ent. n°.* 73, *lepture*, pl. 1, fig. 7.

18. *Leptura melanura*, Oliv. *Ent. n°.* 73, *lept.* pl. 1, fig. 6.

19. *Leptura attenuata*, Oliv. *Ent. n°.* 73, *lepture*, pl. 1, fig. 8.

Planche 221.

1. *Leptura unipunctata*, Oliv. *Ent. n°.* 73, *lept.* pl. 1, fig. 9.

2. *Leptura villica*, Oliv. *Ent. n°.* 73, *lepture*, pl. 1, fig. 10.

3. *Leptura notata*, Oliv. *Ent. n°.* 73, *lepture*, pl. 1, fig. 11.

4. *Leptura scutellata*, Oliv. *Ent. n°.* 63, *lepture*, pl. 1, fig. 12.

5. *Leptura testacea*, Oliv. *Ent. n°.* 73, *lepture*, pl. 2, fig. 13, *b.*

6. *Leptura tomentosa*, Oliv. *Ent. n°.* 73, *lept.* pl. 2, fig. 13, *c.*

7. *Leptura virens*, Oliv. *Ent. n°.* 73, *lepture*, pl. 2, fig. 14.

8. *Leptura femorata*, Oliv. *Ent. n°.* 73, *lepture*, pl. 2, fig. 15, *a.*

8 *n°* 2. *Leptura femorata*, très-grossie, Oliv. *Ent. n°.* 73, *lepture*, pl. 2, fig. 15, *b.*

9. *Leptura rubra*, Oliv. *Ent. n°.* 73, *lepture*, pl. 2, fig. 16.

10. *Leptura quadrifasciata*, Oliv. *Ent. n°.* 73, *lepture*, pl. 2, fig. 17, *a.*

10 *n°* 2. *Leptura quadrifasciata*, variété, Oliv. *Ent. n°.* 73, *lepture*, pl. 2, fig. 17, *b.*

11. *Leptura atra*, Oliv. *Ent. n°.* 73, *lepture*, pl. 2, fig. 18.

12. *Leptura exclamationis*, Oliv. *Ent. n°.* 73, *lepture*, pl. 2, fig. 19.

13. *Leptura limbata*, Oliv. *Ent. n°.* 73, *lepture*, pl. 2, fig. 20.

14. *Leptura septem-punctata*, Oliv. *Ent. n°.* 73, *lepture*, pl. 2, fig. 21.

15. *Leptura sexguttata*, Oliv. *Ent. n°.* 73, *lept.* pl. 2, fig. 22.

16. *Leptura septem-punctata*, Oliv. *Ent. n°.* 73, *lepture*, pl. 2, fig. 23.

17. *Leptura virginea*, Oliv. *Ent.* n°. 73, *lept.* pl. 2, fig. 24, *a*.

17 n° 2. *Leptura virginea*, vue en dessous, Oliv. *Ent.* n°. 73, *lepture*, pl. 2, fig. 24, *b*.

18. *Leptura villica*, variété, Oliv. *Ent.* n°. 73, *lepture*, pl. 2, fig. 25.

NÉCYDALE

1. *Necydalis abbreviata*, Oliv. Fab.; *molorchus major*, Fab. Schœn.; *necydalis major*, Oliv.

Nota. Figure copiée de Schæffer, *Elem. Ent.* tab. 13, fig. 2.

2. *Necydalis dimidiata*, Fab.; *molorchus dimidiatus*, Schœn. Fab.

Nota. Figure copiée de Schæffer, *Icon. Ins.* tab. 95, fig. 5. On a déjà reproduit cette figure pl. 165, fig. *i*, sous le nom de *birrhe géant*.

3. *Necydalis rufa*, Oliv. Fab.; *stenopterus dispar*, Illig. Schœn.

Nota. Figure mal copiée de Schæffer, *Icon. Ins.* tab. 94, fig. 8. On lui a donné mal à propos le nom de *nécydale ombellifère*, sur la planche.

4. Cette figure est si mauvaise, qu'on ne sait à qu'elle espèce l'attribuer : on a mis au-dessus le nom de *nécydale rousse*, qui appartient à l'espèce précédente.

PLANCHE 222.

LUPÈRE.

1. *Luperus flavipes*, Oliv.

2. —— Très-grossi.

Nota. Figures copiées de Geoffroy, *Ins. Paris.* tom. 1, pl. 4, fig. 11.

CLAIRON.

1. *Curculio germanus*, Sulzer, *Ins.* tab. 4, fig. 8.

Nota. On avoit l'intention de copier la figure 13 de cette planche, qui représente le clairon à une bande; mais on a mis ce charançon à sa place.

2. *Clerus alvearius*, Oliv.

A. Son antenne très-grossie.

B. Patte *idem*.

Nota. Figures copiées de Schæff. *Elem. Ent.* pl 46.

3. *Clerus formicorius*, Oliv.

A. Son antenne très-grossie.

B. Patte *idem*.

Nota. Figures copiées de Schæff. *Elem. Ent.* genre *Cleroïdes*, pl. 137, fig. 1, 2, 3.

BOSTRICHE.

1. *Bostrichus terebrans*, Oliv. *Ent.* n°. 77, *bostriche* pl 1, fig. 4.

2. *Bostrichus mendicus*, Oliv. *Ent.* n°. 77, *bostr.* pl. 1, fig. 7.

3. *Bostrichus cephalotes*, Oliv. *Ent.* n°. 77, *bostr.* pl. 2, fig. 8.

4. *Bostrichus cornutus*, Oliv. *Ent.* n°. 77, *bostr.* pl. 1, fig. 5, *a*.

4 n°. 2. *Bostrichus cornutus*, vu de profil, Oliv. *Ent.* n°. 77, *bostriche*, pl. 1, fig. 5, *b*.

4 n°. 3. *Bostrichus cornutus*, variété plus petite, Oliv. *Ent.* n°. 77, *bostriche*, pl. 1, fig. 5, *c*.

4. *Bostrichus luctuosus*, Oliv. *Ent.* n°. 77, *bostr.* pl. 1, fig. 6.

Nota. Cette espèce porte le n°. 4, comme les précédentes, mais elle est placée en seconde ligne et au-dessous du numéro 1.

4 n°. 2. *Bostrichus capucinus*, Oliv.

4 n°. 3. —— Grossi et vu de trois quarts en dessous.

Nota. Ces deux figures portent encore le n°. 4, mais elles sont placées au-dessous du n°. 2.

7. *Bostrichus capucinus* encore plus grossi.

A. Une de ses antennes très-grossie.

B. Une de ses pattes *idem*.

Nota. Ces cinq figures sont copiées de Schæffer, *Elém. Ent.* tab. 28, fig. 1 à 5.

5. *Bostrichus monachus*, Oliv. *Ent.* n°. 77, *bostr.* pl. 2, fig. 9.

6. *Bostrichus bispinosus*, Oliv. *Ent.* n°. 77, *bostr.* pl. 2, fig. 15.

8. *Bostrichus bimaculatus*, Oliv. *Ent.* n°. 77, *bostriche*, pl. 2, fig. 14, *a*.

8 n°. 2. *Bostrichus bimaculatus*, très-grossi, Oliv. *Ent.* n°. 77, *bostriche*, pl. 2, fig. 14, *b*.

9. *Bostricus muricatus*, Oliv. *Ent.* n°. 77, *bostr.* pl. 2, fig. 13, *a*.

9 n°. 2. *Bostrichus muricatus*, très-grossi, Oliv. *Ent.* n°. 77, *bostriche*, pl. 2, fig. 13, *b*.

10. *Bostrichus sexdentatus*, Oliv. *Ent.* n°. 77, *bostriche*, pl. 1, fig. 3, *a*.

10 n°. 2. *Bostrichus sexdentatus*, très-grossi, Oliv. *Ent.* n°. 77, *bostriche*, pl. 1, fig. 3, *b*.

PLANCHE 223.

1. *Bostrichus eremita*, Oliv. *Ent.* n°. 77, *bostr.* pl. 2, fig. 11, *a*.

1 n°. 2. *Bostricus eremita*, très-grossi, Oliv. *Ent.* n°. 77, *bostr.* pl. 2, fig. 11, *b*.

2. *Bostrichus piceus*, Oliv. *Ent.* n°. 77, *bostr.* pl. 2, fig. 10, *a*.

2 n°. 2. *Bostricus piceus*, très-grossi, Oliv. *Ent.* n°. 77, *bostric.* pl. 2, fig. 10, *b*.

3. *Bostrichus retusus*, Oliv. *Ent.* n°. 77, *bostr.* pl. 1, fig. 2, *a*.

3 n°. 2. *Bostrichus retusus*, très-grossi, Oliv. *Ent.* n°. 77, *bostric.* pl. 1, fig. 2, *b*.

4. *Bostrichus minutus*, Oliv. *Ent.* n°. 77, *bostr.* pl. 2, fig. 12, *a*.

4 n°. 2. *Bostrichus minutus*, très-grossi, Oliv *Ent.* n°. 77, *bostr.* pl. 2, fig. 12, *b*.

5. *Bostrichus capucinus*, Oliv. *Ent.* n°. 77, *bostric.* pl. 1, fig. 1, *b*.

5 n°. 2. *Bostrichus capucinus*, vu en dessous, Oliv. *Ent.* n°. 77, *bostric.* pl. 1, fig. 1, *c*.

6. *Bostrichus bimaculatus*, Oliv. *Ent.* n°. 77, *bostric.* pl. 2, fig. 14, *a*.

6 n°. 2. *Bostrichus bimaculatus*, très-grossi, Oliv. *Ent.* n°. 77, *bostric.* pl. 2, fig. 14, *b*.

Nota. Ces figures sont reproduites pl. 222, fig. 8.

SCOLYTE.

1. *Scolytus typographus*, Oliv. *Ent.*

1 n°. 2. —— Très-grossi.

Nota. Figures copiées de De Géer, *Ins.* tom. 5, pl. 6, fig. 1, 2.

2. *Scolytus piniperda*, Oliv. *Ent.*

2 n°. 2. —— Très-grossi.

Nota. Figures copiées de De Géer, *Ins.* tom. 6, pl. 6, fig. 8, 9.

BRUCHUS.

1. *Bruchus bipunctatus*, Fab.

1 n°. 2. —— Très-grossi.

Nota. Figures copiées de Sulzer, *Ins.* tab. 4, fig. 2.

2. *Rhinomacer curculioides*, Fab.

Nota. On a donné à cette figure le nom de *bruche pectinicorne*, parce qu'Olivier la cite par erreur sous cette espèce; on a tout copié, jusqu'à l'erreur.

A. Sa tête très-grossie.
B. Une de ses pattes *idem*.

Nota. Figures copiées de Schæff. *Elem. Ent.* pl. 86.

ANTHRIBE.

1. *Anthribus scabrosus*, Lat. Fab.

A. Une de ses antennes très-grossie.
B. Un tarse *idem*.
C. Une de ses pattes *idem*.

Nota. Figures copiées de Geoffroy, *Ins. Paris.* tom. 1, pl. 5, fig. 3, *h*, *i*, *k*, *l*.

2. *Anthribus latirostris*, Lat. Oliv.

A. Antenne très-grossie.
B. Patte grossie.

Nota. Figures copiées de Geoffroy, *Ins. Paris.* tom. 1, pl. 5, fig. 2, *e*, *f*, *g*.

ATTELABE.

1. *Apoderus coryli*, Oliv. *Ent.*

Nota. Figure copiée de Schæffer, *Icon. Ins.* tab. 75, fig. 8.

2. *Attelabus curculionoïdes*, Oliv. *Ent.*

Nota. Figure copiée de Schæffer, *Icon. Ins.* tab. 65, fig. 7. Olivier, *Ent.* cite la figure de l'*apoderus coryli* sous son *attelabus curculionoïdes*; il la cite aussi sous l'*apoderus coryli* : il est évident qu'il se trompe, et que la vraie figure de cette espèce, dans Schæffer, est celle de la pl. 56, fig. 6

3. *Attelabus betulæ*, Lat.

Nota. Figure copiée de Schæff.

Rhynchites bacchus, Oliv. *Ent.*

Nota. Figure copiée de Schæffer, *Icon. Ins.* tab. 37, fig. 13.

BRACHYCÈRE.

1. *Brachycerus apterus*, Oliv. *Ent.* n°. 82, *brach.* pl. 1, fig. 3, *a.*

2. *Brachycerus apterus*, vu en dessous, Oliv. *Ent.* n°. 82, *brac.* pl. 1, fig. 3, *b.*

PLANCHE 224.

1. *Brachycerus obesus*, Oliv. *Ent.* n°. 82, *brach.* pl. 1, fig. 1, *b.*

2. Antennes, pièces de la bouche et pattes postérieures très grossies de l'insecte précédent.

a, *a*. Antennes.

b, *b*. Mandibules.

c, *c*. Mâchoires avec leurs palpes maxillaires.

f, *f*. Lèvre inférieure avec les palpes labiaux.

g, *g*, *h*, *h*, *i*, *i*. Pattes postérieures; *g*, cuisse; *h*, jambe; *i*, tarse.

3. *Brachycerus verrucosus*, Oliv. *Ent.* n°. 82, *brach.* pl. 1, fig. 2.

4. *Brachycerus variolosus*, Oliv. *Ent.* n°. 82, *brach.* pl. 1, fig. 7.

5. *Brachyecrus retusus*, Oliv. *Ent.* n°. 82, *brach.* pl. 1, fig. 6.

6. *Brachycerus spectrum*, Oliv. *Ent.* n°. 82, *brach.* pl. 1, fig. 5.

Nota. On a oublié de graver le n°. 6 sous cette figure; elle est placée à droite et plus bas que la précédente, et porte le nom de *brachycère spectre.*

7. *Brachycerus rostratus*, Oliv. *Ent.* n°. 82, *brachy.* pl. 1, fig. 4.

Nota. On a répété le n°. 5 au lieu de 7 sous cette figure; elle est placée à droite et plus haut que la précédente, et porte le nom de *Brachycère alongé.*

CHARANÇON.

1. *Calandra gigas*, Oliv. *Ent.* n°. 83, *charan.* pl. 22, fig. 146.

2. *Calandra colossus*, Oliv. *Ent.* n°. 82, *char.* pl. 3, fig. 32, *a*,

2 n°. 2. *Calandra colossus*, vu en dessous, Oliv. *Ent.* n°. 83, *char.* pl. 3, fig. 32, *b.*

PLANCHE 225.

1. *Calandra cruentata*, Oliv. *Ent.* n°. 83, *char.* pl. 12, fig. 147.

2. *Calandra longipes*, Oliv. *Ent.* n°. 83, *char.* pl. 15, fig. 191.

3. *Calandra ferruginea*, Oliv. *Ent.* n°. 83, *char.* pl. 2, fig. 16, *d.*

4. *Calandra limbata*, Oliv. *Ent.* n°. 83, *char.* pl. 2, fig. 22.

5. *Calandra sanguinolenta*, Oliv. *Ent.* n°. 83, *char.* pl. 20, fig. 116.

6. *Calandra fasciata*, Oliv. *Ent.* n°. 83, *char.* pl. 11, fig. 136.

7. *Calandra hemiptera*, Oliv. *Ent.* n°. 83, *char.* pl. 1, fig. 4.

8. *Calandra variegata*, Oliv. *Ent.* n°. 83, *char.* pl. 13, fig. 158.

9. *Calandra cafra*, Oliv. *Ent.* n°. 83, *charan.* pl. 16, fig. 194.

10. *Rhynchænus striatus*, Oliv. *Ent.* n°. 83, *charan.* pl. 11, fig. 140.

Nota. On a oublié le n°. 10 à cette figure; elle est placée tout-à-fait au-dessous du n°. 12.

11. *Calandra rubetra*, Oliv. *Ent.* n°. 83, *char.* pl. 4, fig. 34, *c.*

11 B. *Calandra rubetra*, vue de profil, Oliv. *Ent.* n°. 83, *charan.* pl. 3, fig. 4, *b.*

11 A. Son cocon, Oliv. *Ent* n°. 83, *charan.* pl. 4, fig. 34, *a.*

12. *Rhynchænus cruciatus*, Oliv. *Ent.* n°. 83, *char.* pl. 11, fig. 131.

13. *Calandra abbreviata*, Oliv. *Ent.* n° 83, *charan.* pl. 16, fig. 195, *a.*

13 n°. 2. *Calandra abbreviata*, très-grossie, Oliv. *Ent.* n°. 83, *charan.* pl. 16, fig. 195, *b.*

13. *Rhynchænus abietis*, Oliv. *Ent.* n°. 83, *char.* pl. 4, fig. 42.

Nota.

Nota. Cette figure porte sur la planche le nom de *ch. du pin* : son n°. 13 est un double emploi avec le ch. raccourci. Ce charançon est placé au-dessous du ch. cafre. n°. 9.

14. *Curculio cynaræ*, Oliv.

Nota. Figure copiée de Herbst, *coleopt.* pl. 68, fig. 1.

15. *Liparus colon.* Oliv.

Nota. Figure copiée de Schæff. *Icon. Ins.* tab. 155, fig. 2.

PLANCHE 226.

1. *Rhynchænus gagates*, Oliv. *Ent. n°.* 83, *char.* pl. 9, fig. 104.

2. *Rhynchænus mendicus*, Oliv. *Ent. n°.* 83, pl. 9, fig. 108.

3. *Rhynchænus dimidiatus*, Oliv. *Ent. n°.* 83, *charan.* pl. 1, fig. 5.

4. *Rhynchænus tragiæ*, Oliv. *Ent. n°.* 83, *char.* pl. 10, fig. 112, *a.*

4 *n°.* 2. *Rhynchænus tragiæ*, très-grossi, Oliv. *Ent. n°.* 83, *charan.* pl. 10, fig. 112, *b.*

5. *Rhynchænus curvirostris*, Oliv. *Ent. n°.* 83, *charan.* pl. 10, fig. 115, *a.*

5 *n°.* 2. *Rhynchænus curvirostris*, très-grossi, Oliv. *Ent. n°.* 83, *charan.* pl. 10, fig. 115, *b.*

6. *Rhynchænus dorsalis*, Oliv. *Ent. n°.* 83, *char.* pl. 14, fig. 169, *a.*

6 *n°.* 2. *Rhynchænus dorsalis*, très-grossi, Oliv. *Ent. n°* 83, *charan.* pl. 14, fig. 169, *b.*

7. *Rhynchæn usexclamationis*, Oliv. *Ent. n°.* 83, *charan.* pl. 13, fig. 165, *a.*

7 *n°.* 2. *Rhynchænus exclamationis*, très-grossi, Oliv. *Ent. n°.* 83, *charan.* pl. 13, fig. 165, *b.*

8. *Calandra granaria*, Oliv. *Ent. n°.* 83, *char.* pl. 16, fig. 196, *a.*

8 *n°.* 2. *Calandra granaria*, très-grossie, Oliv. *Ent. n°.* 83, *charan.* pl. 16, fig. 196, *b.*

9. *Calandra orizæ*, Oliv. *Ent. n°.* 83, *charan.* pl. 7, fig. 81, *a.*

9 *n°.* 2. *Calandra orizæ*, grossie, Oliv. *Ent. n°.* 83, *charan.* pl. 7, fig. 81, *b.*

10. *Rhynchænus analis*, Oliv. *Ent. n°.* 83, *char.* pl. 16, fig. 197, *a.*

10 *n°.* 2. *Rhynchænus analis*, très-grossi, Oliv. *Ent. n°.* 83, *charan.* pl. 16, fig. 197, *b.*

11. *Lixus paraplecticus*, Oliv.

Nota. Figure copiée de Schæffer, *Icon. Ins.* tab. 44, fig. 1.

12. *Lixus anguinus*, Oliv. *Ent. n°.* 83, *char.* pl. 14, fig. 168.

13. *Calandra bituberculata*, Oliv. *Ent. n°.* 83, *charan.* pl. 13, fig. 167, *a.*

13 *n°.* 2. *Calandra bituberculata*, très-grossie, Oliv. *Ent. n°.* 83, *charan.* pl. 13, fig. 167, *b.*

14. *Rhina barbirostris*, *mas.* Oliv. *Ent. n°.* 83, *charan.* pl. 4, fig. 37, *a.*

14 *n°.* 2. *Rhina barbirostris*, *fœm.* Oliv. *Ent. n°.* 83, *charan.* pl. 4, fig. 37, *b.*

15. *Lixus octolineatus*, Oliv. *Ent. n°.* 83, *char.* pl. 8, fig. 89.

16. *Lixus semipunctatus*, Oliv. *Ent. n°.* 83, *char.* pl. 12, fig. 141.

17. *Lixus mucronatus*, Oliv. *Ent. n°.* 83, *char.* pl. 16, fig. 199, *a.*

17 *n°.* 2. *Lixus mucronatus*, très-grossi, Oliv. *Ent. n°.* 83, pl. 16, fig. 199, *b.*

18. *Lixus cylindricus*, Oliv. *Ent. n°.* 83, *char.* pl. 10, fig. 123.

19. *Lixus filiformis*, Oliv. *Ent. n°.* 83, *charan.* pl. 16, fig. 198, *a.*

19 *n°.* 2. *Lixus filiformis*, très-grossi, Oliv. *Ent. n°.* 83, *charan.* pl. 16, fig. 198, *b.*

PLANCHE 227.

1. *Lixus angustatus*, Oliv. *Ent. n°.* 83, *charan.* pl. 16, fig. 200.

2. *Lixus ascanii*, Oliv. *Ent. n°.* 83, *charan.* pl. 7, fig. 83, *a.*

2 *n*°. 2. *Lixus ascanii*, grossi, Oliv. *Ent. n*°. 83, *charan.* pl. 7, fig. 83, *b.*

3. *Calandra quadripustulata*, Oliv. *Ent. n*°. 83, *charan.* pl. 10, fig. 117.

4. *Calandra bidens*, Oliv. *Ent. n*°. 83, *charan.* pl. 10, fig. 113.

5. *Rhynchænus jamaïcensis*, Oliv. *Ent. n*°. 83, *charan.* pl. 4, fig. 44.

6. *Rhynchænus miliaris*, Oliv. *Ent. n*°. 83, *charan.* pl. 3, fig. 33.

7. *Rhynchænus cyanicollis*, Oliv. *Ent. n*°, 83, *charan.* pl. 10, fig. 121.

8. *Rhynchænus validus*, Oliv. *Ent. n*°. 83, *char.* pl. 15, fig. 186.

9. *Rhynchænus coronatus*, Oliv. *Ent. n*°. 83, *charan.* pl. 6, fig. 70.

10. *Rhynchænus taurus*, Oliv. *Ent. n*°. 83, *char.* pl. 5, fig. 45.

11. *Curculio cardui*, Rossi, *Faun. étr.* pl. 5, fig. 9.

12. *Curculio statua*, vu de profil, Rossi, *Faun. étr.* pl. 5, fig. 4.

12 *n*°. 2. *Curculio statua*, vu de face, Rossi, *Faun. étr.* pl. 5, fig. 8.

13. *Rhynchænus cornutus*, Oliv. *Ent. n*°. 83, *charan.* pl. 15, fig. 193.

14. *Rhynchænus bombina*, Oliv. *Ent. n*°. 83, pl. 1, fig. 12.

15. *Curculio ophthalmicus*, mâle, Rossi, *Faun. étr.* pl. 5, fig. 12.

16. *Curculio ophthalmicus*, femelle, Rossi, *Faun. étr.* pl. 6, fig. 72.

Planche 228.

1. *Rhynchænus vaginalis*, Oliv.; *curculio vaginalis*, De Géer.

Nota. Figure copiée de De Géer, *Ins.* tom. 5, pl. 25, fig. 23.

2. *Ryhnchænus varicosus*, Oliv.; *curculio varicosus*, Pallas

Nota. Figure copiée de Pallas, *Icon. Ins. sibir.* pl. B, fig. 1.

3. *Rhynchænus guttatus*, Oliv. *Ent. n*°. 83, *charan.* pl. 5, fig. 46.

4. *Rhynchænus fascicularis*, Oliv. *Ent. n*°. 83, *charan.* pl. 1, fig. 9.

5. *Rhynchænus muricatus*, Oliv.; *curculio muricatus*, Drury.

Nota. Figure copiée de Drury, *Ins.* tom. 2, tab. 23, fig. 4.

6. *Rhynchænus histrix*, Oliv. *Ent. n*°. 83, *char.* pl. 15, fig. 182.

7. *Curculio urbanus*, Oliv.; *curculio cinctus*, Drury, *Ins. tom.* 3, pl. 48, fig. 2.

8. *Rhynchænus cylindrirostris*, Oliv. *Ent. n*°. 83, *charan.* pl. 11, fig. 128.

9. *Rhynchænus hebes*, Oliv. *Ent. n*°. 83, *char.* pl. 12, fig. 144.

10. *Rhynchænus dentipes*, Oliv. *Ent. n*°. 83, *char.* pl. 8, fig. 90, *a.*

10 *n*°. 2. *Rhynchænus dentipes*, grossi, Oliv. *Ent. n*°. 83, *charan.* pl. 8, fig. 90, *b.*

11. *Rhynchænus annulatus*, Oliv. *Ent. n*°. 83, *charan.* pl. 6, fig. 11, *a.*

11 *n*°. 2. *Rhynchænus annulatus*, vu en dessous, Oliv. *Ent. n*°. 83, *charan.* pl. 6, fig. 11, *b.*

12. *Rhynchænus zonatus*, Oliv. *Ent. n*°. 83, *charan.* pl. 6, fig. 61, *a.*

12 *n*°. 2. *Rhynchænus zonatus*, vu de profil, Oliv. *Ent. n*°. 83, *charan.* pl. 6, fig. 61, *b.*

13. *Curculio pulverulentus*, Oliv. *Ent. n*°. 83, *charan.* pl. 8, fig. 98.

14. *Rhynchænus conspersus*, Oliv. *Ent. n*°. 83, *charan.* pl. 14, fig. 179.

15. *Rhynchænus lanipes*, Oliv. *Ent. n*°. 83, *char.* pl. 11, fig. 130.

16. *Rhynchænus pantherinus*, Oliv. *Ent. n*°. 83, *charan.* pl. 13, fig. 153.

17. *Rhynchænus brunneus*, Oliv. *Ent. n*°. 83, *charan.* pl. 10, fig. 120.

18. *Rhynchænus abietis*, Oliv.

Nota. Figure copiée de Schæffer, *Icon. Ins.* tab. 25, fig. 1

19. *Rhynchænus chinensis*, Oliv. *Ent. n°.* 83, *charan.* pl. 8, fig. 97, *a.*

19 *n°.* 2. *Rhynchænus chinensis*, variété plus grande, Oliv. *Ent. n°.* 83, *charan.* pl. 8, fig. 97, *b.*

20. *Rhynchænus convexus*, Oliv. *Ent. n°.* 83, *charan.* pl. 8, fig. 88.

Planche 229.

1. La figure que l'on donne ici, sous le nom de *ch. latéral*, n'appartient pas à cette espèce qu'Olivier figure pl. 5, fig. 49; elle est si mal gravée, que nous n'avons jamais pu découvrir quelle espèce elle représente.

2. *Rhynchænus multiguttatus*, Oliv. *Ent. n°.* 83, *charan.* pl. 13, fig. 163.

3. *Rhynchænus lapathi*, Oliv. *Ent. n°.* 83, *charan.* pl. 6, fig. 69, *a.*

3 *n°.* 2. *Rhynchænus lapathi*, var., Oliv. *Ent. n°.* 83, *charan.* pl. 6, fig. 69, *b.*

3 *n°.* 3. *Rhynchænus sexguttatus*, Oliv. *Ent. n°.* 83, *charan.* pl. 14, fig. 170.

Nota. Cette figure ne porte pas de numéro, elle est placée entre les numéros 3 n° 2 et 4.

4. *Rhynchænus luridus*, Oliv. *Ent. n°.* 83, *char.* pl. 14, fig. 179.

5. *Rhynchænus meditabundus*, Oliv. *Ent. n°.* 83, *charan.* pl. 11, fig. 132.

6. *Rhynchænus stupidus*, Oliv. *Ent. n°.* 83, *char.* pl. 12, fig. 151.

7. *Rhynchænus mangiferæ*, Oliv. *Ent. n°.* 83, *charan.* pl. 11, fig. 137.

8. *Rhynchænus ocellatus*, Oliv. *Ent. n°.* 83, *char.* pl. 3, fig. 31.

9. *Rhynchænus squalidus*, Oliv. *Ent. n°.* 83, *char.* pl. 13, fig. 184, *a.*

9 *n°.* 2. *Rhynchænus squalidus*, très-grossi. Oliv. *Ent. n°.* 83, *charan.* pl. 13, fig. 184, *b.*

10. *Liparus dirus*, Oliv. *Ent. n°.* 83, *charan.* pl. 4, fig. 43, *a.*

10 *n°.* 2. *Liparus germanus*, Oliv. *Ent. n°.* 83, *charan.* pl. 4, fig. 43, *b.*

11. *Rhynchænus gravis*, Oliv. *Ent. n°.* 83, *char.* pl. 14, fig. 177, *a.*

11 *n°.* 2. *Rhynchænus gravis*, très-grossi, Oliv. *Ent. n°.* 83, *charan.* pl. 14, fig. 177, *b.*

12. *Rhynchænus parasita*, Oliv. *Ent. n°.* 83, *charan.* pl. 15, fig. 181.

Nota. C'est par erreur qu'on a mis le nom de *ch. veiné* sur cette figure.

13. Rameau du noisetier, et fruits dans lesquels vivent les larves du *rhynchænus mucum*, Oliv.

a. Larve hors de la noisette.

b. Autre larve contractée et recourbée sur elle-même.

c. Nymphe.

c. Insecte parfait.

d. Autre insecte parfait.

Nota. Figures copiées de Rœsel, *Ins.* 2, *scar. terr.* class. 4, tab. 67.

14. *Rhynchænus nasutus*, Oliv. *Ent. n°.* 83, *charan.* pl. 11, fig. 138.

15. *Rhynchænus proboscideus*, Oliv. *Ent. n.°* 83, *charan.* pl. 11, fig. 127.

16. *Rhynchænus haustellatus*, Oliv. *Ent. n°.* 83, *char.* pl. 14, fig. 171.

17. *Rhynchænus stolidus*, Oliv. *Ent. n°.* 83, *char.* pl. 12, fig. 145.

Nota. C'est par erreur que le nom de *ch. agréable*, se trouve au-dessus de cette espèce.

18. *Curculio druparum*, Oliv.

18 *n°.* 2. —— Grossi.

Nota. Figure copiée de Schæffer, *Icon. Ins.* tab. 1, fig. 11, *a*, *b.*

19. *Curculio imperialis*, Oliv.

Nota. Figure copiée du *Naturforcher*, 10, *stuk.*, pl. 2, fig. 1.

20. *Curculio fastuosus*, Oliv. *Ent. n°.* 83, *char.* pl. 5, fig. 51.

21. *Curculio nobilis*, Oliv. *Ent. n°.* 83, *char.* pl. 5, fig. 57.

PLANCHE 230.

1. *Curculio somptuosus*, Oliv. *Ent. n°.* 83, *char.* pl. 1, fig. 13.

2. *Curculio chrysis*, Oliv. *Ent. n°.* 83, *charan.* pl. 1, fig. 6.

3. *Curculio regalis*, Oliv. *Ent. n°.* 83, *charan.* pl. 1, fig. 8, *a.*

3 *n°.* 2. *Curculio regalis*, vu en dessous, Oliv. *Ent. n°.* 83, *charan.* pl. 1, fig. 8, *b.*

4. *Curculio marginatus*, Oliv. *Ent. n°.* 83, *char.* pl. 7, fig. 82, *a.*

4 *n°.* 2. *Curculio quadrilineatus*, Oliv. *Ent. n°.* 83, *charan.* pl. 7, fig. 82, *b.*

5. *Curculio novemdecim-punctatus*, Oliv. *Ent. n°.* 83, *charan.* pl. 3, fig. 25.

6. *Curculio sexdecim-punctatus*, Oliv. *Ent. n°.* 83, *charan.* pl. 2, fig. 17, *a.*

6 *n°.* 2. *Curculio sexdecim-punctatus*, vu en dessous, Oliv. *Ent. n°.* 83, *charan.* pl. 2, fig. 17, *b.*

7. *Curculio decorus*, Oliv. *Ent. n°.* 83, *charan.* pl. 12, fig. 152.

8. *Curculio nitidulus*, Oliv. *Ent. n°.* 83, *charan.* pl. 4, fig. 38, *a.*

8. *n°.* 2. *Curculio nitidulus*, vu en dessous, Oliv. *Ent. n°.* 83, *charan.* pl. 4, fig. 38, *b.*

Nota. On a oublié les numéros à ces figures; elles sont placées à droite de l'espèce précédente.

9. *Curculio niveus*, Oliv. *Ent. n°.* 83, *charan.* pl. 14, fig. 173.

10. *Curculio lacteus*, Oliv. *Ent. n°.* 83, *charan.* pl. 14, fig. 172.

11. *Curculio modestus*, Oliv. *Ent. n°.* 83, *char.* pl. 14, fig. 178, *a.*

11 *n°.* 2. *Curculio modestus*, grossi, Oliv. *Ent. n°.* 83, *charan.* pl. 14, fig. 178, *b.*

12. *Curculio aurifer*, Oliv. *Ent. n°.* 83, *charan.* pl. 10, fig. 124.

13. *Curculio viridis*, Oliv. *Ent. n°.* 83, *charan.* pl. 2, fig. 18, *a.*

13 *n°.* 2. *Curculio viridis*, variété, Oliv. *Ent. n°.* 83, *charan.* pl. 2, fig. 18, *b.*

14. *Curculio gibber*, Oliv. Pallas.

Nota. Figure copiée de Pallas, *Icon. Ins. sibir.* pl. B, fig. 14.

15. *Curculio cyanipes*, Oliv. *Ent. n°.* 83, *char.* pl. 15, fig. 190.

16. *Curculio tamarisci*, Oliv. *Ent. n°.* 83, *char.* pl. 6, fig. 27; *a.*

16 *n°.* 2. *Curculio tamarisci*, grossi, Oliv. *Ent. n°.* 83, *charan.* pl. 6, fig. 71, *b.*

17. *Curculio curvipes*, Oliv. *Ent. n°.* 83, *char.* pl. 7, fig. 84, *a.*

17 *n°.* 2. *Curculio curvipes*, grossi, Oliv. *Ent. n°.* 83, *charan.* pl. 7, fig. 84, *b.*

18. *Curculio nebulosus*, Fab. Oliv.

Nota. Figure copiée de Schæffer, *Icon. Ins.* tab. 25, fig. 3.

PLANCHE 231.

1. *Lixus sulcirostris*, Oliv. *Ent. n°.* 83, *charan.* pl. 3, fig. 24.

2. *Lixus tigrinus*, Oliv.

Nota. Figure copiée du *Naturforcher*, 24, pl. 21, n°. 29, tab. 1, fig. 29.

3. *Curculio plicatus*, Oliv. *Ent. n°.* 83, *charan.* pl. 6, fig. 65.

4. *Curculio glaucus*, Oliv.

Nota. Figure copiée du *Naturforcher*, 24, pl. 21, n°. 30, tab. 1, fig. 30.

5. *Curculio crenulatus*, Oliv. *Ent. n°.* 83, *char.* pl. 11, fig. 129.

Nota. C'est par erreur qu'on a gravé le nom de *ch. portugais* sur cette espèce.

6. *Curculio punctulatus*, Oliv. *Ent. n°.* 83, *char.* pl. 10, fig. 119.

7. *Curculio carinatus*, Oliv. *Ent. n°.* 83, *char.* pl. 6, fig. 73.

8. *Curculio grammicus*, Oliv.

Nota. Figure copiée du *Naturforcher*, 24, pl. 21, tab. 1, fig. 30.

9. *Curculio*

9. *Curculio interruptus*, Oliv. *Ent. n°.* 83, *char.* pl. 20, fig. 122.

10. *Curculio scutellaris*, Oliv. *Ent. n°.* 83, *char.* pl. 12, fig. 142.

11. *Curculio longimanus*, Oliv. *Ent. n°.* 83, *char.* pl. 10, fig. 114.

12. *Curculio juvencus*, Oliv. *Ent. n°.* 83, *char.* pl. 1, fig. 11.

Nota. C'est par erreur qu'on a gravé le nom de *ch. ruuque* au-dessus de cette figure.

14. *Curculio tomentosus*, Oliv. *Ent. n°.* 83, *char.* pl. 13, fig. 155, *b.*

14 *n°.* 2. *Curculio tomentosus*, var., Oliv. *Ent. n°.* 83, *char.* pl. 13, fig. 155, *a.*

15. *Curculio polygoni*, Oliv. *Ent. n°.* 83, *char.* pl. 4, fig. 41.

16. *Curculio triguttatus*, Sulzer, *Ins.* tab. 4, fig. 25.

17. *Curculio lacerta*, Oliv. *Ent. n°.* 83, *char.* pl. 6, fig. 68.

18. *Curculio lineatus*, Fab. Oliv.

18 *n°.* 2. —— Grossi.

Nota. Figure copiée de Schæff. *Icon. Ins.* tab. 103, fig. 8, *a*, *b.*

19. *Curculio squammifer*, Oliv. *Ent. n°.* 83, *char.* pl. 8, fig. 96.

20. *Curculio fuscus*, Oliv. *Ent. n°.* 83, *charan.* pl. 8, fig. 93.

21. *Curculio adspersus*, Oliv. *Ent. n°.* 83, *char.* pl. 13, fig. 156, *a.*

21 *n°.* 2. *Curculio adspersus*, très-grossi, Oliv. *Ent. n°.* 83, *charan.* pl. 13, fig. 156, *b.*

22. *Curculio marginellus*, Oliv. *Ent. n°.* 83, *char.* pl. 11, fig. 134.

23. *Curculio vittatus*, Oliv. *Ent. n°.* 83, *char.* pl. 15, fig. 192.

24. *Curculio quadrilineatus*, Oliv. *Ent. n°.* 8, *char.* pl. 2, fig. 15, *b.*

24 *n°* 2. *Curculio spengleri*, Oliv. *Ent. n°.* 83, *char.* pl. 2, fig. 15, *c.*

25. *Curculio bivittatus*, Oliv. *Ent. n°.* 83, *char.* pl. 3, fig. 23.

26. *Lixus lividus*, Oliv. *Ent. n°.* 83, *char.* pl. 5, fig. 59.

27. *Curculio pulcher*, Oliv. *Ent. n°.* 83, *char.* pl. 12. fig. 150.

Planche 232.

1. *Curculio cameleon*, Oliv. *Ent. n°.* 83, *char.* pl. 13, fig. 169.

2. *Curculio impressus*, Oliv. *Ent. n°.* 83, *char.* pl. 10, fig. 126.

3. *Curculio albipes*, Oliv. *Ent. n°.* 83, *char.* pl. 9, fig. 102.

4. *Curculio rivulosus*, Oliv. *Ent. n°.* 83, *char.* pl. 11, fig. 133.

5. *Curculio sexvittatus*, Oliv. *Ent. n°.* 83, *char.* pl. 12, fig. 149.

6. *Curculio capensis*, Oliv. *Ent. n°.* 83, *char.* pl. 5, fig. 52.

7. *Curculio inæqualis*, Oliv. *Ent. n°.* 83, *char.* pl. 13, fig. 154.

8. *Curculio acuminatus*, Oliv. *Ent. n°.* 83, *char.* pl. 11, fig. 139.

9. *Curculio quadridens*, Oliv. *Ent. n°.* 83, *char* pl. 15, fig. 187.

10. *Curculio crispatus*, Oliv. *Ent. n°.* 83, *char.* pl. 13, fig. 160.

11. *Curculio tribulus*, Oliv. *Ent. n°.* 83, *char.* pl. 13, fig. 161.

12. *Rhynchænus cultratus*, Oliv. *Ent. n°.* 83, *char.* pl. 13, fig. 157.

13. *Curculio clavus*, Oliv. *Ent. n°.* 83, *char.* pl. 13, fig. 162.

14. *Curculio nodulosus*, Oliv. *Ent. n°.* 83, *char.* pl. 15, fig. 188.

15. *Curculio rubifer*, Oliv. *Ent. n°.* 83, *char.* pl. 13, fig. 159.

16. *Curculio nomas*, Oliv.

Nota. Figure copiée de Pallas, *Icon. Ins. sibir.* tab. B, fig. 6.

17. *Curculio globifer*, Oliv. *Ent. n°.* 83, *char.* pl. 11, fig. 135.

18. *Curculio roridus*, Oliv.

Nota. Figure copiée de Pallas, *Icon. Ins. sibir.* pl. B, fig. 8.

19. *Curculio candidatus*, Oliv.

Nota. Figure copiée de Pallas, *Icon. Ins. sibir.* tab. B, fig. 7.

20. *Curculio inderiensis*, Oliv.

Nota. Figure copiée de Pallas, *Icon. Ins. sibir.* n°. 5, tab. B, fig. 5.

21. *Curculio cenchrus*, Oliv.

Nota. Figure copiée de Pallas, *Icon. Ins. sibir.* pl. B, fig. 9.

22. *Curculio tetragrammus*, Oliv.

Nota. Figure copiée de Pallas, *Icon. Ins. sibir.* pl. B, fig. 10.

23. *Curculio nigrivittis*, Oliv.

Nota. Figure copiée de Pallas, *Icon. Ins. sibir.* pl. B, fig. 10.

PLANCHE 233.

1. *Curculio vibex*, Oliv.

Nota. Figure copiée de Pallas, *Icon. Ins. sibir.* pl. B, fig. 13.

2. *Curculio flaviceps*, Oliv.

Nota. Figure copiée de Pallas, *Icon. Ins. sibir.* pl. B, fig. 17.

3. *Curculio tenebrioides*, Oliv.

Nota. Figure copiée de Schæffer, *Icon. Ins.* tab. 62, fig. 11.

4. *Curculio spectabilis*, Oliv. Lat. *n°.* 83, *char.* pl. 14, fig. 180.

5. *Curculio tridens*, Oliv. *Ent. n°.* 83, *charan.* pl. 13, fig. 154.

6. *Curculio ligustici*, Oliv.

Nota. Figure copiée de Schæffer, *Icon. Ins.* tab. 2, fig. 12.

7. *Curculio gemmatus*, Oliv.

Nota. Figure copiée du *Naturforcher*, 6, tab. 4, fig. 6.

8. *Curculio morio*, Oliv. *Ent. n°.* 83, *charan.* pl. 3, fig. 26.

9. *Curculio pyri*, Oliv.

Nota. Figure copiée de Sulzer, *Ins.* tab. 3, fig. 23.

10. *Curculio argentatus*, Oliv.

Nota. Figure copiée de Sulzer, *Ins.* tab. 4, fig. 9.

11. *Curculio Ræselii.*

a. Larve.

b. Coque dans laquelle elle se métamorphose en nymphe.

c. Nymphe.

d. Insecte parfait.

Nota. Figures copiées de Rœsel, *Ins.* tom. 3, *scar. terr.* clas. 4 supp. pl. 67, fig. A, B, C, D. Nous n'avons pu découvrir d'où le distributeur de ces planches a pris ce nom de *ch. de Rœsel.*

12. *Curculio imperialis*, Oliv. *Ent.* °. 83, *char.* pl. 1, fig. 1, *b.*

12 *n°.* 2. *Curculio imperialis*, vu en dessous, Oliv. *Ent. n°.* 83, *charan.* pl. 1, fig. 1, *c.*

13. *Liparus funestus*, Oliv. *Ent. n°.* 83, *char.* pl. 1, fig. 2.

14. *Rhynchænus stellio*, Oliv. *Ent. n°.* 83, *char.* pl. 1, fig. 3.

15. *Curculio*, Oliv. *Ent. n°.* 83, *charan.* pl. 1, fig. 7, *a.*

15 *n°.* 2. *Curculio*, grossi, Oliv. *Ent. n°* 83, *charan.* pl. 1, fig. 7, *b.*

Nota. Dans l'explication des planches, Olivier ne donne pas de nom aux espèces qu'il indique sous ces numéros. Il est probable qu'elles ont été perdues, et qu'il n'a pu en faire la description.

16. *Rhynchænus varicosus*, Oliv. *Ent. n°.* 83, *charan.* pl. 1, fig. 14.

17. *Calandra palmarum*, Oliv. *Ent. n°.* 83, *charan.* pl. 2, fig. 16, *a.*

18. *Calandra palmarum*, vue de profil, Oliv. *Ent. n°.* 83, *charan.* pl. 2, fig. 16, *b.*

19. *Calandra ferruginea*, variété, Oliv. *Ent. n°.* 83, *charan.* pl. 2, fig. 16, *c.*

Planche 234.

1. *Calandra ferruginea*, Oliv. *Ent. n°.* 83, *char.* pl. 2, fig. 16, *a.*

2. *Curculio cretaceus*, Oliv. *Ent. n°.* 83, *char.* pl. 2, fig. 19.

3. *Curculio religiosus*, Oliv. *Ent. n°.* 83, *char.* pl. 2, fig. 20.

4. *Rhynchænus pomorum*, Oliv. *Ent. n°.* 83, *char.* pl. 3, fig. 27, *a.*

4 *n°.* 2. *Rhynchænus pomorum*, grossi, Oliv. *Ent. n°.* 83, *char.* pl. 3, fig. 27, *b.*

5. *Rhynchænus vorax*, Oliv. *Ent. n°.* 83, *char.* pl. 3, fig. 29, *a.*

5 *n°.* 2. *Rhynchænus vorax*, variété, Oliv. *Ent. n°.* 83, *char.* pl. 3, fig. 29, *b.*

6. *Curculio micans*, Oliv. *Ent. n°.* 83, *char.* pl. 3, fig. 30, *a.*

6 *n°.* 2. *Curculio micans*, var., Oliv. *Ent. n°.* 83, *char.* pl. 3, fig. 30, *b.*

6 *n°.* 3. *Curculio pyri*, Oliv. *Ent. n°.* 83, *char.* pl. 3, fig. 3, *c.*

7. *Rhynchænus cerasorum*, Oliv. *Ent. n°.* 83, *char.* pl. 4, fig. 35, *a.*

7 *n°.* 2. *Rhynchænus cerasorum*, grossi, Oliv. *Ent. n°.* 83, *char.* pl. 4, fig. 35, *b.*

8. *Curculio strumosus*, Oliv. *Ent. n°.* 83, *char.* pl. 4, fig. 36.

9. *Curculio puber*, Oliv. *Ent. n°.* 83, *char* pl. 4, fig. 39, *a.*

9 *n°.* 2. *Curculio puber*, vu en dessous, Oliv. *Ent. n°.* 83, *char.* pl. 4, fig. 39, *b.*

10. *Curculio sagittarius*, Oliv. *Ent. n°.* 83, *char.* pl. 4, fig. 40.

11. *Curculio squammosus*, Oliv. *Ent. n°.* 83, *char.* pl. 5, fig. 48, *a.*

11 *n°.* 2. *Curculio squammosus*, Oliv. *Ent. n°.* 83, *char.* pl. 5, fig. 48, *b.*

12. *Rhynchænus lateralis*, Oliv. *Ent. n°.* 83, *char.* pl. 5, fig. 49.

13. *Curculio*, Oliv. *Ent. n°.* 83, *char.* pl. 5, fig. 50.

14. *Calandra terebrans*, Oliv. *Ent. n°.* 83, *char.* pl. 5, fig. 54, *a.*

14 *n°.* 2. *Calandra tenebrans*, grossie, Oliv. *Ent. n°.* 83, *char.* pl. 5, fig. 54, *b.*

15. *Curculio*, Oliv. *Ent. n°.* 83, *char.* pl. 5, fig. 55.

16. *Curculio sphacelatus*, Oliv. *Ent. n°.* 83, *char.* pl. 5, fig. 58.

17. *Curculio*, Oliv. *Ent. n°.* 83, *char.* pl. 5, fig. 53.

18. *Curculio obscurus*, Oliv. *Ent. n°.* 83, *char.* pl. 6, fig. 64.

19. *Rhynchænus taurus*, mâle, Oliv. *Ent. n°.* 83, *char.* pl. 6, fig. 60.

20. *Curculio obscurus*, Oliv. *Ent. n°.* 83 *char.* pl. 6, fig. 64.

21. *Curculio gemmatus*, Oliv. *Ent. n°.* 83, *char.* pl. 6, fig. 74.

22. *Curculio*, Oliv. *Ent. n°.* 83, *char.* pl. 6, fig. 63, *b.*

23. *Curculio orientalis*, Oliv. *Ent. n°.* 83, *char.* pl. 6, fig. 66.

24. *Lixus inquinatus*, Oliv. *Ent. n°.* 83, *char.* pl. 6, fig. 67.

25. *Curculio glaucus*, Oliv. *Ent. n°.* 83, *char.* pl. 6, fig. 75.

26. *Curculio plicatus*, Oliv. *Ent. n°.* 83, *char.* pl. 6, fig. 65.

Nota. Les numéros 13, 15, 17 et 22, ne portent point de nom dans l'explication des planches d'Olivier. Il est probable que ces espèces ont été perdues, et qu'il ne les avoit point décrites et nommées d'avance.

Planche 235.

1. *Curculio ligustici*, Oliv. *Ent. n°.* 83, *char.* pl. 7, fig. 77.

2. *Rhynchænus abietis*, Oliv. *Ent.* *n*°. 83, *char.* pl. 7, fig. 78, *a*.

2 *n*°. 2. *Rhynchænus abietis*, variété, vu de profil, Oliv. *Ent.* *n*°. 83, *char.* pl. 7, fig. 78, *b*.

3. *Curculio oblongus*, grossi, Oliv. *Ent.* *n*°. 83, *char.* pl. 7, fig. 8, *d*.

Nota On a oublié de représenter la grandeur naturelle de cet insecte ; il a près de deux lignes de longueur.

4. *Rhynchænus laticollis*, Oliv. *Ent.* *n*°. 83, *char.* pl. 7, fig. 85.

5. *Curculio obsoletus*, Oliv. *Ent.* *n*°. 83, *char.* pl. 8, fig. 86, *a*.

5 *n*°. 2. *Curculio obsoletus*, vu en dessous, Oliv. *Ent.* *n*°. 83, *char.* pl. 8, fig. 86, *b*.

6. *Rhynchænus stigma*, Oliv. *Ent.* *n*°. 83, *char.* pl. 8, fig. 87.

7. *Rhynchænus excavatus*, Oliv. *Ent.* *n*°. 83, *char.* pl. 8, fig. 94.

8. *Rhynchænus arenarius*, Oliv. *Ent.* *n*°. 83, *char.* pl. 8, fig. 95.

9. *Rhynchænus lætus*, Oliv. *Ent.* *n*°. 83, *char.* pl. 9, fig. 100, *a*.

9 *n*°. 2. *Rhynchænus lætus*, variété, Oliv. *Ent.* *n*°. 83, *char.* pl. 9, fig. 100, *b*.

10. *Curculio pilularius*, Oliv. *Ent.* *n*°. 83, *char.* pl. 9, fig. 99.

11. *Lixus cinaræ*, Oliv. *Ent.* *n*°. 83, *charan.* pl. 9, fig. 101, *a*.

11 *n*°. 2. *Lixus cinaræ*, var., Oliv. *Ent.* *n*°. 83, *char.* pl. 9, fig. 101, *b*.

12. *Liparus bajulus*, Oliv. *Ent.* *n*°. 83, *char.* pl. 9, fig. 103.

13. *Curculio cinerascens*, grossi, Oliv. *Ent.* *n*°. 83, *char.* pl. 9, fig. 105, *a*.

13 *n*°. 2. *Curculio cinerascens*, de grandeur naturelle, pl. 9, fig. 105, *b*.

14. *Lixus iridis*, Oliv. *Ent.* *n*°. 83, *charançon*, pl. 9, fig. 106.

15. *Curculio quadrivittatus*, Oliv. *Ent.* *n*°. 83, *char.* pl. 9, fig. 107.

16. *Curculio capensis*, Oliv. *Ent.* *n*°. 83, *char.* pl. 9, fig. 109.

17. *Curculio capensis*, var., Oliv. *Ent.* *n*°. 83, pl. 9, fig. 110.

18. *Rhynchænus bufo*, Oliv. *Ent.* *n*°. 83, *char.* pl. 10, fig. 118.

19. *Curculio verrucosus*, Oliv. *Ent.* *n*°. 83, *char.* pl. 10, fig. 125.

20. *Rhynchænus amœnus*, Oliv. *Ent.* *n*°. 83, *char.* pl. 12, fig. 143, *a*

20 *n*°. 2. *Rhynchænus amœnus*, très-grossi, Oliv. *Ent.* *n*°. 83, *char.* pl. 12, fig. 143, *b*.

21. *Curculio attelaboïdes*, Oliv. *Ent.* *n*°. 83, *char.* pl. 14, fig. 174, *a*.

21 *n*°. 2. *Curculio attelaboïdes*, très-grossi, Oliv. *Ent.* *n*°. 83, *char.* pl. 14, fig. 174, *b*.

22. *Curculio glandifer*, Oliv. *Ent.* *n*°. 83, *char.* pl. 9, fig. 111.

23. *Curculio lacerta*, Oliv. *Ent.* *n*°. 83, *char.* pl. 12, fig. 148.

Planche 236.

Brente.

1. *Brentus barbicornis*, Oliv. *Ent.* *n*°. 84, *brent.* pl. 1, fig. 5, *a*.

2. *Cylas brunneus*, Oliv. *Ent.* *n*°. 84, *brent.* pl. 1, fig. 3, *a*.

2 *n*°. 2. *Cylas brunneus*, grossi, Oliv. *Ent.* *n*°. 84, *brent.* pl. 1, fig. 3, *b*.

3. *Brentus anchorago*, Oliv. *Ent.* *n*°. 84, *brent.* pl. 1, fig. 2, *a*.

3 *n*°. 2. *Brentus anchorago*, vu en dessous, Oliv. *Ent.* *n*°. 84, *brent.* pl. 1, fig. 2, *b*.

4. *Brentus canaliculatus*, Oliv. *Encycl.* ; *brentus anchorago*, variété, Oliv. *Ent.* *n*°. 84, *brent.* pl. 1, fig. 2, *c*.

4 *n*°. 2. *Brentus canaliculatus*, Oliv. *Encycl.* ; *brentus anchorago*, Oliv. *Ent.* *n*°. 84, *brent.* pl. 1, fig. 2, *d*.

5. *Brentus dispar*, Oliv.; *curculio anomaloceps*, Pallas.

Nota. Fig. copiée de Pall. *Icon. Ins. sib.* pl. B, fig. 4.

6. *Brentus volvulus*, Oliv. *Ent.* n°. 84, *brent.* pl. 1, fig. 4, *a.*

6 n°. 2. *Brentus linearis*, Oliv. *Encycl.*; *brentus volvulus*, Oliv. *Ent.* n°. 84, *brent.* pl. 1, fig. 4, *b.*

7. *Brentus dispar*, Oliv. *Ent.* n°. 84, *brent.* pl. 1, fig. 1, *b.*

8. *Brentus maxillaris*, Oliv. *Ent.* n°. 84, *brent.* pl. 1, fig. 1, *c.*

9. *Brentus canaliculatus*, Oliv. *Encycl.*; *brentus anchorago*, variété, Oliv. *Ent.* n°. 84, *brent.* pl. 1, fig. 2, *c.*

EROTYLE.

1. *Erotylus giganteus*, Oliv.

Nota. Figure copiée de Sulzer, *Ins.* tab. 3, fig. 8.

2. *Erotylus gibbosus*, Oliv.; *chrysomela gibbosa*, Fuesly.

Nota. Figure copiée de Fuesly, *Arch. Ins.* 4, pl. 23, fig. 3.

3. *Erotylus quinque-punctatus*, Oliv. *Ent.* n°. 89, *érot.* pl. 1, fig. 5.

4. *Erotylus punctatissimus*, Oliv.; *coccinella centum-punctata*, Fuesly.

Nota. Figure copiée de Fuesly, *Arch. Ins.* 4, tab. 22, fig. 13.

5. *Erotylus alternans*, Oliv.; *chrysomela gronovii*, Fuesly.

Nota. Figure copiée de Fuesly, *Arch. Ins.* 4, tab. 23, fig. 4.

6. *Erotylus notatus*, Oliv. *Ent.* n° 89, *érot.* pl. 1, fig. 7.

7. *Erotylus surinamensis*, Oliv. *Ent.* n°. 89, *érot.* pl. 1, fig. 9.

8. *Erotylus indicus*, Oliv.; *chrysomela indica*, Fuesly.

Nota. Figure copiée de Fuesly, *Arch. Ins.* 4, tab. 20, fig. 5.

9. *Bouche du triplax russe*, Oliv.

9 *bis*. *Triplax russicus*, Oliv. *Ent.* n°. 89, *érot.* pl. 1, fig. 1, *b.*

10. *Triplax quadriguttata*, Oliv. *Ent.* n°. 89, *érot.* pl. 1, fig. 2, *b.*

10 n°. 2. *Triplax quadriguttata*, vu en dessous, Oliv. *Ent.* n°. 89, *érot.* pl. 1, fig. 2, *c.*

11. *Triplax russicus*, grossi, Oliv. *Ent.* n°. 89, *érot.* pl. 1, fig. 1, *c.*

PLANCHE 237.

1. *Triplax undata*, Oliv. *Ent.* n°. 89, *érotyle*, pl. 1, fig. 3.

2. *Erotylus gibbosus*, Oliv. *Ent.* n°. 89, *érot.* pl. 1, fig. 4, *a.*

2 n°. 2. *Erotylus gibbosus*, vu en dessous, Oliv. *Ent.* n°. 89, *érot.* pl. 1, fig. 4, *b.*

3. *Erotylus giganteus*, Oliv. *Ent.* n°. 89, *érot.* pl. 1, fig. 6.

4. *Erotylus marginatus*, Oliv. *Ent.* n°. 89, *érot.* pl. 1, fig. 8.

5. *Erotylus variegatus*, Oliv. *Ent.* n°. 89, *érot.* pl. 1, fig. 7.

6. *Erotylus alternans*, var., Oliv. *Ent.* n°. 89, *érot.* pl. 1, fig. 10, *a.*

7. *Erotylus alternans*, Oliv. *Ent.* n°. 89, *érot.* pl. 1, fig. 10, *b.*

CHRYSOMÈLE.

1. *Chrysomela tenebricosa*, Oliv.

Nota. Figure copiée de Schæffer, *Elem. Ent.* tab. 1. fig. 6.

2. *Chrysomela vittata*, Oliv.

Nota. Figure copiée du *Naturforcher*, 14, pl. 37, tab. 2, fig. 1.

3. *Chrysomela adonidis*, Oliv.

Nota. Figure copiée de Fuesli, *Arch. Ins.* tab. 23, fig. 17.

4. *Chrysomela dorsalis*, Oliv.

Nota. Figure copiée du *Naturf.* 24, tab. 2, fig. 2.

5. *Chrysomela surinamensis*, Oliv. *Encycl.*; *erotylus surinamensis*, Oliv. *Ent.*

Nota. Figure copiée de Sulzer, *Ins.* tab. 3, fig. 12.

6. *Chrysomela graminis*, Oliv.

Nota. Figure copiée de Schæffer, *Icon. Ins.* tab. 21, fig. 10.

7. *Chrysomela cuprea*, Oliv.; *chrysomela metallica*, Fuesly.

Nota. Figure copiée de Fuesly, *Arch. Ins.* tab 23, fig. 14.

8. *Chrysomela populi*, Oliv.

Nota. Figure copiée de Schæffer, *Icon. Ins.* tab. 21, fig. 9.

9. *Chrysomela polita*, Oliv.

Nota. Figure copiée de Schæffer, *Icon. Ins.* tab. 69, fig. 9.

10. *Chrysomela decem-punctata*, Oliv.

Nota. Figure copiée de Schæffer, *Icon. Ins.* tab. 21, fig. 11.

11. *Chrysomela collaris*, Oliv.

Nota. Figure copiée de Schæffer, *Icon. Ins.* tab. 52, fig. 9.

12. *Chrysomela laponica*, Oliv.

Nota. Figure copiée de Schæffer, *Icon. Ins.* tab. 44, fig. 2.

13. *Chrysomela polygoni*, Oliv.

Nota. Figure copiée de Schæff. *Icon. Ins.* tab. 161, fig. 4, *b*.

13 n°. 2. *Chrysomela polygoni*, grossie, Oliv.

Nota. Figure copiée de Schæffer, *Icon. Ins.* pl. 161, fig. 4, *a*.

14. *Chrysomela cerealis*, Oliv.

Nota. Figure copiée de Schæffer, *Icon. Ins.* tab. 2, fig. 3.

13. *Chrysomela fastuosa*, Oliv.

Nota. Figure copiée de Fuesly, *Arch. Ins.* 4, n° 15, tab. 23, fig. 6.

16. *Chrysomela speciosa*, Oliv.

Nota. Figure copiée de Fuesly, *Arch. Ins.* 4, n° 16, tab. 23, fig. 7 ?

17. *Chrysomela sanguinolenta*, Oliv.

Nota. Figure copiée de Schæffer, *Icon. Ins.* tab. 21, fig. 15.

18. *Chrysomela marginata*, Oliv.

Nota. Figure copiée de Schæffer, *Icon. Ins.* tab. 21, fig. 19.

19. *Chrysomela hannovriana*, Oliv.

Nota. Figure copiée de Fuesly, *Arch. Ins.* 4, n° 22, pl. 23, fig. 10.

19 *n*°. 2. *Chrysomela hannovriana*, var., Oliv.

Nota. Figure copiée dn Fuesly, *Arch. Ins.* 4, n° 23, pl. 23, fig. 11.

20. *Chrysomela scutellata*, Oliv.

Nota. Figure copiée de Fuesly, *Arch. Ins.* 4, n° 32, pl. 23, fig. 20, *c*.

21. *Chrysomela litura*, grossie, Oliv.

Nota. Figure copiée de Fuesly, *Arch. Ins.* 4, n° 30, pl. 23, fig. 18, *a*. On a seulement oublié de représenter la grandeur naturelle de cet insecte; il a près de deux lignes de long.

22. *Chrysomela ruficollis*, Oliv.

Nota. Figure copiée de Fuesly, *Arch. Ins.* 7, n° 61, tab. 45, fig. 3.

23. *Chrysomela limbata*, Oliv.

Nota. Figure copiée de Schæffer, *Icon. Ins.* tab. 21, fig. 20.

24. *Chrysomela armoraciæ*, Oliv.

Nota. Figure copiée de Fuesly, *Arch. Ins.* 7, tab. 44, fig. 7.

25. *Chrysomela vitellinæ*, Oliv.

a. Larves posées en ligne sur une feuille d'osier.
b. Une larve isolée et grossie.
c. Une autre larve isolée et de grandeur naturelle.
d. Insecte parfait.

26. Autres insectes parfaits accouplés.

Nota. Cette dernière figure porte, sur la planche, le nom de *ch. de l'osier*. Elles sont toutes copiées de Rœsel, *Ins.* tom. 2, *scar. terrest.*, clas. 3, tab. 1. Linné a cité cette planche sous les *chrysomela vitellinæ* et *betulæ*, ce qui a probablement fort embarrassé le distributeur des planches de l'*Encyclopédie*, qui ne devoit plus savoir lequel de ces deux noms donner à ces figures;

pour trancher la difficulté, il a coupé la feuille sur laquelle Rœsel place les chrysomèles, et a nommé un côté *chrysomèle du bouleau*, et l'autre *chrysomèle de l'osier*.

27. *Chrysomela ænea*, Oliv.

27 *n*°. 2. —— Vue de trois-quarts.

Nota. Figure copiée de Schæff. *Icon. Ins.* tab. 21, fig. 3 et 4.

28. *Chrysomela viridula*, Oliv.

a. Œufs de cette chrysomèle.

b, *c*. Insectes parfaits.

d. Larve.

Nota. Figures copiées dè Godart, *Ins.* tom. 1, pl. 45, et répétées par Lister, pl. n°. 118.

Planche 238.

1. *Chrysomela rhoi*, Oliv.

Nota. Figure copiée du *Naturforcher*, 24, n°. 4, tab. 2, fig. 3.

2. *Chrysomela metallica*, Ross. *Faun. étr.* tab. 1, pag. 84, n°. 212, pl. 3, fig. 12.

Nota. L'insecte que Rossi désigne ainsi, ressemble beaucoup à l'*enoplium serraticorne* de Latreille. Peut-être est-ce la même espèce.

3. *Doryphora pustulata*, Oliv. *Ent. n*°. 91, *chrysomèle*, pl. 1, fig. 1, *b*.

4. *Doryphora pustulata*, var., Oliv. *Ent. n*°. 91, *chrys*. pl. 1, fig. 1, *c*.

5. *Chrysomela fuliginosa*, Oliv. *Ent. n*°. 91, *chrys*. pl. 1, fig. 2.

6. *Eumolpus surinamensis*, Oliv. *Ent. n*°. 91, *chrys*. pl. 1, fig. 4, *a*.

6 *n*°. 2. *Eumolpus surinamensis*, vu en dessous, Oliv. *Ent. n*°. 91, *chrys*. pl. 1, fig. 4, *b*.

7. *Chrysomela banksii*, Oliv. *Ent. n*°. 91, *chrys*. pl. 1, fig. 5, *a*.

7 *n*°. 2. *Chrysomela banksii*, var., Oliv. *Ent. n*°. 91, *chrys*. pl. 1, fig. 5, *b*.

8. *Doryphora tessellata*, Oliv. *Ent. n*°. 91, *chrys*. pl. 1, fig. 6.

9. *Chrysomela graminis*, Oliv. *Ent. n*°. 91, *chrys*. pl. 1, fig. 3.

10. *Chrysomela sanguinolenta*, Oliv. *Ent. n*°. 91, *chrys*. pl. 1, fig. 8.

11. *Chrysomela laponica*, Oliv. *Ent. n*°. 91, *chrys*. pl. 1, fig. 9, *a*.

11 *n*°. 2. *Chrysomela laponica*, var., Oliv. *Ent. n*°. 91, *chrys*. pl. 1, fig. 9, *b*.

12. *Chrysomela tenebricosa*, var., Oliv. *Ent. n*°. 91, *chrys*. pl. 1, fig. 11, *a*.

12 *n*°. 2. *Chrysomela tenebricosa*, Oliv. *Ent. n*°. 91, *chrys*. pl. 1, fig. 11, *b*.

13. *Chrysomela limbata*, Oliv. *Ent. n*°. 91, *chrys*. pl. 1, fig. 7.

14. *Chrysomela tristis*, Oliv. *Ent. n*°. 91, *chrys*. pl. 1, fig. 12, *a*.

14 *n*°. 2. *Chrysomela tristis*, vue en dessous, Oliv. *Ent. n*°. 91, *chrys*. pl. 1, fig. 12, *b*.

15 *Chrysomela lutea*, Oliv. *Ent. n*°. 91, *chrys*. pl. 1, fig. 13.

16. *Chrysomela striata*, grossie, Oliv. *Ent. n*°. 91, *chrys*. pl. 2, fig. 14, *b*.

Nota. On a oublié de copier la grandeur naturelle de cette espèce; elle a près de deux lignes de long.

17. *Chrysomela notata*, grossie, Oliv. *Ent. n*°. 91, *chrys*. pl. 2, fig. 15, *b*.

Nota. La grandeur naturelle de cette espèce a été oubliée; elle a deux lignes de longueur.

18. *Chrysomela rugosa*, Oliv. *Ent. n*°. 91, *chrys*. pl. 2, fig. 16.

19. *Chrysomela fastuosa*, grossie, Oliv. *Ent. n*°. 91, *chrys*. pl. 2, fig. 17, *b*.

Nota. Cette espèce a deux lignes de long. On a oublié de copier l'animal de grandeur naturelle.

20. *Chrysomela hottentota*, Oliv. *Ent. n*°. 91, pl. 2, fig. 21.

21. *Chrysomela philadelphica*, Oliv. *Ent. n*°. 91, *chrys*. pl. 2, fig. 22.

22. *Chrysomela semistriata*, Oliv. *Ent. n*°. 91, *chrys*. pl. 2, fig. 23.

23. *Chrysomela stolida*, grossie, Oliv. *Ent. n°. 91*, *chrys*. pl. 2, fig. 24, *b*.

Nota. On a oublié de copier sa grandeur naturelle, qui est de plus de deux lignes.

24. *Chrysomela adonidis*, Oliv. *Ent. n°. 91*, *chrys*. pl. 2, fig. 28.

25. *Chrysomela pulchra*, grossie, Oliv. *Ent. n°. 91*, *chrys*. pl. 2, fig. 27, *b*

Nota. On a oublié de copier la grandeur naturelle de cette espèce; elle a tout au plus deux lignes de longueur.

26. *Chrysomela fucata*, grossie, Oliv. *Ent. n°. 91*, *chrys*. pl. 2, fig. 25, *b*.

Nota. La grandeur naturelle de cette espèce est de près de deux lignes et demie.

Planche 239.

1. *Chrysomela trimaculata*, Oliv. *Ent. n°. 91*, *chrys*. pl. 3, fig. 29, *a*.

2. *Chrysomela trimaculata*, variété, Oliv. *Ent. n°. 91*, *chrys*. pl. 3, fig. 29, *b*.

3. *Doryphora acuminata*, Oliv. *Ent. n°. 91*, *chrys*. pl. 3, fig. 30.

4. *Chrysomela vulpina*, grossie, Oliv. *Ent. n°. 91*, *chrys*. pl. 3, fig. 31, *b*.

Nota. La figure représentant l'insecte de grandeur naturelle est oubliée; cet insecte a près de deux lignes de longueur.

5. *Chrysomela brunnea*, grossie, Oliv. *Ent. n°. 91*, *chrys*. pl. 3, fig. 32, *b*.

Nota. Cette espèce a un peu plus d'une ligne de long.

6. *Chrysomela grossa*, Oliv. *Ent. n°. 91*, *chrys*. pl. 3, fig. 33.

7. *Chrysomela luctuosa*, Oliv. *Ent. n°. 91*, *chrys*. pl. 3, fig. 34.

8. *Chrysomela polygoni*, grossie, Oliv. *Ent. n°. 91*, *chrys*. pl. 2, fig. 36, *b*.

Nota. On a oublié de copier sa grandeur naturelle; elle a presque une ligne de longueur.

9. *Chrysomela marginella*, grossie, Oliv. *Ent. chrys. n°. 91*, pl. 3, fig. 35.

Nota. Sa grandeur naturelle est oubliée. Cette espèce a une ligne de long.

10. *Chrysomela polita*, Oliv. *Ent. n°. 91*, *chrys*. pl. 3, fig. 37, *a*.

10 *n°*. 2. *Chrysomela polita*, très-grossie, Oliv. *Ent. n°. 91*, *chrys*. pl. 3, fig. 37, *b*.

11. *Chrysomela decem-punctata*, Oliv. *Ent. n°. 91*, *chrys*. pl. 3, fig. 38, *a*.

11 *n°*. 2. *Chrysomela decem-punctata*, très-grossie, Oliv. *Ent. n°. 91*, *chrys*. pl. 3, fig. 38, *b*.

12. *Chrysomela decem-punctata*, variété, Oliv. *Ent. n°. 91*, *chrys*. pl. 3, fig. 38, *d*.

13 *n°*. 2. *Chrysomela decem-punctata*, très-grossie, Oliv. *Ent. n°. 91*, *chrys*. pl. 3, fig. 38, *e*.

13. *Chrysomela decem-punctata*, variété, Oliv. *Ent. n°. 91*, *chrys*. pl. 3, fig. 38, *c*.

14. *Doryphora punctatissima*, Oliv. *Ent. n°. 91*, *chrys*. pl. 3, fig. 39.

15. *Chrysomela staphylaa*, Oliv. *Ent. n°. 91*, *chrys*. pl. 4, fig. 40.

16. *Chrysomela adonidis*, var., Oliv. *Ent. n°. 91*, *chrys*. pl. 4, fig. 41.

17. *Chrysomela crassicornis*, Oliv. *Ent. n°. 91*, *chrys*. pl. 4, fig. 44.

Nota. On a oublié de figurer la grandeur naturelle de cette espèce; elle a près de deux lignes de longueur.

18. *Chrysomela cyanicornis*, Oliv. *Ent. n°. 91*, *chrys*. pl. 4, fig. 46.

19. *Chrysomela vittata*, Oliv. *Ent. n°. 91*, *chrys*. pl. 4, fig. 47.

20. *Chrysomela quatuordecim-punctata*, Oliv. *Ent. n°. 91*, *chrys*. pl. 4, fig. 42.

21. *Chrysomela fucata*, grossie, Oliv. *Ent. n°. 91*, *chrys*. pl. 4, fig. 45, *b*.

Planche 240.

1. *Chrysomela morio*, Oliv. *Ent. n°. 91*, *chrys*. pl. 4, fig. 48.

2. *Chrysomela*

2. *Chrysomela lurida*, grossie, Oliv. *Ent. n°.* 91, pl. 4, fig. 49.

Nota. On a oublié de copier la grandeur naturelle de cette espèce; elle a deux lignes et demie de long.

3. *Chrysomela cyanipes*, Oliv. *Ent. n°.* 91, *chrys.* pl. 4, fig. 50.

4. *Galeruca cruenta*, Oliv. *Ent. n°.* 91, *chrys.* pl. 4, fig. 51.

5. *Galeruca thoracica*, Oliv. *Ent. n°.* 91, *chrys.* pl. 4, fig. 53.

6. *Chrysomela armoraciæ*, grossie, Oliv. *Ent. n°.* 91, *chrys.* pl. 4, fig. 55, *b.*

Nota. On a oublié de copier sa grandeur naturelle, qui n'est que d'une ligne.

7. *Chrysomela marginata*, Oliv. *Ent. n°.* 91, *chrys.* pl. 4, fig. 54.

8. *Chrysomela viminalis*, grossie, Oliv. *Ent. n°.* 91, *chrys.* pl. 4, fig. 56, *b.*

Nota. On a oublié de copier sa grandeur naturelle, qui est de près d'une ligne et demie.

9. *Chrysomela pallida*, grossie, Oliv. *Ent. n°.* 91, *chrys.* pl. 4, fig. 52, *b.*

Nota. On a oublié de copier la grandeur naturelle de cette espèce; elle a deux lignes et demie de long.

ALTISE.

1. *Altica bicolor*, Oliv.

Nota: Figure copiée de De Géer, *Ins.* tom. 5, pl. 16, fig. 20.

2. *Altica surinamensis*, Oliv.

Nota. Figures copiées de De Géer, *Ins.* tom. 5, pl. 16, fig. 17.

3. *Altica nitidula*, Oliv.

Nota. Figure copiée de Schæffer, *Icon. Ins.* tab. 87, fig. 5.

GALÉRUQUE.

1. *Galeruca nymphea*, Oliv.

16 n°. 2. —— Très-grossie.

Nota. Figures copiées de De Géer, *Ins.* tom. 5, pl. 10, fig. 1 et 2.

3. *Galeruca tanaceti*, Oliv.

a. Sa larve étendue.

b. Autre larve.

c. Nymphe.

d. l'insecte parfait.

Nota. Ces figures sont copiées de Rœsel, *Ins.* tom. 2, *scar. terrest.* class. 3, tab. 5, fig. 1 à 4.

4. *Galeruca littoralis*, Oliv.

Nota. Ces figures sont copiées de Geoffroy, *Ins. Paris.* tom. 1, pl. 4, fig. 6.

5. *Galeruca tanaceti*, Oliv. *Ent. n°.* 93, *galér.* pl. 1, fig. 1, *b.*

5 *n°.* 2. *Galeruca tanaceti*, vue en dessous, Oliv. *Ent. n°.* 93, *galéruq.* pl. 1, fig. 1, *c.*

6. *Galeruca livida*, Oliv. *Ent. n°.* 93, *galéruq.* pl. 1, fig. 2.

7. *Galeruca melanocephala*, Oliv. *Ent. n°.* 93, *galér.* pl. 1, fig. 3.

8. *Galeruca capreæ*, grossie, Oliv. *Ent. n°.* 93, *galéruq.* pl. 1, fig. 4, *b.*

Nota. On a oublié de copier la grandeur naturelle de cette espèce; elle a deux lignes et demie de long.

9. *Galeruca cærulea*, grossie, Oliv. *Ent. n°.* 93, *galéruq.* pl. 1, fig, 5, *b.*

Nota. La figure de grandeur naturelle a été oubliée; elle n'a pas plus de deux lignes et demie de long.

10. *Adorium bipunctatum*, Oliv. *Ent. n°.* 93, *galéruq.* pl. 1. fig. 6.

11. *Galeruca testacea*, Oliv. *Ent. n°.* 93, *galér.* pl. 1, fig. 10.

12. *Galeruca nigricornis*, grossie, Oliv. *Ent. n°.* 93, *galéruq.* pl. 1, fig. 7, *b.*

Nota. On a oublié de copier la grandeur naturelle de cette espèce; elle a près de deux lignes de long.

13. *Galeruca alni*, Oliv. *Ent. n°.* 93, *galéruq.* pl. 1, fig. 8.

14. *Galeruca littoralis*, Oliv. *Ent. n°.* 93, *galér.* pl. 1, fig. 9.

15. *Galeruca cayennensis*, Oliv. *Ent. n°.* 93, pl. 1, fig. 11.

16. *Galeruca flava*, Oliv. *Ent. n°.* 93, *galéruq.* pl. 1, fig. 12.

17. *Galeruca rustica*, Oliv. *Ent. n°.* 93, *galér.* pl. 1, fig. 13.

PLANCHE 241.

CRIOCÈRE.

1. *Crioceris palliata*, Oliv.

Nota. Figure copiée du *Naturforcher*, 24, pl. 44, n°. 9, tab. 2, fig. 10.

2. *Crioceris merdigera*, Oliv.

a. L'insecte parfait.

b. Une antenne très-grossie.

c. Une patte *idem*.

Nota. Figures copiées de Schæff. *Elem. Ent.* pl. 52.

3. *Crioceris duodecim-punctata*, Oliv.

Nota. Figure copiée de Schæffer, *Icon. Ins.* tab. 4, fig. 5.

4. *Crioceris melanopa*, Oliv.

Nota. Cette mauvaise figure est copiée de Réaumur, *Hist. des Ins.* tom. 3, pl. 17, fig. 15.

5. *Crioceris asparagi*, Oliv.

a. Larve posée sur une tige d'asperge.

b. La nymphe.

c. L'insecte parfait.

Nota. Figures copiées de Rœsel, *Ins.* tom. 2, *scar. terrest.* clas. 3, pl. 4, fig. 1, 2, 3.

HISPE.

1, *a*, *b*. *Drilus flavescens*, Oliv.

Nota. Nous ne savons pourquoi on a reproduit ici sous le nom d'*hispe pectinicorne*, des figures qui ont été déjà gravées sous le nom de panache, pl. 166; ces figures sont copiées de Sulzer, *Ins.* tab. 2, fig. 6.

2. *Hispa atra*, Oliv.

2 *n°*. 2. —— Très-grossie.

Nota. Figure copiée de Herbst? *Act. Soc. Ber. Nat. cur.* 4, tab. 7, fig. 6, *a*, *b*.

GRIBOURI.

1. *Cryptocephalus cyaneus*, Oliv.; *cryptocephalus peregrinus*, Fuesly.

Nota. Figure copiée de Fuesly, *Arch. Ins.* 4, n° 16, tab. 23, fig. 25.

2. *Cryptocephalus sericeus*, Oliv. *Ent. n°.* 96, *gribouri*, pl. 1, fig. 5, *a*.

2 *n°*. 2. *Cryptocephalus sericeus*, var. Oliv. *Ent. n°.* 96, *gribouri*, pl. 1, fig. 5, *b*.

3. *Cryptocephalus hæmorrhoïdalis*, Oliv. *Ent. n°.* 96, *gribouri*, pl. 1, fig. 8.

4. *Cryptocephalus lineatus*, Oliv. *Ent. n°.* 96, *gribouri*, pl. 3, fig. 39.

5. *Cryptocephalus quadrimaculatus*, Oliv.

5 *n°*. 2. —— Très-grossi.

Nota. Figures copiées de Schæff. *Icon. Ins.* tab. 6, fig. 6, 7.

6. *Cryptocephalus cordiger*, Oliv. *Ent. n°.* 96, *gribouri*, pl. 2, fig. 19.

7. *Eumolpus vitis*, Oliv. *Ent. n°.* 96, *gribouri*, pl. 1, fig. 9; genre *Eumolpus*, Lat.

8. *Cryptocephalus sex-punctatus*, Oliv.

Nota. Figure copiée de Sulzer, *Ins.* tab. 3, fig. 18.

9. *Cryptocephalus vittatus*, Oliv.

Nota. Figure copiée de Fuesly, *Arch. Ins.* 4, n° 10, pl. 23, fig. 23.

10. *Cryptocephalus moræi*, Oliv.

Nota. Figure copiée de Schæffer, *Icon. Ins.* tab. 30, fig. 5.

11. *Cryptocephalus decem-punctatus*, Oliv.

Nota. Figure copiée de Fuesly, *Arch. Ins.* 4, n° 18, tab. 23, fig. 26.

12. *Cryptocephalus bipustulatus*, Oliv.

Nota. Figure copiée de Schæffer, *Icon. Ins.* pl. 30, fig. 4.

13. *Cryptocephalus histrio*, Oliv. *Ent. n°.* 96, *grib.* pl. 3, fig. 30, *a*.

13 *n°*. 2. *Cryptocephalus histrio*, grossi, Oliv. *Ent. n°.* 96, *grib.* pl. 3, fig. 3, *b*.

14. *Cryptocephalus signatus*, Oliv. *Ent. n°.* 96, *grib.* pl. 2, fig. 17, *a*.

14 *n°*. 2. *Cryptocephalus signatus*, grossi, Oliv. *Ent. n°.* 96, *grib.* pl. 2, fig. 17, *b*.

15. *Cryptocephalus ornatus*, Oliv.

Nota. Figure copiée de Fuesly, *Arch. Ins.* 4, n° 15, tab. 23, fig. 24.

16. *Galeruca alni*, Oliv. *Ent.*; *chrysomela alni*, Oliv. *Encycl.*, article GRIBOURI, pag. 621, *galeruca violacea*, Oliv. *Encycl.* n°. 13.

16 n°. 2. Le même avec ses pattes.

Nota. Figures copiées de Schæff. *Icon. Ins.* tab. 53, fig. 1 et 2.

17. *Clytra taxicornis*, Oliv. *Ent.* n°. 96, *grib.* pl. 1, fig. 2, *a.*

18. *Clytra taxicornis*, vu en dessous, Oliv. *Ent.* n°. 96, *grib.* pl. 1, fig. 2. *b.*

19. *Clytra floralis*, grossi, Oliv. *Ent.* n°. 96, *grib.* pl. 1, fig. 3, *b.*

Nota. On a mis le numéro 10, en place de 19, sur cette figure. On a oublié de représenter la grandeur naturelle de cette espèce, qui a tout au plus deux lignes de longueur.

20. *Cryptocephalus*, Oliv. *Ent.* n°. 96, *grib.* pl. 1, fig. 4, *a*, *b.*

Nota. Cette figure ne porte pas de nom dans l'explication des planches d'Olivier; il est probable qu'elle a été perdue, avant qu'il ait pu en faire la description.

21. *Clytra ruficollis*, Oliv. *Ent.* n°. 96, *grib.* pl. 1, fig. 6.

22. *Clytra atraphaxidis*, Oliv. *Ent.* n°. 96, *grib.* pl. 1, fig. 7.

23. *Clytra cyanea*, Oliv. *Ent.* n°. 96, *gribouri*, pl. 1, fig. 10.

24. *Cryptocephalus bipunctatus*, Oliv. *Ent.* n°. 96, *grib.* pl. 1, fig. 11.

25. *Cryptocephalus moræi*, Oliv. *Ent.* n°. 96, *grib.* pl. 1, fig. 12.

26. *Clytra sex-maculata*, Oliv. *Ent.* n°. 96, *grib.* pl. 1, fig. 15.

27. *Eumolpus quadrimaculatus*, Oliv. *Ent.* n°. 96, *grib.* pl. 1, fig. 14.

28. *Clytra tridentata*, Oliv. *Ent.* n°. 96, *grib.* pl. 2, fig. 16.

29. *Clytra longipes*, Oliv. *Ent.* n°. 96, *grib.* pl. 1, fig. 13.

30. *Cryptocephalus bimaculatus*, grossi, Oliv. *Ent.* n°. 96, *grib.* pl. 1, fig. 15, *b.*

Nota. On a oublié de copier la grandeur naturelle de cet insecte; il a une ligne et demie de long.

31. *Clytra sex-punctata*, Oliv. *Ent.* n°. 96, *grib.* pl. 2, fig. 23.

PLANCHE 242.

1. *Cryptocephalus ilicis*, Oliv. *Ent.* n°. 96, *gribouri*, pl. 2, fig. 21, *a*, *b.*

2. *Cryptocephalus octomaculatus*, Oliv. *Ent.* n°. 96, *gribouri*, pl. 2, fig. 22, *a*, *b.*

3. *Clytra bucephala*, Oliv. *Ent.* n°. 96, *grib.* pl. 2, fig. 24.

4. *Clytra unifasciata*, Oliv. *Ent.* n°. 96, *grib.* pl. 2, fig. 26.

5. *Clytra bicolor*, Oliv. *Ent.* n°. 96, *gribouri*, pl. 2, fig. 25.

6. *Cryptocephalus vittatus*, Oliv. *Ent.* n°. 96, pl. 2, fig. 27, *a*, *b.*

7. *Cryptocephalus marginellus*, Oliv. *Ent.* n°. 96, pl. 2, fig. 28, *a*, *b.*

8. *Clytra scopolina*, Oliv. *Ent.* n°. 96, *gribouri*, pl. 2, fig. 29, *a*, *b.*

9. *Cryptocephalus crassus*, Oliv. *Ent.* n°. 96, *gribouri*, pl. 3, fig. 3, *a*, *b.*

10. *Cryptocephalus*, Oliv. *Ent.* n°. 96, *grib.* pl. 3, fig. 32, *a*, *b.*

Nota. Cette espèce ne porte pas de nom dans l'explication des planches d'Olivier : il est probable qu'elle a été perdue avant qu'il en ait fait la description.

11. *Eumolpu scalcaratus*, Oliv. *Ent.* n°. 96, *grib.* pl. 3, fig. 33.

12. *Clytra maxillosa*, Oliv. *Ent.* n°. 96, *grib.* pl. 3, fig. 34.

13. *Clytra lunulata*, Oliv. *Ent.* n°. 96, *grib.* pl. 3, fig. 35.

14. *Clytra*, Oliv. *Ent. n°. 96, gribouri*, pl. 3, fig. 36.

Nota. Cette espèce ne porte pas de nom dans l'explication des planches d'Olivier ; il est probable qu'elle a été perdue, et qu'il n'a pas pu donner sa description.

15. *Clytra duodecim-guttata*, Oliv. *Ent. n°. 96, gribouri*, pl. 3, fig. 37.

16. *Cryptocephalus ruficollis*, Oliv. *Ent. n°. 69, gribouri*, pl. 3, fig. 40.

17. *Cryptocephalus glabratus*, Oliv. *Ent. n°. 96, gribouri*, pl. 3, fig. 41.

18. *Cryptocephalus quindecim-maculatus*, Oliv. *Ent. n°. 96, gribouri*, pl. 3, fig. 42.

19. *Cryptocephalus gorteriæ*, Oliv. *Ent. n°. 96, gribouri*, pl. 3, fig. 43.

20. *Cryptocephalus flavicollis*, Oliv. *Ent. n°. 96, gribouri*, pl. 3, fig. 44.

21. *Eumolpus asiaticus*, Oliv. *Ent. n°. 96, grib.* pl. 3, fig. 38.

CASSIDE.

1. *Cassida viridis*, Oliv.

1. La larve.
2. Autre larve.
3. Nymphe.
4. Insecte parfait vu en dessus.
5. —— Vu en dessous.

Nota. Figures copiées de Rœsel, *Ins.* tom. 2, clas. 3, *scar. terrest.* tab. 6.

2. *Cassida murræa*, Oliv.

Nota. Figure copiée de Fuesly, *Arch. Ins.* 4, n° 5, tab. 22, fig. 28.

3. *Cassida nebulosa*, Oliv.

3 *n°.* 2. —— Grossie.

Nota. Figures copiées de Schæff. *Icon. Ins.* tab. 27, fig. 4, *a*, *b*.

4. *Cassida ferruginea*, Oliv.

Nota. Figure copiée de Fuesly, *Arch. Ins.* 4, n° 6 tab. 22, fig. 29.

5. *Cassida marginata*, Oliv.

Nota. Figure copiée de Fuesly, *Arch. Ins.* tab. 45, fig. 1,

6. *Cassida nobilis*, Oliv.

Nota. Figure très-mal copiée de Schæff. *Icon. Ins.* tab. 96, fig. 6.

7. *Cassida perforata*, Oliv.

Nota. Figure copiée de Pallas, *Spicileg. Zool. fasc.* 9, tab. 1, fig. 1.

8. *Cassida annulata*, Oliv.

Nota. Fig. copiée du *Naturforcher*, 9, tab. 2, fig. 6.

9. *Cassida grossa*, Oliv. *Ent. n°. 97, casside*, pl. 1, fig. 1, *a*.

9 *n°*. 2. *Cassida grossa*, vue en dessous, Oliv. *Ent. n°. 97, casside*, pl. 1, fig. 1, *b*.

10. *Cassida ferruginea*, Oliv. *Ent. n°. 97, cass.* pl. 1, fig. 2.

11. *Cassida equestris*, Oliv. *Ent. n°. 97, casside*, pl. 1, fig. 3.

12. *Cassida maculata*, Oliv. *Ent. n°. 97, casside*, pl. 1, fig. 7.

13. *Cassida nitidula*, Oliv. *Ent. n°. 97, casside*, pl. 1, fig. 4.

14. *Cassida fuliginosa*, Oliv. *Ent. n°. 97, cass.* pl. 1, fig. 8.

15. *Cassida flavicornis*, Oliv. *Ent. n°. 97, cass.* pl. 1, fig. 5.

16. *Cassida gibbosa*, Oliv. *Ent. n°. 97, casside*, pl. 1, fig. 6.

17. *Cassida truncata*, Oliv. *Ent. n°. 97, casside*, pl. 1, fig. 9.

18. *Cassida bidens*, Oliv. *Ent. n°. 97, casside*, pl. 1, fig. 10.

19. *Cassida marginata*, Oliv. *Ent. n°. 97, cass.* pl. 1, fig. 11.

20. *Cassida angustata*, Oliv. *Ent. n°. 97. cass.* pl. 1, fig. 12.

PLANCHE 243.

1. *Cassida guttata*, Oliv. *Ent. n°. 97, casside*, pl. 1, fig. 13, *a*.

1 *n°*. 2. *Cassida guttata*, très-grossie, Oliv. *Ent. n°. 97, casside*, pl. 1, fig. 13, *b*.

2. *Cassida*

2. *Cassida annulus*, Oliv. *Ent n°.* 97, *casside*, pl. 1, fig. 14.

3. *Cassida*, Oliv. *Ent. n°.* 97, *cass.* pl. 1, fig. 15.

Nota. Cette espèce ne porte pas de nom dans l'explication des planches d'Olivier ; il est probable qu'elle a été perdue, et qu'il n'a pas pu donner sa description.

4. *Cassida exclamationis*, Oliv. *Ent. n°.* 97, pl. 1, fig. 16.

5. *Cassida deusta*, Oliv. *Ent. n°.* 97, *casside*, pl. 1, fig. 17.

6. *Cassida variolosa*, Oliv. *Ent. n°.* 97, *casside*, pl. 2, fig. 6.

7. *Cassida discoïdea*, Oliv. *Ent. n°.* 97, *casside*, pl. 1, fig. 18, *a*.

7 *n°.* 2. *Cassida discoïdea*, Oliv. *Ent. n°.* 97, *casside*, pl. 2, fig. 18, *b*.

8. *Cassida margaritacea*, Oliv. *Ent. n°.* 97, *cass.* pl. 2, fig. 19.

9. *Cassida brunnea*, Oliv. *Ent. n°.* 97, *casside*, pl. 2, fig. 20.

10. *Cassida*, Oliv. *Ent. n°.* 97, *casside*, pl. 2, fig. 13.

Nota. Cette espèce ne porte pas de nom dans l'explication des planches d'Olivier ; il est probable qu'elle a été perdue, et qu'il n'a pas pu donner sa description.

11. *Cassida variegata*, Oliv. *Ent. n°.* 97, *cass.* pl. 2, fig. 22.

12. *Cassida miliaris*, Oliv. *Ent. n°.* 97, *cass.* pl. 2, fig. 25.

13. *Cassida arcuata*, Oliv. *Ent. n°.* 97, *casside*, pl. 2, fig. 26.

14. *Cassida hieroglyphica*, Oliv. *Ent. n°.* 97, *casside*, pl. 2, fig. 27.

15. *Cassida trifasciata*, Oliv. *Ent. n°.* 97, *cass.* pl. 2, fig. 28.

16. *Cassida nobilis*, Oliv. *Ent. n°.* 97, *casside*, pl. 2, fig. 24.

17. *Cassida jamaïcensis*, Oliv. *Ent. n°.* 97, *casside*, pl. 2, fig. 32.

18. *Cassida*, Oliv. *Ent. n°.* 97, *casside*, pl. 2, fig. 33.

Nota. Cette espèce ne porte pas de nom dans l'explication des planches d'Olivier ; il est probable qu'elle a été perdue, et qu'il n'a pas pu donner sa description.

19. *Cassida interrupta*, Oliv. *Ent. n°.* 77, *cass.* pl. 2, fig. 34.

20. *Cassida bipustulata*, Oliv. *Ent. n°.* 97, *casside*, pl. 3, fig. 35.

21. *Cassida biguttata*, Oliv. *Ent. n°.* 73, *cass.* pl. 3, fig. 40.

22. *Cassida sex-pustulata*, Oliv. *Ent. n°.* 97, *casside*, pl. 3, fig. 36.

23. *Cassida jamaïcensis*, variété, Oliv. *Ent. n°.* 97, *casside*, pl. 3, fig. 37.

24. *Cassida octo-punctata*, Oliv. *Ent. n°.* 97, *casside*, pl. 3, fig. 38.

25. *Cassida duodecim-pustulata*, Oliv. *Ent. n°.* 97, *casside*, pl. 3, fig. 39.

26. *Cassida pallida*, Oliv. *Ent. n°.* 97, *casside*, pl. 3, fig. 43.

27. *Cassida sexdecim-pustulata*, Oliv. *Ent. n°.* 97, *casside*, pl. 3, fig. 41.

28. *Cassida sex-punctata*, Oliv. *Ent. n°.* 97, *casside*, pl. 3, fig. 42.

29. *Cassida variolosa*, Oliv. *Ent. n°.* 97, *cass.* pl. 3, fig. 46.

30. *Cassida affinis*, Oliv. *Ent. n°.* 97, *casside*, pl. 3, fig. 47.

31. *Cassida dorsalis*, Oliv. *Ent. n°.* 97, *casside*, pl. 3, fig. 45.

32. *Cassida cribraria*, Oliv. *Ent. n°.* 97, *cass.* pl. 3, fig. 44.

33. *Cassida thoracica*, Oliv. *Ent. n°.* 97, *cass.* pl. 3, fig. 48.

34. *Cassida inæqualis*, Oliv. *Ent. n°.* 97, *cass.* pl. 3, fig. 49, *a*.

34 *n°.* 2. *Cassida inæqualis*, vue en dessous, Oliv. *Ent. n°.* 97, *casside*, pl. 3, fig. 49, *b*.

35. *Cassida inæqualis*, var., Oliv. *Ent. n°.* 97, *casside*, pl. 3, fig. 50.

COCCINELLE.

1. *Coccinella sanguinea*, Oliv. *Ent. n°.* 98, *coccinelle*, pl. 3, fig. 24, *a*.

1 *n°*. 2. *Coccinella sanguinea*, très-grossie, Oliv. *Ent. n°*. 98, *coccinelle*, pl. 3, fig. 24, *b*.

2. *Coccinella dimidiata*, Oliv. *Ent. n°.* 98, *coccinelle*, pl. 3, fig. 31.

3. *Coccinella impunctata*, Oliv. *Ent. n°.* 98, *coccinelle*, pl. 3, fig. 44.

4. *Coccinella unifasciata*, Oliv. *Ent. n°.* 98, *coccinelle*, pl. 3, fig. 36.

5. *Coccinella abbreviata*, Oliv. *Ent. n°.* 98, *coccinelle*, pl. 3, fig. 26.

6. *Coccinella lineola*, Oliv. *Ent. n°.* 98, *coccin.* pl. 3, fig. 33.

7. *Coccinella annularis*, Oliv. *Ent. n°.* 98, *coccinelle*, pl. 2, fig. 19, *a*.

7 *n°*. 2. *Coccinella annularis*, très-grossie, Oliv. *Ent. n°*. 98, *coccinelle*, pl. 2, fig. 19, *b*.

8. *Coccinella sex-lineata*, Oliv. *Ent. n°.* 98, *coccinelle*, pl. 3, fig. 34.

PLANCHE 244.

1. *Coccinella bipunctata*, Oliv.

Nota. Figure copiée de Schæffer, *Icon. Ins.* tab. 9, fig. 9.

2. *Coccinella hieroglyphica*, Oliv.

Nota. Figure copiée de Sulzer, *Ins.* tab. 3, fig. 4.

3. *Coccinella undata*, Oliv. *Ent. n°.* 98, *coc.* pl. 3, fig. 25.

4. *Coccinella bifasciata*, Oliv. *Ent. n°.* 98, *coc.* pl. 3, fig. 38.

5. *Coccinella trifasciata*, Oliv. *Ent. n°.* 98, *coc.* pl. 3, fig. 37.

6. *Coccinella inæqualis*, Oliv. *Ent. n°.* 98, *coc.* pl. 3, fig. 32.

7. *Coccinella quinque-punctata*, Oliv.

Nota. Figure copiée de Schæffer, *Icon. Ins.* tab. 9, fig. 8.

8. *Coccinella sex-maculata*, Oliv. *Ent. n°.* 98, *coccinelle*, pl. 3, fig. 41.

8 *a*. *Coccinella septem-punctata*, Oliv.

a. La larve.

b. La nymphe.

c. L'insecte parfait.

Nota. On a répété le numéro 8, *a*, pour désigner ces figures, quoiqu'il soit déjà employé pour la précédente. Cette espèce est copiée de Rœsel, *Ins.* tom. 2, *scar. terrest.* class. 3, tab. 2, fig. 1, 2, 3.

9. *Coccinella octo-maculata*, Oliv. *Ent. n°.* 98, *coc.* pl. 3, fig. 43.

10. *Coccinella novem-maculata*, Oliv. *Ent. n°.* 98, *coc.* pl. 3, fig. 42.

11. *Coccinella decem-maculata*, Oliv. *Ent. n°.* 98, *coc.* pl. 3, fig. 40, *a*.

11 *n°*. 2. *Cocinella decem-maculata*, très-grossie, Oliv. *Ent. n°.* 98, *coc.* pl. 3, fig. 40, *b*.

12. *Coccinella dilatata*, Oliv. *Ent. n°.* 98, *coc.* pl. 2, fig. 15.

13. *Coccinella undecim-punctata*, Oliv.

Nota. Figure copiée de Fuesly, *Arch. Ins.* 7, n°. 41, pl. 43, fig. 15.

14. *Coccinella duodecim-punctata*, Oliv.

Nota. Figure copiée de Fuesly, *Arch. Ins.* 4, n°. 13, tab. 22. fig. 8.

15. *Coccinella variegata*, Oliv. *Ent. n°.* 98, *coc.* pl. 2, fig. 20, *a*.

15 *n°*. 2. *Coccinella variegata*, très-grossie, Oliv. *Ent. n°.* 98, *coc.* pl. 2, fig. 20, *b*.

16. *Coccinella tredecim-punctata*, Oliv.

Nota. Figure copiée de Schæffer, *Icon. Ins.* tab. 48, fig. 6.

17. *Coccinella ursicolor*, Oliv. *Ent. n°.* 98, *coc.* pl. 3, fig. 28.

18. *Coccinella quatuordecim-punctata*, Oliv.

Nota. Figure copiée de Schæffer, *Icon. Ins.* tab. 61, fig. 6.

19. *Coccinella chrysomelina*, Oliv. *Ent. n°.* 98, *coc.* pl. 3, fig. 22.

20. *Coccinella macularis*, Oliv. *Ent.* *n°*. 98, *coc.* pl. 3, fig. 39, *a.*

20 *n°*. 2. *Coccinella macularis*, très-grossie, Oliv. *Ent.* *n°*. 98, *coc.* pl. 3, fig. 39, *b.*

21. *Coccinella innuba*, Oliv. *Ent.* *n°*. 98, *coc.* pl. 2, fig. 16.

22. *Coccinella borealis*, Oliv. *Ent.* *n°*. 98, *coc.* pl. 3, fig. 27.

23. *Coccinella ocellata*, Oliv.

Nota. Figure copiée de Schæffer, *Icon. Ins.* tab. 1, fig. 2.

24. *Coccinella sexdecim-punctata*, Oliv.

Nota. Figure copiée de Fuesly, *Arch. Ins.* 4, n°. 11, tab. 22, fig. 6.

25. *Coccinella vigenti-punctata*, Oliv.

Nota. Figure copiée de Fuesly, *Arch. Ins.* 4, n°. 15, tab. 22, fig. 10.

26. *Coccinella vigenti quatuor-punctata*, Oliv.

Nota. Figure copiée de Fuesly, *Arch. Ins.* 4, n°. 16, tab. 22, fig. 11.

27. *Coccinella conglomerata*, Oliv.

27 *n°*. 2. —— Grossie.

Nota. Figures copiées de Schæff. *Icon. Ins.* tab. 171, fig. 1, *a*, *b.*

28. *Coccinella bicolor*, Oliv. *Ent.* *n°*. 98, *coc.* pl. 2, fig. 18.

29. *Coccinella detrita*, Oliv. *Ent.* *n°*. 98, *coc.* pl. 2, fig. 17.

31. *Coccinella octo-guttata*, Oliv. *Ent.* *n°*. 98, *coc.* pl. 2, fig. 10, *a.*

31 *n°*. 2. *Coccinella octo-guttata*, très-grossie, Oliv. *Ent.* *n°*. 98, *coc.* pl. 2, fig. 10, *b.*

32. *Coccinella biguttata*, Oliv. *Ent.* *n°*. 98, *coc.* pl. 2, fig. 9, *a.*

32 *n°*. 2. *Coccinella biguttata*, très-grossie, Oliv. *Ent.* *n°*. 98, *coc.* pl. 2, fig. 9, *b.*

33. *Coccinella decem-guttata*, Oliv.

Nota. Figure copiée de Fuesly, *Arch. Ins.* 4, n°. 20, tab. 22, n°. 16.

34. *Coccinella duodecim-guttata*, Oliv.

Nota. Figure copiée de Fuesly, *Arch. Ins.* 4, n°. 26, tab. 22, fig. 21. Au-dessous des deux figures précédentes se trouve une coccinelle qui ne porte pas de numéro; il y a écrit au-dessus la *coccinelle à quinze mouchetures*; c'est la *coccinella quindecim-guttata*, Oliv. copiée de Fuesly, *Arch. Ins.* 4, n°. 22, tab. 22, fig. 18.

35. *Coccinella sexdecim-guttata*, Oliv.

Nota. Figure copiée de Fuesly, *Arch. Ins.* 7, n°. 42, tab. 43, fig. 15.

36. *Coccinella octodecim-guttata*, Oliv.

Nota. Fig. copiée de Schæff. *Icon. Ins.* tab. 9, fig. 12.

37. *Coccinella oblongo-guttata*, Oliv.

Nota. Fig. copiée de Schæff. *Icon. Ins.* tab. 9, fig. 10.

38. *Coccinella cacti*, Oliv. *Ent.* *n°*. 98, *coc.* pl. 1, fig. 8, *a.*

38 *n°*. 2. *Coccinella cacti*, très-grossie, Oliv. *Ent.* *n°*. 98, *coc.* pl. 1, fig. 8, *b.*

39. *Coccinella bipustulata*, Oliv.

a. Larve.

b. Autre larve vue en dessous.

c. Nymphe.

d. L'insecte parfait.

Nota. Le n°. 30 a été placé ici par erreur. Ces figures sont copiées de Rœsel, *Ins.* 2, *scar. terrestr.* class. 3, tab. 3.

40. *Coccinella quadripustulata*, Oliv.

40. *n°*. 2. —— Vue de profil.

Nota. Figure copiée de Schæffer, *Icon. Ins.* tab. 171, fig. 2, *a*, *b.*

41. *Coccinella sex-pustulata*, Oliv.

Nota. Figure copiée de Schæffer, *Icon. Ins.* tab. 30, fig. 12.

Planche 245.

1. *Coccinella hastata*, Oliv. *Ent.* *n°*. 98, *coc.* pl. 4, fig. 52, *a.*

1 *n°*. 2. *Coccinella hastata*, très-grossie, Oliv. *Ent.* *n°*. 98, *coc.* pl. 4, fig. 52, *b.*

Nota. On a oublié le numéro de cette figure.

2. *Coccinella sulphurea*, Oliv. *Ent.* *n°*. 98, *coc.* pl. 1, fig. 6, *a.*

2 *n*°. 2. *Coccinella sulphurea*, grossie, Oliv. *Ent.* *n*°. 98, *coc.* pl. 1, fig. 6, *b*.

3. *Coccinella decem-pustulata*, Oliv.

9 *n*°. 2. ——Grossie.

Nota. Figure copiée de Schæff. *Icon. Ins.* tab. 171, fig. 2, *a*, *b*.

4. *Coccinella quatuordecim-pustulata*, Oliv.

Nota. Figure copiée de Schæffer, *Icon. Ins.* tab. 30, fig. 10.

5. *Coccinella guttato-pustulata*, Oliv. *Ent.* *n*°. 98, *coc.* pl. 3, fig. 35.

6. *Coccinella pardalina*, Oliv. *Ent.* *n*°. 98, *coc.* pl. 3, fig. 30.

7. *Coccinella leonina*, Oliv. *Ent.* *n*°. 98, *coc.* pl. 2, fig. 21, *a*.

7. *Coccinella leonina*, très-grossie, Oliv. *Ent.* *n*°. 98, *coc.* pl. 2, fig. 21, *b*.

8. *Coccinella canina*, Oliv. *Ent.* *n*°. 98, *coc.* pl. 3, fig. 23.

9. *Coccinella tigrina*, Oliv.

Nota. Fig. copiée de Schæff. *Icon. Ins.* tab. 30, fig 9.

10. *Coccinella ursina*, Oliv. *Ent.* *n*°. 98, *coc.* pl. 2, fig. 14, *a*.

10 *n*°. 2. *Coccinella ursina*, très-grossie, Oliv. *Ent.* *n*°. 98, *coc.* pl. 2, fig. 14, *b*.

11. *Coccinella punctum*, Oliv.

Nota. Figure copiée de Fuesly, *Arch. Ins.* 7, n°. 40, pl. 43, fig. 14.

12. *Coccinella russica*, Oliv.

Nota. Figure copiée de Fuesly, *Arch. Ins.* 4, n°. 34, pl. 22, fig. 26.

13. *Coccinella campestris*, Oliv.

Nota. Figure copiée de Fuesly, *Arch. Ins.* 4, n°. 29, tab. 22, fig. 24.

14. *Coccinella pubescens*, Oliv *Ent.* *n*°. 98, *coc.* pl. 4, fig. 49, *a*.

14 *n*°. 2. *Coccinella pubescens*, très-grossie, Oliv. *Ent.* *n*°. 98, *coc.* pl. 4, fig. 49, *b*.

15. *Coccinella colon*, Oliv.

Nota. Figure copiée ce Fuesly, *Arch. Ins.* 4, n°. 2, pl. 22, fig. 2.

16. *Coccinella varians*, Oliv.

Nota. Figure copiée de Fuesly, *Arch. Ins.* 4, n°. 6, tab. 22, fig. 3.

17. *Coccinella quadrilineata*, Oliv.

Nota. Figure copiée de Fuesly, *Arch. Ins.* 4, n°. 18, tab. 22, fig. 3.

18. *Coccinella bipunctata*, Oliv. *Ent.* *n*°. 98, *coc.* pl. 1, fig. 22, *a*.

18 *n*°. 2. *Coccinella bipunctata*, très-grossie, *coc.* pl. 1, fig. 22, *b*.

19. *Coccinella septem-punctata*, Oliv. *Ent.* *n*°. 98, *coc.* pl. 1, fig. 1, *b*.

19 *n*°. 2. *Coccinella septem-punctata*, grossie, Oliv. *Ent.* *n*°. 98, *coc.* pl. 1, fig. 1, *c*.

19 *n*°. 3. *Coccinella septem-punctata*, vue en dessous, Oliv. *Ent.* *n*°. 98, *coc.* pl. 1, fig. 1, *e*.

Nota. On a mis le n°. 10 au lieu de 19 pour désigner ces figure.

20. *Coccinella undecim-notata*, Oliv. *Ent.* *n*°. 98, *coc.* pl. 1, fig. 4, *a*.

20 *n*°. 2. *Coccinella undecim-notata*, très-grossie, Oliv. *Ent.* *n*°. 98, *coc.* pl. 1, fig. 4, *b*.

21. *Coccinella quinque-punctata*, Oliv. *Ent.* *n*°. 98, *coc.* pl. 1, fig. 3, *a*.

21 *n*°. 2. *Coccinella quinque-punctata*, grossie, Oliv. *Ent.* *n*°. 98, *coc.* pl. 1, fig. 3, *b*.

22. *Coccinella undecim-punctata*, Oliv. *Ent.* *n*°. 98, *coc.* pl. 1, fig. 5, *a*.

22 *n*°. 2. *Coccinella undecim-punctata*, grossie, Oliv. *Ent.* *n*°. 98, *coc.* pl. 1, fig. 5, *b*.

23. *Coccinella tricincta*, Oliv. *Ent.* *n*°. 98, *coc.* pl. 1, fig. 7, *a*.

23 *n*°. 2. *Coccinella tricincta*, très-grossie, Oliv. *Ent.* *n*°. 98, *coc.* pl. 1, fig. 7, *b*.

24. *Coccinella decem-guttata*, Oliv. *Ent.* *n*°. 98, *coc.* pl. 2, fig. 11, *a*.

24 *n*°. 2. *Coccinella decem-guttata*, grossie, Oliv. *Ent.* *n*°. 98, *coc.* pl. 2, fig. 11, *b*.

25. *Coccinella quatuordecim-guttata*, Oliv. *Ent.* *n*°. 98, *coc.* pl. 2, fig. 12, *a*.

25 *n*°. 2. *Coccinella*

15 n°. 2. *Coccinella quatuordecim-guttata*, grossie, Oliv. *Ent. n°.* 98, *coc.* pl. 2, fig. 12, *b*.

PLANCHE 246.

1. *Coccinella oblongo-guttata*, grossie, Oliv. *Ent. n°.* 98, *coccinelle*, pl. 2, fig. 13, *b*.

2. *Coccinella oblongo-guttata*, de grandeur naturelle, Oliv. *Ent. n°.* 98, *coccin.* pl. 2, fig. 13, *a*.

2. *Coccinella conglomerata*, grossie, Oliv. *Ent. n°.* 98, *coccinelle*, pl. 3, fig. 29, *b*.

Nota On a oublié de copier la grandeur naturelle de cet insecte; il a une ligne et demie de long.

3. *Coccinella sexdecim-maculata*, Oliv. *Ent. n°.* 98, *coccinelle*, pl. 4, fig. 46, *b*.

Nota. On a oublié de copier la grandeur naturelle de cette espèce; elle a près de deux lignes de longueur.

4. *Coccinella lunulata*, Oliv. *Ent. n°.* 98, *coccin.* pl. 4, fig. 48, *a*.

4 n°. 2. *Coccinella lunulata*, très-grossie, Oliv. *Ent. n°.* 98, *coccinelle*, pl. 4, fig. 48, *b*.

5. *Coccinella marginella*, Oliv. *Ent. n°.* 98, *coccinelle*, pl. 4, fig. 45.

6. *Coccinella sex-pustulata*, grossie, Oliv. *Ent. n°.* 98, *coccinelle*, pl. 4, fig. 47, *b*.

Nota. On a oublié de figurer la grandeur naturelle de cette espèce; elle a un peu plus de deux lignes de long.

7. *Coccinella quatuordecim-pustulata*, Oliv. *Ent. n°.* 98, *coccinelle*, pl. 4, fig. 5, *b*.

Nota. On a oublié de copier la grandeur naturelle de cette espèce; elle a près de deux lignes de longueur.

8. *Coccinella duodecim-punctata*, grossie, Oliv. *Ent. n°.* 98, *coccinelle*, pl. 4, fig. 53, *b*.

Nota. On a oublié de copier sa grandeur naturelle, qui est d'une ligne.

9. *Coccinella duodecim-guttata*, grossie, Oliv. *Ent. n°.* 98, *coccinelle*, pl. 4, fig. 51, *b*.

Nota. On a oublié de copier sa grandeur naturelle, qui est de près d'une ligne et demie.

10. *Coccinella decem-pustulata*, grossie, Oliv. *Ent. n°.* 98, *coccinelle*, pl. 4, fig. 54, *b*.

Nota. On a oublié de copier la grandeur naturelle de cette espèce; elle a près de deux lignes de longueur.

TRITOME.

Nota. Nous ne savons quel est l'animal qu'on a figuré ici sous le nom de *tritome à deux taches*. Cette figure est indéterminable.

FORFICULE.

a. *Forficula auricularia*, Oliv.

b. Son antenne très-grossie.

c. Une de ses pattes *idem*.

Nota. Figures copiées de Schæff. *Elem. Ent.* tab. 63, fig. 1, 3, 4.

2. *Forficula minor*, Oliv.

2 n°. 2. —— Au port d'ailes.

Nota. Figures copiées de Schæff. *Icon. Ins.* tab. 41, fig. 12 et 13.

ŒSTRE.

1. *Œstrus bovis*, Oliv.

a. L'insecte parfait.

b. Sa tête grossie.

c. Son dard.

Nota. Figures copiées de Schæff. *Elem. Ent.* pl. 91, fig. 1, 2, 3.

2. *Œstrus ovis*, Oliv.

3 n°. 2. Autre *œstrus ovis*.

Nota. Figures copiées de Réaumur, *Mém. Ins.* t. 4, pl. 35, fig. 21, 22.

3. *Œstrus hæmorrhoïdalis*, Oliv.

Nota. Figure copiée de Réaumur, *Mém. Ins.* tom. 4, pl. 35, fig. 4.

TAON.

1. *Tabanus bovinus*, Fab.

a. L'insecte parfait.

b. Sa tête grossie.

c. Sa trompe très-grossie.

Nota. Figures copiées de Schæff. *Elem. Ent.* pl. 122.

2. *Tabanus ruficornis*, Fab.

Nota. Figure copiée de Drury, *Ins.* tom. 1, tab. 44, fig. 2.

PLANCHE 247.

TAON.

1. *Tabanus exæstuans*, Fab.

Nota. Figure copiée de De Géer, *Ins.* tom. 6, tab. 30, fig. 5.

2. *Tabanus mexicanus*, Fab. ; *tabanus olivaceus*, De Géer.

Nota. Figure copiée de De Géer, *Ins.* tom. 6, pl. 30, fig. 6.

3. *Tabanus bromius*, Fab.

Nota. Figure copiée de Schæffer, *Icon. Ins.* tab. 130, fig. 6.

4. *Tabanus occidentalis*, Fab.

Nota. Figure copiée de De Géer, *Ins.* 6, pl. 30, fig. 3.

5. *Tabanus tropicus*, Fab.

Nota. Figure copiée de Schæffer, *Icon. Ins.* tab. 131, fig. 4.

6. *Hæmatopota pluvialis*, Fab.

6 *n*°. 2. Sa tête très-grossie.

Nota. Figures copiées de Schæffer, *Icon. Ins.* pl. 85, fig. 8 et 9.

7. *Tabanus bromius*, Lin.

7 *n*°. 2. —— Les ailes étendues.

8 *n*°. 2. Sa tête grossie.

Nota. Figures copiées de Schæff. *Icon. Ins.* tab. 8, fig. 4, 5, 6. On a pris cette espèce pour le *tabanus cæcutiens*, que Schæffer figure dans la même planche fig. 1.

8. *Tenebrio dubius*, Rossi, *Faun. étr.* pl. 1, fig. 2 ; *Cebrio gigas*, fem. Lat.

Nota. On a cru copier le *tabanus ater* de Rossi, qu'il donne dans la même planche fig. 11. Cette erreur vient sans doute de la citation de Fabricius, qui renvoie à la figure 2, et non à la fig. 11.

NÉMOTÈLE.

1. *Mydas filatus*, Fab. Lat. ; *musca clavata*, Drury.

Nota. Figure copiée de Drury, tom. 1, pl. 44, fig 1.

2. *Anthrax morio*, Fab.

Nota. Figure copiée de Schæffer, *Icon. Ins.* tab. 76, fig. 7.

3. *Anthrax maurus*, Fab.

Nota. Fig. copiée de Schæff. *Icon. Ins.* tab. 7, fig 8.

4. *Anthrax nigrita*, Fab. ; *nemotelus tigrinus*, De Géer

Nota. Figure copiée de De Géer, *Ins.* tom. 6, pl. 29, fig. 11.

5. *Anthrax hottentota*, Fab.

Nota. Figure copiée de Schæffer, *Icon. Ins.* tom. 76, fig. 7.

STRATIOME.

1. Larve du *stratiomis chamæleon.*

1 *n*°. 2. Sa nymphe.

1 *n*°. 3. *Stratiomis chamæleon*, Lin. Gmel.

Nota. Figure copiée de Rœsel, *Ins.* tom. 2, *musca* pl. 5.

2. *Stratiomis mirroleon*, Lin. Gmel.

Nota. Figure copiée de De Géer, *Ins.* tom. 6, tab. 9, fig. 1.

3. *Stratiomis hydroleon*, Lin. Gmel.

Nota. Figure copiée de Schæffer, *Icon. Ins.* tab. 14, fig. 14.

4. *Stratiomis flavissima*, Rossi, *Faun. étr.* tab. 10, fig. 5.

SYRPHE.

1. *Syrphus mystaceus*, Lin. Gmel.

1 n°. 2. Sa tête très-grossie.

1 *n*°. 3. Son suçoir.

Nota. Figures copiées de Schæff. *Elém. Ent.* pl. 131 fig. 1, 2, 3.

2. *Syrphus pendulus*, Lin. Gmel.

2 *n*°. 2. *Syrphus pendulus*, var. Lin. Gmel.

2 *n*°. 3. Autre variété les ailes étendues.

Nota. Figures copiées de Réaumur, *Ins.* tom. 4, pl. 31, fig. 9, 10, 11.

3. *Syrphus lapponum*, Lin. Gmel.

Nota. Figure copiée de De Géer, *Ins.* tom. 6, pl. 8, fig. 14.

4. *Syrphus floreus*, Lin. Gmel.

Nota. Figure copiée de De Géer, *Ins.* tom. 4, pl. 6, fig. 2.

5. *Phasia crassipennis?* Lat.

Nota. Fig. copiée de Schæff. *Icon. Ins.* tab. 71, fig. 6.

6. *Syrphus nemorum*, Lin. Gmel.

Nota. Figure copiée de Réaumur, *Ins.* tom. 3, tab. 31, fig. 8.

7. *Syrphus auratus*, Rossi, *Faun. étr.* pl. 10, fig. 4.

PLANCHE 248.

1. *Syrphus impiger*, Rossi, *Faun. étr.* pl. 10, fig. 3.

2. *Syrphus hortorum*, Lin. Gmel.

Nota. Figure copiée de De Géer, *Ins.* tom. 6, tab. 29, fig. 1.

3. *Syrphus ruficornis*, Rossi, *Faun. étr.* pl. 10, fig. 9.

Nota. C'est par erreur que cette figure porte le n°. 11, sur la planche de Rossi.

4. *Syrphus tenax*, Lin. Gmel.

Nota. Figure copiée de Réaumur, *Hist. Ins.* tom. 4, tab. 20, fig. 7.

5. *Syrphus œstracea*, Lin. Gmel.

Nota. Figure copiée de Schæffer, *Icon. Ins.* tab. 10, fig. 6.

6. *Syrphus bicincta*, Lin. Gmel.

Nota. Figure copiée de De Géer, *Ins.* tom. 6, pl. 7, fig. 16.

7. *Syrphus splendidus*, Rossi, *Faun. étr.* tab. 10, fig. 10.

8. *Syrphus pruni*, Rossi, *Faun. étr.* tab. 10, fig. 7.

9. *Syrphus vespiformis*, Lin. Gmel.

Nota. Figure copiée de De Géer, *Ins.* tom. 6, pl. 7, fig. 13.

10. *Syrphus gibbosus*, Lin. Gmel. ; genre *Ogcodes*, Lat.

Nota. Fig. copiée de Schæff. *Icon. Ins.* pl. 200, fig. 1.

11. *Syrphus ribesii*, Lin. Gmel.

Nota. Figure copiée de De Géer, *Ins*, tom. 6, pl. 6, fig. 8.

12. *Syrhus pyrastri*, Lin. Gmel.

Nota. Figure copiée de Réaumur, *Ins.* tom. 3, tab. 31, fig. 9.

13. *Syrphus præcox*, Rossi, *Faun. étr.* pl. 10, fig. 8.

14. *Syrphus scriptus*, Lin. Gmel.

1. Sa larve.
2. Sa nymphe.
3. L'insecte parfait, femelle.
4. Le même, mâle.

Nota. Figures copiées de Rœsel, *Ins.* tom. 2, *musca*, tab. 6.

15. *Syrphus diophthalmus*, Rossi, *Faun. étr.* pl. 10, fig. 2.

16. *Syrphus segnis*, Lin. Gmel.

Nota. Figure copiée de De Géer, *Ins.* tom. 6, pl. 7, fig. 10.

17. *Syrphus gigas*, Rossi, *Faun. étr.* pl. 10, fig. 11.

MOUCHE.

1. *Musca inanis*, Oliv.

Nota. Fig. copiée de Schæff. *Icon. Ins.* tab. 39, fig. 8.

2. *Musca pellucens*, Oliv.

Nota. Nous ne savons de quel ouvrage on a copié cette figure

3. *Musca meridiana*, Oliv.

Nota. Figure copiée de Schæffer, *Icon. Ins.* tab. 108, fig. 7.

4. *Musca cæsar*, Oliv.

Nota. Figure copiée de Réaumur, *Ins.* tom. 4, pl. 8, fig. 1.

5. *Musca vomitoria*, Oliv.

5 *n°.* 2. Sa larve.

Nota. Figures copiées de Gœdart, *Ins.* 1, tab. 53.

6. *Musca cadaverina*, Oliv.

6. *n°.* 2. Sa larve.

Nota. Figure copiée de Gœdart, *Ins.* tab. 54.

7. *Musca carnaria*, Oliv.

7 *n°*. 2. —— Vue au port d'ailes.

7 *n°*. 3. Sa tête très-grossie.

Nota. Figures copiées de Rœsel, *Ins.* tom. 2, *musca*, tab. 10, fig. 10, 11, 12.

8. *Musca domestica*, Oliv.

8 *n°*. 2. —— Très-grossie.

Nota. Figure copiée de De Géer, *Ins.* tom. 6, pl. 4, fig. 5 et 6.

9. *Musca albifrons*, Oliv.

Nota. Figure copiée de Réaumur, *Ins.* tom. 4, pl. 26, fig. 5.

PLANCHE 249.

1. *Musca grossa*, Oliv.

Nota. Figure copiée de Schæff. *Icon. Ins.* tab. 108, fig. 6.

2. *Musca histrix*, Oliv.

Nota. Figure copiée de Drury, *Ins.* tom. 1, pl. 45, fig. 7.

3. *Musca larvarum*, Oliv.

Nota. Figure copiée de De Géer, *Ins.* tom. 6, pl. 1, fig. 7.

4. *Musca brassicaria*, Oliv.; *musca cylindrica*, De Géer.

Nota. Figure copiée de De Géer, *Ins.* tom. 6, pl. 1, fig. 12.

5. *Musca lateralis*, Oliv.; *musca rufo-maculata*, De Géer.

Nota. Figure copiée de De Géer, *Ins.* tom. 6, pl. 1, fig. 9.

6. *Musca cellaris*, Oliv.

6 *n°*. 2. —— Très-grossie et ayant les ailes posées sur le corps.

6 *n°*. 3. —— Les ailes étendues.

Nota. Figures copiées de Réaumur, *Ins.* tom. 5, tab. 8, fig. 7, 12, 12.

7. *Musca cupraria*, Oliv.

7 *n°*. 2. —— Très-grossie.

Nota. Figures copiées de Réaumur, *Ins.* tom. 4, pl. 22, fig. 7, 8.

8. *Musca ungulata*, Oliv.

8 *n°*. 2. —— Très-grossie.

Nota. Figures copiées de De Géer, *Ins.* tom. 6, pl. 11, fig. 19, 20.

9. *Musca stercoraria*, Oliv.

9 *n°*. 2. —— Très-grossie, vue de profil et au port d'ailes.

9 *n°*, 3. —— Vue de face.

Nota. Figures copiées de Réaumur, *Ins.* tom. 4, pl. 27, fig. 1 à 3.

10. *Musca vibrans*, Oliv.

Nota. Figure copiée de De Géer, *Ins.* tom. 6, pl. 1, fig. 19. On a oublié la grandeur naturelle de cette espèce; elle a à peu près deux lignes de longueur.

11. *Musca hyosciami*, Oliv.; *musca leontondontis*, De Géer.

11 *n°*. 2. —— Très-grossie.

Nota. Figures copiées de De Géer, *Ins.* tom. 6, pl. 2, fig. 17, 18.

12. *Musca solstitialis*, Oliv.; *musca arctii*, De Géer.

12 *n°*. 2. —— Grossie.

Nota. Figures copiées de Sulzer, *Ins.* tab. 28, fig. 11 et *b*.

13. *Musca cerasi*, Oliv.

13 *n°*. 2. —— Très-grossie.

Nota. Figures copiées de Réaumur, *Ins.* tom. 2, tab. 38, fig. 22, 23.

14. *Musca tristis*, Sulzer, *Ins.* tab. 28, fig. 10.

15. *Musca pulchella*, Ross. *Faun. étr.* pl. 8, fig. 6.

16. *Musca cardui*, Oliv.

a. Tige de chardon dans laquelle la larve se développe.

b. L'insecte parfait.

c. Sa nymphe.

Nota. Figures copiées de Gœdart, *Ins.* 1, tab. 56.

17. *Musca stellata*, Sulzer, *Ins.* tab. 28, fig. 11.

17 *n°*. 2. *Musca stellata*, grossie, Sulzer, *Ins.* pl. 28, fig. 12, *c*.

18. *Musca olens*, Sulz.

Nota. Figure copiée de Sulzer, *Ins.* tab. 28, fig. 6.

PLANCHE

PLANCHE 250.

STOMOXE.

Stomoxys calcitrans, Fab.

Nota. Figure copiée de Sulzer, *Ins.* tab. 28, fig. 18.

RHINGIE.

Rhingia rostrata, Fab.

Nota. Figure copiée de Sulzer, *Ins.* tab 28, fig. 17.

CONOPS.

1. *Conops aculeata*, Oliv. Fab.

Nota. Figure copiée de De Géer, *Ins.* tom. 6, pl. 15, fig. 1.

2. *Conops flavipes*, Fab.

Nota. Figure copiée de Schæff. *Icon. Ins.* tab. 104, fig. 3.

3. *Conops nigra*, De Géer, *Ins.* tom. 6, pag. 265, pl. 15, fig. 9.

4. *Conops rostrata*, Sulzer; *rhingia rostrata*, Fab.

Nota. Figure copiée de Sulzer, *Ins.* tab. 28, fig. 17. On l'a déjà copiée sous le nom de *rhingia rostrata*, dans la même planche.

5. *Conops macrocephala*, Sulz.

Nota. Figure copiée de Sulzer, *Ins.* tab. 28, fig. 19.

MYOPE.

1. *Myopa ferruginea*, Oliv. Fab.

Nota. Figure copiée de Schæff. *Icon. Ins.* tab. 261, fig. 3.

2. *Myopa testacea*, Oliv. Fab.

2 n°. 2. Sa tête très-grossie.

2 n°. 3. Son bec *idem*.

Nota. Figures copiées de Schæffer, *Elem. Ent.* tab. 120.

RHAGION.

1. *Rhagio scolopacea*, Lin. Fab.; *leptis scolopacea*, Lat.

Nota. Gmelin ne cite, en fait de figure de ce cette espèce, que celle de De Géer, tom. 6, pl. 9, fig. 6, et de Réaumur, tom. 4, pl. 10, fig. 5 et 6. Celle que l'on a donnée ici n'est prise ni de l'un ni de l'autre de ces auteurs; nous n'avons pu savoir d'où on l'a copiée.

2. On a représenté sous le nom de *rh. papatasi*, la tête d'une scolie. Nous n'avons pu découvrir de quel ouvrage on a copié cette figure. Gmelin ne cite aucune figure sous son *rhagio papatasi*.

ASILE.

1. *Asilus crabroniformis*, Oliv.

Nota. Figure copiée de Schæffer, *Icon. Ins.* tab. 8, fig. 15.

2. *Asilus gibbosus*, Oliv.

Nota. Figure copiée de Schæffer, *Icon. Ins.* tab. 8, fig. 11.

3. *Asilus æstuans*, mâle, Oliv.

3 n°. 2. La femelle.

Nota. Figures copiées de De Géer, *Ins.* tom. 6, pl. 14, fig. 10.

4. *Asilus flavus*, Oliv.; genre *Laphria*, Lat.

Nota. Figure copiée de De Géer, *Ins.* tom. 6, pl. 13, fig. 10.

5. *Asilus gilvus*, Oliv.

Nota. Fig. copiée de Schæff. *Icon. Ins.* tab. 78, fig. 6.

6. *Asilus marginatus*, Oliv.

Nota. Figure copiée de Schæffer, *Elem. Ent.* tab. 23, fig. 1.

7. *Asilus forcipatus*, Oliv.

Nota. Figure copiée de De Géer, *Ins.* tom. 6, tab. 14, fig. 9.

8. *Asilus cylindricus*, Oliv.

Nota. Figure copiée de De Géer, *Ins.* tom. 6, pl. 14, fig. 13.

9. *Asilus pratensis*, Oliv.

Nota. Figure copiée de De Géer, *Ins.* tom. 6, pl. 14, fig. 2.

10. *Asilus germanicus*, mâle, Oliv.

10 n°. 2. La femelle.

Nota. Figures copiées de Schæff. *Icon. Ins.* tab. 14, fig. 9, 10.

11. *Asilus teutonus*, Oliv.; genre *Dasypogon*, Lat.

Nota. Figure copiée de Schæffer, *Icon. Ins.* tab. 8, fig. 13.

12. *Asilus glaucius*, Ross. *Faun. étr.* tab. 9, fig. 4.

13. *Asilus fasciatus*, Rossi, *Faun. étr.* tab. 9, fig. 6.

14. *Asilus rusticus*, Ross. *Faun. étr.* pl. 9, fig. 1.

15. *Asilus venustus*, Ross. *Faun. étr.* pl. 9. fig. 7.

16. *Asilus maculatus*, Rossi, *Toxophora maculata*, Lat.

16 *n*°. 2. —— Vu de profil.

Nota. Figures copiées de Rossi, *Faun. étr.* pl. 4, fig. 11 et 14. Cette insecte se trouve aussi figuré dans l'Atlas faisant suite à l'*Entomologie linnéenne* de Villers, pl. 10, fig. 31. On n'a jamais cité cette figure qui est originale et très-reconnoissable

PLANCHE 251.

EMPIS.

1. *Empis borealis*, Oliv.

Nota. Figure copiée de Sulzer, *Ins.* tab. 28, fig. 15.

2. *Empis pennipes*, Oliv.

Nota. Figure copiée de Sulzer, *Ins.* tab. 21, fig. 13.

3. *Empis livida*, Oliv.

Nota. Figure copiée de De Géer, *Ins.* tom. 6, pl. 14, fig. 14.

BOMBILLE.

1. *Bombillius major*, Oliv.

Nota. Figure copiée de Schæffer, *Icon. Ins.* tab. 79, fig. 5.

2. *Bombillius ater*, Oliv.

Nota. Fig. copiée de Schæff. *Icon. Ins.* tab. 79, fig. 6.

3. *Bombillius barbatus*, Oliv.; *Bombillius tabaniformis*, De Géer.

Nota. Figure copiée de De Géer, *Ins.* tom. 6, pl. 30, fig. 11.

4. *Bombillius medius*, Oliv.

4 *n*°. 2. Sa tête très-grossie.

Nota. Figures copiées de Schæff. *Elem. Ent.* tab. 27, fig. 1, 2.

5. *Bombillius minor*, Oliv.

Nota. Figure copiée de Schæffer, *Icon. Ins.* tab. 46, fig. 9.

6. *Bombillius haustellatus*, Oliv.

Nota. Figure copiée de De Géer, *Ins.* tom. 6, pl. 30, fig. 9.

6. Le même reproduit une seconde fois d'après la même figure.

COUSIN.

1. *Culex bifurcatus*, Oliv.

1 *n*°. 2. —— Très grossi.

Nota. Figures copiées de Réaumur, *Ins.* tom. 4, tab. 40, fig. 1, 2.

2. *Culex pipiens*, Fab. Lat.

a. L'insecte parfait très-grossi.

b. Sa tête *idem*.

c. Sa larve grossie.

d. Sa nymphe *idem*.

Nota. Figures copiées de Geoffroy, *Ins. Paris*, tom. 2, pl. 19, fig. 4, *p*, *q*, *r*, *s*.

BIBION.

1. *Bibio hortulanus*, Oliv.

a. —— Vu de profil.

b. —— Les ailes étendues.

c. —— Variété vue de profil.

d. —— Variété les ailes étendues.

Nota. Figures copiées de Schæff. *Icon. Ins.* tab. 104, fig. 8 à 11.

2. *Bibio febrilis*, Oliv.

a. —— Vu au port d'ailes.

b. —— Vu les ailes étendues.

Nota. Figures copiées de Schæff. *Icon. Ins.* tab. 15, fig. 1, 2.

3. *Bibio joannis*, Oliv.

Nota. Figure copiée de De Géer, *Ins.* tom. 6, pl. 27, fig. 17.

4. *Bibio stupida*, Rossi, *Faun. étr.* pl. 10, fig. 1.

5. *Bibio latrinarum*, Oliv.; genre *Scathopse*, Lat.

5 n°. 2. —— Très-grossi.

Nota. Figures copiées de De Géer, *Ins.* tom. 6, tab. 28, fig. 1, 2.

6. *Bibio satyrus*, Ross. *Faun. étr.* pl. 1, fig. 10.

7. *Ichneumon variegator*, Rossi, *Faun. étr.* pl. 10, fig. 13.

Nota. On a donné à cet ichneumon le nom du *bibio hesperus*, que Rossi figure pl. 6, fig. 13.

8. *Bibio phalenoides*, Oliv.; genre *Psychoda*, Lat.

Nota. Figure copiée de De Géer, *Ins.* tom. 6, pl. 27, fig. 6. On a oublié de copier la grandeur naturelle de cette espèce; elle n'a pas une ligne de long.

9. *Bibio erythrocephala*, Oliv.

9 n°. 2. —— Très-grossi.

Nota. Figure copiée de De Géer, *Ins.* tom. 6, pl. 28, fig. 5, 6.

HIPPOBOSQUE.

1. *Hippobosca equina*, Oliv.

a. —— Vue au port d'ailes.

b. —— Les ailes étendues.

Nota. Figures copiées de Schæff. *Icon. Ins.* tab. 179, fig. 8, 9.

2. *Hippobosca avicularia*, Oliv.

Nota. Figure copiée de Sulzer, *Ins.* pl. 28, fig. 24.

3. *Hippobosca hirundinis*, Oliv.

a. —— Vue de grandeur naturelle.

b. —— Grossie.

Nota. Figures copiées de Schæff. *Icon. Ins.* tab. 53, fig. 1, 2.

PLANCHE 252.

PULEX IRRITANS, Lin. Lat.

1 a. Œufs de grandeur naturelle.

b. Jeunes larves au sortir de l'œuf.

c, d, e, f. Larves prêtes à se métamorphoser et vues de grandeur naturelle.

g, h. Nymphes de grandeur naturelle.

i, l. Insectes parfaits vus de grandeur naturelle.

2. —— Œuf très-grossi.

3. Manière dont la larve est placée dans l'œuf.

4. Larve sortant de son œuf.

5. Autre larve plus âgée.

6. Larve contournée sur elle-même et prête à sauter.

7. Larve prête à se métamorphoser.

8. Autre larve.

9. Nymphe de la femelle très-grossie.

10. Nymphe du mâle *idem*.

11. L'insecte parfait, mâle, *idem*.

12. L'insecte parfait, femelle, *idem*.

13. Sa tête *idem*.

14. Lancette.

PLANCHE 253.

PUCE.

PULEX IRRITANS, Lin. Lat.

1. Les deux sexes accouplés; le mâle est placé en dessous et tient à la femelle avec les crochets de son dos.

2. Extrémité de l'abdomen de la femelle, pour montrer les organes générateurs; ils sont représentés au moment où elle pond.

3. Dernier segment de l'abdomen du mâle, grossi, montrant le pénis, et deux pièces en forme de pinces destinées à protéger l'accouplement.

5. Le pénis isolé et très-grossi.

7. Extrémité de l'abdomen du mâle, extrêmement grossi et montrant le pénis et les pièces désignées dans la figure 3.

Nota. Toutes ces figures, ainsi que celles de la planche précédente, sont copiées de Rœsel, *Ins.* 2, *musc. atque culicum*, tab. 2 et 3.

4. *Pulex penetrans*, Lin. Gmel. Lat.

Nota. Figure copiée de Catesby.

6. Œuf très-grossi.

POU.

1. *Pediculus humanus*, Lin. Lat.

1 n°. 2. —— Très-grossi.

Nota. Figures copiées de Schæff. *Elem. Ent.* tab. 95.

2. *Pediculus pubis*, Lin. Lat.

Nota. Figure copiée de Petiver, *Gazoph.* pl. 67, fig. 9.

3. *Calandra granaria*, Oliv. Lat.

Nota. Figure copiée et réduite de Redi, *Exper.* tav. 25. Il désigne cette figure sous le nom de *punte-*

rolo del grano ou *charanson du blé*. Il est bien étonnant que dans l'édition de Linné, donnée par Gmelin, cette figure soit citée sous son *pediculus cameli*.

4. *Pediculus cervi*, Lin.

Nota. Figures copiées de Frisch, *Ins*. 12. tab. 5.

5. *Pediculus asini*, Lin.

Nota. Fig. copiée d'Albin, *Aran*. pag. 76, plat. 51.

6. *Pediculus apis*, Lin.

a. —— De grandeur naturelle.
b. —— Très-grossi.

Nota. Figures copiées de Sulzer, *Ins*. tab. 29, fig. 5, *d*.

PLANCHE 254.

1. *Pediculus tinunculi*, Lin. Gmel.

Nota. Figure copiée d'Albin, *Aran*. tab. 43.

2. *Pediculus anseris*, Lin. Gmel.

2 *n°*. 2. —— Très grossi.

Nota. Figures copiées de Sulzer, *Ins*. pl. 29, fig. 4.

3. *Pediculus cygni*, très-grossi, Lin. Gmel.

Nota. Figure copiée d'Albin, *Aran*. pl. 48 et non 58 que Gmelin cite.

4. *Pediculus alaudæ*, très-grossi, Lin. Gmel.

Nota. Nous n'avons pu découvrir de quel ouvrage on a copié cette figure. Gmelin ne cite point de figures sous son *pediculus alaudæ*.

5. *Pediculus columbæ*, très-grossi, Lin. Gmel.

Nota. Figure copiée et un peu réduite d'Albin, *Aran*. pl. 43.

6. *Pediculus embrizæ*, très-grossi, Lin. Gmel.

Nota. Figure copiée de De Géer, *Ins*. tom. 7, pl. 4, fig. 9.

RICIN.

1. *Pediculus sternæ*, très-grossi, Lin. Gmel.

Nota. Figure copiée de De Géer, *Ins*. tom. 7, pl 4, fig. 12.

2. *Pediculus mergi*, très-grossi, Lin. Gmel.

Nota. Figure copiée de De Géer, *Ins*. tom. 7, pl. 4, fig. 14.

FORBICINE.

1. *Lepisma saccharinum*, Lin. Gmel.

1 *n°*. 2. —— Très-grossi.

Nota. Figures copiées de Schæffer, *Elem. Ent*. tab. 75, fig. 1, 2.

2. *Lepisma polypus*, Lin. Gmel.

Nota. Figure copiée de Sulzer, *Ins*. pl. 29, fig. 1. Gmelin ne cite pas cette figure sous son *lepisma polypus*.

PODURE.

1. *Podura atra*, Lin. Gmel.

1 *n°*. 2. —— Très-grossie.

Nota. Figures copiées de De Géer, *Ins*. tab. 7, pl. 3, fig. 7, 8.

2. *Podura plumbeus*, très-grossi, Lin. Gmel.

Nota. Figure copiée de De Géer, *Ins*. tom. 7, pl. 3, fig. 1.

PLANCHE 255.

1. *Podura arborea*, très-grossie, Lin. Gmel.

Nota. Figure copiée de De Géer, *Ins*. tom. 7, pl. 2, fig. 1, 2.

2. *Podura villosa*, Lin. Gmel.

2 *n°*. 2. —— Très-grossie.

Nota. Figures copiées de Sulzer, *Ins*. tab. 29, fig 2.

3. *Podura ambulans*, très-grossie, Lin. Gmel.

Nota. Figure copiée de De Géer, *Ins*. tom. 7, pl. 3, fig. 5.

4. *Podura aquatica*, très-grossie, Lin. Gmel.

Nota. Figure copiée de De Géer, *Ins*. tom. 7, pl. 2, fig, 14, 15.

5. *Podura fimetaria*, très-grossie, Lin. Gmel.

Nota. Figure copiée de Schranck, *Beytr. Zur. naturg*. pl. 47, tab. 2, fig. 1.

6. *Podura aquatica grisea*, De Géer.

Nota. Figure copiée de De Géer, *Ins*. tom. 7, pl. 2, fig. 19.

MITE.

1. *Acarus grossus*, Oliv.

Nota.

Nota. Figure copiée de Pallas, *Spicileg. Zoolog.* 9, pl. 43, tab. 3, fig. 12.

2. *Acarus aureolatus*, Oliv.

Nota. Figure copié de Pallas, *Spicileg. Zoolog.* 9, pl. 41, tab. 5, fig. 10.

3. *Acarus reduvius*, Oliv.; *ixodes ricinus*, Lat.

3 *n°*. 2. —— Grossi.

Nota. Figures copiées de De Géer, *Ins.* tom. 7, tab. 6, fig. 1, 2.

4. *Acarus americanus*, Oliv.; *argas americanus*, Lat.

4 *n°*. 2. —— Grossi.

Nota. Figures copiées de De Géer, *Ins.* tom. 7, pl. 57, fig. 9, 10.

5. *Acarus farinæ*, De Géer; *acarus siro*, Lin. Gmel.

Nota. Figure copiée de De Géer, *Ins.* tom. 7, pl. 5, fig. 15.

6. *Acarus passerinus*, très-grossi, Oliv.; *sarcoptes passerinus*, Lat.

Nota. Figure copiée de De Géer, *Ins.* tom. 7, pl. 6, fig. 12.

7. *Acarus coleoptratus*, Oliv. Lin.

Nota. Figure copiée de De Géer, *Ins.* tom. 7, pl. 8, fig. 6.

8. *Acarus ricinus*, Oliv.; *ixodes ricinus*, Lat

8 *n°*. 2. —— Très-grossi.

Nota. Figures copiées de De Géer, *Ins.* tom. 7, pl. 5, fig. 16, 17.

9. *Acarus scabiei*, Lin., grossi.

9 *n°*. 2. —— Très-grossi.

Nota. Figures copiées de De Géer, *Ins.* tom 7, pl. 5, fig. 12, 13.

10. Portion du dos d'une mouche sur lequel il y a des *acarus muscarum*, Oliv.

Nota. Figure copiée de De Géer, *Ins.* tom. 7, planche 7, figure 1. On a oublié de copier cette mite grossie.

11. *Acarus baccarum*, Oliv.; *gamasus baccarum*, Lat.

11, *n°*. 2. —— Très-grossi.

Nota. Figures copiées de Schæff. *Icon. Ins.* tab. 27, fig. 1.

12. *Acarus siro*, Oliv.

Nota. Figure mal copiée de De Géer, *Ins.* tom. 7, p5, fig. 15.

13. *Acarus longicornis*, Oliv.; *bdella longicornis*, Lat.

13 *n°*. 2. —— Très-grossi.

Nota. Figures copiées de Geoffroy, *Ins. Paris.* tom. 2, pl. 20, fig. 5.

14. *Acarus pulverulentus*, Sulzer, *Ins.* tab. 29, fig. 8.

TROMBIDION.

1. *Trombidium tinctorium*, Lin. Lat.; *acarus araneoides*, Pallas.

Nota. Figure copiée de Pallas, *Spicilig*, *Zoolog.* 9, pag. 42, tab. 3, fig. 11.

2 *a*. *Trombidium aquaticum*, Lin. Gmel.

b. —— Grossi.

c. —— Variété.

Nota. Figures copiées de Rœsel, *Ins.* tom. 3, *aran. aquat.* pl. 25, fig. 1, 2, 3.

PLANCHE 256.

1. Pièce placée à la base de l'abdomen des *épéires*, au-dessus de la vulve, et que Leuwenhoek pense être destinée à protéger la ponte et à arranger les œufs. Rœsel dit que Frisch (*Ins.* tab. 7, pag. 7) la considère comme l'organe générateur mâle. Cette pièce est vue de profil.

2. Nous pensons que cette figure représente la réunion d'un grand nombre de petits fils produits par les papilles (fig. 4) des mamelons de la filière, et formant un fil plus fort capable de soutenir l'araignée.

3. L'organe représenté figure 1 et vu de face.

4. Petits tubes placés en grand nombre à la partie interne des mamelons de la filière, et produisant chacun un petit fil très-mince. Rœsel dit que les araignées ont la faculté de produire une plus ou moins grande quantité de fils, en faisant agir plus ou moins de ces petits tubes.

5. Filière d'une épéire, ouverte par la pression qu'on a exercée sur le ventre de l'animal, et présentant une grande quantité de petits fils sortis des papilles ou tubes

placés à la partie interne des cinq lobes ou mamelons, et que l'on a représentés très-grossis fig. 4.

6. Filières d'une épéire dans l'état où elle se montre quand on presse fortement le ventre pour les faire ouvrir.

a, *e*. Les deux mamelons supérieurs, garnis extérieurement d'un grand nombre de longs poils, et ayant à la partie interne plusieurs rangs de papilles représentées grossies fig. 4.

b, *d*. Les deux mamelons intermédiaires organisés comme les précédens, et ayant à l'extrémité un crochet dont Rœsel n'indique pas l'usage.

c. Mamelon postérieur, percé d'un trou que Rœsel dit être l'anus de l'araignée.

On voit entre ces mamelons, et supérieurement, deux corps en forme de cœur, et inférieurement, deux autres corps figurés en S et dont Rœsel ignore l'usage.

7. Autre filière ayant ses mamelons plus rapprochés; — *a*, *e*, mamelons supérieurs; — *b*, *d*, mamelons intermédiaires onguiculés; — *c*, mamelon inférieur; — *f*, indique le corps en cœur dont il a été question dans l'explication de la figure 6 et qui se trouve placé entre les mamelons *a* et *e*.

Nota. Ces figures sont copiées de Rœsel, *Ins.* tom. 4, pl. 38. Il est bien étonnant qu'on leur ait donné le nom de *tromb. satiné*.

PYGNOGONON.

Phalangium ceti, Lin. Gmel.; genre *pygnogonum*, Lat.

Nota. Nous avons consulté les ouvrages que Gmelin cite sous son *phalangium ceti*, excepté Strœm et Baster, que nous n'avons pu nous procurer, et dans l'un desquels nous pensons que se trouve cette figure.

FAUCHEUR.

1. *Phalangium cornutum*, Lin. Lat.

Nota. Fig copiée de Schæff. *Elem. Ent.* pl. 13, fig. 9.

2. *Phalangium cornutum*, vu de face et sur le dos, Lin. Lat.

3. —— Vu de profil.

4. La femelle, vue par le dos.

Nota. Figures copiées de Geoffroy, *Ins. Paris.* tom. 2, pl. 20, fig. 6, *n*, *o*, *p*.

ARAIGNÉE.

Aranea fasciata, Oliv.; *epeira*, Lat.

Nota. Figure copiée du *Journal de Physique*, août, 1787, pl. 1, fig. 3.

PLANCHE 257.

1. *Aranea diadema*, femelle, Lat.; *epeira diadema*, Walk. Lat.

2. —— Vue en arrière.

3. Le mâle.

4. Les deux sexes accouplés.

5. Un fil très-grossi.

Nota. Figures copiées de Rœsel, *Ins.* tom. 4, pl. 35, 36.

6. *Aranea marmorea*, Oliv.; *epeira marmorea*, Walk. Lat.

Nota. Figure copiée de Clerck, *Aran. suec.* pl. 1, fig. 2.

7. *Aranea angulata*, femelle, Oliv.; *epeira angulata*, Walk. Lat.

7 n°. 2. —— Mâle.

Nota. Figures copiées de Clerck, *Aran. suec.* pl. 1, fig. 1, 2.

8. *Aranea aurantia*, Oliv.

Nota. Figure copiée de Clerck, *Aran. suec.* pl. 1, tab. 6.

9. *Aranea umbratica*, Oliv.; *epeira umbratica*, Walk. Lat.

Nota. Figure copiée de Clerck, *Aran. suec.* pl. 1, tab. 7.

10. *Aranea cucurbitina*, Oliv.; *epeira cucurbitina*, Walk. Lat.

Nota. Figure copiée de Schæff. *Icon. Ins.* tab. 114, fig. 6.

11. *Aranea lacera*, Oliv.; *epeira apoclissa*, Walk. Lat.

Nota. Figure copiée de Lister, *Aran. Angl.* tit. 6, fig. 6.

12. *Aranea foliata*, Oliv.

Nota. Figure copiée de Lister, *Aran. Angl.* tit. 10, fig. 10.

13. *Aranea extensa*, Oliv.; *tetragnatha extensa*, Walk. Lat.

Nota. Figure copiée de Lister, *Aran. Angl. tit.* 3, fig. 3.

14. *Aranea quadrimaculata*, Oliv.; *epeira quadrata*, Walk. Lat.

Nota. Figure copiée de Clerck, *Aran. suec.* pl. 1, tab. 3. On a oublié le numéro de cette figure. On voit au bas de cette planche, une toile d'araignée figurée comme celles que se construisent les épéires.

Planche 258.

1. *Aranea clavipes*, Oliv.; *epeira clavipes*, Walk. Lat.

Nota. Figure copiée de De Géer, *Ins.* tom. 7, pl. 39, fig. 1.

2 *a.* *Aranea tetracantha*, Oliv.; *epeira tetracantha*, Walk. Lat.

b. —— Vue en devant.

Nota. Figures copiées de Pallas, *Spicil. Zool. fasc.* tab. 3, fig. 16, 17.

3. *Aranea pyramidata*, Oliv.; *epeira scalaris*, Walk. Lat.

Nota. Figure copiée de Clerck, *Aran. suec.* pl. 1, fig. 8.

4. *Aranea litterata*, Oliv.; *epeira agalena*, Walk. Lat.

Nota. Figure copiée de Clerck, *Aran. suec.* pl. 2, fig. 5.

5. *Aranea redimita*, Oliv.; *theridion redimitum*, Walk. Lat.

Nota. Figure copiée de Clerck, *Aran. suec.* pl. 3, tab. 9.

6 *a.* *Aranea segmentata*, femelle, Oliv.

6 *b.* *Aranea segmentata*, mâle, Oliv.

Nota. Figures copiées de Clerck, *Aran. suec.* pl. 2, tab. 6, fig. 1, 2.

7. *Aranea triangularis*, Oliv.; *linyphia triangularis*, Walk. Lat.

Nota. Figure copiée de Clerck, *Aran. suec.* pl. 3, tab. 2.

8. *Aranea undata*, Oliv.; *araneus sclopetarius*, Clerck.

Nota. Figure copiée de Clerck, *Aran. suec.* pl. 2, tab. 3.

9. *Aranea montana*, Oliv.; *linyphia montana*, Walk. Lat.

b. Palpe du mâle très-grossi.

Nota. Figures copiées de Clerck, *Aran. suec.* pl. 3, tab. 1, fig. 1, 2, 3. Les yeux de cette espèce sont figurés au-dessous du numéro 9.

10. *Aranea nervosa*, Oliv.; *araneus sisyphius*, Clerck; *theridion sisyphum*, Walk. Lat.

Nota. Figure copiée de Clerck, *Aran. suec.* pl. 3, tab. 7.

11. *Aranea lunata*, Oliv.

Nota. Figure copiée de Clerck, *Aran. suec.* pl. 3, tab. 7.

12. *Aranea castanea*, Oliv.

Nota. Figure copiée de Clerck, *Aran. suec.* pl. 3, tab. 3.

13. *Aranea bipunctata*, Oliv.; *theridion bipunctatum*, Walk. Lat.

Nota. Figure copiée de Lister, *Aran. Angl. tit.* 11, fig. 11.

14. *Aranea senoculata*, Oliv.; *segestria senoculata*, Walk. Lat.

Nota. Figure copiée de Lister, *Aran. Angl. tit.* 24, fig. 24.

15. *Aranea atrox*, Oliv.; *clubiona atrox*, Walk. Lat.

Nota. Figure copiée de Lister, *Aran. Angl. tit.* 21, fig. 21. On a figuré, au-dessous de cette espèce, l'entrée du trou qu'elle se construit dans les murs, et la toile dont elle tapisse ses alentours.

16. *Aranea hamata*, Oliv.; *epeira tubulosa*, Walk. Lat.

Nota. Figure copiée de Clerck, *Aran. suec.* pl. 3, tab. 4.

17 *a.* *Aranea formosa*, grossie, Oliv.

17 *b.* —— De grandeur naturelle.

Nota. Figures copiées de Clerck, *Aran. suec.* pl. 3, tab. 6.

18. *Aranea ovata*, Oliv.; *theridion ovatum*, Walk. Lat.

Nota. Figure copiée de Clerck, *Aran. suec.* pl. 3, tab. 8.

19. *Aranea lineata*, Oliv.; *theridion lineatum*, Walk. Lat.

Nota. Figure copiée de Clerck, *Aran. suec.* pl. 3, tab. 10.

PLANCHE 259.

1. *Aranea cellulana*, Oliv.

Nota. Figure copiée de Clerck, *Aran. suec.* pl. 4, tab. 12.

2. *Aranea bucculenta*, Oliv.

Nota. Figure copiée de Clerck, *Aran. suec.* pl. 4, tab. 1.

3. *Aranea domestica*, Oliv. Lat.; *tegenaria domestica*, Walk.; genre *Aranea*, Lat.

Nota. Figure copiée de Clerck, *Aran. suec.* pl. 2, tab. 9.

4. *Aranea holosericea*, Oliv.; *clubiona holosericea*, Walk.

Nota. Figure copiée de Clerck, *Aran. suec.* pl. 2, fig. 7.

5 *a*. *Aranea labyrinthica*, Oliv.; *agalena labyrinthica*, Walk.

b. Palpe du mâle grossi.

c. Groupe oculaire.

Nota. Figures copiées de Clerck, *Aran. suec.* pl. 2, tab. 7.

6. *Aranea avicularia*, Oliv.; *mygale avicularia*, Walk. Lat.

e, *e*. Ses mandibules ou chélicères.

a. Patte antérieure.

6 *n*°. 2. Partie antérieure du céphalothorax très-grossi, pour montrer la disposition des yeux.

6 *n*°. 3. Extrémité d'une patte vue en dessous.

6 *n*°. 4. Crochets du bout des pattes très-grossis.

Nota. Figures copiées de Rœsel, *Ins.* tom. 5, pl. 11.

7. *Aranea rufa*, Oliv.

Nota. Figure copiée de De Géer, *Ins.* tom. 7, pl. 39, fig. 6.

8. *Aranea resupinata*, Oliv.

Nota. Figure copiée de Lister, *Aran. Angl. tit.* 19, fig. 19.

9. *Aranea denticulata*, Oliv.

Nota. Figure copiée de Lister, *Aran. Angl. tit.* 20, fig. 20.

10. *Aranea tarentula*, Oliv.; *lycosa tarentula*, Walk. Lat.

Nota. Figure copiée de Sulzer, *Ins.* pl. 30, fig. 1.

11. *Aranea fimbriata*, Oliv.; *dolomedes fimbriatus*, Walk. Lat.

Nota. Figure copiée de Clerck, *Aran. suec.* pl. 5, tab. 9.

12. *Aranea agraria*, Oliv.

12 *bis*. Palpe d'un mâle de la même espèce, très-grossi.

Nota. Figures copiées de Clerck, *Aran. suec.* pl. 5, tab. 10.

13. *Aranea littoralis*, Oliv.

13 *bis*. Palpe d'un mâle très-grossi.

Nota. Figures copiées de Clerck, *Aran. suec.* pl. 4, tab. 7.

14. *Aranea marginata*, Oliv.; *dolomedes marginatus*, Walk.

Nota. Figure copiée de Clerck, *Aran. suec.* pl. 5, tab. 1.

15. *Aranea ruricola*, Oliv.

Nota. Figure copiée de Clerck, *Aran. suec.* pl. 4, tab. 11.

16. *Aranea saccata*, Oliv.; *lycosa saccata*, Walk. Lat.

16 *bis*. Palpe d'un mâle de cette espèce, très-grossi.

Nota. Figures copiées de Clerck, *Aran. suec.* pl. 4, tab 5.

PLANCHE 260.

1. *Aranea fumigata*, Oliv.

Nota. Figure copiée de Clerck, *Aran. suec.* pl. 5, tab. 6.

2. *Aranea erratica*, Oliv.

Nota

Nota. Figure copiée de Clerck, *Aran. suec.* pl. 4, fig. 3.

3. *Aranea elongata*, Oliv.

Nota. Figure copiée de Lister, *Aran. Angl. tit.* 27, fig. 27.

4. *Aranea fabrilis*, Oliv.; *lycosa fabrilis*, Walk. Lat.

Nota. Figure copiée de Clerck, *Aran. suec.* pl. 4, fig. 2.

5. *Aranea inquilina*, Oliv.; *lycosa inquilina*, Walk. Lat.

Nota. Figure copiée de Clerck, *Aran. suec.* pl. 5, tab. 2.

6. *Aranea lignaria*, Oliv.

6 *bis.* Palpe du mâle très-grossi.

Nota. Figures copiées de Clerck, *Aran. suec.* pl. 4, tab. 4.

7. *Aranea carinata*, Oliv.

Nota. Figure copiée de Clerck, *Aran. suec.* pl. 4, tab. 6.

8. *Aranea obscura*, Oliv.

Nota. Figure copiée de Clerck, *Aran. suec.* pl. 4, tab. 9.

9. *Aranea amentata*, le mâle, Oliv.; *lycosa saccata*, Walk.

9 *n°.* 2. La même espèce, femelle.

9 *n°.* 3. Palpe du mâle très-grossi.

Nota. Figures copiées de Clerck, *Aran. suec.* pl. 4, tab. 8, fig. 1, 2. On a mis le n°. 7 au lieu de 9 au-dessus du palpe

10. *Aranea pullata*, Oliv.

Nota. Figure copiée de Clerck, *Aran. suec.* pl. 5, tab. 7.

11. *Aranea scenica*, Oliv.; *attus scenicus*, Walk.; *salticus scenicus*, Lat.

Nota. Figure copiée de Schæffer, *Icon. Ins.* tab. 44, fig. 11.

12. *Aranea nivalis*, Oliv.

Nota. Figure copiée de Clerck, *Aran. suec.* pl. 5, tab. 3.

13. *Aranea piratica*, Oliv.; *lycosa piratica*, Walk. Lat.

Nota. Figure copiée de Clerck, *Aran. suec.* pl. 5, tab. 4.

14. *Aranea piscatoria*, Oliv.

Nota. Figure copiée de Clerck, *Aran. suec.* pl. 5, tab. 5.

15. *Aranea plantaria*, Oliv.

Nota. Figure copiée de Clerck, *Aran. suec.* pl. 5, tab. 8.

16. *Aranea pini*, Oliv.; *Araneus hastatus*, Clerck.

Nota. Figure copiée de Clerck, *Aran. suec.* pl. 5, tab. 11.

17. *Aranea grossipes*, Oliv.; *araneus arcuatus*, Clerck.

Nota. Figure copiée de Clerck, *Aran. suec.* pl. 6, tab. 1.

18. *Aranea muscosa*, Oliv.; *attus muscosus*, Walk.; *salticus*, Lat.

Nota. Figure copiée de Clerck, *Aran. suec.* pl. 5, tab. 12.

19. *Aranea striata*, grossie, Oliv.

19 *n°.* 2. —— Vue de grandeur naturelle.

Nota. Figures copiées de Clerck, *Aran. suec.* pl. 5, tab. 14.

20. *Aranea insignata*, Oliv.

Nota. Figure copiée de Clerck, *Aran. suec.* pl. 5, tab. 16.

21. *Aranea terebra*, Oliv.

Nota. Figure copiée de Clerck, *Aran. suec.* pl. 5, tab. 15.

22. *Aranea punctata*, Oliv.

Nota. Figure copiée de Clerck, *Aran. suec.* pl. 5, tab. 17.

23. *Aranea flammata*, Oliv.

Nota. Figure copiée de Clerck, *Aran. suec.* pl. 5, tab. 18.

24. *Aranea falcata*, Oliv.

Nota. Figure copiée de Clerck, *Aran. suec.* pl. 5, tab. 19.

PLANCHE 261.

1. *Aranea virescens*, Oliv.

2. —— Vue en dessous et grossie.

Nota. Figures copiées de Clerck, *Aran. suec.* pl. 6, tab. 4.

3. *Aranea citrea*, Oliv.; *thomisus citrinus*, Walk.

Nota. Figure copiée de Clerck, *Aran. suec.* pl. 6, tab. 5.

4. *Aranea viatica*, Oliv.

Nota. Figure copiée de Schæffer, *Icon. Ins.* tab. 89, fig. 7.

5. *Aranea lævipes*, Oliv.; *araneus margaritatus*, Clerck; *thomisus tigrinus*, Walk.

Nota. Figure copiée de Clerck, *Aran. suec.* pl. 6, tab. 3.

6. *Aranea aureola*, Oliv.; *thomisus aureolus*, Walk.

Nota. Figure copiée de Clerck, *Aran. suec.* pl. 4, tab. 9.

7. *Aranea formicina*, Oliv.; *thomisus rhomboïcus*, Walk.

Nota. Figure copiée de Clerck, *Aran. suec.* pl. 6, fig. 2.

8. *Aranea cristata*, Oliv.; *thomisus cristatus*, Walk.

Nota. Figure copiée de Clerck, *Aran. suec.* pl. 6, tab. 6.

9. *Aranea rosea*, Oliv.; *sparassus roseus*, Walk.

9 *bis.* Le palpe du mâle très-grossi.

Nota. Figures copiées de Clerck, *Aran. suec.* pl. 6, tab. 7.

10. *Aranea aquatica*, Oliv.; *argyroneta aquatica*, Walk. Lat.

Nota. Figure copiée de Clerck, *Aran. suec.* pl. 6, tab. 8.

11. *Aranea lobata*, Oliv.

11 *bis.* —— Vue de profil.

Nota. Figures copiées de Pallas, *Spicileg. Zool. fasc.* 9, tab. 3, fig. 14, 15.

12. *Segestria perfida*, Walkenaer; *aranea florentina*, Rossi.

Nota. Figure copiée de Rossi, *Faun. étr.* pl. 19, fig. 3.

13. *Eresus cinnaberrinus*, Walkenaer; *aranea*, Oliv.; *aranea quadriguttata*, vue de profil, Rossi.

13 *bis.* —— Vue de face.

Nota. Figures copiées de Rossi, *Faun. étr.* pl. 1, fig. 8, 9.

14. *Epeira fasciata*, Walkenaer; *aranea phragmites*, Rossi.

Nota. Figure copiée de Rossi, *Faun. étr.* pl. 3, fig. 13.

15. *Latrodectus tredecim-guttatus*, Walkenaer; *aranea tredecim-guttata*, Rossi.

Nota. Figure copiée de Rossi, *Faun. étr.* pl. 9, fig. 10.

16. *Mygale fodiens*, Walkenaer; *aranea Sauvagesii*, Lat.

Nota. Figure copiée de Rossi, *Faun. étr.* pl. 9, fig. 11.

PLANCHE 262.

GALEODE.

1. *Galeodes araneoides*, vue en dessus, Oliv.

2. —— Vue en dessous.

3. Autre figure de la même espèce vue en dessous et dépouillée de ses pattes.

4. Céphalothorax et chélicères grossis.

Nota. Figures copiées de Pallas *Spicileg. Zool. fasc.* 9, tab. 3, fig. 7, 9.

SCORPION.

1. *Scorpio afer*, Lin. Gmel.

1 *n°.* 2. Ses yeux grossis.

Nota. Figures copiées de Rœsel, *Ins.* tom. 3, tab. 65.

2. *Scorpio americanus*, Lin. Gmel.

Nota. Figure copiée de Rœsel, *Ins.* tom. 3, *scorp. italicus*, suppl. pl. 66, fig. 5.

3. *Scorpio maurus*, Lin. Gmel.; *scorpio senoculatus*, De Géer.

3 n°. 2. Extrémité de sa queue et aiguillon grossis.

Nota. Figures copiées de De Géer, *Ins.* tom. 7, pl. 40, fig. 1.

4. *Scorpio europæus*, Lin. Gmel.

4 n°. 2. —— Vu en dessous.

Nota. Figures copiées de Rœsel, *Ins.* 2, *scorpio italicus*, suppl. pl. 66, fig. 1, 2.

PLANCHE 263.

PINCE.

1. *Phalangium cancroides*, Lin. Gmel.; *chelifer cancroides*, Lat. Mâle ?

2. *Phalangium cancroides*, Lin. Gmel.; *chelifer cancroides*, Lat., femelle ?

3. —— Très-grossi, mâle ?

4. —— Très-grossi, femelle ?

5. Œuf grossi.

6. Groupe d'œufs.

Nota. Figures copiées de Rœsel, *Ins.* 3, *scorpio minimus*, suppl. pl. 24.

7. *Phalangium acaroïdes*, Lin. Gmel.; *chelifer acaroïdes*, Lat. grossi.

7 n°. 2. ——Vu de grandeur naturelle.

Nota. Figures copiées de De Géer, *Ins.* tom. 7, pl. 42, fig. 1, 2.

8. *Phalangium caudatum*, Lin. Gmel.; *Theliphonus caudatus*, Lat.

8 n°. 2. Une de ses pattes antérieures très-grossie.

Nota. Figure copiée de Sulzer, *Ins.* pl. 29, fig. 11.

MONOCLE.

1. *Monoculus oculus*, Oliv.; *polyphemus oculus*, Muller.

1 n°. 2. ——Grossi.

a. Tête ou œil; —*b*, rames ou bras bifides; —*c*, queue.

1 n°. 3. —— Plus grossi.

g. Thorax; —*f*, queue recourbée; — *i*, abdomen crustacé; — *k*, paquet d'œufs placé sous l'abdomen.

1 n°. 4. Le même monocle vu de profil.

e. Pieds terminés par plusieurs soies; — *g*, thorax; —*c*, queue terminée par deux soies; — *d*, soies caudales; — abdomen crustacé; — *k*, œufs réunis sous l'abdomen.

1 n°. 5. Un des pieds très-grossi et paroissant terminé par quatre soies.

1 n°. 6. Le même monocle œil, vu tout-à-fait par le dos.

Nota. Figures copiées de Muller, *Entomostraca*, pl. 20, fig. 1 à 5. Il y a sur la même planche, et dans la partie supérieure, deux figures portant les n°s. 1 et 2, mais elles appartiennent à l'*argulus charon* de Muller, reproduit ici pl. 167, fig. 22 et 23.

2. *Monoculus minutus*, Oliv.; *cyclops minutus*, Muller.

2 n°. 2. Le mâle très-grossi.

b, *b*. Antennes renflées au milieu; — *d*, palpes; — *c*, œil; — *l*, pieds; — *f*, soies de la queue.

2. n°. 3. La femelle très-grossie et non fécondée.

2 n°. 4. La femelle et le mâle accouplés; celle-ci traînant le mâle après elle.

a, *a*. Antennes du mâle couchées contre le corps.

2 n°. 5. Femelle fécondée et portant ses œufs réunis.

2 n°. 6. Le mâle et la femelle représentés pendant la copulation.

a, *a*. Antennes du mâle.

2 n°. 7. Un des pieds de ce monocle très-grossi.

Nota. Figures copiées de Muller, *Entomostraca*, pl. 17, fig. 1 à 7.

PLANCHE 264.

1. *Monoculus cæruleus*, Oliv.; *cyclops cæruleus*, Muller.

2. Le mâle très-grossi et vu en dessus.

a. Œil; — *b*, antenne gauche; — *c*, antenne droite épaissie au-delà de son milieu; — *d*, palpes; — *e*, intestin vu à travers la peau qui est transparente; —*f*, queue; — *g*, *g*, lobes de la queue.

3. Le même vu de profil.

4. La femelle très-grossie et vue en dessous.

b, *b*. Antennes égales; — *h*, petit sac rempli d'œufs.

5. Antennes du mâle très-grossies.

a. La droite simple; —*b*, la gauche renflée au-delà de son milieu.

6. *a*, *b*. Palpe très-grossi.

7. Partie postérieure d'une femelle grossie.

a, *a*. Petits ongles auxquels pend le sac des œufs ; — *b*, queue ; — *c*, lobes ayant des soies rayonnées.

8. Petite épine du ventre très-grossie.

9. Pieds très-grossis.

a. Une paire réunie ; — *b*, l'un des deux isolé.

Nota. Figures copiées de Muller, *Entomostraca*, pl. 15, fig. 1 à 9.

10. *Monoculus rubens*, Oliv. ; *cyclops rubens*, très-grossi et vu en dessus, Muller.

a. Œil ; — *b*, antennes, la droite renflée vers son milieu ; — *c*, *c*, palpes ; — *d*, queue ; — *g*, intestin vu à travers le corps ; — *c*, extrémité de la queue divisée en deux lobes terminés par des poils.

11. Le même vu de grandeur naturelle.

Nota. A droite de cette figure on en voit une très-grande qui représente la même espèce vue de profil.

a. L'œil ; — *b*, les antennes ; — *f*, les pattes ; — *g*, l'intestin.

Nota. Figures copiées de Muller, *Entomostraca*, pl. 16, fig. 1, 2, 3.

12. *Monoculus longicornis*, Oliv. ; *cyclops longicornis*, Muller.

13. —— Vu de profil et très-grossi.

a, *a*. Antennes ; — *b*, œil ; — *c*, pieds antérieurs ; — *d*, pieds postérieurs ; — *e*, queue.

14. Pieds antérieurs très-grossis.

Nota. Figures copiées de Muller, *Entomostraca*, pl. 19, fig. 7, 8, 9.

15. *Monoculus lacinulatus*, Oliv. ; *cyclops lacinulatus*, Muller, pag. 106.

16. —— Très-grossi et vu de profil.

a. Œil ; — *c*, palpes ; — *d*, rames ; — *e*, lames radiées ; — *g*, pieds ; — *h*, petites épines ; — *i*, lames opaques ; — *k*, lames transparentes ; — *l*, soies des lobes de la queue.

17. —— Vu en dessous.

c, *c*. Palpes ; — *d*, *d*, rames ; — *f*, *f*, intestins ; — *h*, *h*, petites épines ; — *i*, *i*, lames opaques ; — *k*, *k*, lames transparentes ; — *l*, *l*, soies des lobes de la queue.

Nota. Figures copiées de Muller, *Entomostraca* ; pl. 16, fig. 4, 5, 6.

18. *Monoculus claviger*, Oliv. ; *cyclops claviger*, Muller.

19. — Très-grossi et vu de profil.

a, *a*. Antennes ; — *b*, œil ; — *c*, rames ; — *d*, *d*, l'intestin ; — *e*, *e*, pieds.

20. —— Très-grossi et vu en dessous.

Nota. Figures copiées de Muller, *Entomostraca*, pl. 16, fig. 7, 8, 9.

21. *Monoculus minuticornis*, Oliv. ; *cyclops minuticornis*, Muller.

22. —— Très-grossi.

a. Palpes ; — *b*, mains ; — *c*, pieds recourbés et onguiculés ; — *d*, pieds capillaires et déjetés en arrière ; — *l*, sac ovifère.

Nota, Figures copiées de Muller, *Entomostraca*, pl. 17, fig. 14, 15.

23. *Monoculus captivus*, Oliv. ; *cyclops captivus*, Muller.

24. —— Très-grossi.

25. Pieds antérieurs très-grossis, et globule de l'extrémité de la queue terminé par deux poils.

Nota. Figures copiées de Muller, *Entomostraca*, pl. 19, fig. 10, 11, 12, 13.

26. *Monoculus crassicornis*, Oliv. ; *cyclops crassicornis*, Muller.

27. —— Très-grossi et vu en dessus.

a. Œil ; — *b*, *b*, antennes ; — *c*, *c*, épines caudales.

28. —— Vu de profil.

d. Pattes ; — *c*, épines caudales.

Nota. Figures copiées de Muller, *Entomostraca*, pl. 18, fig. 15, 16, 17.

29. *Monoculus curticornis*, Oliv. ; *cyclops curticornis*, Muller.

30. Très-grossi et vu de profil.

a. Antennes ; — *b*, œil ; — *c*, palpes ; — *d*, mains ; *e*, intestins ; — *f*, pieds ; — *g*, soies caudales.

31. Main ou bras très-grossie.

Nota. Figures copiées de Muller, *Entomostraca*, pl. 19, fig. 29, 30, 31. On a gravé par erreur le nom de *monoculus antennes droites* au-dessus de ces figures.

32. *Monoculus chelifer*, Oliv. ; *cyclops chelifer*, Muller.

33. Le mâle

33. Le mâle très-grossi et vu de profil.

a. Antennes ; — *b*, rostre ; — *c*, palpes ; — *d*, partie que Muller désigne sous le nom d'*organa minuta* ; — *e*, mains ou bras ; — *f*, pattes antérieures ; — *g*, pattes capillaires.

34. La femelle très-grossie et vue de profil.

b. Rostre ; — *f*, *f*, pattes antérieures ; — *h*, sac ovifère.

Nota. Figures copiées de Muller, *Entomostraca*, pl. 19, fig. 1, 2, 3.

PLANCHE 265.

1. *Monoculus pulex*, Oliv. ; *daphnia pennata*, Muller.

2. La femelle très-grossie et vue de profil.

b. Œil ; — *c*, rostre ; — *d*, intestin ; — *e*, selle ; — *f*, *f*, vulves ; — *g*, pointe du test ; — *h*, queue ; — *i*, petit muscle du cœur ; — *k*, pieds.

3. Le mâle très-grossi et vu de profil.

a. Antennes ; — *b*, œil ; — *c*, intestin ; — *d*, petit muscle du cœur ; — *f*, *f*, soies placées au-dessous des verges, et désignées par Muller sous le nom de *lora* ; — *h*, queue ; — *i*, pointe du test.

4. L'une des verges très-grossie.

Nota. Figures copiées de Muller, *Entomostraca*, pl. 12, fig. 4, 5, 6, 7.

5. *Monoculus longispinus*, Oliv. ; *daphnia longispina*, Muller.

6. —— Très-grossi et vu en dessous.

a. Œil ; — *b*, *b*, antennes ; — *c*, pieds ; — *d*, pointe du test ; — *f*, ovaire ; — *g*, organes placés derrière la tête. (*Petala liliacea*, Mull.)

7. —— Vu de profil et très-grossi.

g. *Petala liliacea*, Muller ; — *h*, petit muscle du cœur ; — *f*, ovaire ; — *i*, intestin.

Nota. Figures copiées de Muller, *Entomostraca*, pl. 12, fig. 8, 9, 10.

8. *Monoculus quadrangularis*, Oliv. ; *daphnia quadrangula*, Muller.

9. —— Très-grossi et vu de profil.

a. Palpes ; — *b*, œufs ; — *c*, intestin ; — *d*, queue.

Nota. Figures copiées de Muller, *Entomostraca*, pl. 13, fig. 3, 4.

10. *Monoculus rectirostris*, Oliv. ; *daphnia rectirostris*, Muller.

11. —— Très-grossi et vu de profil.

a. Œil ; — *b*, *b*, antennes ; — *c*, petites cornes ; — *d*, pieds ; — *e*, queue ; — *f*, ovaire ; — *g*, intestin ; — *h*, petit muscle du cœur.

12. —— Vu en dessous et très grossi.

Nota. Figures copiées de Muller, *Entomostraca*, pl. 12, fig. 1, 2, 3.

13. *Monoculus curvirostris*, Oliv. ; *daphnia curvirostris*, Muller.

14. —— Très-grossi et vu de profil.

a, *a*. Antennes ; — *b*, soies antennaires ; — *c*, lame dentelée ; — *d*, petite corne pendante ; — *e*, œil ; — *f*, intestin ; — *g*, ovaire avec un petit monocle vivant dans son intérieur ; — *h*, queue ; — *i*, *i*, soies rameuses de la queue.

Nota. Figures copiées de Muller, *Entomostraca*, pl. 13, fig. 1, 2.

15. *Monoculus cristallinus*, Oliv. ; *daphnia cristallina*, Muller.

16. —— Très-grossi et vu en dessous.

a. Œil ; — *b*, *b*, tronc des antennes ; — *c*, grand rameau des antennes ; — *d*, petits rameaux ; — *ee*, palpes ; *f*, pieds ; — *g*, *g*, soies caudales ; — *h*, *h*, ongles de la queue ; — *i*, *i*, œufs.

17. —— Vu en dessus et très-grossi.

Nota. Figures copiées de Muller, *Entomostraca*, pl. 14, fig. 1, 2, 3, 4.

18. —— Vu de profil.

l, *l*. Petites cornes ; — *f*, *f*, pieds ; — *g*, *g*, soies caudales ; — *h*, *h*, intestin ; — *i*, œufs.

19. *Monoculus mucronatus*, Oliv. ; *daphnia mucronata*, Muller.

20. —— Très-grossi et vu de profil.

a. Petit cœur (*corculum*, Mull.) transparent ; — *b*, œufs ; — *c*, intestin ; — *d*, petits tubes de la queue ; — *e*, pointes.

21. —— Vu en dessous.

a. Œil ; — *b*, pointes ; — *c*, épines du test ; — *d*, tube avec les soies caudales.

Nota. Figures copiées de Muller, *Entomostraca*, pl. 13, fig. 5, 6, 7.

22. *Monoculus pediculus*, Oliv.

23. —— Grossi.

Nota. Figures copiées de Sulzer, *Ins.* tom. 30, fig. 8.

P L A N C H E 266.

1. *Monoculus setifer*, Oliv.; *daphnia setifera*, Muller.

2. —— Très-grossi et vu en dessous.

a. Œil réniforme; —*b*, *b*, tronc des antennes; —*c*, *c*, grande rame; —*d*, *d*, petites rames; —*e*, faisceau de soies antérieur; —*f*, *f*, pieds; —*g*, faisceau de soies inférieur; —*i*, ongles de la queue.

3. —— Vu de profil.

k. Œil sphérique; —*l*, intestin; —*m*, tronc des petites cornes.

Nota. Figures copiées de Muller, *Entomostraca*, pl. 14, fig. 5, 6, 7.

4. *Monoculus viridis*, Oliv.; *cythere viridis*, Muller.

5. —— Très-grossi et vu de profil.

a. Antennes; —*b*. œil; —*c*, pieds antérieurs ou palpes, —*d*, seconde paire de pieds; —*e*, troisième paire; —*f*, quatrième paire.

Nota. Figures copiées de Muller, *Entomostraca*, pl. 7, fig. 1 et 2.

6. *Monoculus luteus*, Oliv.; *cythere viridis*, Muller.

9. —— Très-grossi et vu de profil.

a. Antennes; —*b*, œil; —*c*, *c*, première paire de pieds; —*d*, seconde paire; —*e*, troisième paire; —*f*, quatrième paire.

Nota. Figures copiées de Muller, *Entomostraca*, pl. 7, fig. 3 et 4.

8. *Monoculus gibbus*, Oliv.; *cythere gibba*, Muller.

9. —— Très-grossi et vu par le dos.

a. Antennes; —*c*, *e*, petites soies.

Nota. Figures copiées de Muller, *Entomostraca*, pl. 7, fig. 7 et 9.

10. *Monoculus flavidus*, Oliv.; *cythere flavida*, Muller.

11. —— Très-grossi et vu de profil.

a. Antennes; —*b*, œil; —*c*, pieds antérieurs; —*d*, *e*, pieds intermédiaires plus petits; —*f*, pieds postérieurs.

Nota. Figures copiées de Muller, *Entomostraca*, pl. 7, fig. 5, 6.

12. *Monoculus gibbus*, Oliv. *n*°. 29; *cythere gibbera*, Muller.

13. —— Très-grossi et vu par le dos.

a, *a*. Antennes; —*f*, *f*, pustules postérieures du test.

14. —— Grossi et vu de profil.

c. Pieds postérieurs; —*d*, œil.

Nota. Figures copiées de Muller, *Entomostraca*, pl. 7, fig. 10, 11, 12. On a gravé par erreur le nom de *monocle bipustulé* au-dessus de ces figures.

15. *Monoculus detectus*, Oliv.; *cypris detecta*, Muller.

16. Son test très-grossi et vide.

17. L'animal dans son test, vu de profil et très-grossi.

a. Antennes; —*b*, œil; —*c*, pattes; —*d*, pattes postérieures; —*e*, queues.

Nota. Figures copiées de Muller, *Entomostraca*, pl. 3, fig. 1, 2, 3. On a figuré sous le numéro 18, deux petits corps qui n'appartiennent pas à cette espèce.

19. *Monoculus ornatus*, Oliv.; *cypris ornata*, Muller.

20. —— Vu par le dos et très-grossi.

21. —— Très-grossi et vu de profil.

a. Antennes; —*b*, œil; —*c*, pieds antérieurs; —*d*, pieds postérieurs; —*e*, queue.

Nota. Figures copiées de Muller, *Entomostraca*, pl. 3, fig. 4, 5, 6.

22. *Monoculus pilosus*, Oliv.; *cypris pilosa*, Muller.

23. —— Très-grossi et vu de profil.

a. Antennes; —*b*, œil; —*c*, pieds antérieurs; —*d*, pieds postérieurs; —*e*, *e*, cils du test.

Nota. Figures copiées de Muller, *Entomostraca*, pl. 6, fig. 5 et 6.

24. *Monoculus vidua*, Oliv.; *cypris vidua*, Muller.

25. —— Très-grossi et vu par le dos.
26. —— Vu de profil et très-grossi.
a. Antennes; — *b*, œil; — *c*, pieds antérieurs; — *d*, pieds postérieurs.

Nota. Figures copiées de Muller, *Entomostraca*, pl. 4, fig. 7, 8, 9.

27. *Monoculus conchaceus*, Oliv.; *cypris pu-bera*, Muller.

28. —— Très-grossi et vu un peu en dessous.
a. Antennes; — *c*, pieds antérieurs; — *d*, pieds postérieurs; — *e*, queue.
29. —— Vu de profil et très-grossi.
30. Variété un peu plus grande, avec sa grosseur naturelle à gauche, mais ne portant pas de numéro.
a. Antennes; — *b*, œil.

Nota. Figures copiées de Muller, *Entomostraca*, pl. 5, fig. 1, 2, 3, 4, 5.

31. *Monoculus fasciatus*, Oliv.; *cypris fasciata*, Muller.

32. —— Très-grossi et vu par le dos.
33. —— Très-grossi et vu de profil.
a. Antennes; — *b*, œil; — *c*, pieds antérieurs; — *d*, pieds postérieurs.

Nota. Figures copiées de Muller, *Entomostraca*, pl. 4, fig. 1, 2, 3. C'est par erreur que l'on a mis le nom de *monocle rayé* au dessus de ces figures.

34. *Monoculus monachus*, Oliv.; *cypris monacha*, Muller.

35. —— Très-grossi et vu par le dos.
36. —— Très-grossi et vu de profil.

Nota. Figures copiées de Muller, *Entomostraca*, pl. 5, fig. 5, 6, 7, 8.

37. Pied antérieur du *monocle satyre*, très-grossi.
a. Cuisse; — *b*, grande jambe; — *c*, petite jambe.

38. *Monoculus satyrus*, Oliv.; *amymone satyra*, très-grossi et vu par le dos, Muller.

39. —— Très-grossi et vu en dessous.
a, *a*. Antennes; — *b*, œil; — *c*, pieds à deux jambes; — *d*, pieds postérieurs simples; — *e*, ovaires; — *f*, queue.

Nota. Figures copiées de Muller, *Entomostraca*, pl. 2, fig. 1, 2, 3, 4. On a oublié de désigner par un numéro la figure qui représente cette espèce de grandeur naturelle. Elle est placée au-dessus du numéro 39.

40. *Monoculus crassus*, Oliv.; *cypris crassa*, Muller.

41. —— Très-grossi et vu de profil.
a. Antennes; — *b*, œil; — *c*, pieds antérieurs; — *d*, pieds postérieurs.

Nota. Figures copiées de Muller, *Entomostraca*, pl. 6, fig. 1, 2.

Planche 267.

1. *Monoculus sylenus*, Oliv.; *amymone sylena*, Muller.

2. —— Très-grossi et vu par le dos.
a, *a*. Antennes; — *b*, œil; — *c*, pieds antérieurs; — *d*, petit appendice; — *f*, queue; — *e*, pattes postérieures.
3. Partie antérieure du test.
a, *a*. Ocelles; — *b*, œil.
4. Partie postérieure du ventre.

Nota. Figures copiées de Muller, *Entomostraca*, pl. 2, fig. 12, 13, 14, 15.

5. *Monoculus faunus*, Oliv.; *amymone fauna*, Muller.

6. —— Très-grossi et vu par le dos.
a, *a*. Antennes; — *b*, œil; — *c*, *c*, pieds antérieurs; — *e*, queue.
7. —— Très-grossi et vu de profil.
8. —— Vu par le ventre.

Nota. Figures copiées de Muller, *Entomostraca*, pl. 2, fig. 5, 6, 7, 8.

9. *Monoculus mænas*, Oliv.; *amymone mænas*, Muller.

10. —— Très-grossi et vu en dessous.
a. Antennes; — *b*, œil; — *c*, pieds antérieurs; — *d*, pieds postérieurs — *e*, petite papille du ventre; — queue.

Nota. Figures copiées de Muller, *Entomostraca*, pl. 2, fig. 18, 19.

11. *Monoculus bacchus*, Oliv.; *amymone baccha*, Muller.

12. —— Très-grossi et vu par le dos.

a. Antennes ; — *b*, œil ; — *c*, pieds antérieurs ; — *d*, petits appendices antérieurs ; — *e*, pieds postérieurs ; — *f*, queue.

13. —— Vu en dessous.

Nota. Figures copiées de Muller, *Entomostraca*, pl. 2, fig. 9, 10, 11.

14. *Monoculus bracteatus*, Oliv. ; *nauplius bracteatus*, Muller.

15. —— Très-grossi et vu par le dos.

a, a. Antennes ; — *b, b*, pieds antérieurs ; — *c, c*, pieds intermédiaires ; — *d, d*, pieds postérieurs.

Nota. Figures copiées de Muller, *Entomostraca* pl. 1, fig. 1, 2.

16. *Monoculus thyas*, Oliv. ; *amymone thyas*, Muller.

17. —— Très-grossi et vu par le dos.

a. Antennes ; — *b*, œil ; — *c*, pieds antérieurs ; — *d*, pieds postérieurs.

Nota. Figures copiées de Muller, *Entomostraca* pl. 2, fig. 16, 17.

17 *bis. Monoculus saltatorius*, Oliv. ; *nauplius saltatorius*, un peu grossi, Muller.

18. —— Très-grossi et vu par le dos

a. Antennes ; — *b*, œil ; — *c*, pieds antérieurs ; — *d*, pieds intermédiaires ; — *e*, pieds postérieurs ; — *f*, queue.

19 —— Très-grossi et vu en dessous.

a. Antennes ; — *b*, œil ; — *c*, pieds antérieurs ; — *e*, pieds postérieurs ; — *f*, queue.

20 et 21. Ces Figures, très-grossies, représentent le *monoculus saltatorius*, vu de différens côtés et au moment où il saute.

a, a. Antennes ; — *b, c*, pieds antérieurs ; — *d*, pieds intermédiaires.

Nota. Figures copiées de Muller, *Entomostraca*, pl. 1, fig. 3, 4, 5. Le n°. 17, qui désigne cette espèce vue de grandeur naturelle, est placé à droite de la planche, tandis que l'autre est à gauche.

22. *Monoculus charon*, Oliv. ; *argulus charon*, Muller.

23. —— Grossi et vu par le dos.

a, a. Antennes ; — *b, b*, yeux ; — *c, c*, cirres ; — *d, d*, pieds ; — *e*, queue ; — *f*, partie antérieure du test.

Nota Figures copiées de Muller, *Entomostraca*, pl. 20, fig. 1, 2.

24. *Monoculus armiger*, Oliv. ; *argulus armiger*, Muller,

Nota. Figure copiée de Slabber, *Microscop.* pl. 6, fig. 1.

25. *Monoculus pennigerus*, Oliv. ; *limulus pennigerus*, Muller.

26. —— Grossi et vu par le dos.

27. —— Plus grossi et vu en dessous.

Nota. Figures copiées de Geoffroy, *Ins. Paris*, tom. 2, pl. 21, fig. 3.

28. *Monoculus piscinus*, Oliv. ; *caligus curtus*, Muller.

A. Bouclier ; — B, abdomen.

a, a. Antennes ; — *b, b*, yeux ; — *c, c*, branchies ; — *g*, filets ovifères.

29. —— Très-grossi et vu en dessous.

A. Bouclier ; — B, abdomen.

a, a. Antennes ; — *b*, yeux ; — *c*, branchies ; — *f*, queue ; — *g, g*, filets ovifères ; — *h*, petits crochets ; — *i, i*, pieds onguiculés ; — *k*, pieds terminés par des soies ; — *l*, pieds pectinés ; — *m*, petites glandes ; — *n*, intestin placé au centre du bouclier.

Nota. Figures copiées de Muller, *Entomostraca*, pl. 21. fig. 1, 2.

PLANCHE 268.

1. *Monoculus productus*, Oliv. ; *caligus productus*, vu en dessus et de grandeur naturelle, Muller.

A. Bouclier ; — B, second bouclier ou poitrine.

b. Antennes ; — *c, c*, yeux ; — *d*, espace rugueux ; — *e*, lame carrée ; — *f*, lame alongée ; — *g*, lamelles ; — *h*, lobe ; — *i*, foliole fixe ; — *k*, foliole pendante ; — *l, l*, filamens ovifères.

2. —— Très-grossi et vu en dessous.

A. Bouclier ou poitrine ; — B, ventre.

b. Tendines (Mull.) ; — *c, c*, petites glandes ; — *d, e*, bord interne cilié ; — *f, f*, pieds onguiculés ; — *g*, pieds crochus ; — *h*, pieds natatoires ; — *i, i*, lames ciliées ;

ciliées ; — *k*, lamelles ; — *l*, lame ; — *m*, *m*, organes glandiformes ; — *n*, *n*, folioles sessiles ; — *o*, *o*, folioles pédicellées ; — *p*, *p*, filamens ovifères.

Nota. Figures copiées de Muller, *Entomostraca*, pl. 21, fig. 3, 4.

3. *Monoculus brachyurus*, Oliv. ; *lynceus brachyurus*, Muller.

4. —— Grossi et vu de profil.

5. —— Grossi et vu sur le dos.

6. —— Très-grossi, vu de profil et pourvu de valvules.

a, *a*. Antennes étendues ; — *b*, *b*, antennes pliées ; — *c*, œil antérieur ; — *d*, œil postérieur ; — *e*, organe cilié ; — *f*, pieds étendus ; — *g*, soies caudales.

7. —— Privé de ses valvules.

a, *a*. Antennes étendues ; — *b*, antennes pliées ; — *c*, œil antérieur ; — *d*, œil postérieur ; — *e*, pieds ; — *f*, intestin ; — *g*, tronc ; — *h*, queue ; — *i*, *i*, branchies.

8. —— Ayant les valvules ouvertes et nageant.

a. Tête en forme de bec ; — *b*, *b*, antennes ; — *c*, *c*, valvules ; — *d*, *d*, pieds.

9. Partie antérieure de la tête.

a. Rostre ; — *b*, yeux ; — *c*, palpes.

10. Organe placé entre les pieds et les palpes.

a. Partie onguiculée ; — *b*, partie ciliée.

11. Segment antérieur du corps.

a. Rostre ; — *b*, yeux ; — *c*, antennes ; — *d*, portion du test.

12. Pied portant une branchie, très-grossi.

13. Pieds simples très-grossis.

14. Branchies très-grossies.

Nota. Figures copiées de Muller, *Entomostraca*, pl. 8, fig. 1 à 12.

15. *Monoculus sphæricus*, Oliv. ; *lynceus sphæricus*, Muller.

16. —— Très-grossi et vu de profil.

a. Rostre ; — *b*, palpes ; — *c*, antennes ; — *d*, petit œil ; — *e*, grand œil ; — *f*, pieds ; — *g*, queue ; — *h*, œufs.

17. —— Vu par le ventre et ayant ses valvules fermées.

a. Rostre ; — *b*, yeux ; — *c*, ovaires.

Nota. Figures copiées de Muller, *Entomostraca*, pl. 9, fig. 7, 8, 9.

18. *Monoculus quadrangulus*, Oliv. ; *lynceus quadrangularis*, Muller.

19. —— Très-grossi et vu de profil.

a. Rostre ; — *b*, grand œil ; — *c*, petit œil ; — *d*, antennes ; — *e*, pieds ; — *f*, œufs ; — *g*, queue.

20. —— Vu par le dos et très-grosssi.

a. Grand œil ; — *b*, *b*, œufs ; — *c*, *c*, valvules.

Nota. Figures copiées de Muller, *Entomostraca*, pl. 9, fig. 1, 2, 3.

21. *Monoculus lamellatus*, Oliv. ; *lynceus lamellatus*, Muller

22 —— Très-grossi et vu de profil.

a. Rostre ; — *b*, grand œil ; — *c*, petit œil ; — *d*, palpes ; — *e*, antennes ; — *f*, intestin ; — *g*, œufs ; — *h*, lames de la queue.

23. Antennes du même très-grossies.

a. Articles basilaires ; — *b*, soies.

Nota. Figures copiées de Muller, *Entomostraca*, pl. 9, fig. 4, 5, 6.

24. *Monoculus trigonellus*, Oliv. ; *lynceus trigonellus*, Muller.

25. —— Très-grossi et vu de profil.

a. Rostre ; — *b*, palpes ; — *c*, antennes ; — *b*, petit œil ; — *e*, grand œil ; — *f*, intestin ; — *g*, œufs ; — *h*, organe auquel Muller ne donne pas de nom ; — *i*, pieds ; — *k*, queue.

Nota. Figures copiées de Muller, *Entomostaca*, pl. 10, fig. 5, 6.

26. *Monoculus macrourus*, Oliv. ; *lynceus macrourus*, Muller.

27. —— Vu de profil du côté droit et très-grossi.

a. Rostre ; — *b*, petit œil ; — *c*, grand œil ; — *d*, antennes ; — *e*, pieds ; — *f*, œufs ; — *g*, queue ; — *h*, stries du test.

28. —— Vu de profil du côté gauche et très-grossi.

a. Rostre ; — *b*, petit œil ; — *c*, grand œil ; — *d*, antennes ; — *e*, pieds ; — *f* œufs ; — *g*, queue étendue ; — *h*, stries du test.

29. —— Vu sur le dos.

a. Petit œil ; — *b*, gros œil ; — *c*, œufs.

Nota. Figures copiées de Muller, *Entomostraca*, pl. 10, fig. 1, 2, 3, 4.

30. *Monoculus truncatus*, Oliv.; *lynceus truncatus*, Muller.

—— Très-grossi et vu par le ventre.

a. Rostre; — *b*, petit œil; — *c*, gros œil; — *d*, antennes; — *e*, *e*, valvules du test.

32. (Figure placée à droite de la précédente. On a oublié de graver le numéro 31.) Le même très-grossi et vu du côté gauche.

a. Rostre; — *b*, petit œil; — *c*, gros œil; — *d*, antennes; — *f*, pieds supérieurs; — *g*, queue; — *h*, dentelures du test; — *i*, soies de la queue.

33. Pied supérieur.

a. Dentelures; — *b*, soies pliées; — *c*, soies droites.

34. Queue très-grossie.

a. Ongle; — *b*, dentelures; — *c*, soie caudale.

Nota. Figures copiées de Muller, *Entomostraca*, pl. 11, fig. 4 à 8.

OBSERVATIONS.

Nous avons reconnu deux figures qui étoient restées indéterminées dans le courant de cette explication, et nous avons découvert l'ouvrage dans lequel on a copié celle d'une noctuelle.

Cette noctuelle, figurée pl. 86, fig. 31 à 37, a été copiée du *Naturforcher*.

La figure 1re, planche 24, représente bien le *lygæus valgus* de Fabricius; cette figure a été copiée de Wulfen, *Descr. Ins. cap.* pl. 2, fig. 20.

Enfin, la figure 19, de la planche 166, a été copiée de Wulfen, *Descr. Ins. cap.* pl. 1, fig. 9. C'est son *lampyris rostrata*.

Nota. Toutes les fois que nous avons cité Olivier sans citer d'ouvrage, c'est que avons voulu parler de ses articles de l'*Encyclopédie*.

FIN.

Pl. 1.ère

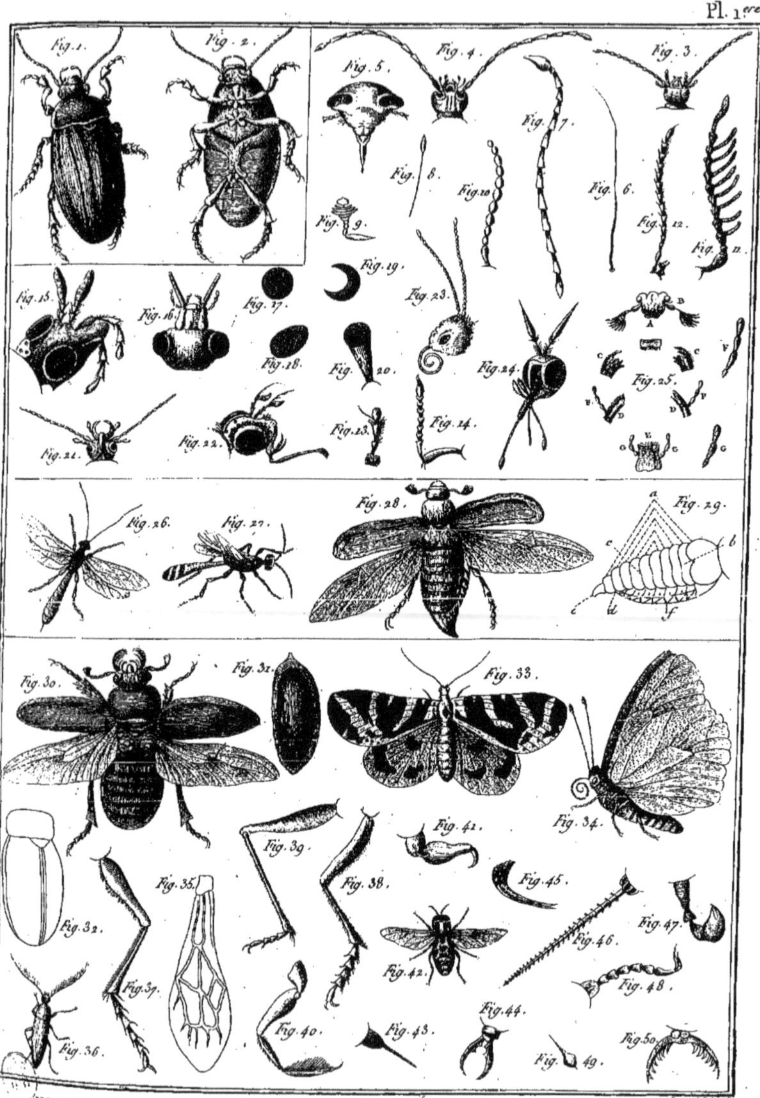

HISTOIRE NATURELLE, *Insectes, la Tête, la Poitrine, le Tronc, et les Membres.*

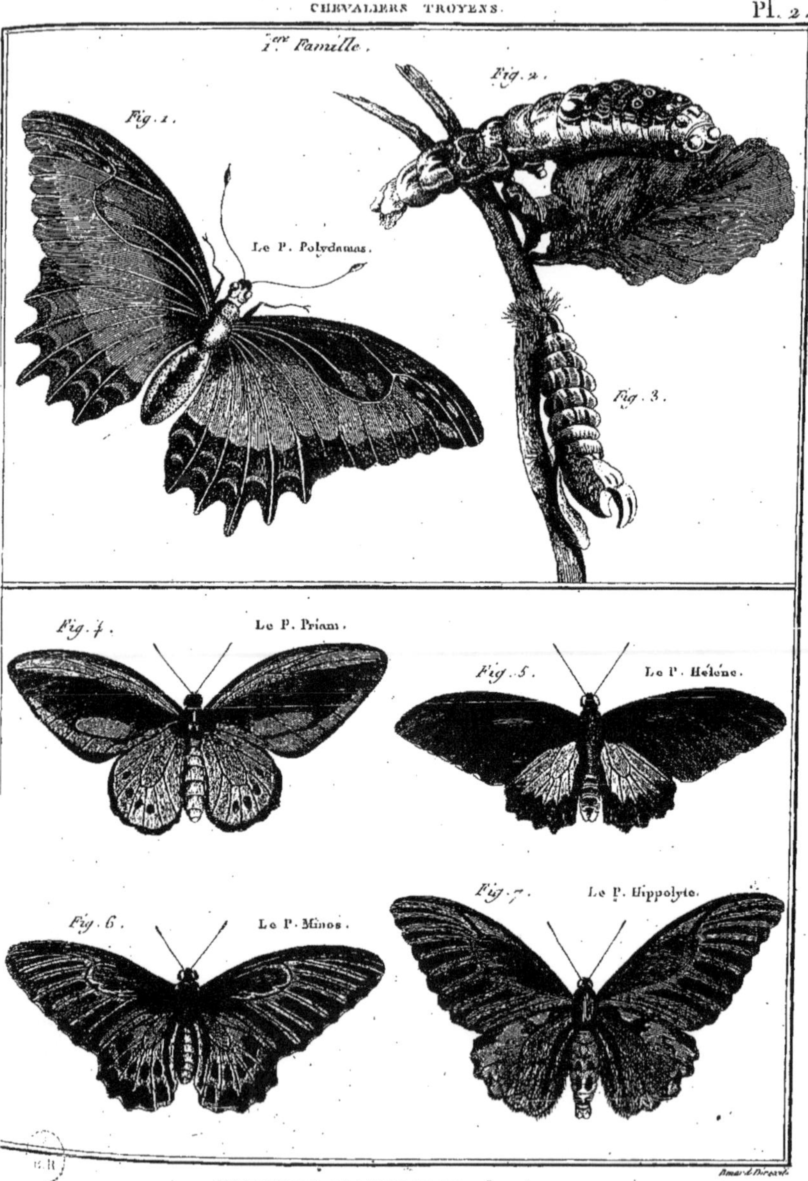
1.ere Famille.
Fig. 1.
Le P. Polydamas.
Fig. 2.
Fig. 3.
Fig. 4.
Le P. Priam.
Fig. 5.
Le P. Helène.
Fig. 6.
Le P. Minos.
Fig. 7.
Le P. Hippolyte.

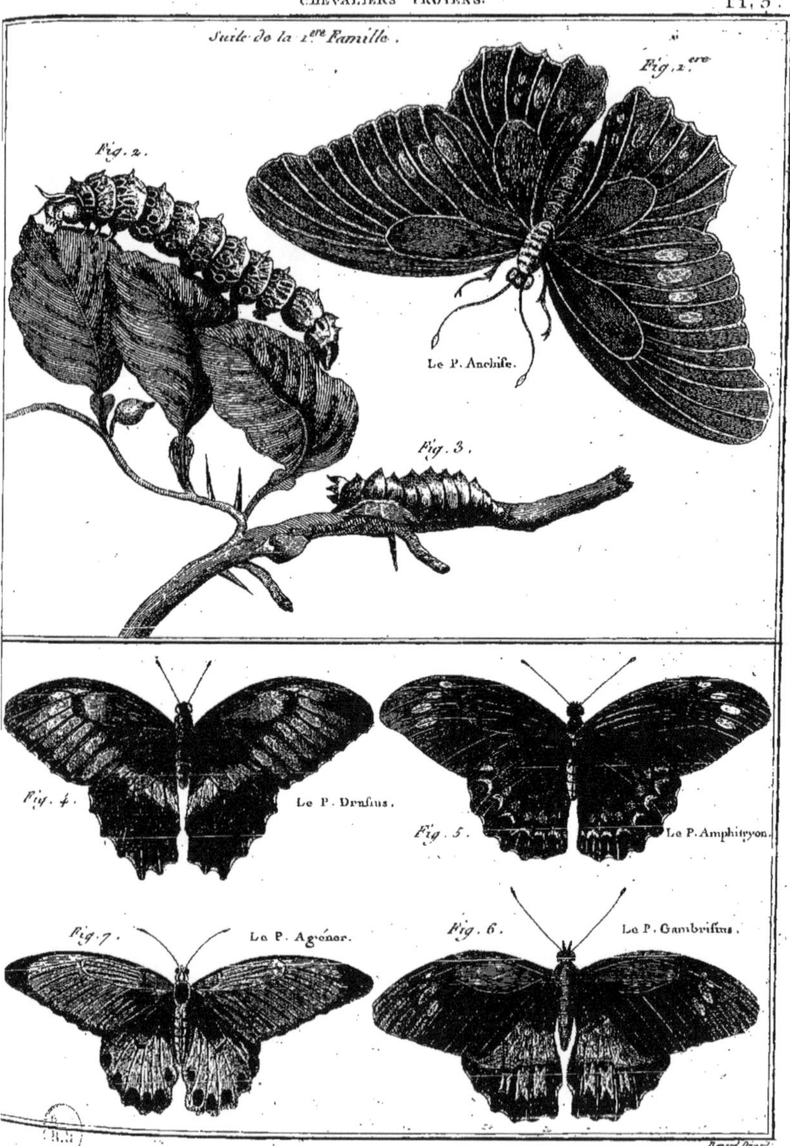

Benard Direxit.

HISTOIRE NATURELLE, *Insectes.*

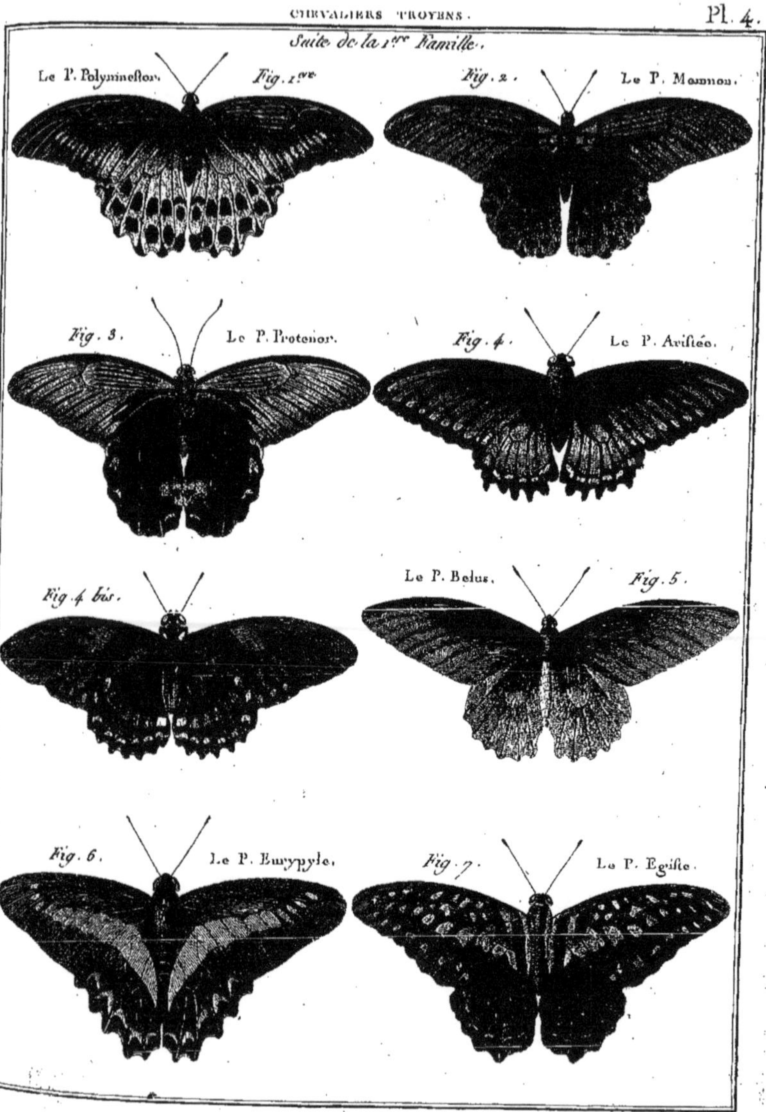
Suite de la 1.re Famille.
Le P. Polymnestor. Fig. 1.re
Fig. 2. Le P. Memnon.
Fig. 3. Le P. Protenor.
Fig. 4. Le P. Aristée.
Fig. 4 bis.
Le P. Belus. Fig. 5.
Fig. 6. Le P. Eurypyle.
Fig. 7. Le P. Egiste.

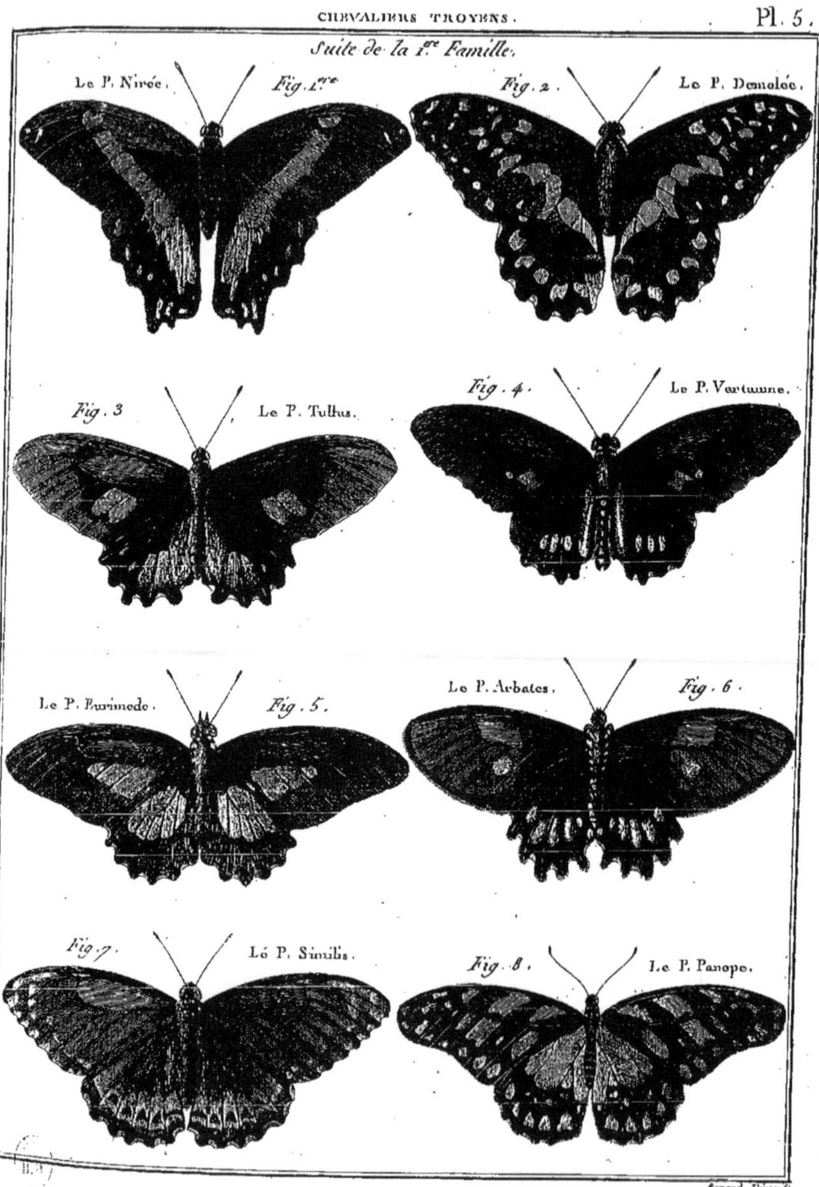
Suite de la 1.re Famille.
Le P. Nirée.
Fig. 1.re
Fig. 2.
Le P. Demolée.
Fig. 3
Le P. Tullus.
Fig. 4.
Le P. Vertumne.
Le P. Eurimede.
Fig. 5.
Le P. Arbates.
Fig. 6.
Fig. 7.
Le P. Similis.
Fig. 8.
Le P. Panope.
Benard Direxit

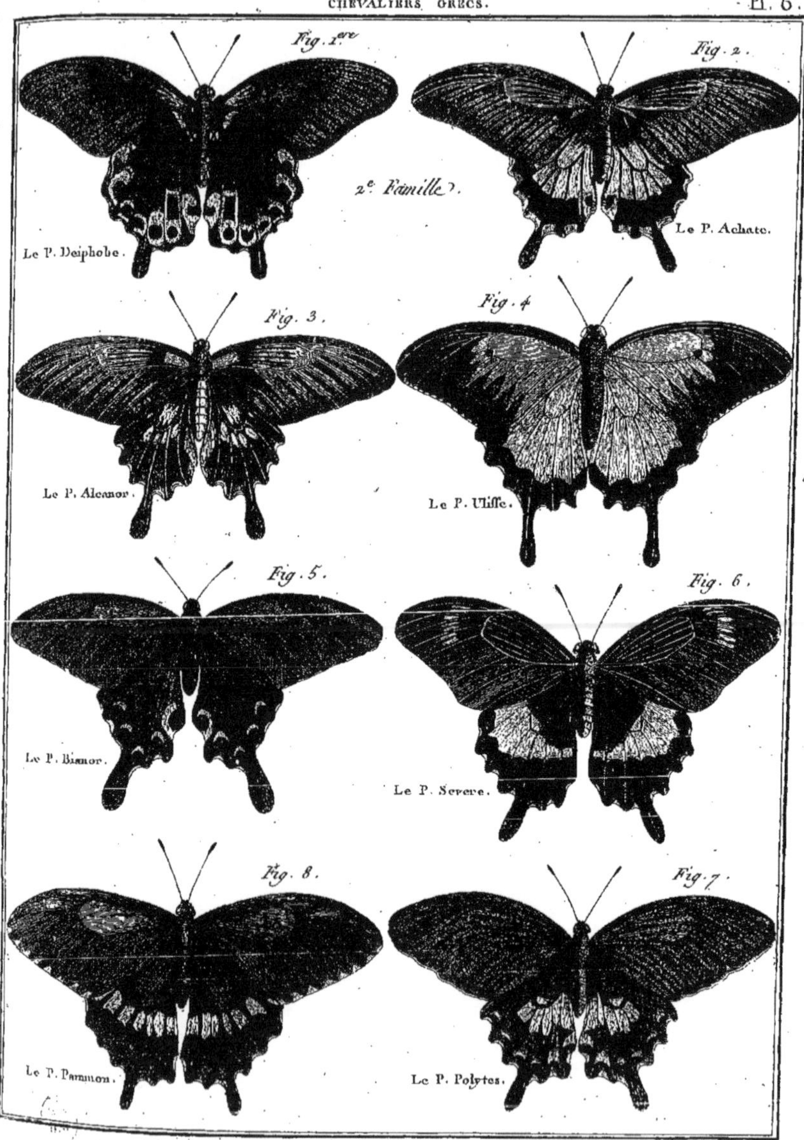

Benard Direxit.

HISTOIRE NATURELLE, *Insectes.*

Benard Direxit.

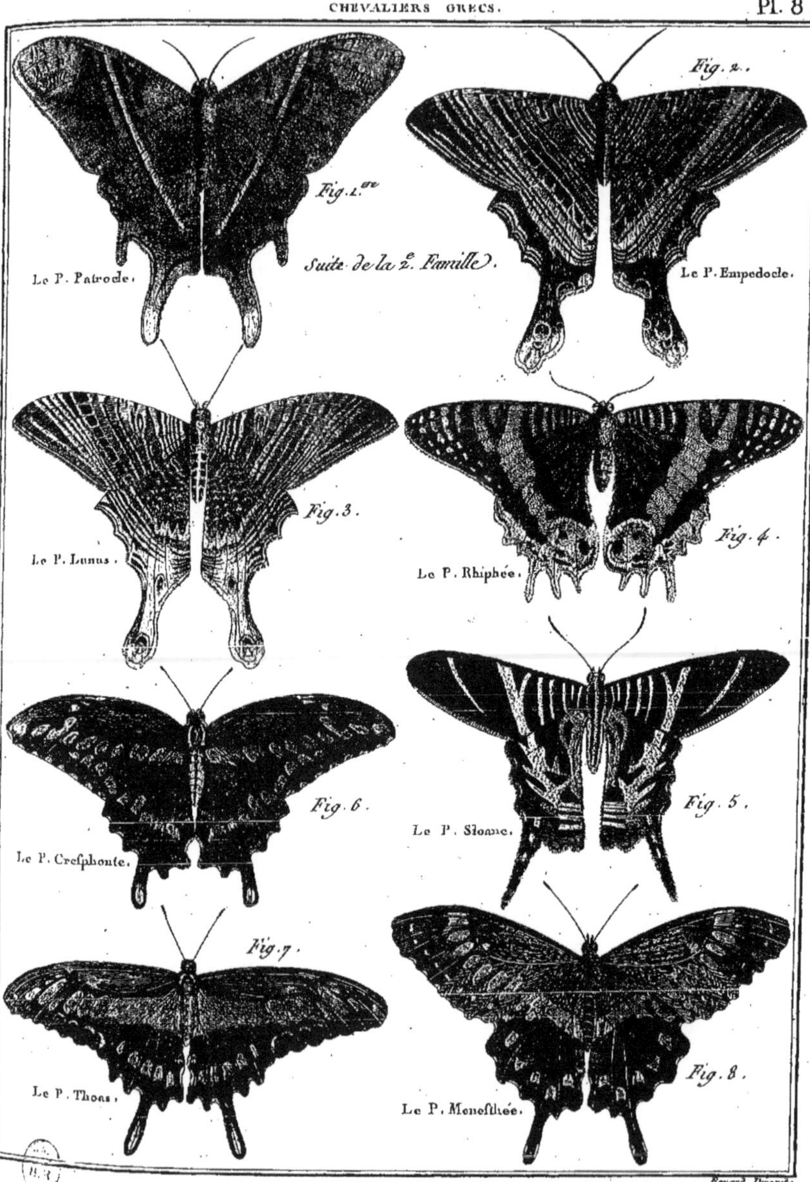

Benard Direxit.

HISTOIRE NATURELLE, *Insectes.*

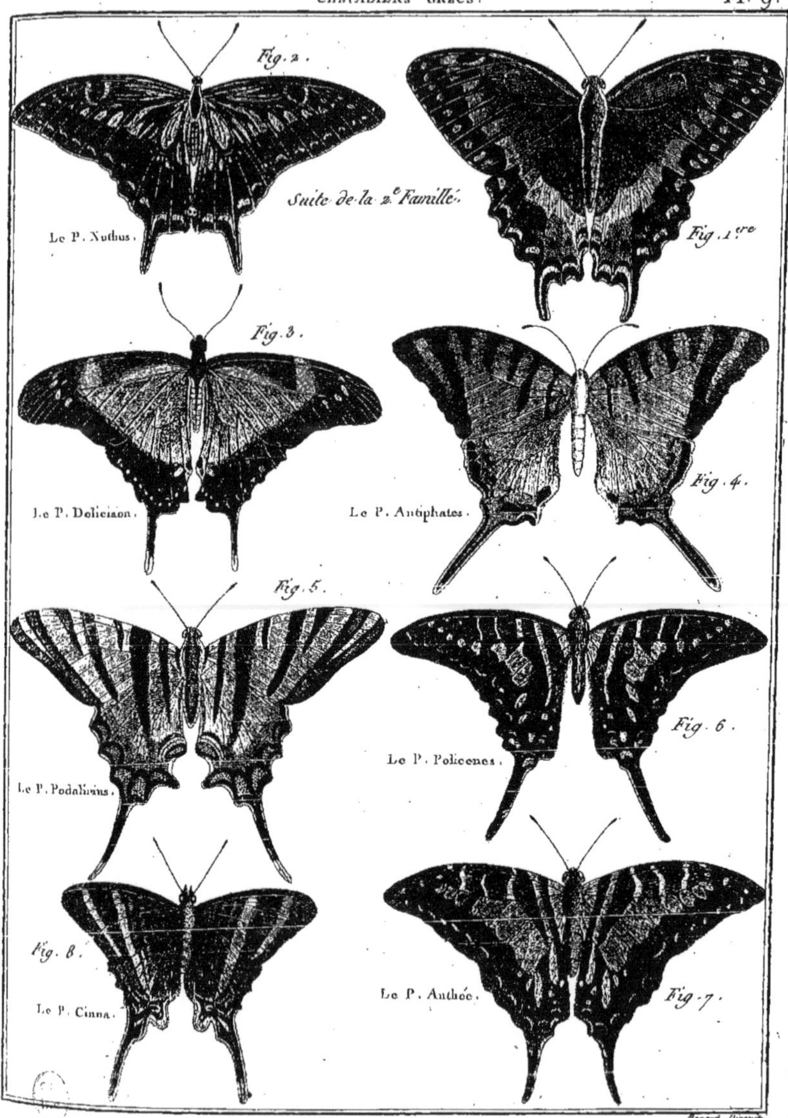

Benard Direxit.

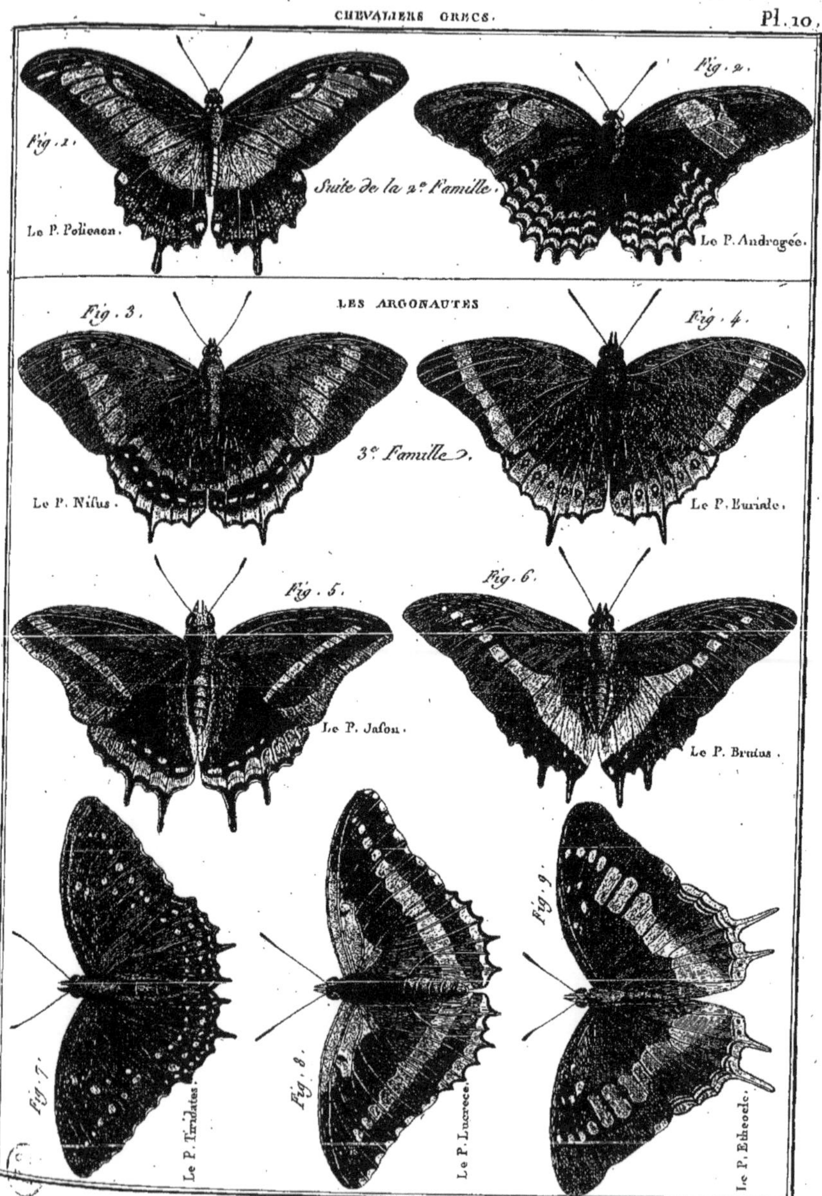

Benard Direxit.

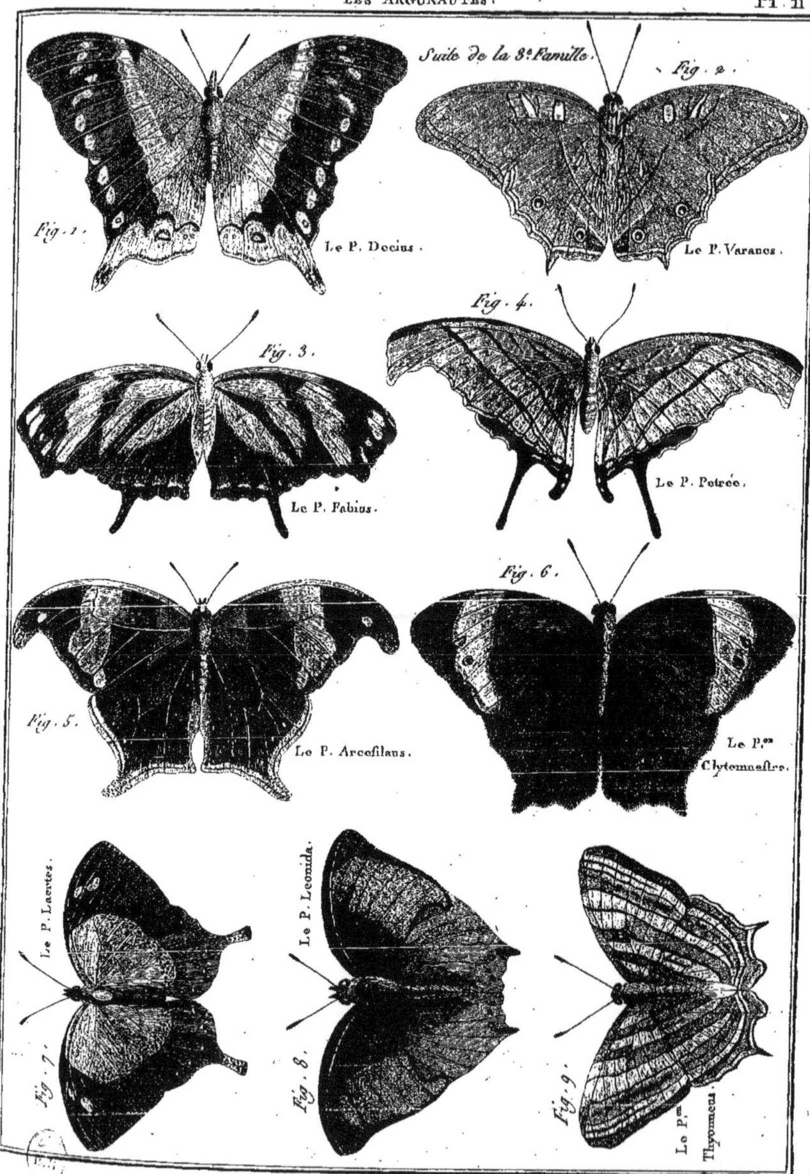
Suite de la 3e Famille.
Fig. 1.
Le P. Decius.
Fig. 2.
Le P. Varanes.
Fig. 3.
Le P. Fabius.
Fig. 4.
Le P. Petrée.
Fig. 5.
Le P. Arcesilaus.
Fig. 6.
Le P.on Clytemnestre.
Le P. Laertes.
Fig. 7.
Le P. Leonida.
Fig. 8.
Fig. 9.
Le P.on Thyomeus.

4.e Famille.

Fig. 2. Le P. Pylade.

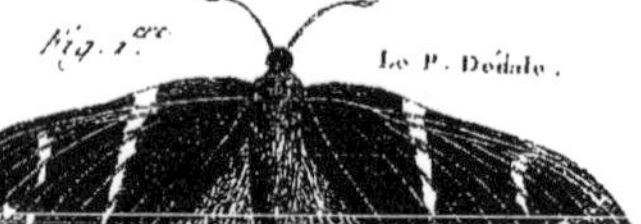

Fig. 1.ere Le P. Dédale.

Fig. 3. Le P. Icare.

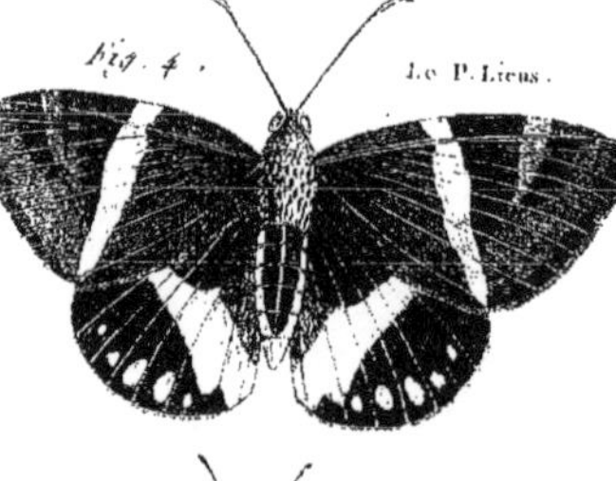

Fig. 4. Le P. Licus.

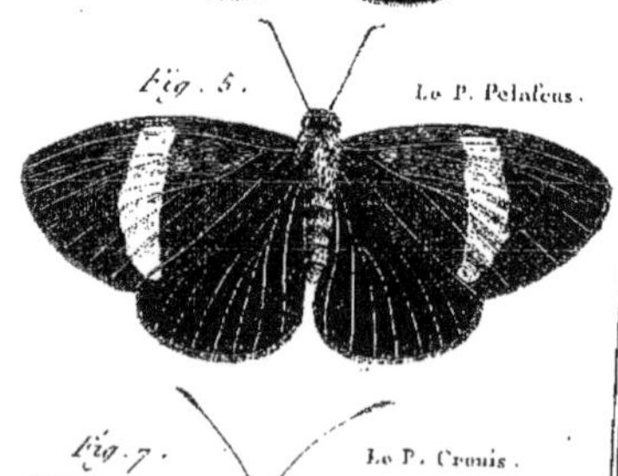

Fig. 5. Le P. Pelaſeus.

Fig. 6. Le P. Erycinie.

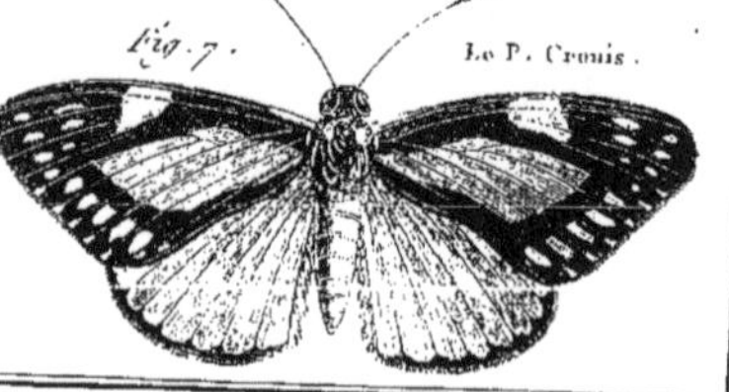

Fig. 7. Le P. Cronis.

Benard Direxit.

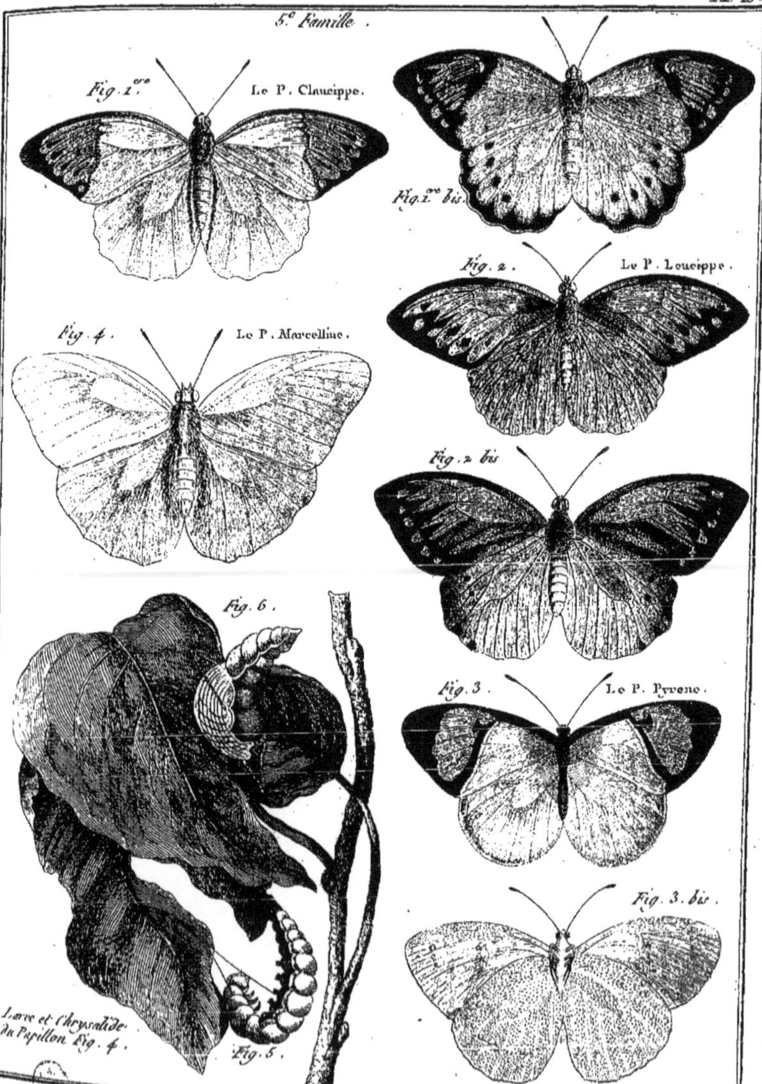

Bénard Direxit.

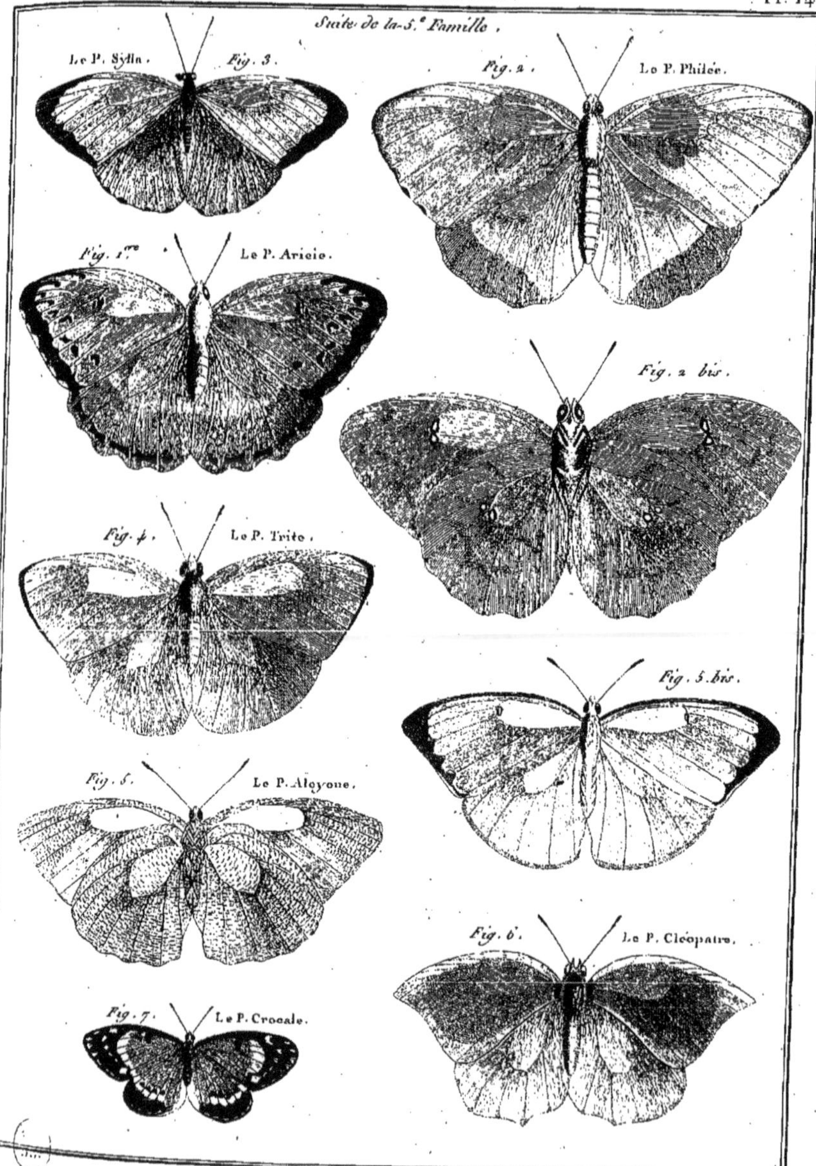

HISTOIRE NATURELLE, *Insectes.*

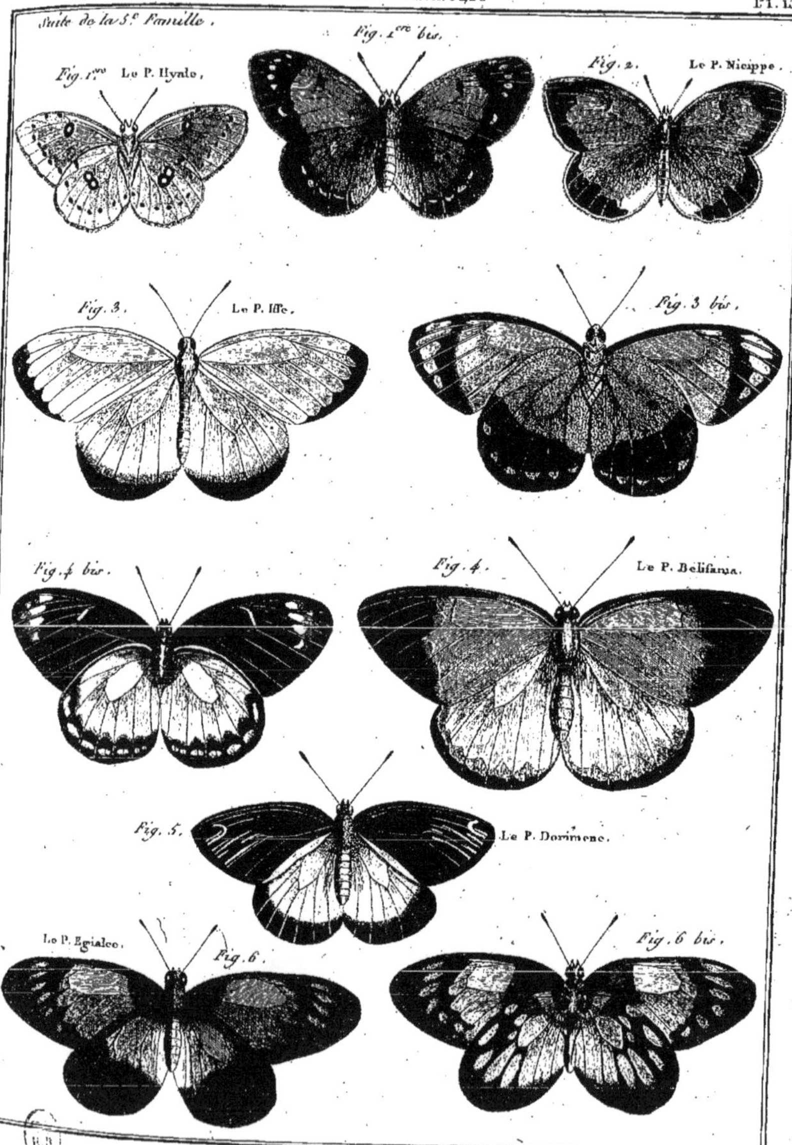
Suite de la 5.e Famille.
Fig. 1.ere Le P. Hyale.
Fig. 1.ere bis.
Fig. 2. Le P. Nicippe.
Fig. 3. Le P. Iffe.
Fig. 3 bis.
Fig. 4 bis.
Fig. 4. Le P. Belisama.
Fig. 5. Le P. Dorimene.
Le P. Egialee. Fig. 6.
Fig. 6 bis.

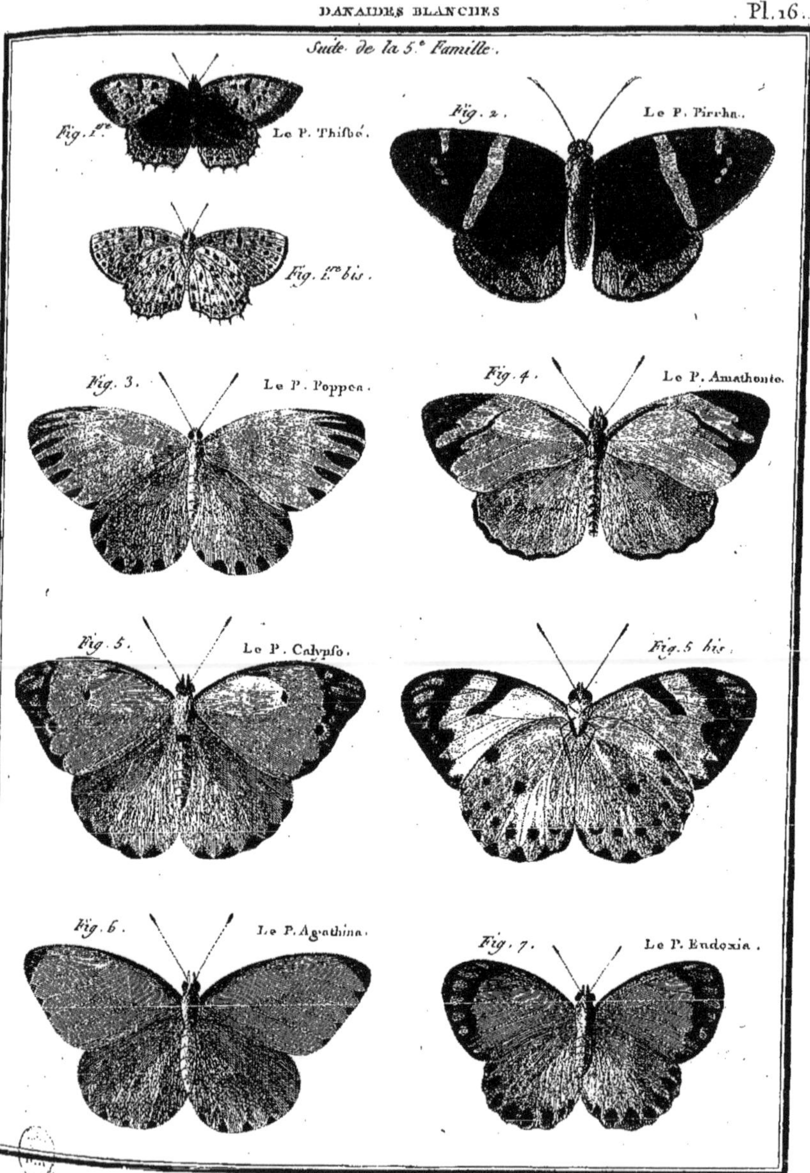

Benard Direxit.

HISTOIRE NATURELLE, *Insectes.*

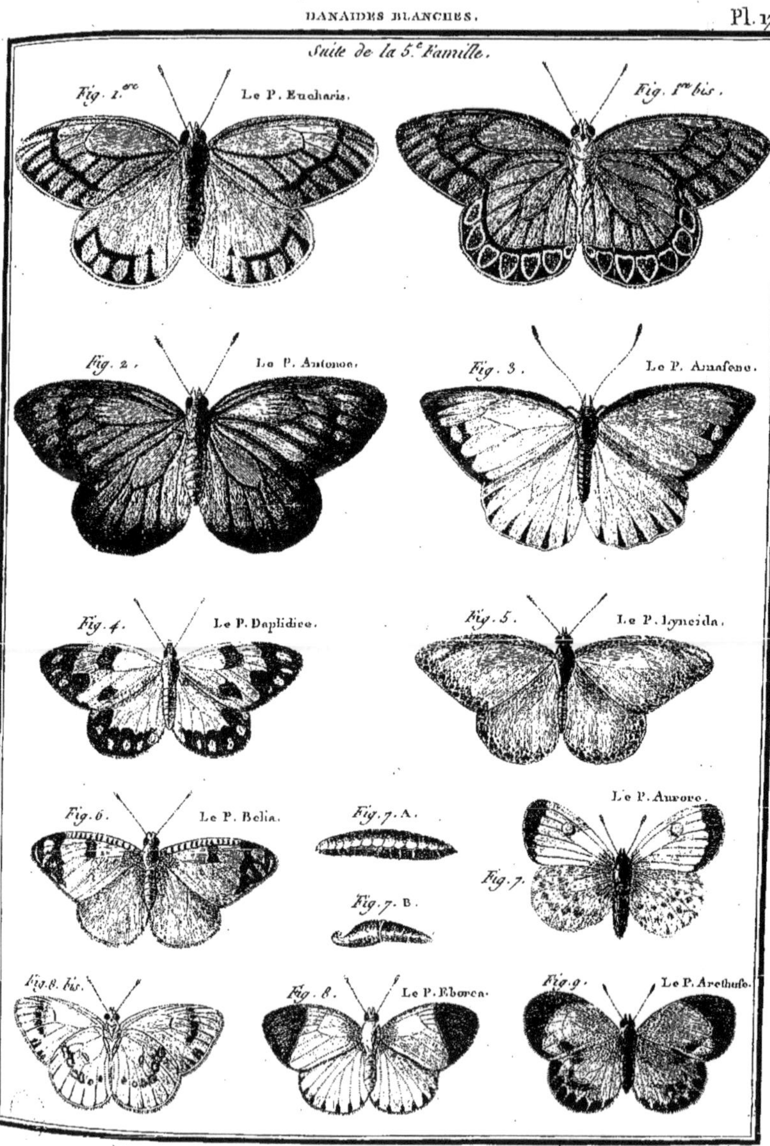

Benard Direxit.

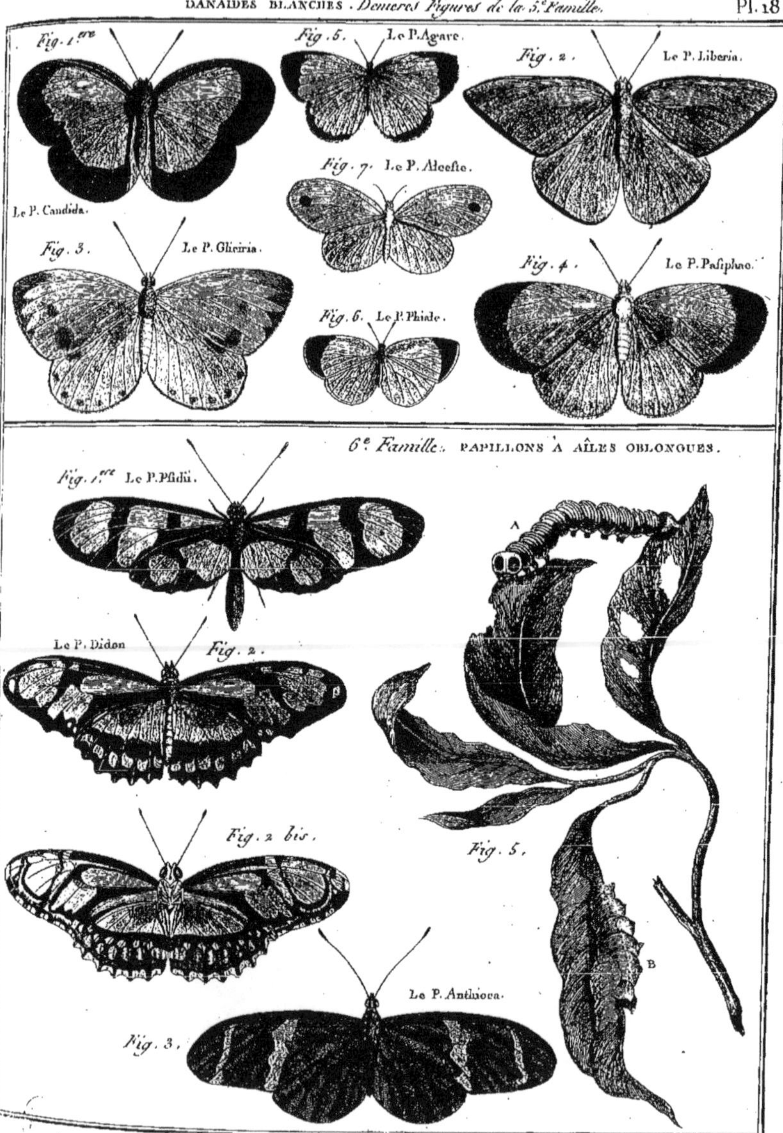
Fig. 1.ere
Le P. Candida.
Fig. 5. Le P. Agare.
Fig. 2. Le P. Liberia.
Fig. 7. Le P. Alceste.
Fig. 3. Le P. Gliciria.
Fig. 4. Le P. Pasiphae.
Fig. 6. Le P. Phiale.
6.e Famille. PAPILLONS A AÎLES OBLONGUES.
Fig. 1.ere Le P. Psidii.
Le P. Didon Fig. 2.
Fig. 2 bis.
A
Fig. 5.
B
Le P. Anthioca.
Fig. 3.
Benard Direxit

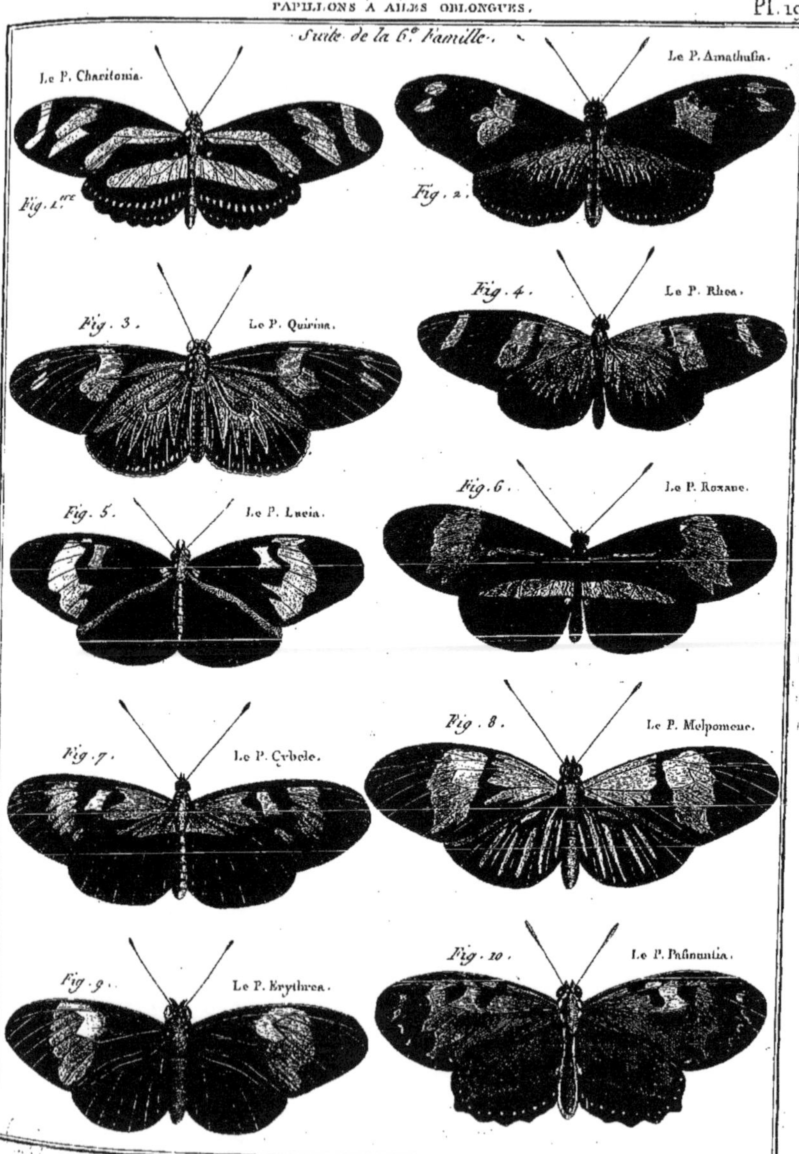

Bénard Direxit

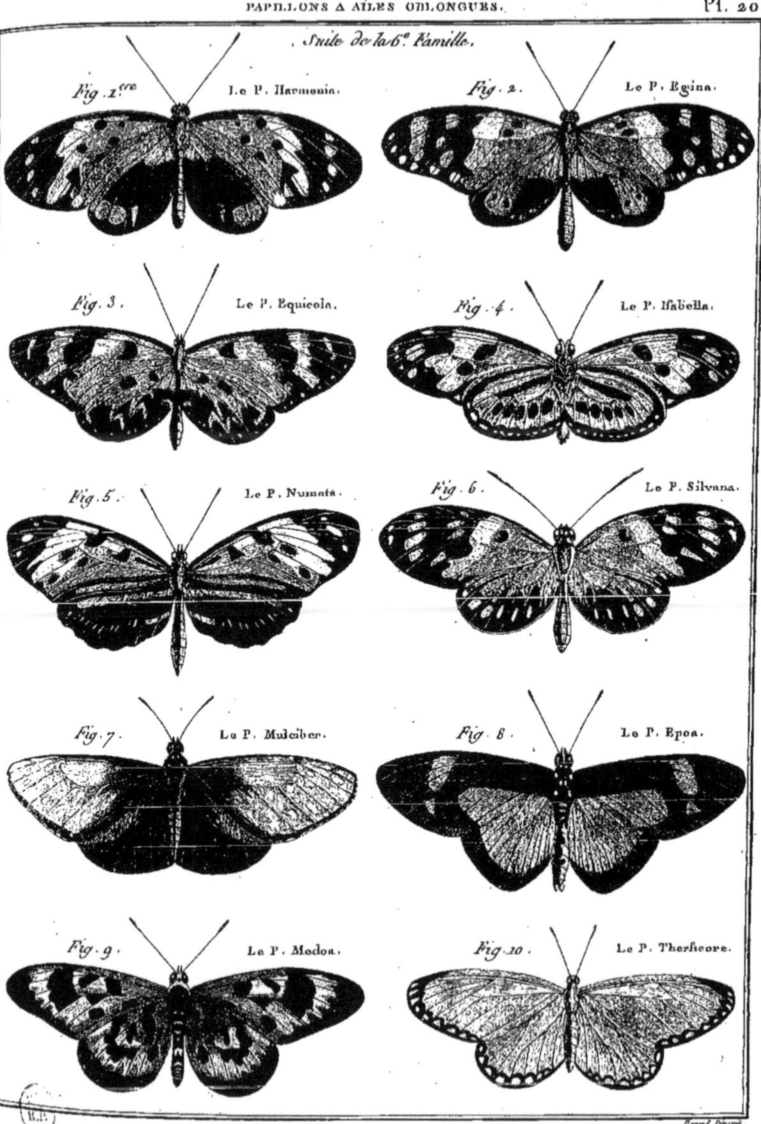

HISTOIRE NATURELLE, *Insectes.*

Benard Direxit.

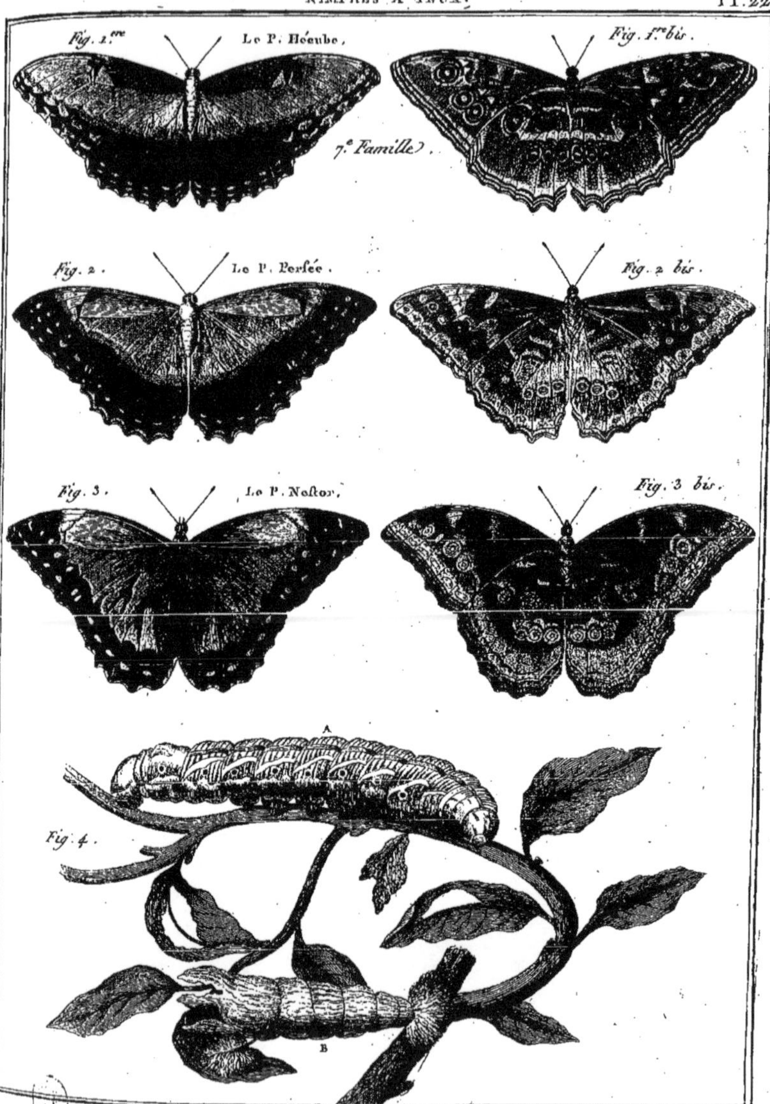

Benard Direxit.

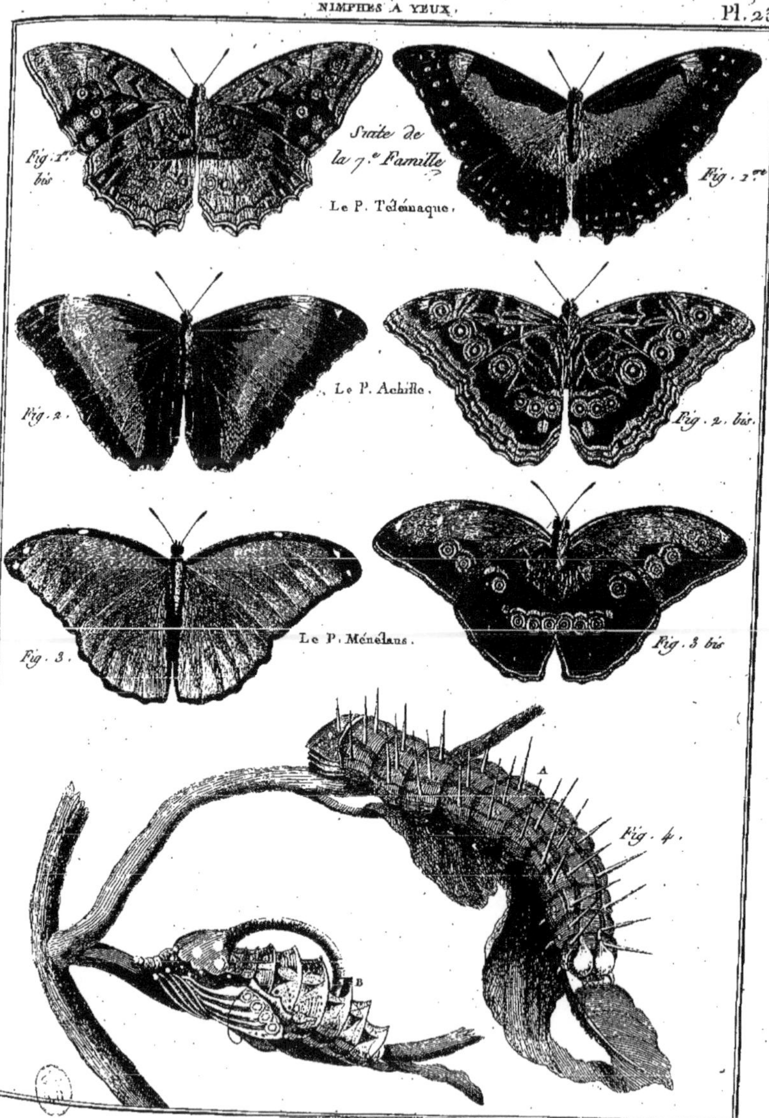

Benard Direxit.

HISTOIRE NATURELLE, *Insectes.*

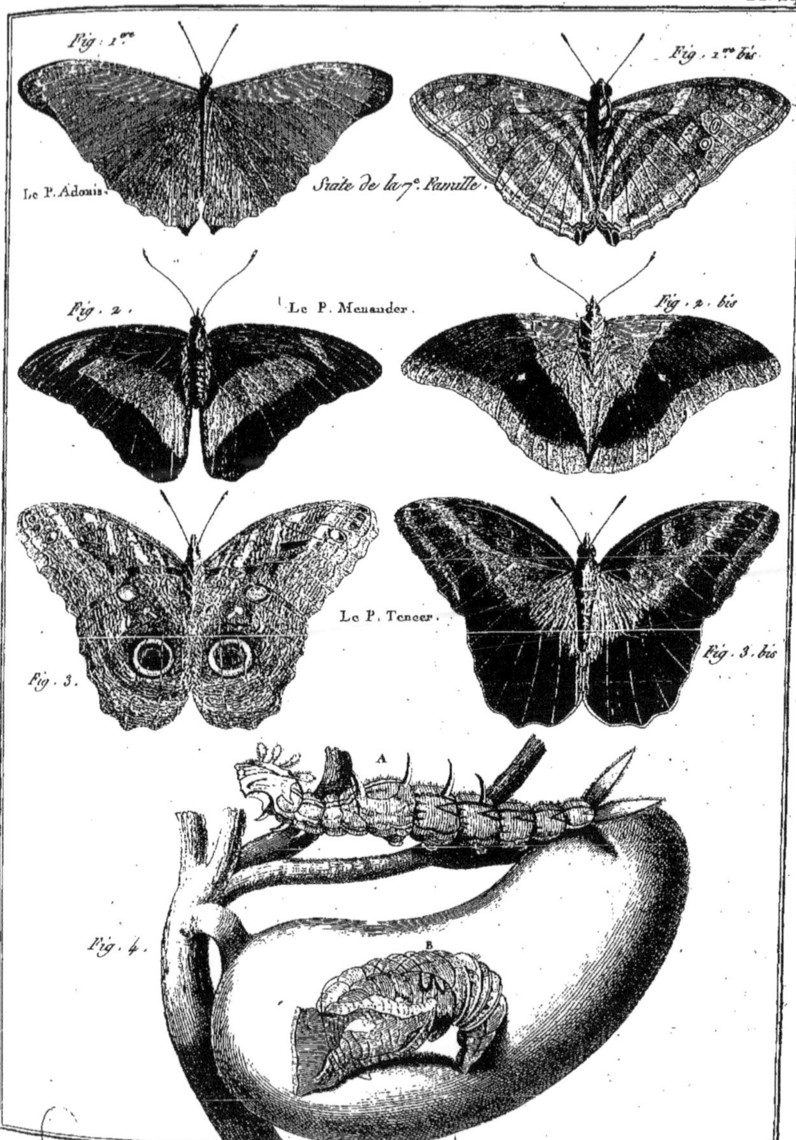

Benard Direxit

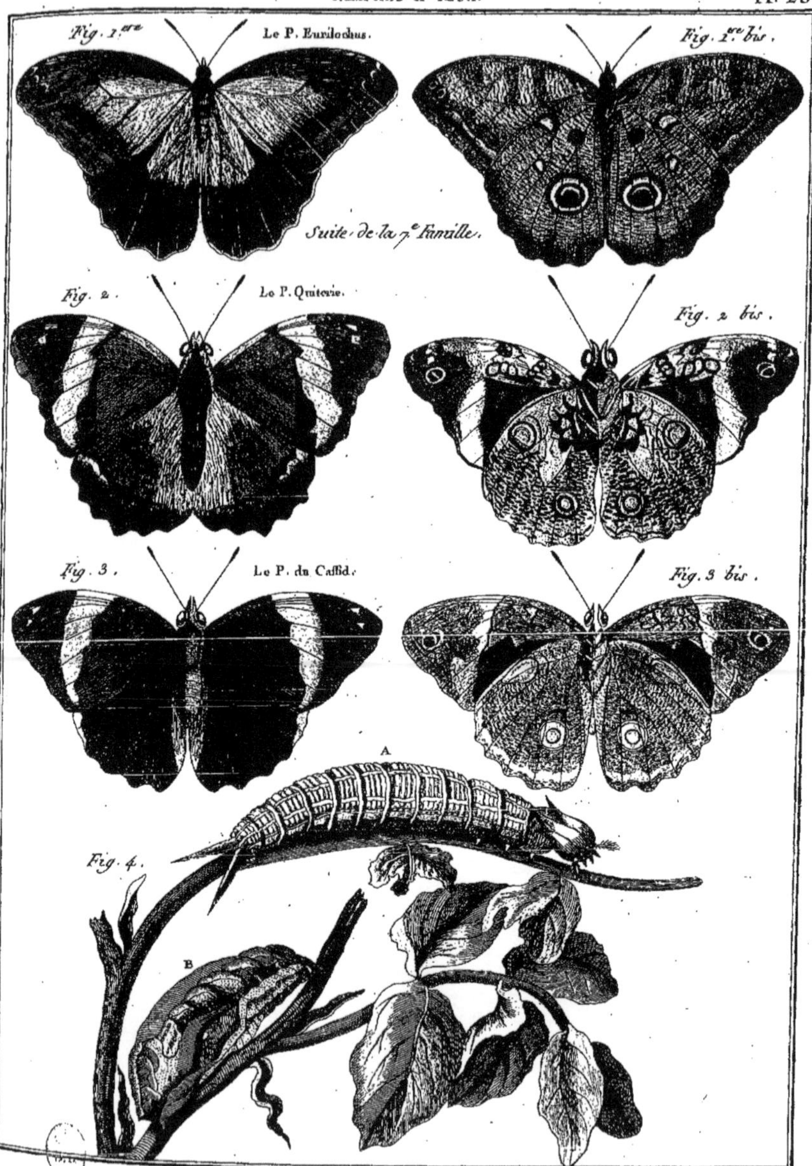

HISTOIRE NATURELLE, *Insectes*.

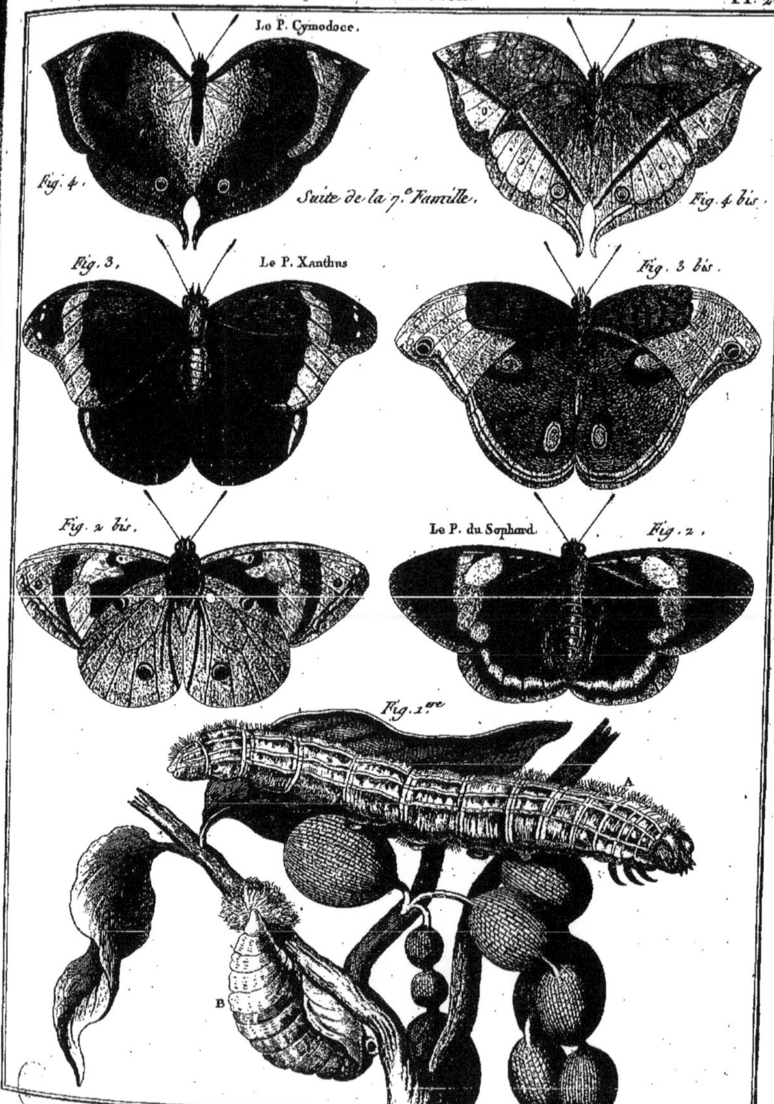
Le P. Cymodoce.
Fig. 4.
Suite de la 7.e Famille.
Fig. 4 bis.
Fig. 3.
Le P. Xanthus
Fig. 3 bis.
Fig. 2 bis.
Le P. du Sophord.
Fig. 2.
Fig. 1.ere
A
B

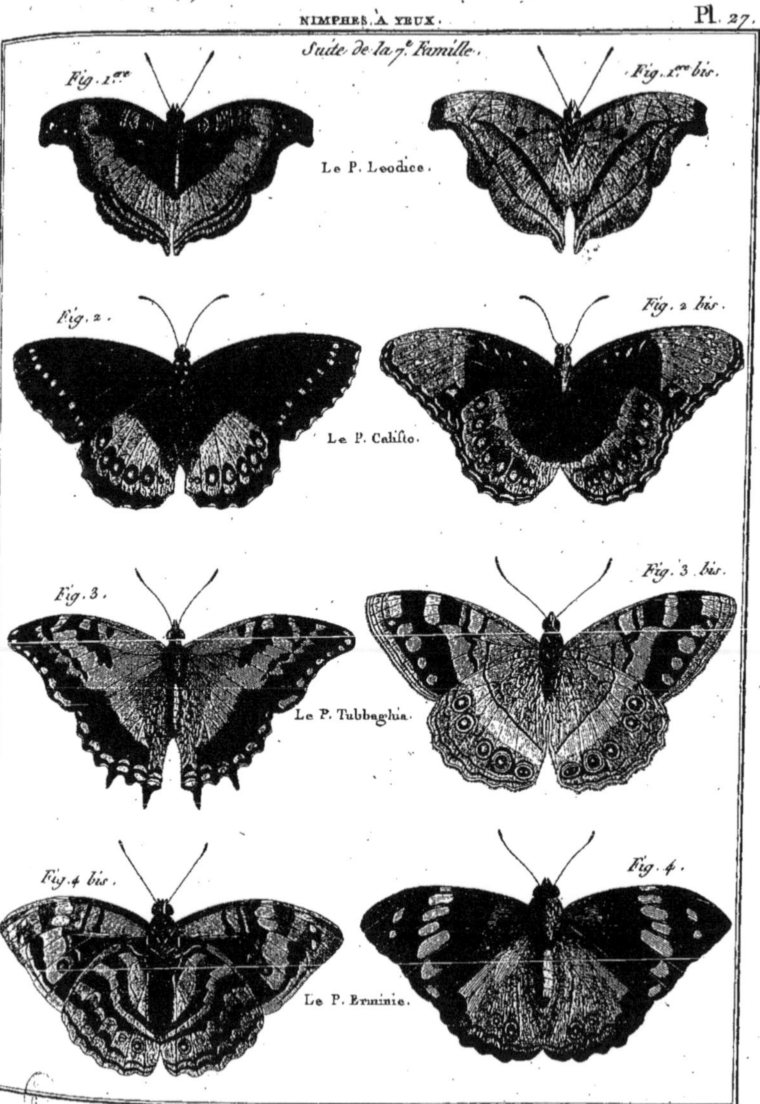
Suite de la 7.e Famille.
Fig. 1.ere
Fig. 1.ere bis.
Le P. Leodice.
Fig. 2.
Fig. 2 bis.
Le P. Calisto.
Fig. 3.
Fig. 3. bis.
Le P. Tubbaghia.
Fig. 4 bis.
Fig. 4.
Le P. Erminie.
Benard Direxit.

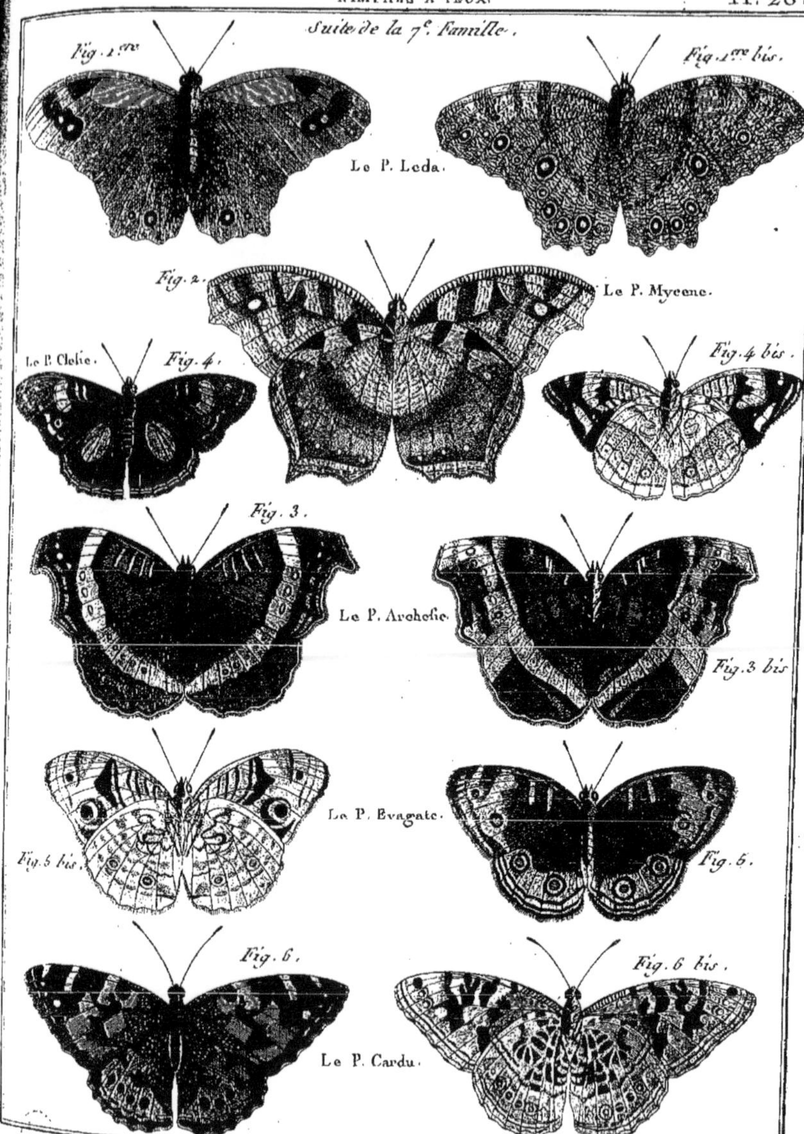
Suite de la 7e. Famille.
Fig. 1.re
Fig. 1.re bis.
Le P. Leda.
Fig. 2.
Le P. Mycene.
Le P. Clelie.
Fig. 4.
Fig. 4 bis.
Fig. 3.
Le P. Archesie.
Fig. 3 bis.
Le P. Evagate.
Fig. 5 bis.
Fig. 5.
Fig. 6.
Fig. 6 bis.
Le P. Cardu.
Benard Direxit.

Suite de la 7.e Famille.
Fig. 1.ere
Fig. 1.ere bis.
Le P. Atalante.
Fig. 2.
Fig. 2 bis.
Le P. Laothoe.
Fig. 3.
Fig. 3 bis.
Le P. Erigone.
Fig. 4.
Fig. 4 bis.
Le P. Amathée.
Fig. 5.
Fig. 5 bis.
Le P. Octavie.
Benard Direxit

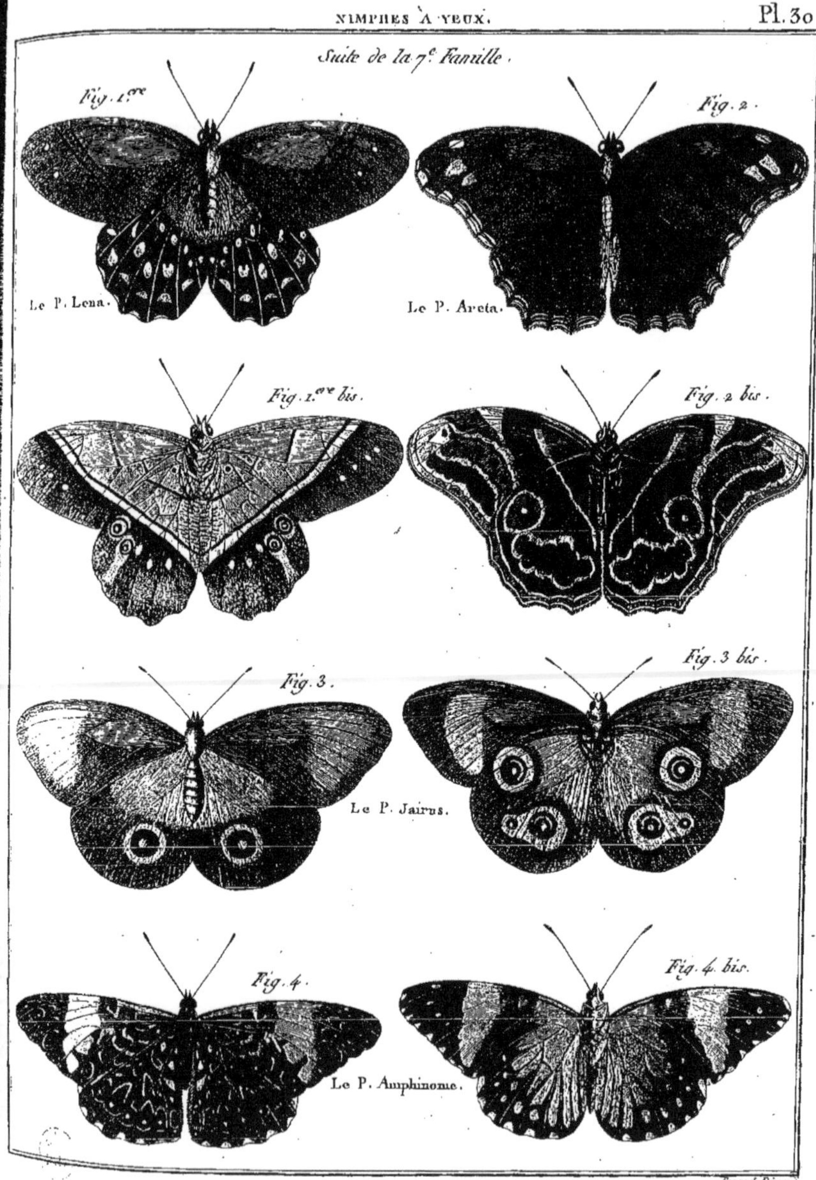
Suite de la 7.e Famille.
Fig. 1.ere
Fig. 2.
Le P. Lena.
Le P. Areta.
Fig. 1.ere bis.
Fig. 2 bis.
Fig. 3.
Fig. 3 bis.
Le P. Jairus.
Fig. 4.
Fig. 4. bis.
Le P. Amphinome.
Benard Direxit

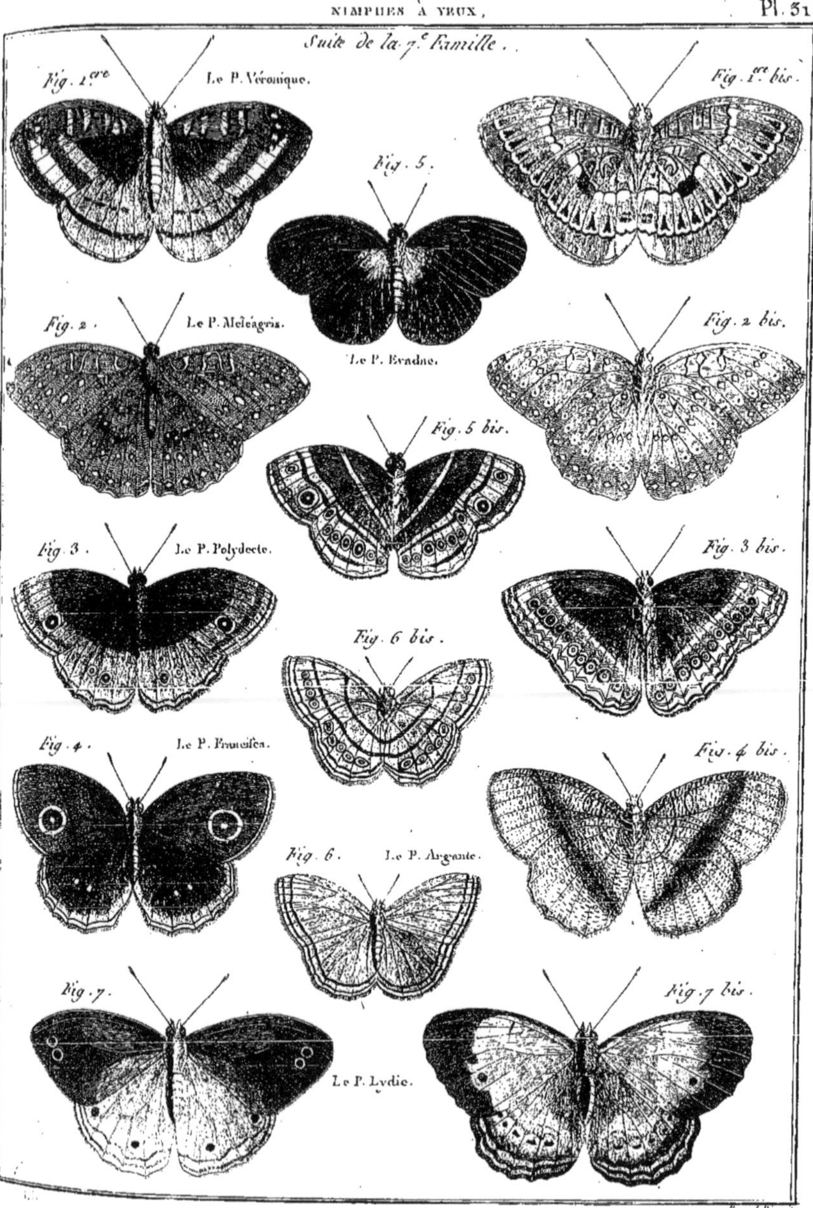
Suite de la 7.e Famille.
Fig. 1.ere
Le P. Véronique.
Fig. 1.ere bis.
Fig. 5.
Fig. 2.
Le P. Meléagris.
Le P. Evadne.
Fig. 2 bis.
Fig. 5 bis.
Fig. 3.
Le P. Polydecte.
Fig. 3 bis.
Fig. 6 bis.
Fig. 4.
Le P. Francisca.
Fig. 4 bis.
Fig. 6.
Le P. Argante.
Fig. 7.
Fig. 7 bis.
Le P. Lydie.

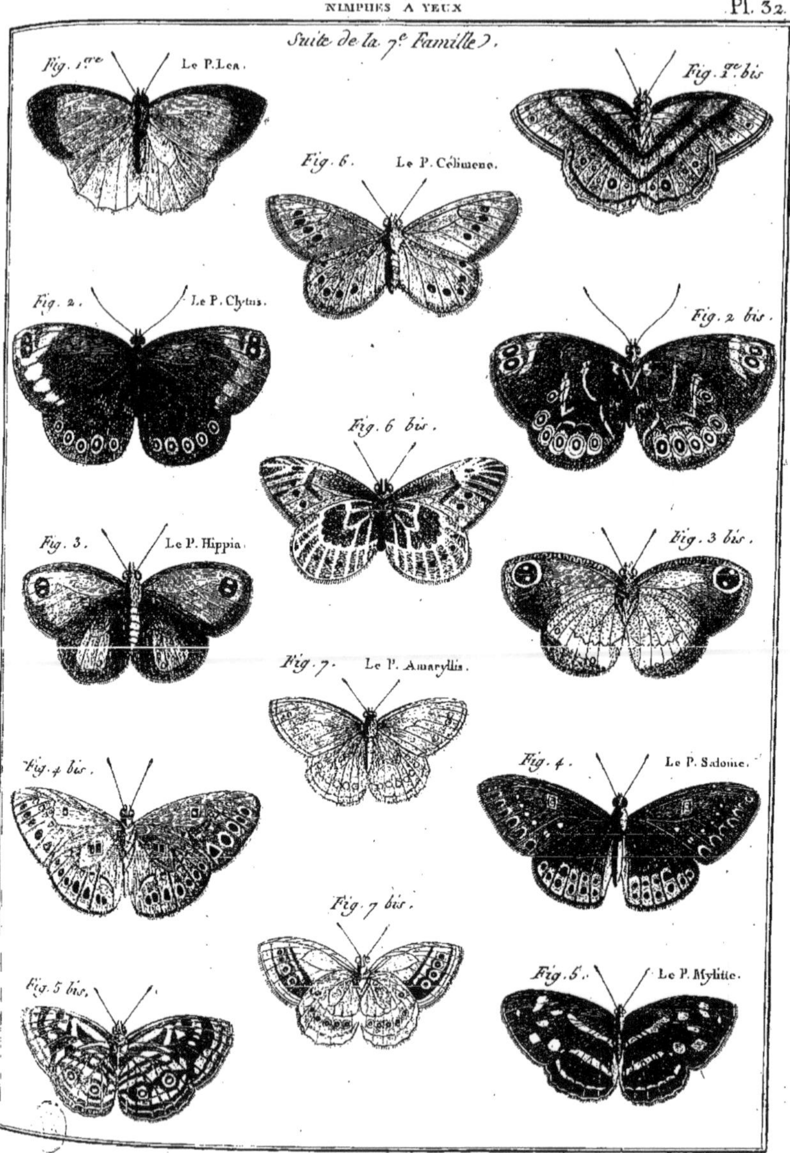
Suite de la 7e Famille.
Fig. 1re Le P. Lea.
Fig. 1re bis
Fig. 6. Le P. Célimene.
Fig. 2. Le P. Clytus.
Fig. 2 bis.
Fig. 6 bis.
Fig. 3. Le P. Hippia.
Fig. 3 bis.
Fig. 7. Le P. Amaryllis.
Fig. 4 bis.
Fig. 4. Le P. Salome.
Fig. 7 bis.
Fig. 5 bis.
Fig. 5. Le P. Mylitte.
Benard Direxit

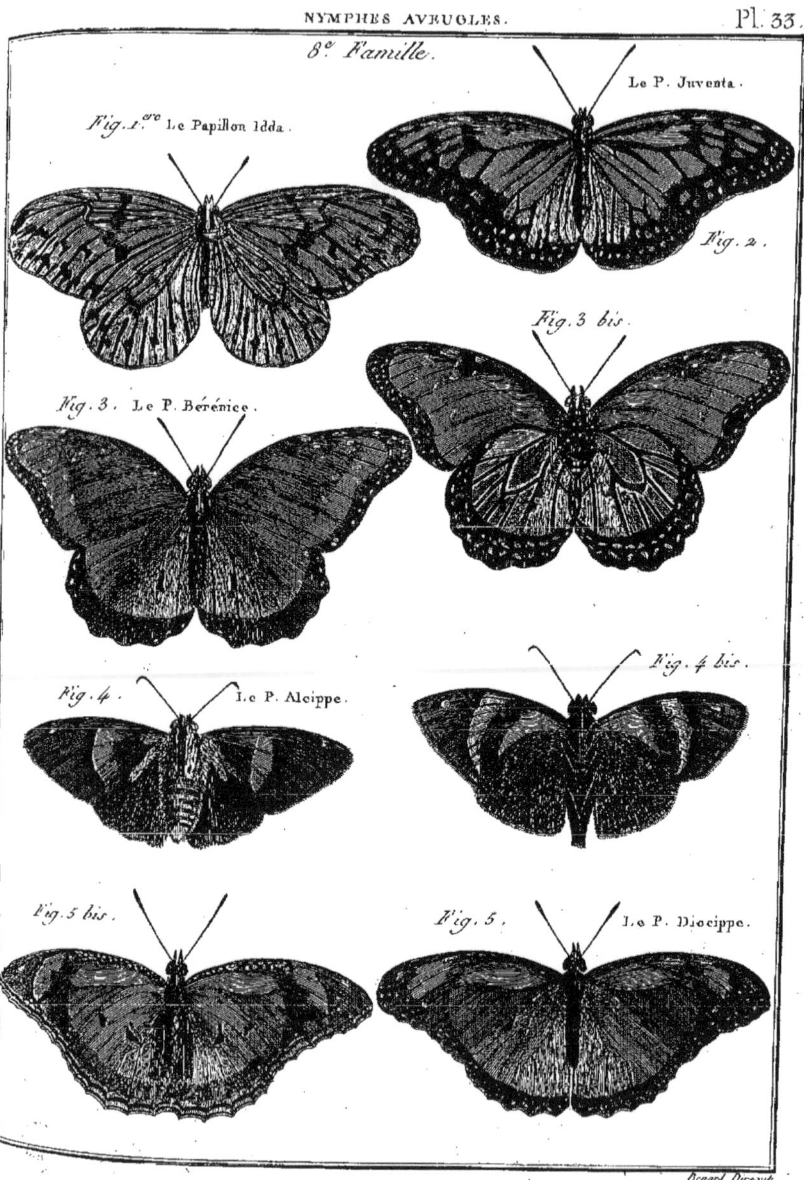
8.e Famille.
Fig. 1.ere Le Papillon Idda.
Le P. Juventa.
Fig. 2.
Fig. 3 bis.
Fig. 3. Le P. Berénice.
Fig. 4. Le P. Alcippe.
Fig. 4 bis.
Fig. 5 bis.
Fig. 5. Le P. Diocippe.
Benard Direxit

Benard Direxit.

Suite de la 8e Famille.

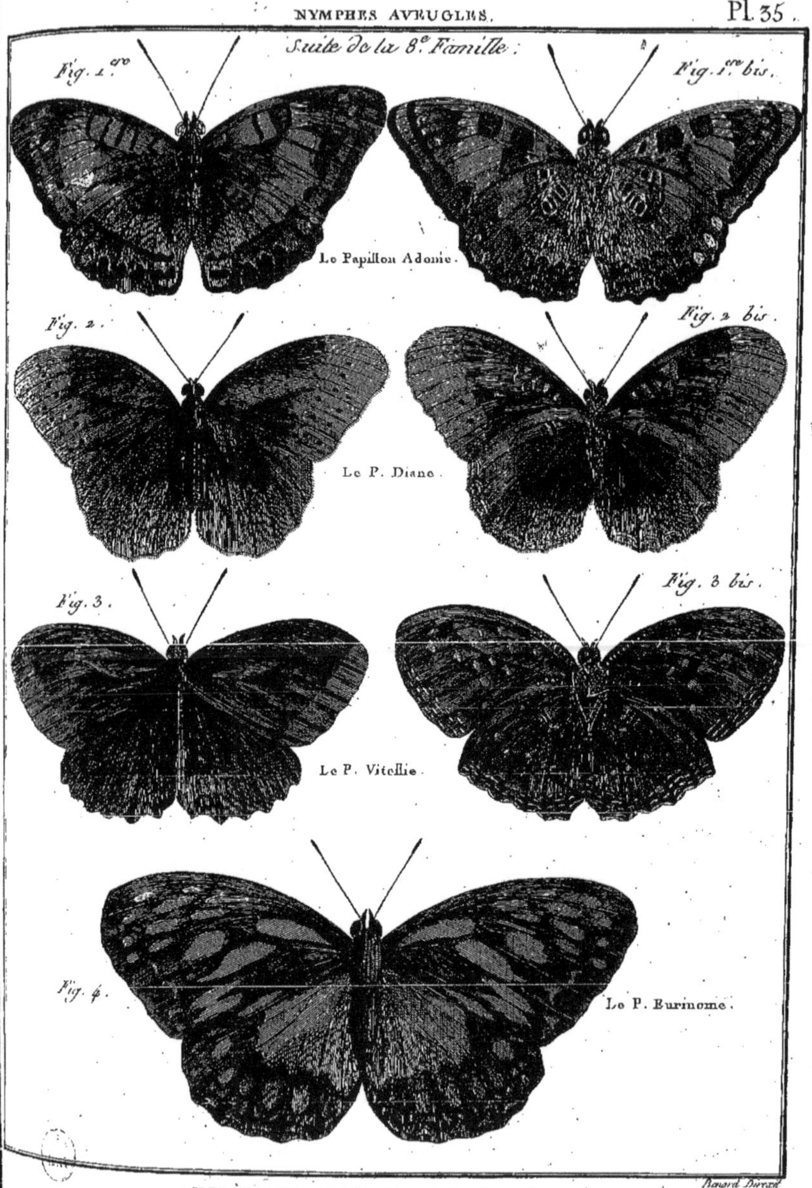

Benard Direxit

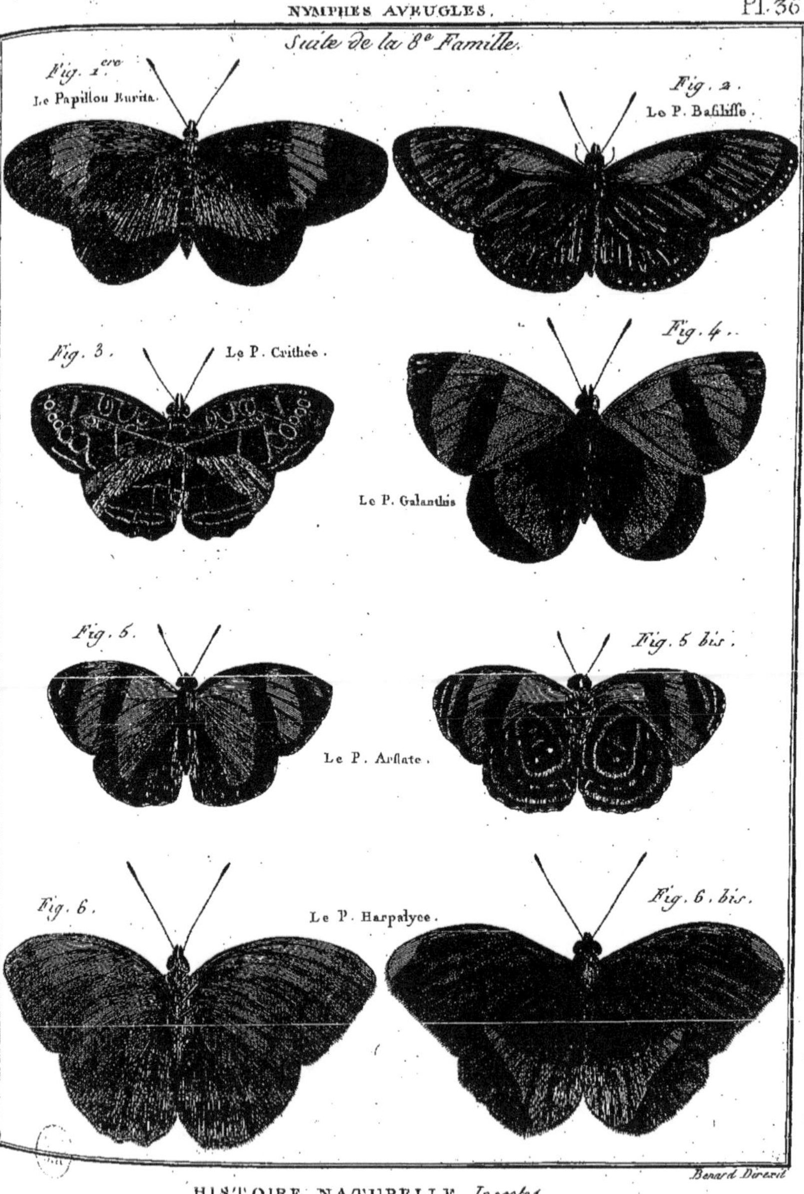

Benard Direxit

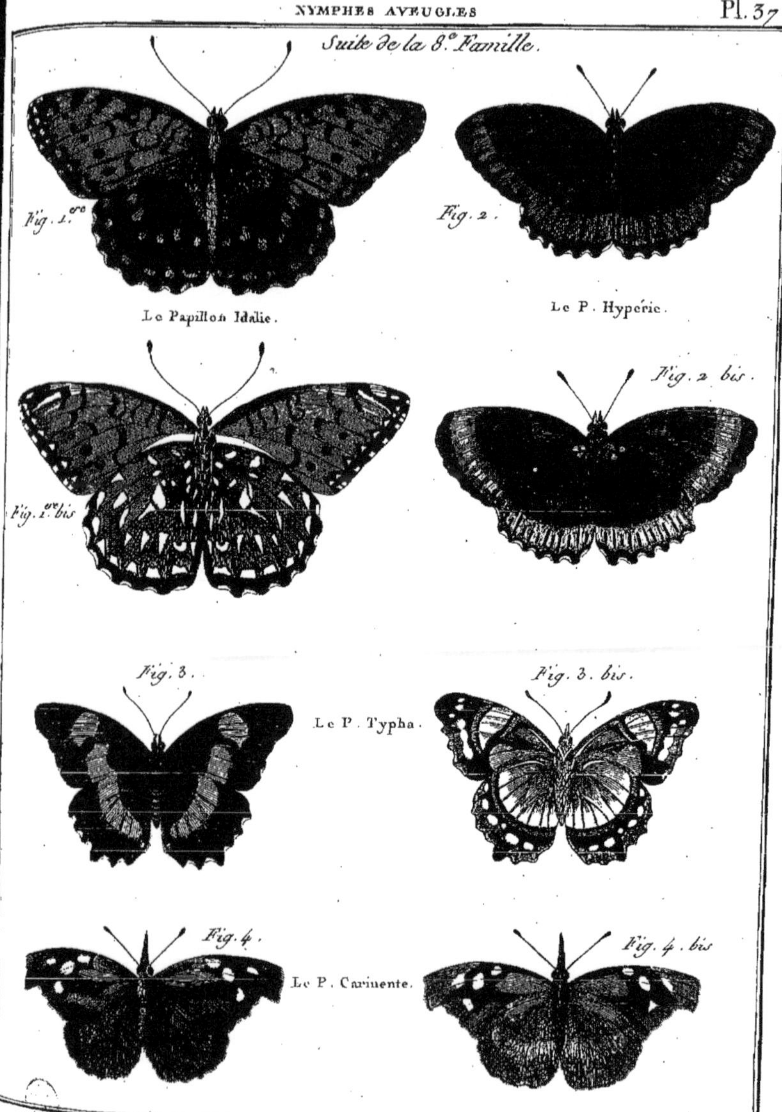
Suite de la 8.e Famille.
Fig. 1.ere
Fig. 2.
Le Papillon Idalie.
Le P. Hypéric.
Fig. 2 bis.
Fig. 1.ere bis
Fig. 3.
Fig. 3. bis.
Le P. Typha.
Fig. 4.
Fig. 4. bis
Le P. Carinente.
Benard Direxit

Benard Direxit.

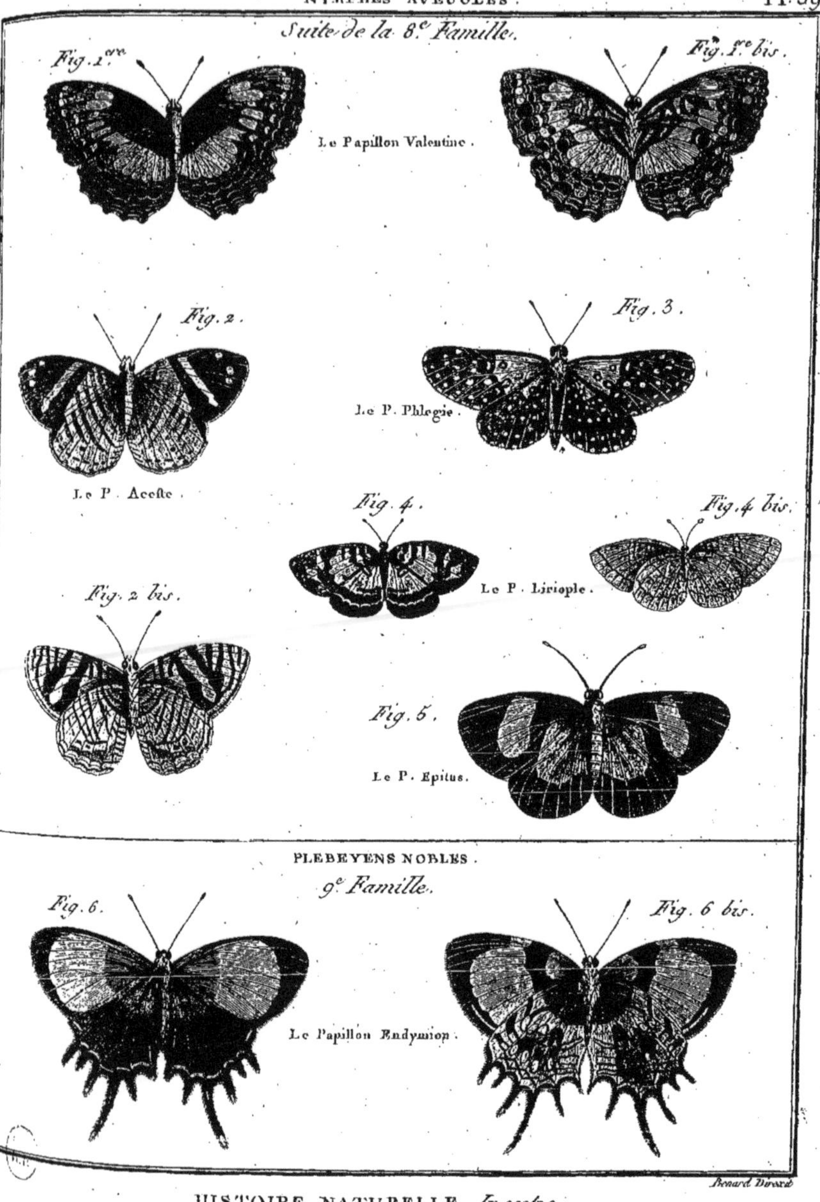

HISTOIRE NATURELLE, *Insectes.*

Benard Direxit

HISTOIRE NATURELLE, *Insectes.*

HISTOIRE NATURELLE, *Insectes*.

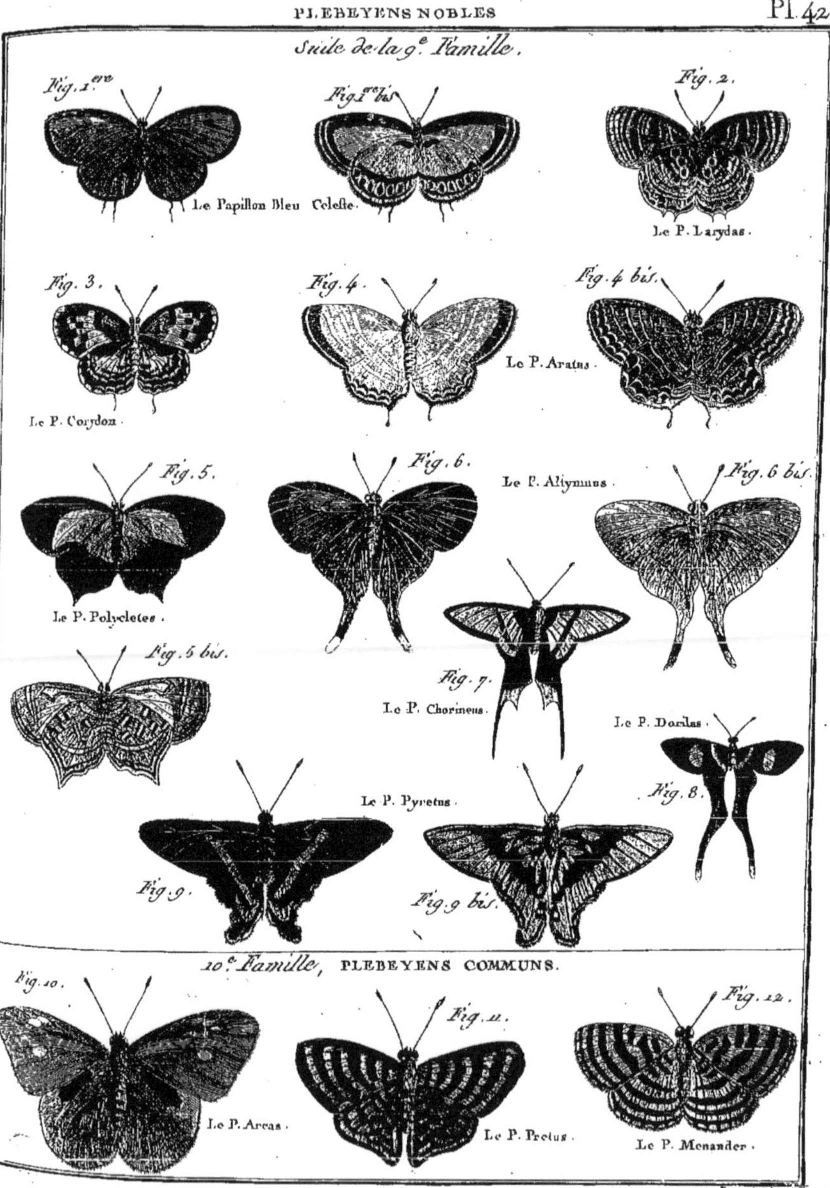
Suite de la 9.e Famille.
Fig. 1.ere
Fig. 1.ere bis
Le Papillon Bleu Celeste.
Fig. 2.
Le P. Larydas.
Fig. 3.
Le P. Corydon.
Fig. 4.
Le P. Aratus.
Fig. 4 bis.
Fig. 5.
Le P. Polycletes.
Fig. 6.
Le P. Aliymnus.
Fig. 6 bis.
Fig. 5 bis.
Fig. 7.
Le P. Chorineus.
Le P. Dorilas.
Fig. 8.
Le P. Pyretus.
Fig. 9.
Fig. 9 bis.
10.e Famille, PLEBEYENS COMMUNS.
Fig. 10.
Le P. Arcas.
Fig. 11.
Le P. Pretus.
Fig. 12.
Le P. Menander.
Benard Direxit

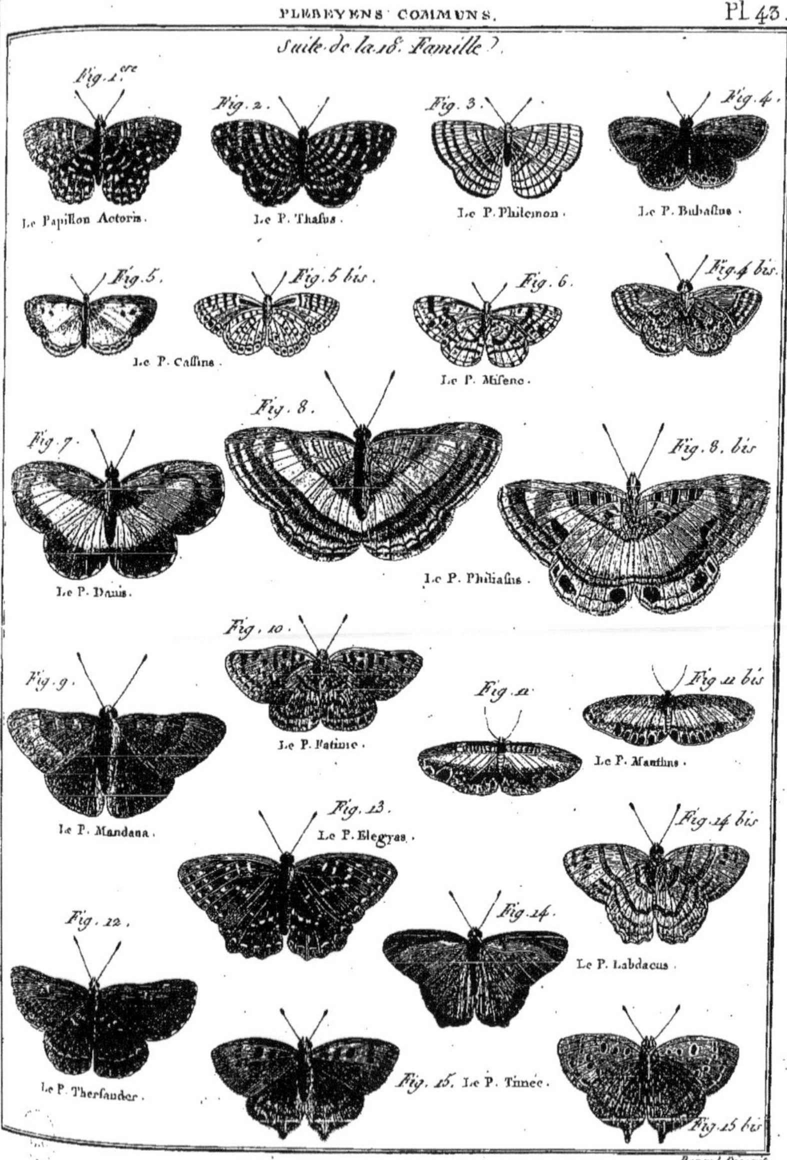
Suite de la 18e. Famille.
Fig. 1.ere
Fig. 2.
Fig. 3.
Fig. 4.
Le Papillon Actoris.
Le P. Thafus.
Le P. Philemon.
Le P. Bubaftus.
Fig. 5.
Fig. 5 bis.
Fig. 6.
Fig. 4 bis.
Le P. Caffius.
Le P. Mifeno.
Fig. 8.
Fig. 7.
Fig. 8. bis
Le P. Danis.
Le P. Philiafus.
Fig. 10.
Fig. 9.
Fig. 11
Fig. 11 bis
Le P. Fatime.
Le P. Manthus.
Le P. Mandana.
Fig. 13.
Le P. Elegras.
Fig. 14 bis
Fig. 12.
Fig. 14.
Le P. Labdacus.
Le P. Therfander.
Fig. 15. Le P. Timée.
Fig. 15 bis
Benard Direxit

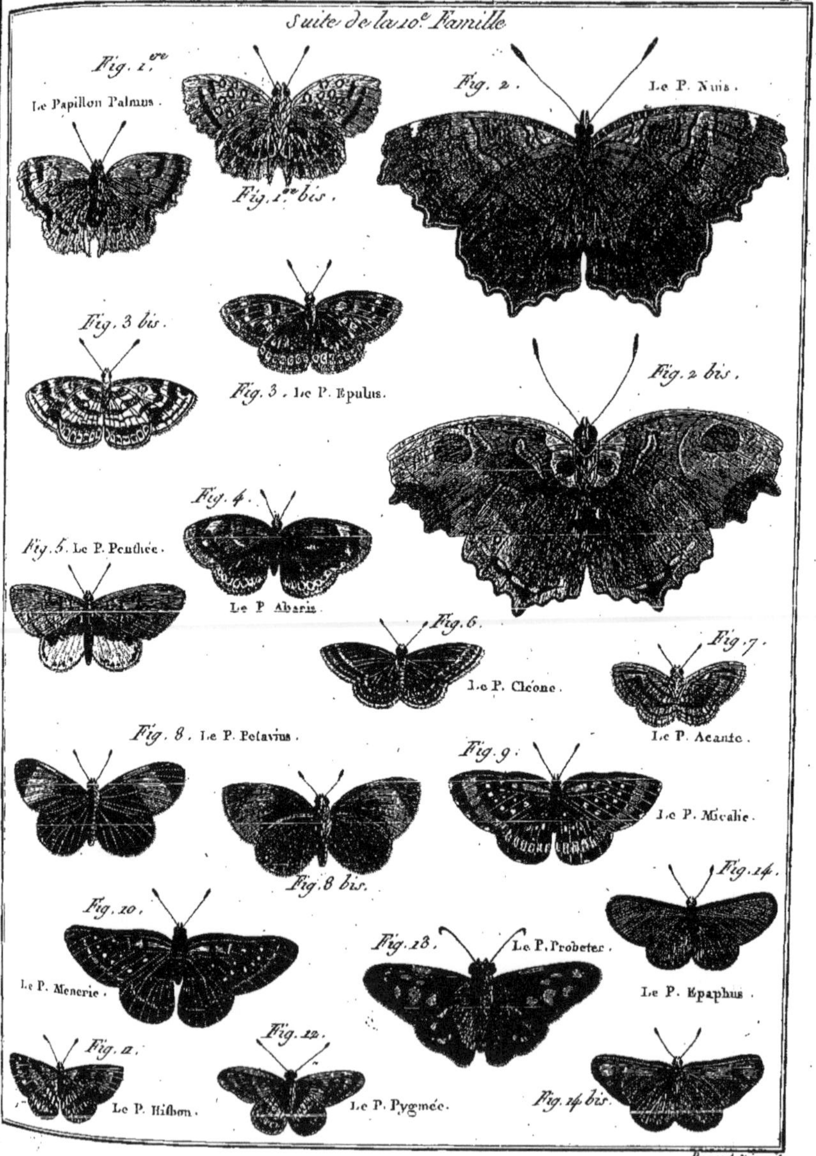

Suite de la 10e Famille

Fig. 1re Le Papillon Palmus.

Fig. 1re bis.

Fig. 2. Le P. Nuis.

Fig. 3 bis.

Fig. 3. Le P. Epulus.

Fig. 2 bis.

Fig. 4. Le P. Abaris.

Fig. 5. Le P. Penthée.

Fig. 6. Le P. Cléone.

Fig. 7. Le P. Acante.

Fig. 8. Le P. Petavius.

Fig. 8 bis.

Fig. 9. Le P. Micalie.

Fig. 10. Le P. Menerie.

Fig. 13. Le P. Probetor.

Fig. 14. Le P. Epaphus.

Fig. 11. Le P. Hisbon.

Fig. 12. Le P. Pygmée.

Fig. 14 bis.

Benard Direxit.

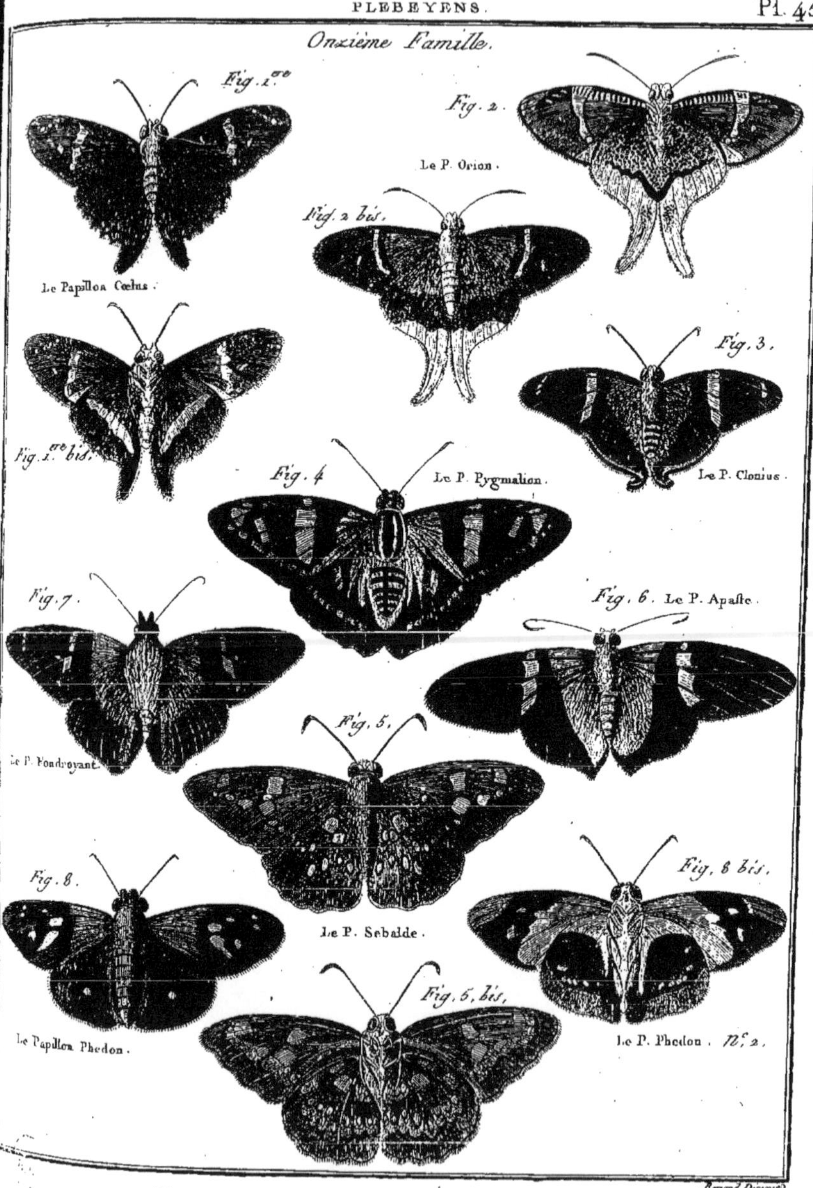

Benard Direxit

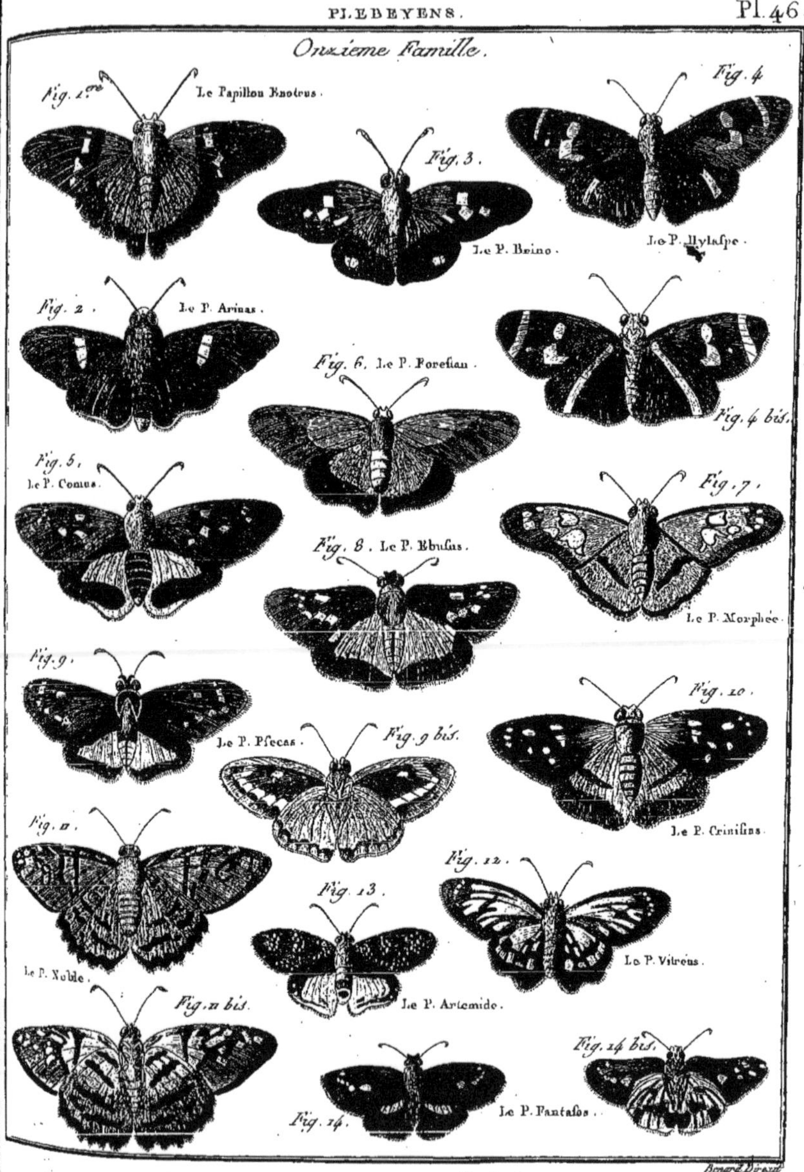
Onzieme Famille.
Fig. 1.re
Le Papillon Enotrus.
Fig. 3.
Le P. Beino.
Fig. 4
Le P. Hylaspe.
Fig. 2.
Le P. Arinas.
Fig. 6. Le P. Foresian.
Fig. 4 bis.
Fig. 5.
Le P. Comus.
Fig. 7.
Fig. 8. Le P. Ebusus.
Le P. Morphée.
Fig. 9.
Fig. 10.
Le P. Psecas.
Fig. 9 bis.
Le P. Crinisus.
Fig. 11.
Fig. 12.
Fig. 13.
Le P. Vitreus.
Le P. Noble.
Fig. 11 bis.
Le P. Artemide.
Fig. 14 bis.
Le P. Fantasos.
Fig. 14.
Benard Direxit

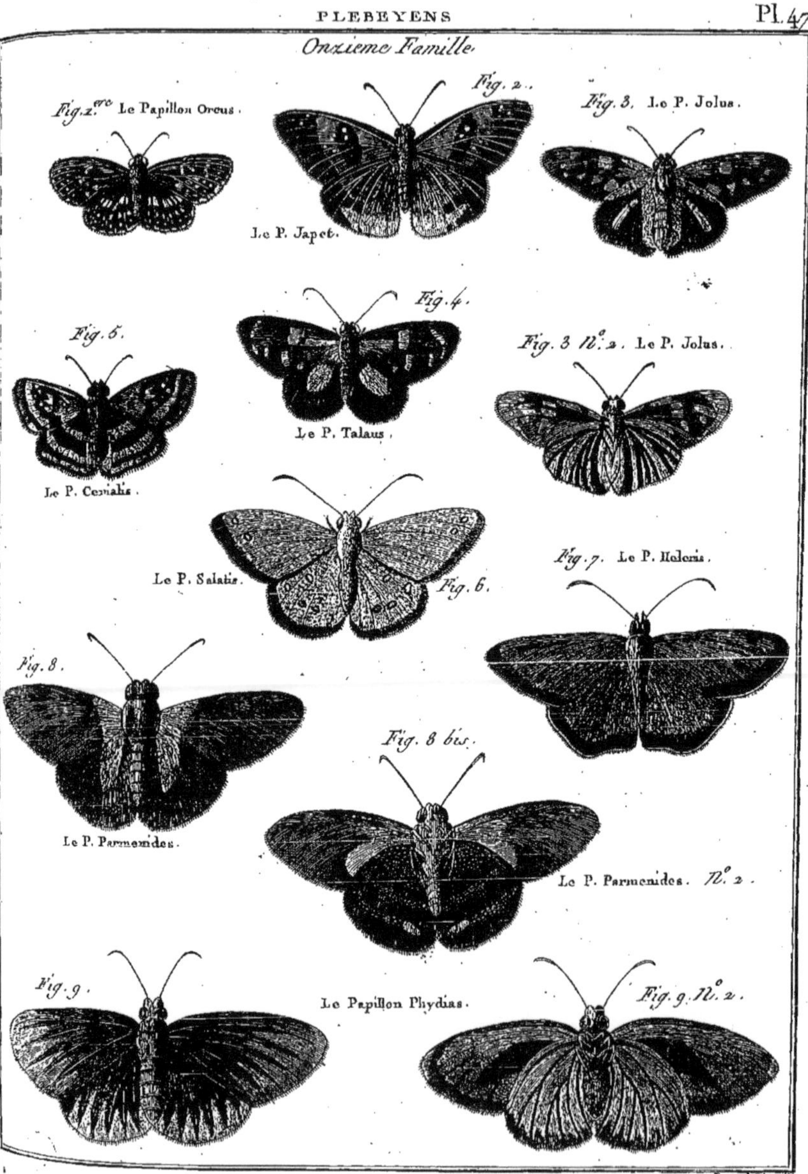

HISTOIRE NATURELLE, *Insectes*.

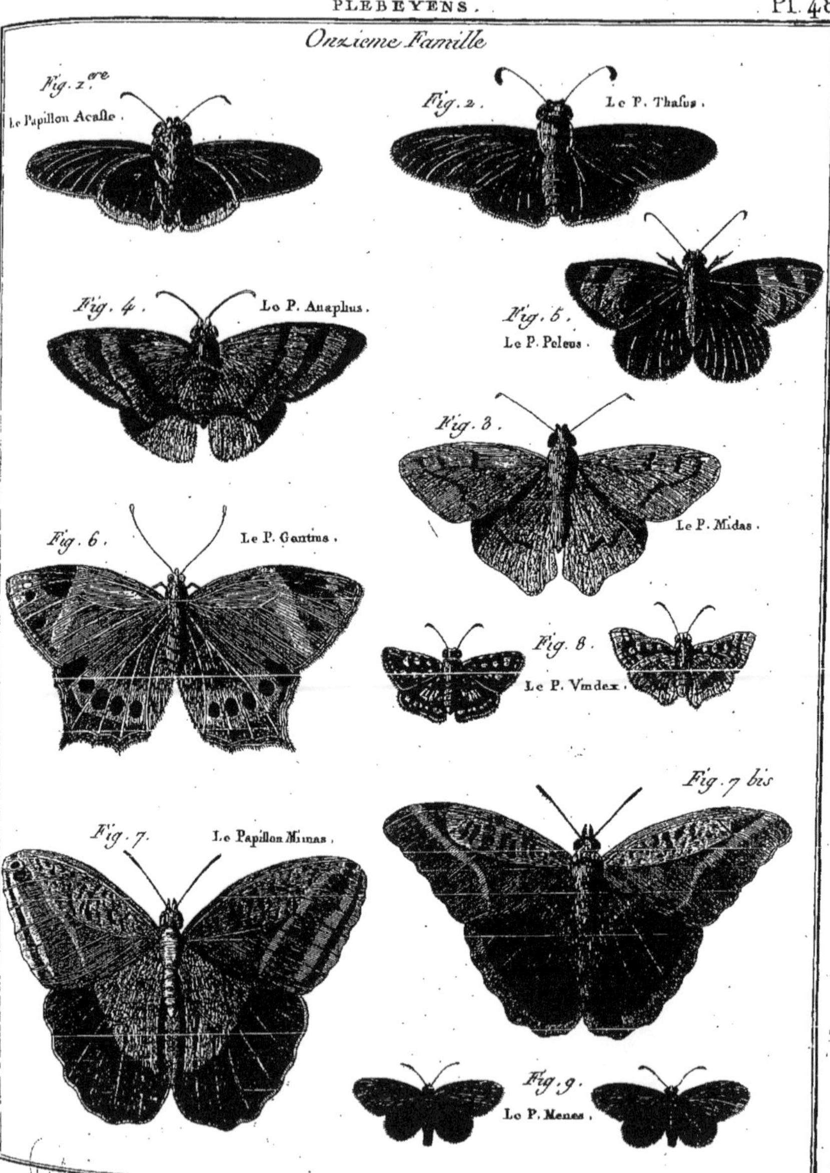

Benard Direxit

HISTOIRE NATURELLE, *Insectes*.

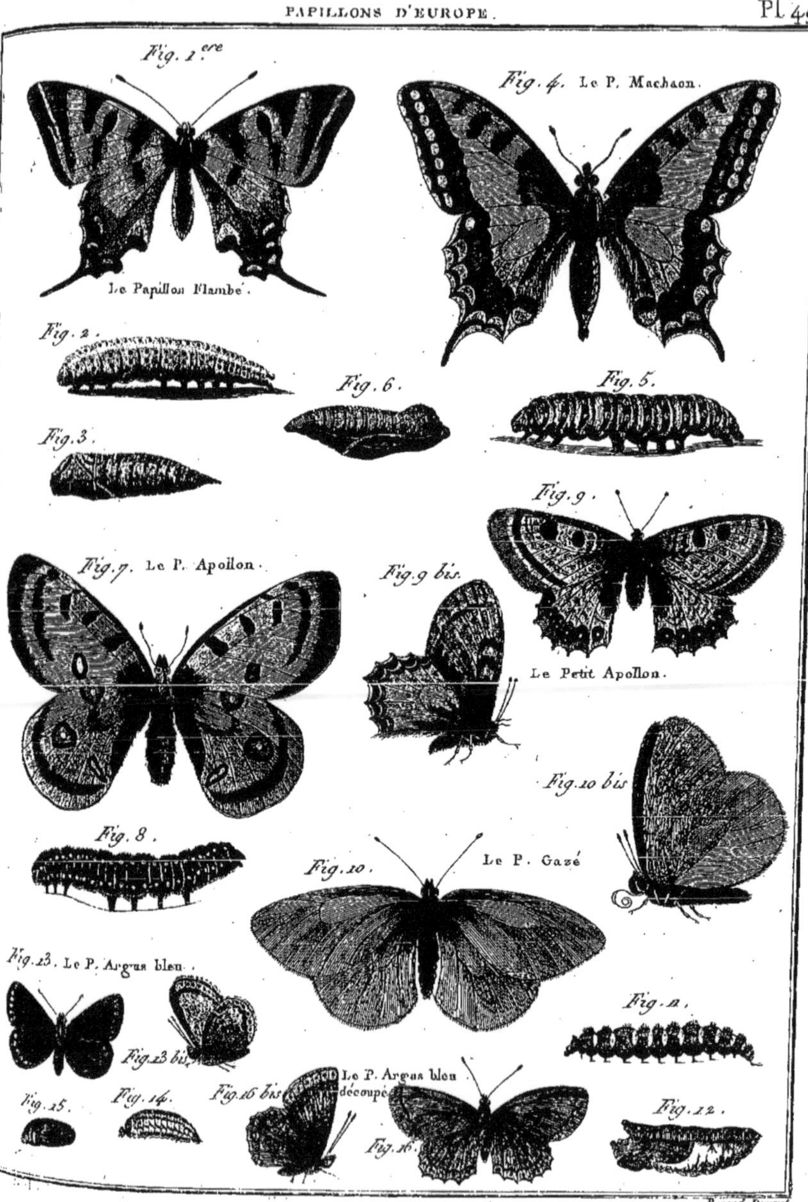
Fig. 1.ere
Le Papillon Flambé.
Fig. 4. Le P. Machaon.
Fig. 2.
Fig. 6.
Fig. 5.
Fig. 3.
Fig. 9.
Fig. 7. Le P. Apollon.
Fig. 9 bis.
Le Petit Apollon.
Fig. 10 bis
Fig. 8.
Fig. 10.
Le P. Gazé
Fig. 13. Le P. Argus bleu.
Fig. 11.
Fig. 13 bis
Le P. Argus bleu découpé
Fig. 15.
Fig. 14.
Fig. 16 bis
Fig. 12.
Fig. 16.
Benard Direxit

Fig. 1.ere Le Papillon Argus bleu Celeste.
Fig. 1.ere bis.
Fig. 2. Le P. Arion.
Fig. 2 bis.
Fig. 3. Le P. Argus Verd.
Fig. 3 bis.
Fig. 4. Le P. Argus Myope.
Fig. 4 bis.
Fig. 5. Le P. Argus Satiné.
Fig. 5 bis.
Fig. 5. N.° 3.
Fig. 7.
Le P. Argus Brônsé.
Le P. Argus Satiné à taches noires.
Fig. 6.
Fig. 6. N.° 3.
Fig. 6 bis.
Fig. 7 bis.
Fig. 8.
Le P. demi-Argus.
Fig. 9.
Le P. Ariane.
Fig. 9 bis.
Fig. 10.
Le P. à bandes noires.
Fig. 10 bis.
Fig. 8 bis.
Fig. 13 bis.
Fig. 13. Le P. Céphale.
Fig. 11.
Fig. 12.
Benard Direxit.

Benard Direxit

HISTOIRE NATURELLE, *Insectes*.

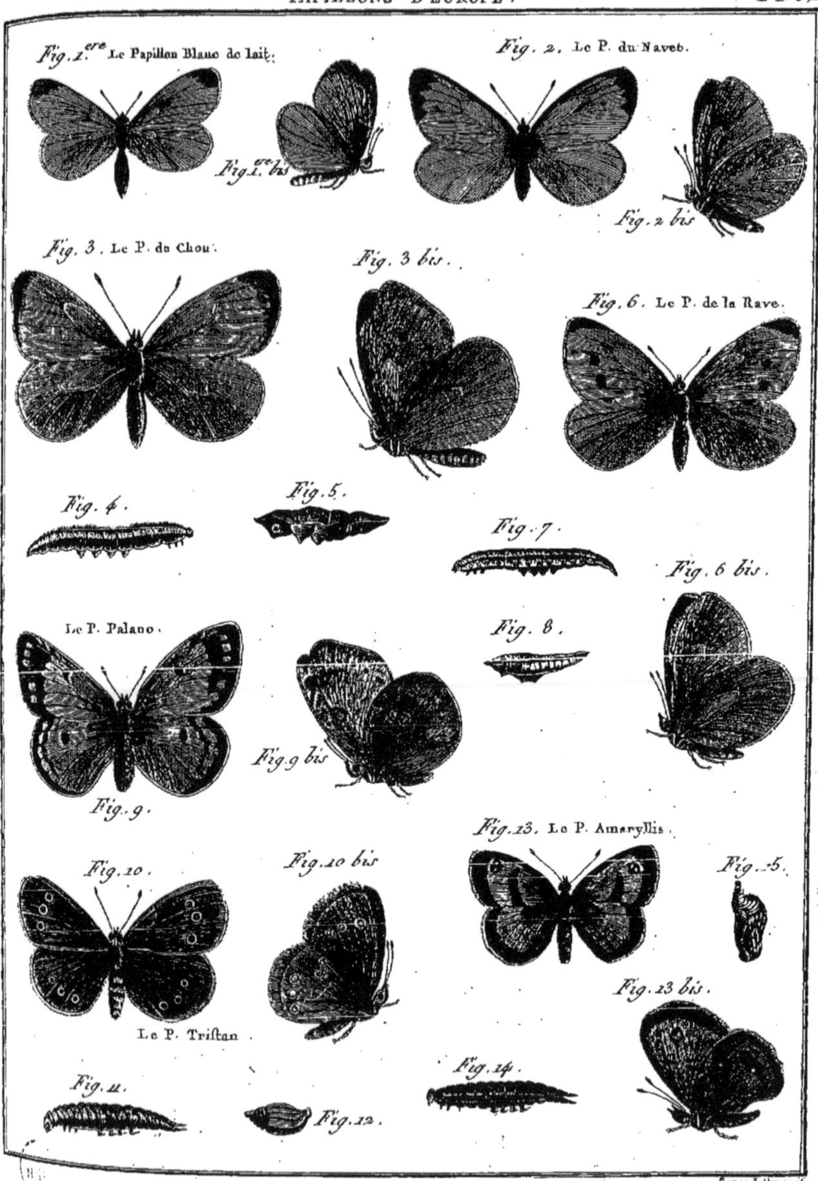
Fig. 1.ere Le Papillon Blanc de Lait.
Fig. 1.ere bis
Fig. 2. Le P. du Navet.
Fig. 2 bis
Fig. 3. Le P. du Chou.
Fig. 3 bis.
Fig. 6. Le P. de la Rave.
Fig. 4.
Fig. 5.
Fig. 7.
Fig. 6 bis.
Le P. Palano.
Fig. 8.
Fig. 9 bis
Fig. 9.
Fig. 13. Le P. Amaryllis.
Fig. 10.
Fig. 10 bis
Fig. 15.
Fig. 13 bis.
Le P. Tristan.
Fig. 14.
Fig. 11.
Fig. 12.
Benard Direxit

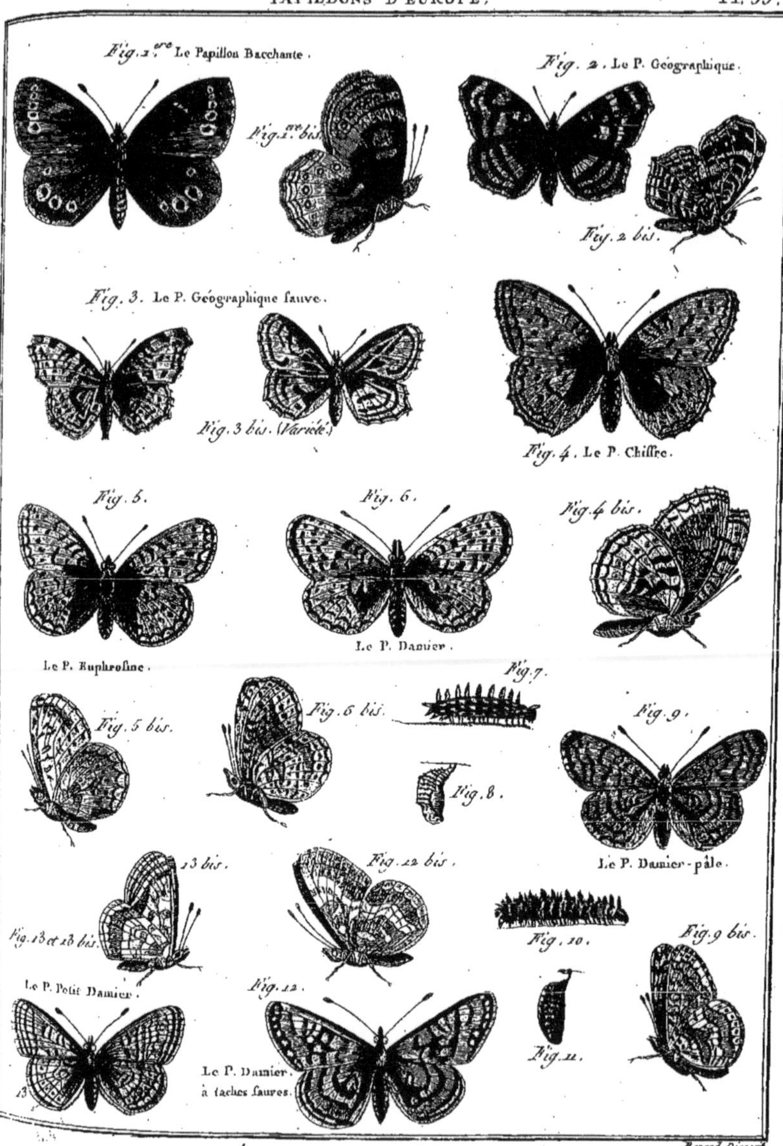
Fig. 1.ere Le Papillon Bacchante.
Fig. 1.ere bis.
Fig. 2. Le P. Géographique.
Fig. 2 bis.
Fig. 3. Le P. Géographique fauve.
Fig. 3 bis. (Variété.)
Fig. 4. Le P. Chiffre.
Fig. 5.
Fig. 6.
Fig. 4 bis.
Le P. Euphrosine.
Le P. Damier.
Fig. 7.
Fig. 5 bis.
Fig. 6 bis.
Fig. 9.
Fig. 8.
13 bis.
Fig. 12 bis.
Le P. Damier-pâle.
Fig. 13 et 13 bis.
Fig. 10.
Fig. 9 bis.
Le P. Petit Damier.
Fig. 12.
13
Le P. Damier à taches fauves.
Fig. 11.
Benard Direxit.

Fig. 1.re
Fig. 1.re bis.
Le Papillon le Belle Dame.
Fig. 4 bis.
Fig. 2.
Fig. 3.
Le P. Galathée.
Fig. 4.
Fig. 5.
Fig. 6 bis.
Fig. 6.
Le P. Faune.
Le P. Demi-Deuil.
Fig. 7.
Fig. 5. bis.
Fig. 7 bis.
Fig. 8 bis.
Le P. Fauve.
Fig. 11.
Fig. 9. Le P. Gamma.
Fig. 8. Le P. Franconien.
Fig. 9 bis.
Fig. 10.
Benard Direxit

Fig. 1.ere
Le Papillon Iris.
Fig. 2.
Fig. 1.ere bis.
Fig. 3 bis (Variété)
Le P. Mirtil.
Fig. 3.
Le P. Morio.
Fig. 4.
Fig. 3. N.o 3
Fig. 5.
Fig. 7.
Fig. 12.
Fig. 6.
Fig. 9.
Le P. petit Nacré.
Fig. 8. Le P. grand Nacré.
Fig. 11.
Fig. 13.
Fig. 10.
Fig. 15.
Fig. 14.

Benard Direxit

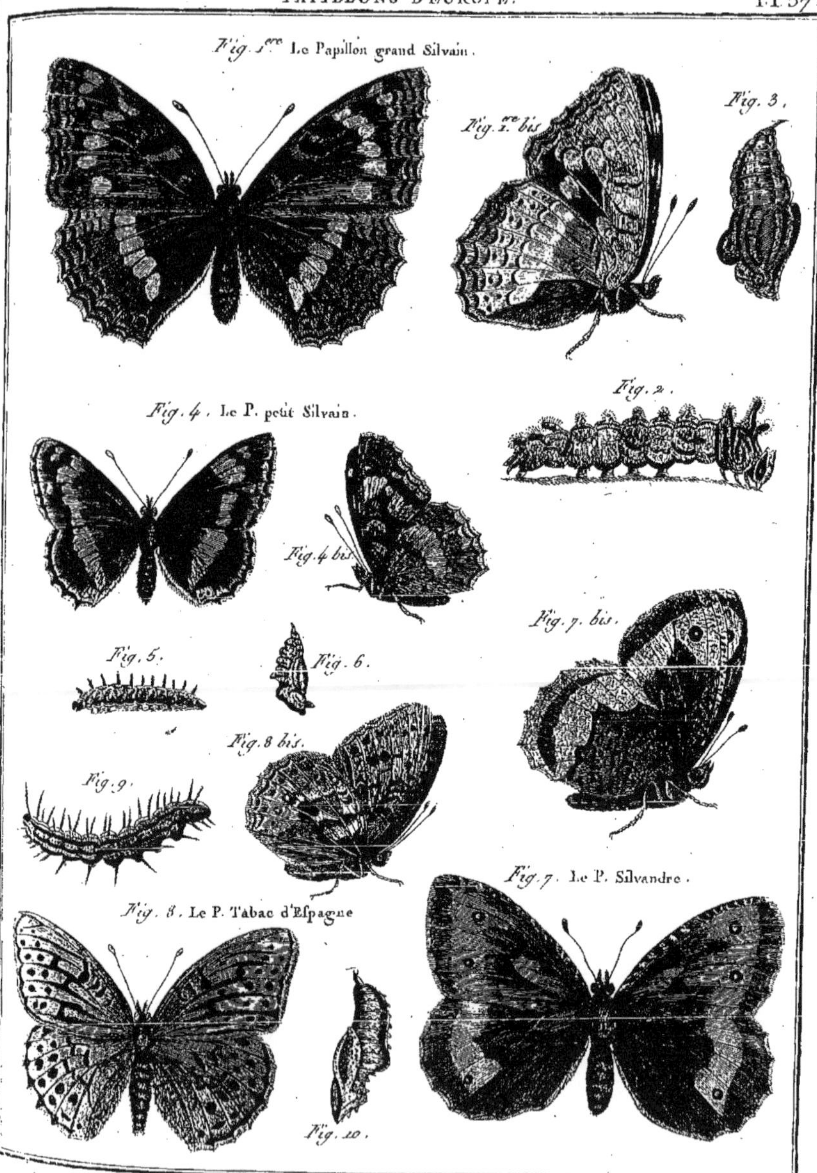
Fig. 1.ere Le Papillon grand Silvain.
Fig. 1.ere bis.
Fig. 3.
Fig. 2.
Fig. 4. Le P. petit Silvain.
Fig. 4 bis.
Fig. 7. bis.
Fig. 5.
Fig. 6.
Fig. 8 bis.
Fig. 9.
Fig. 7. Le P. Silvandre.
Fig. 8. Le P. Tabac d'Espagne
Fig. 10.
Benard Direxit

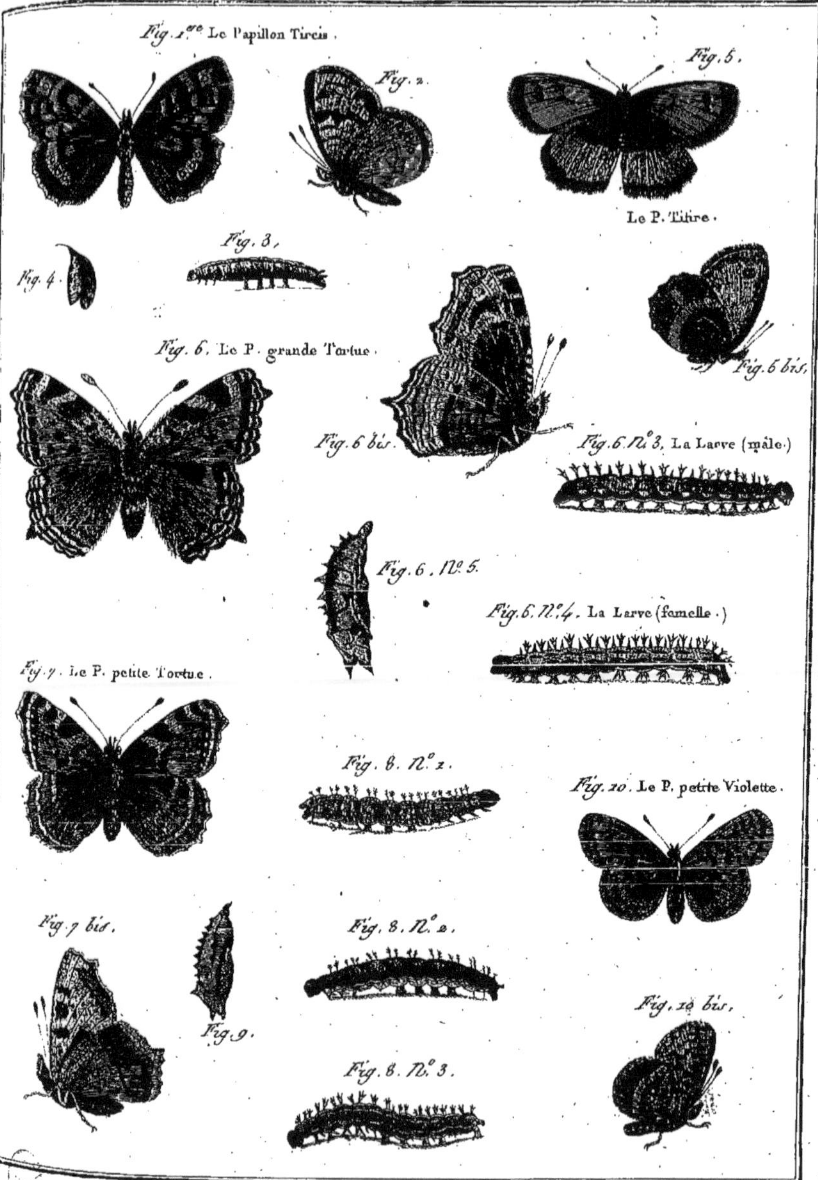

Benard Direxit.

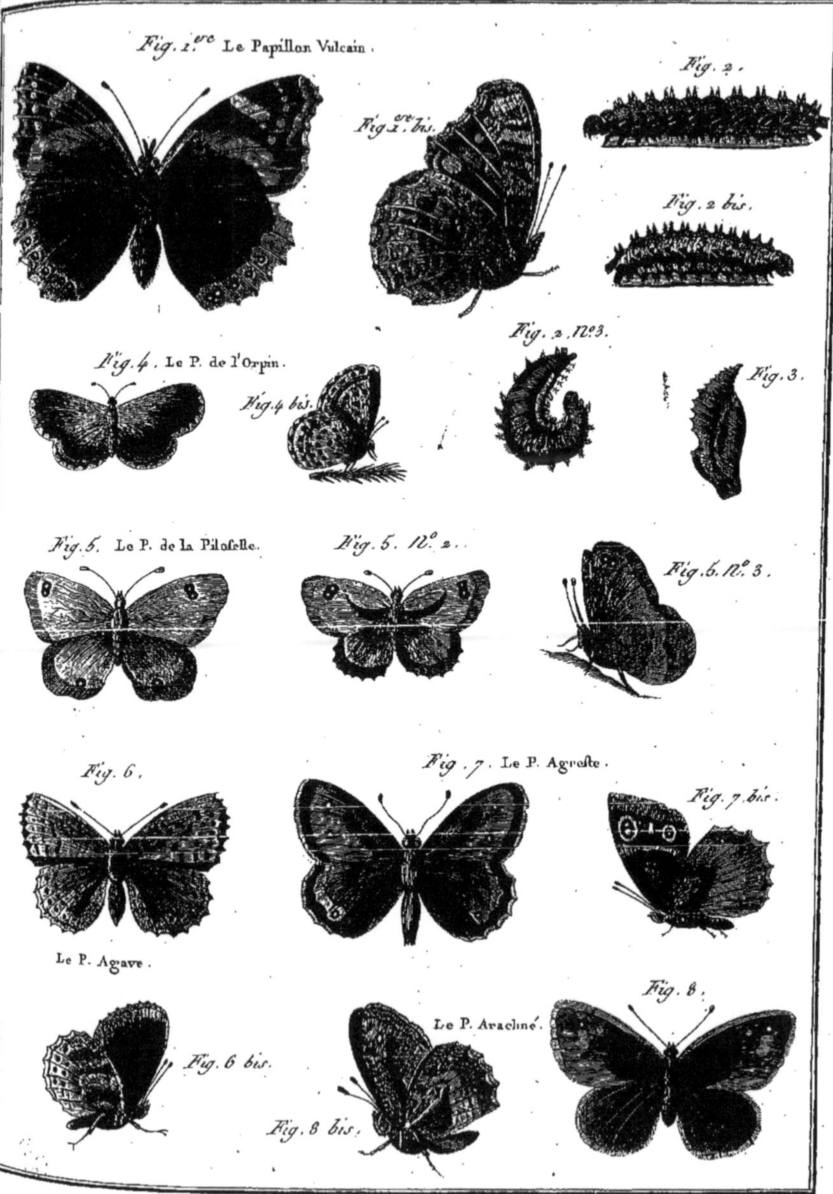

HISTOIRE NATURELLE, *Insectes.*

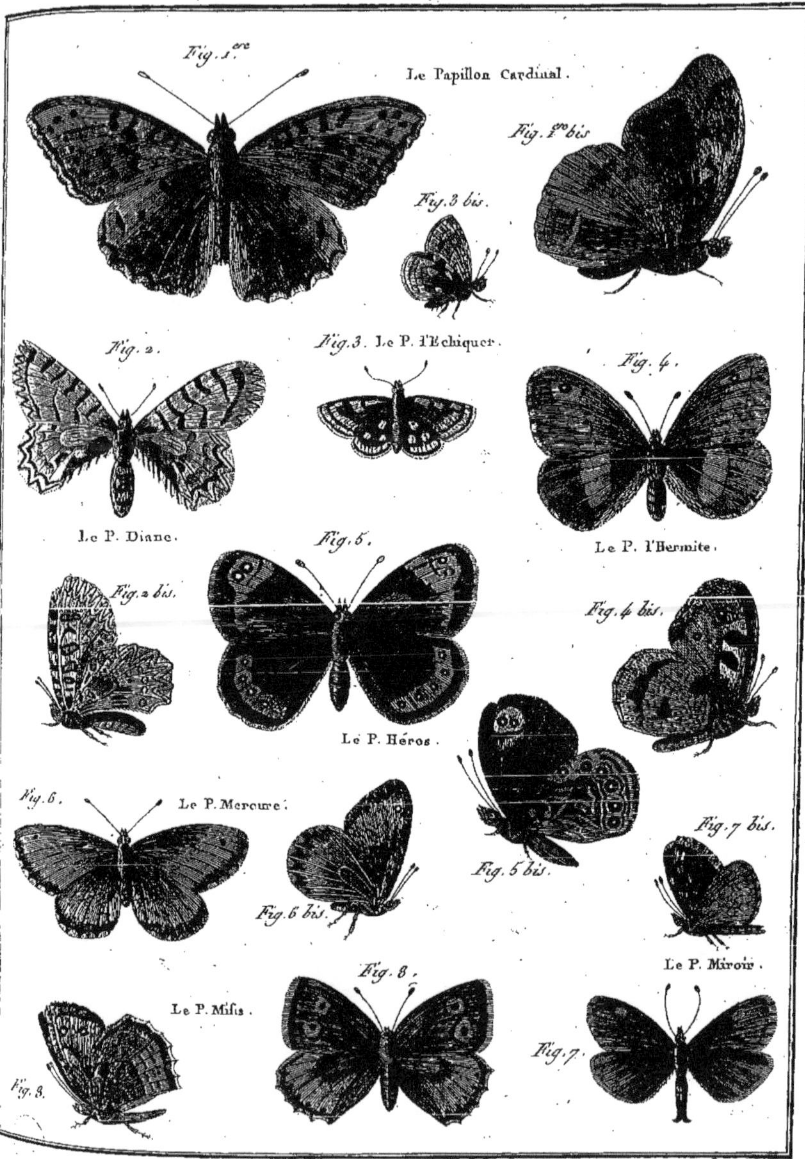
Fig. 1.ere
Le Papillon Cardinal.
Fig. 1.ere bis
Fig. 3 bis.
Fig. 2.
Fig. 3. Le P. l'Echiquer.
Fig. 4.
Le P. Diane.
Fig. 5.
Le P. l'Hermite.
Fig. 2 bis.
Fig. 4 bis.
Le P. Héros.
Fig. 6.
Le P. Mercure.
Fig. 7 bis.
Fig. 5 bis.
Fig. 6 bis.
Le P. Miroir.
Fig. 8.
Le P. Misis.
Fig. 7.
Fig. 8.
Benard Direxit.

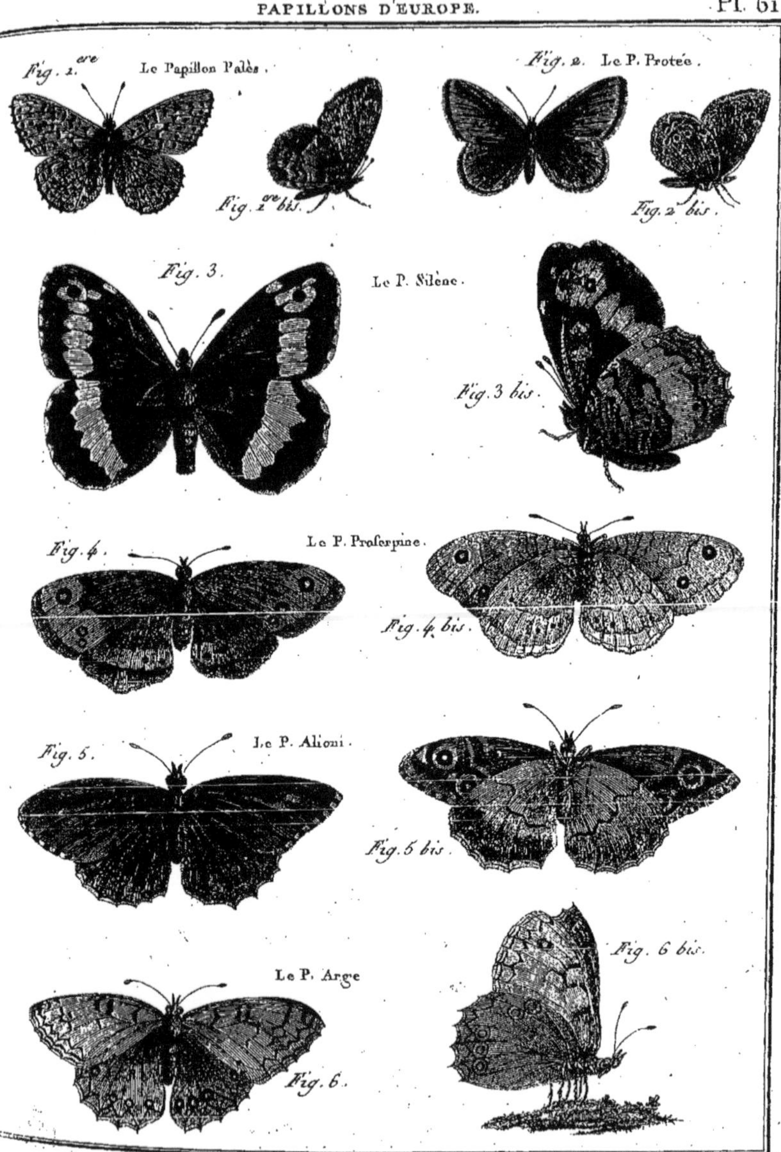

Benard Direxit.

HISTOIRE NATURELLE, *Insectes*.

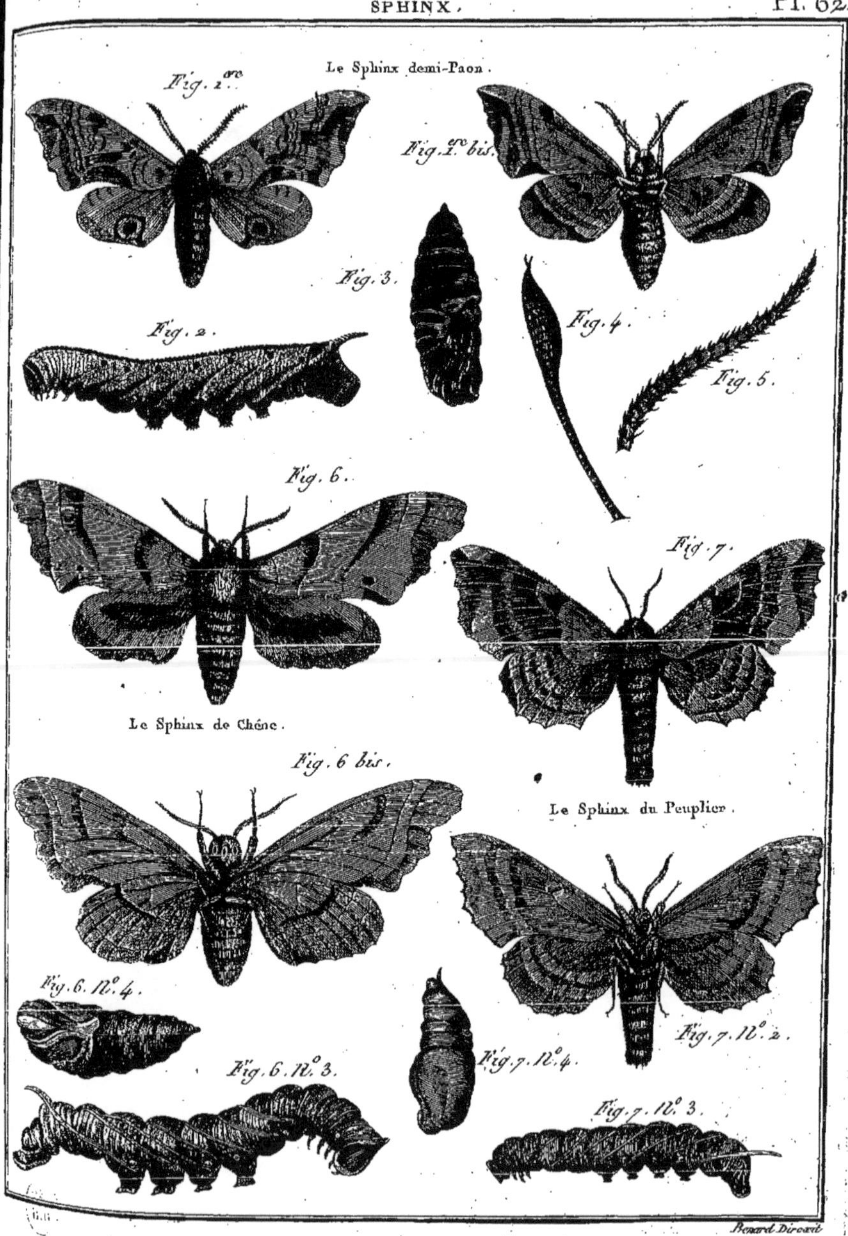
Le Sphinx demi-Paon.
Fig. 1.ere
Fig. 1.ere bis.
Fig. 3.
Fig. 2.
Fig. 4.
Fig. 5.
Fig. 6.
Fig. 7.
Le Sphinx de Chêne.
Fig. 6 bis.
Le Sphinx du Peuplier.
Fig. 6. N.° 4.
Fig. 6. N.° 3.
Fig. 7. N.° 4.
Fig. 7. N.° 2.
Fig. 7. N.° 3.
Benard Direxit

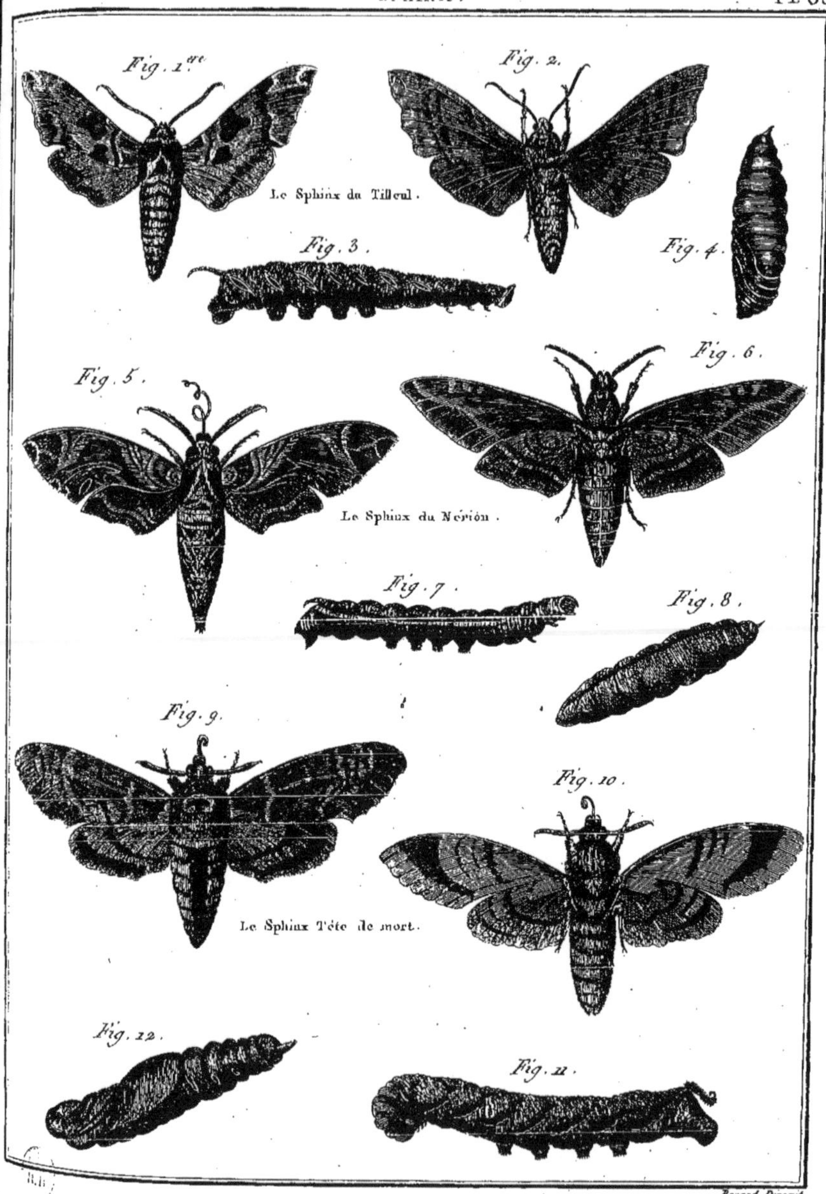

Benard Direxit

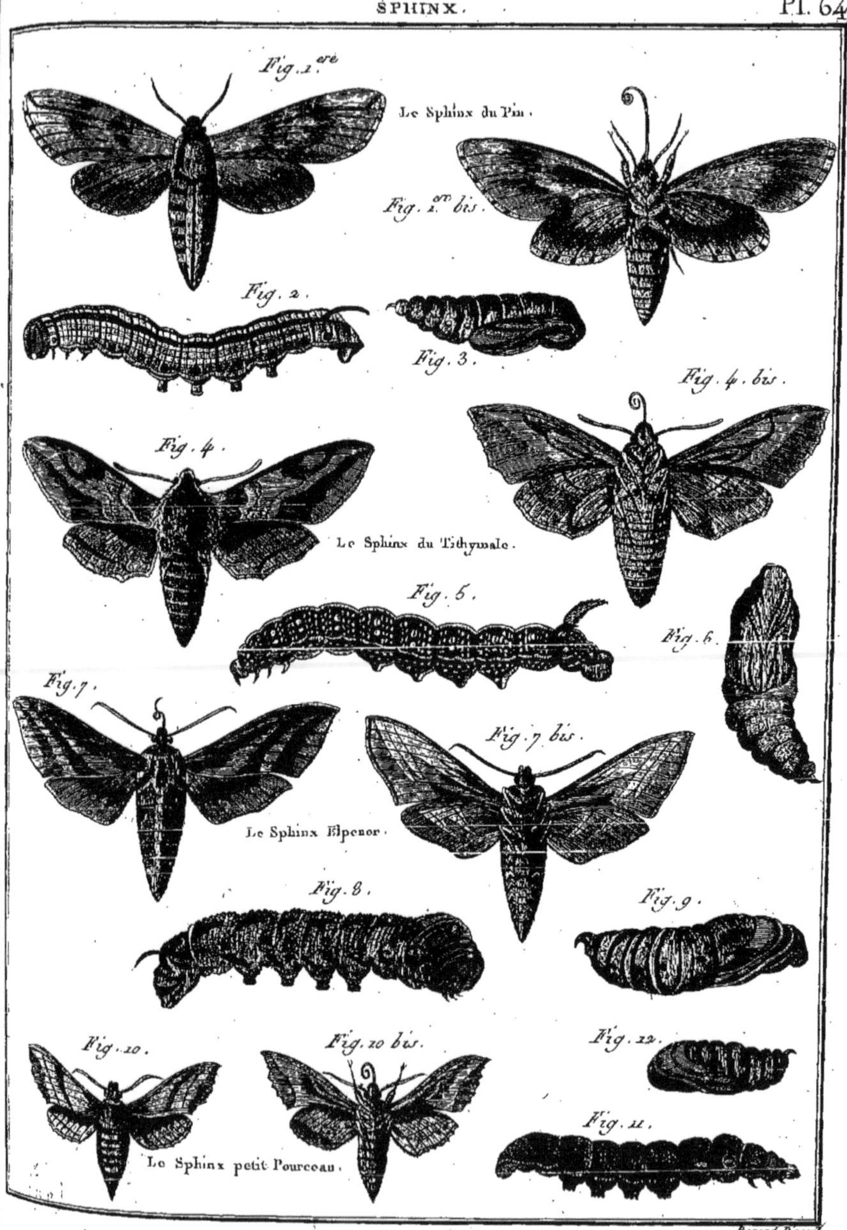

HISTOIRE NATURELLE, *Insectes.*

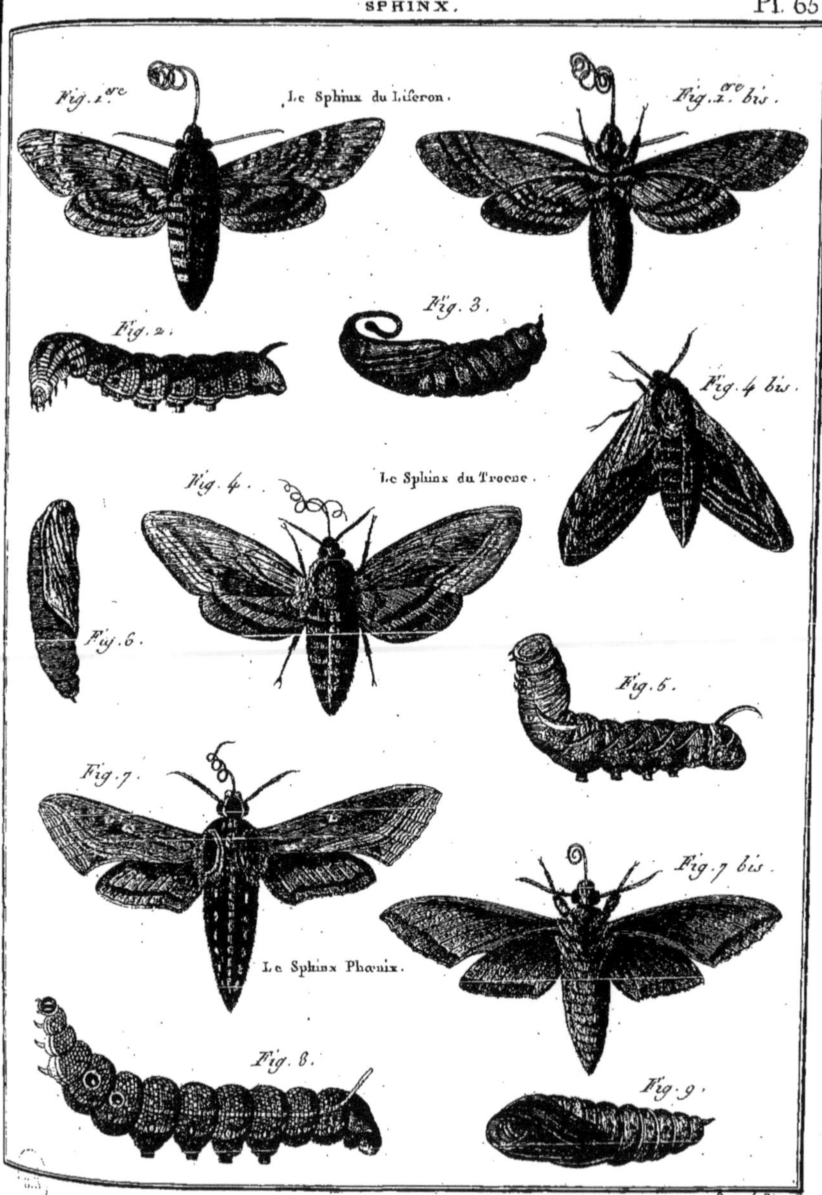

Benard Direxit

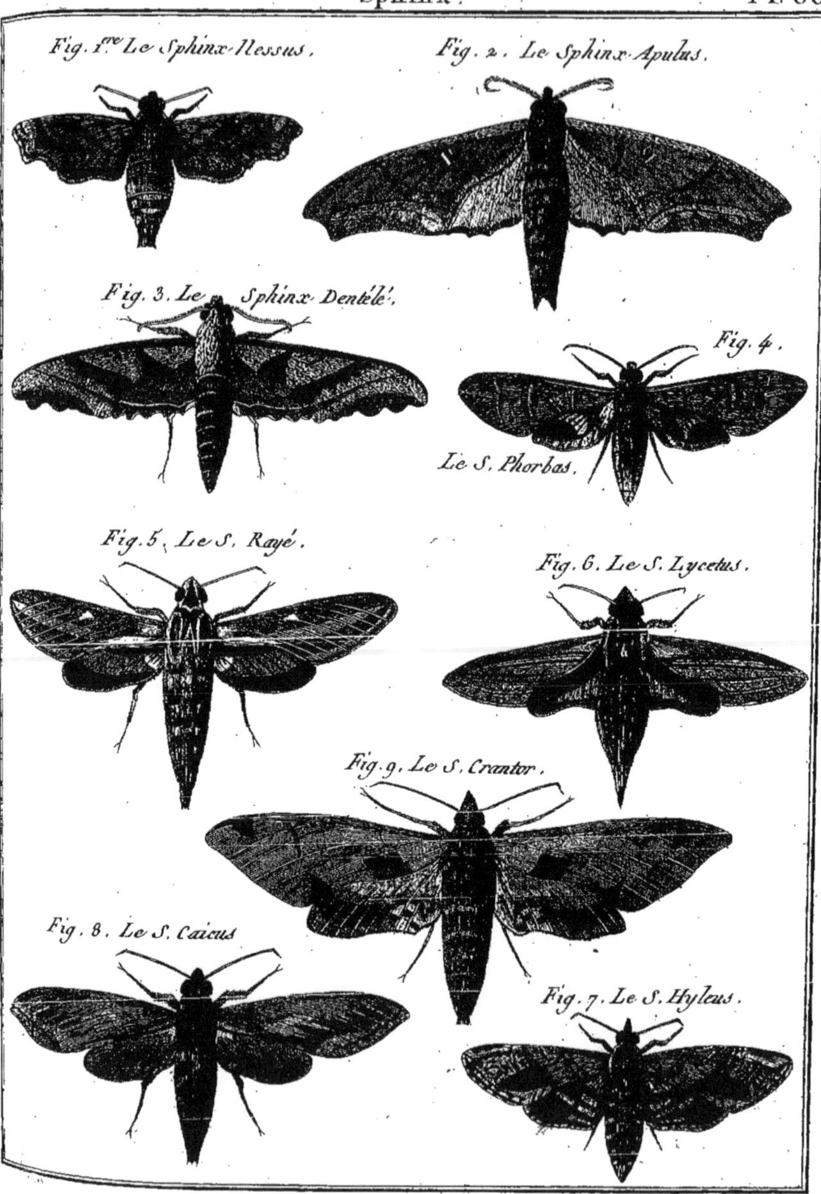

Benard Direxit.

Histoire Naturelle, Insectes.

Sphinx. Pl. 67.

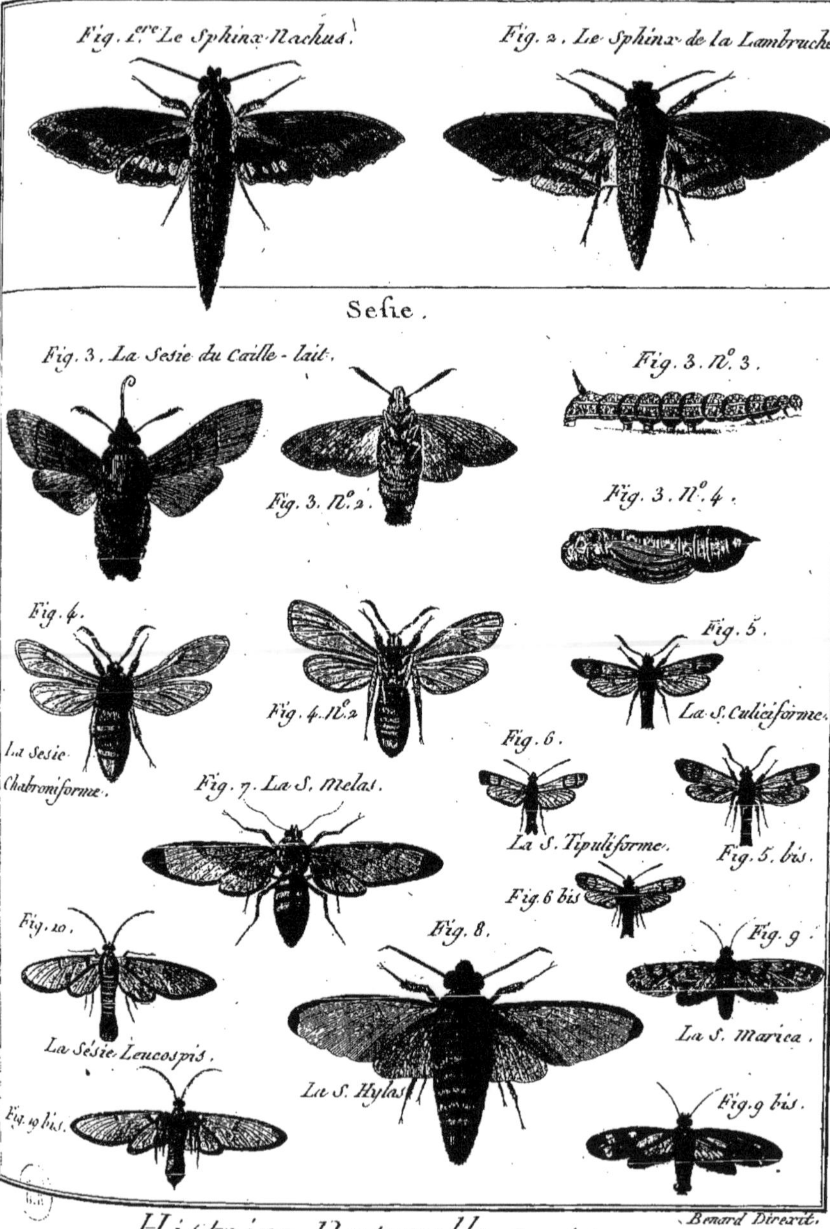

Benard Direxit.

Histoire Naturelle, Insectes.

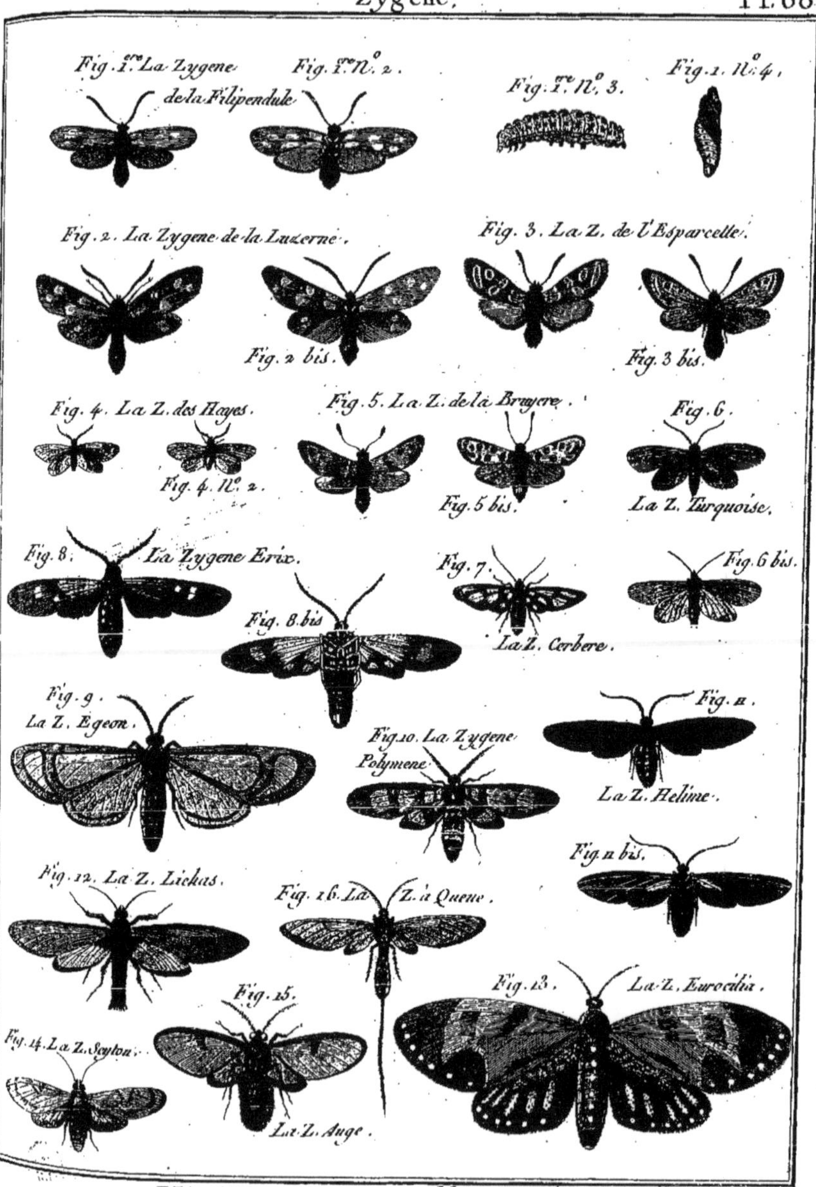

Histoire Naturelle, Insectes.

Benard Direxit.

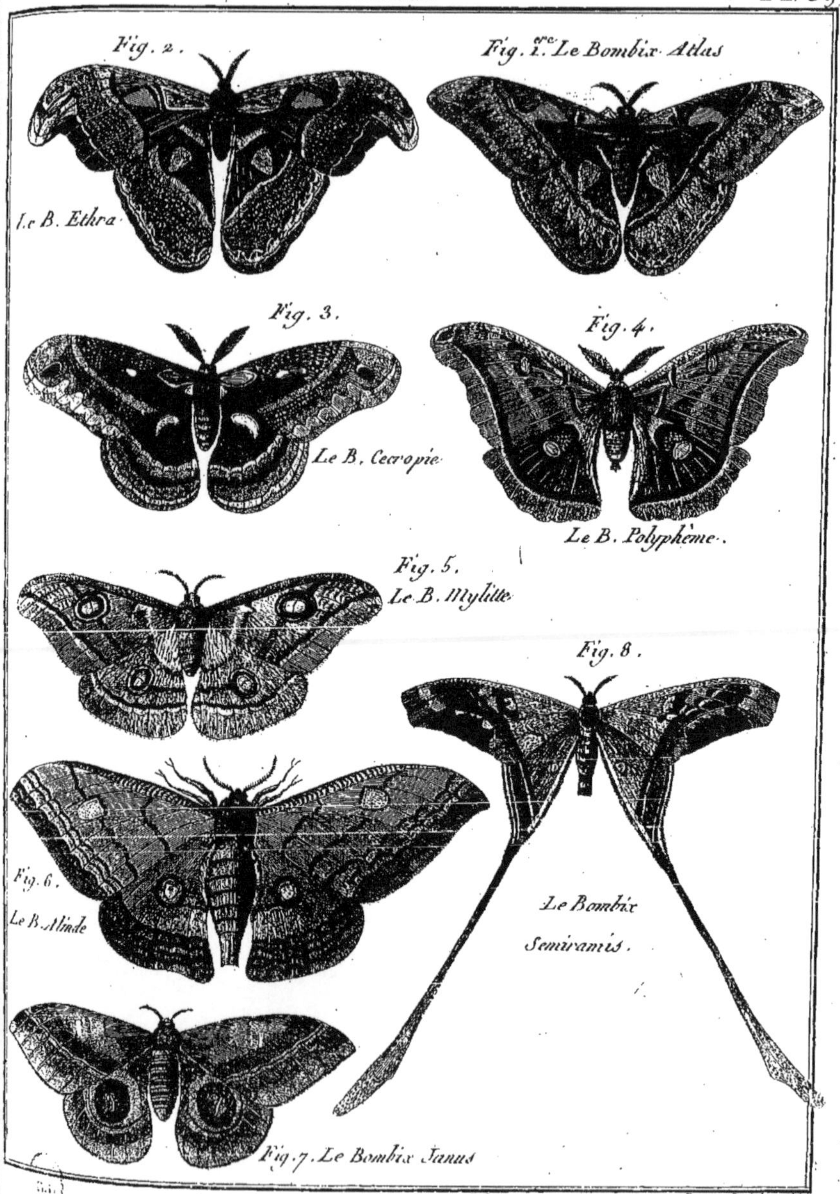

Histoire Naturelle, Insectes.

Benard Direxit.

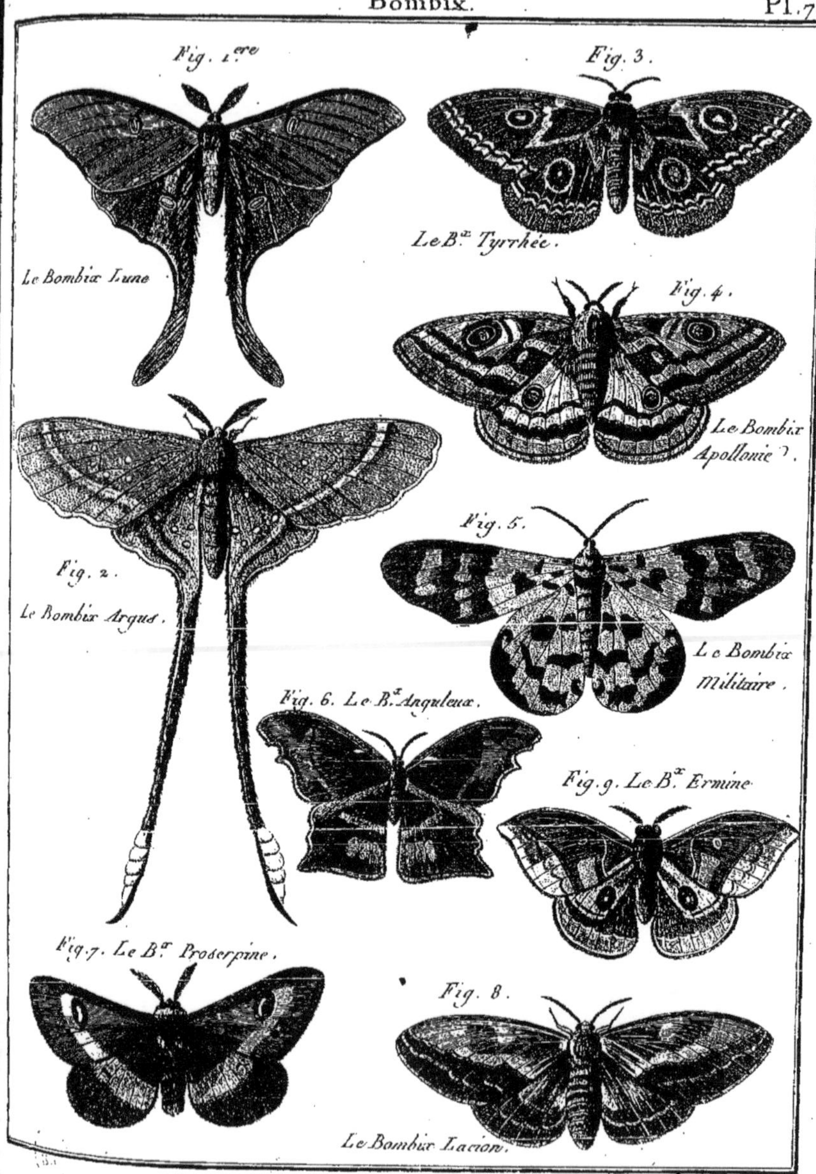

Histoire Naturelle, Insectes.

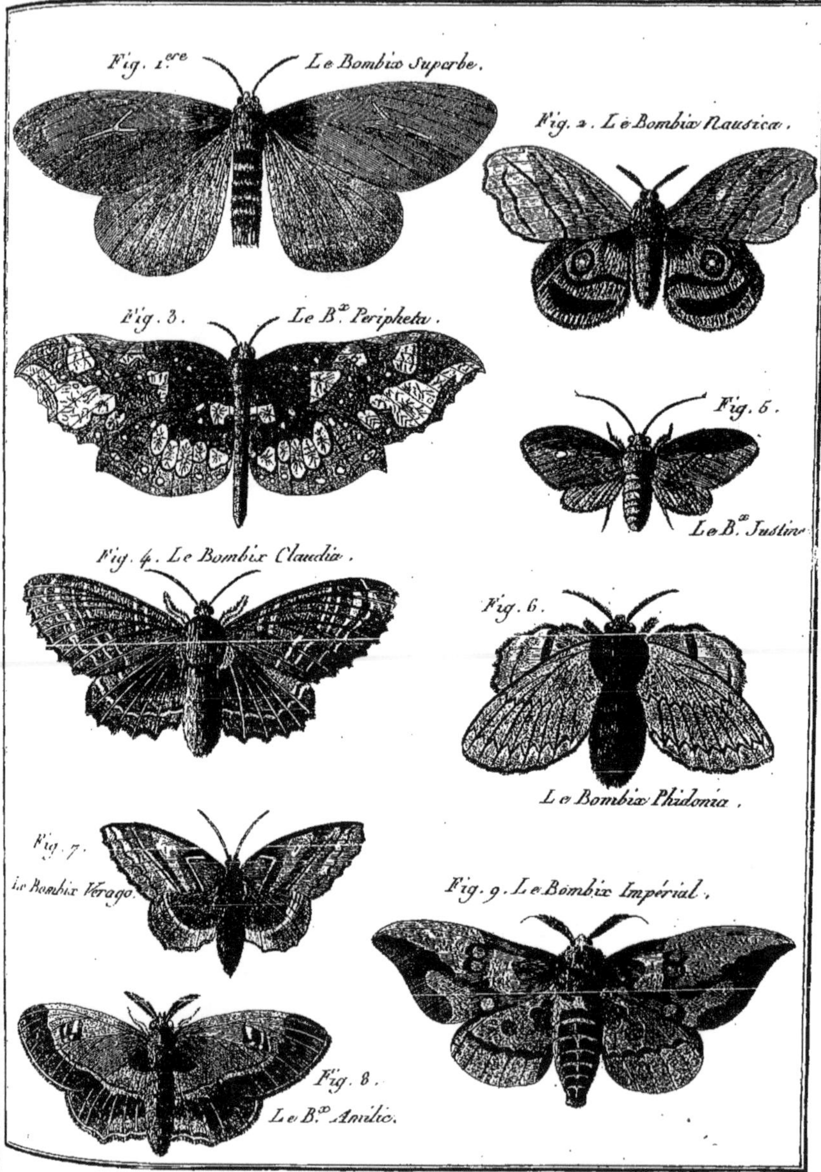

Benard Direxit.

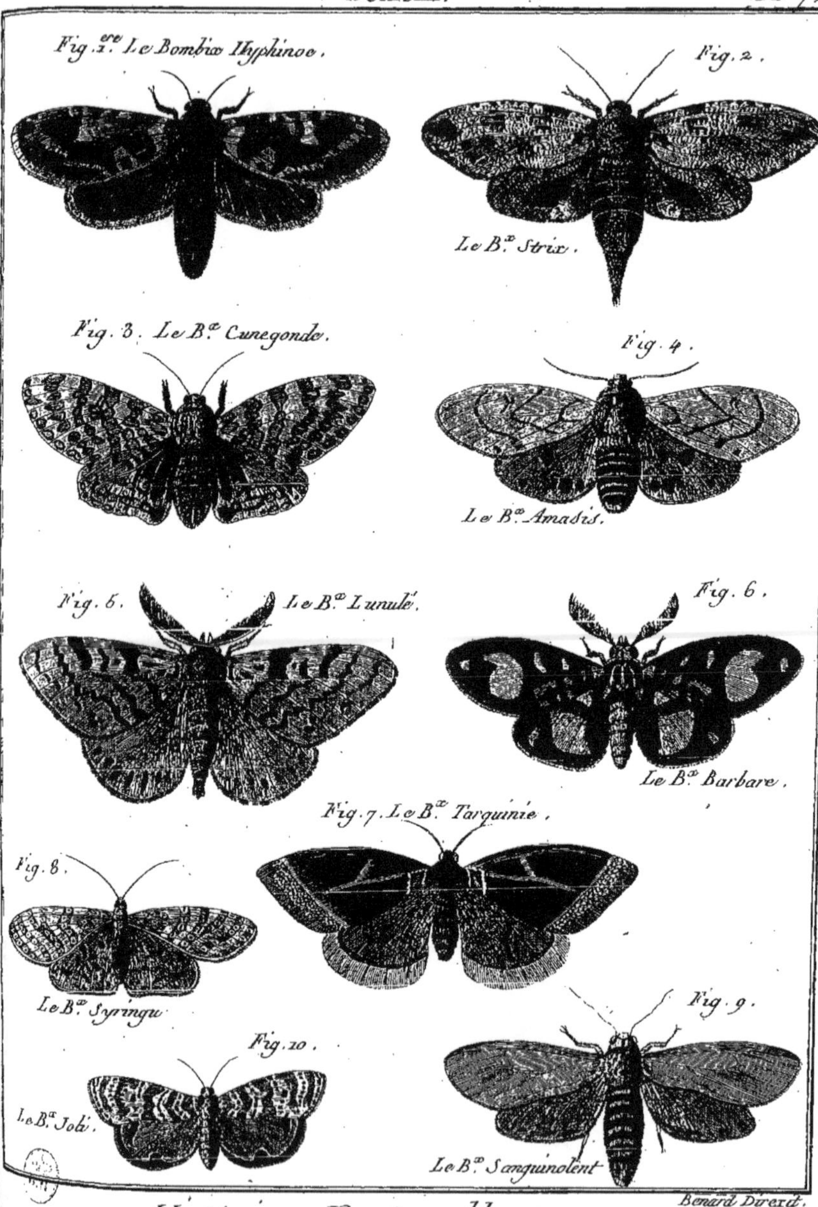

Benard Direxit.

Histoire Naturelle, Insectes.

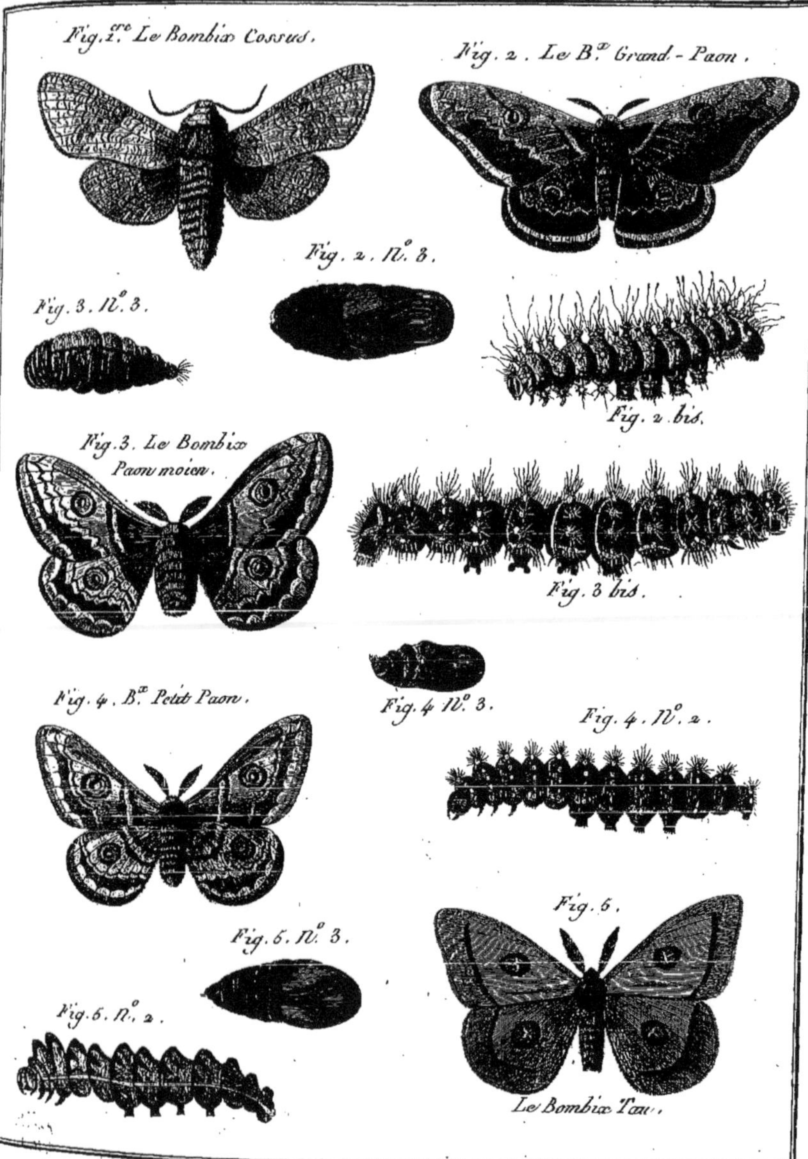

Benard Direxit.

Histoire Naturelle, Insectes.

Bombix. Pl. 74.

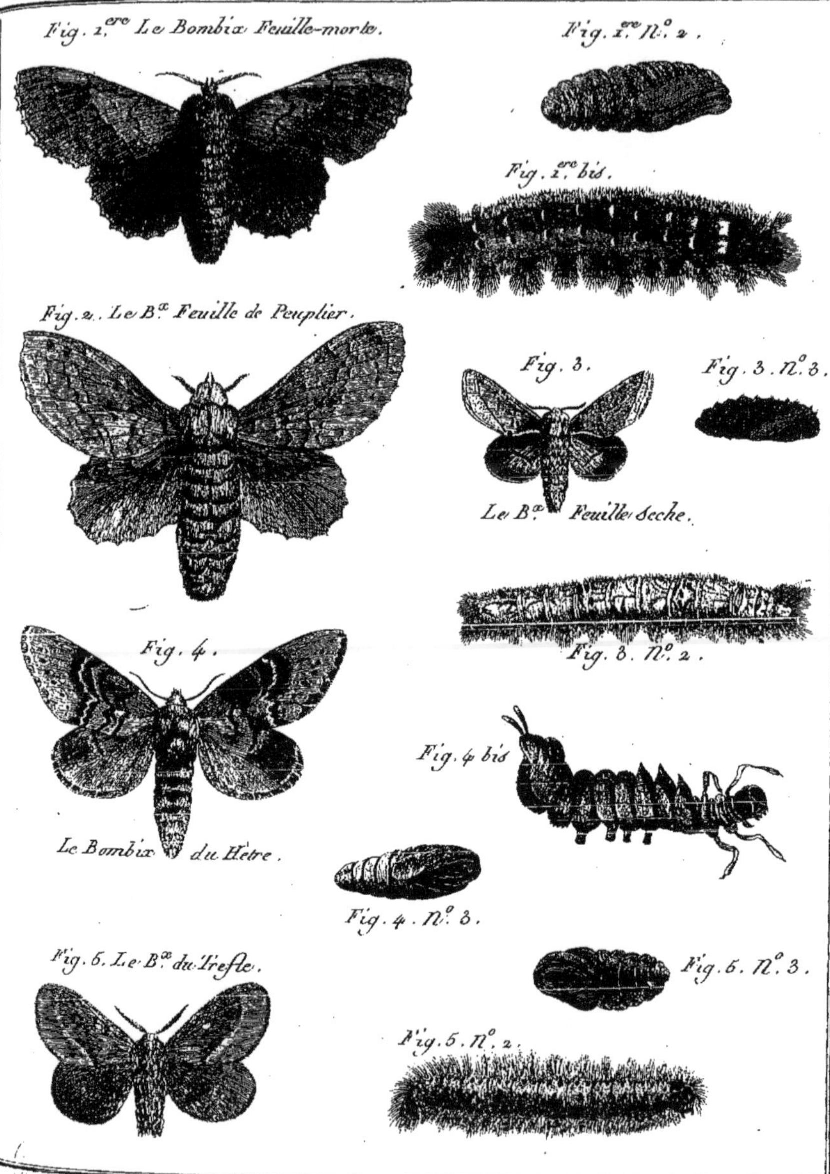

Benard Direxit

Histoire Naturelle, Insectes.

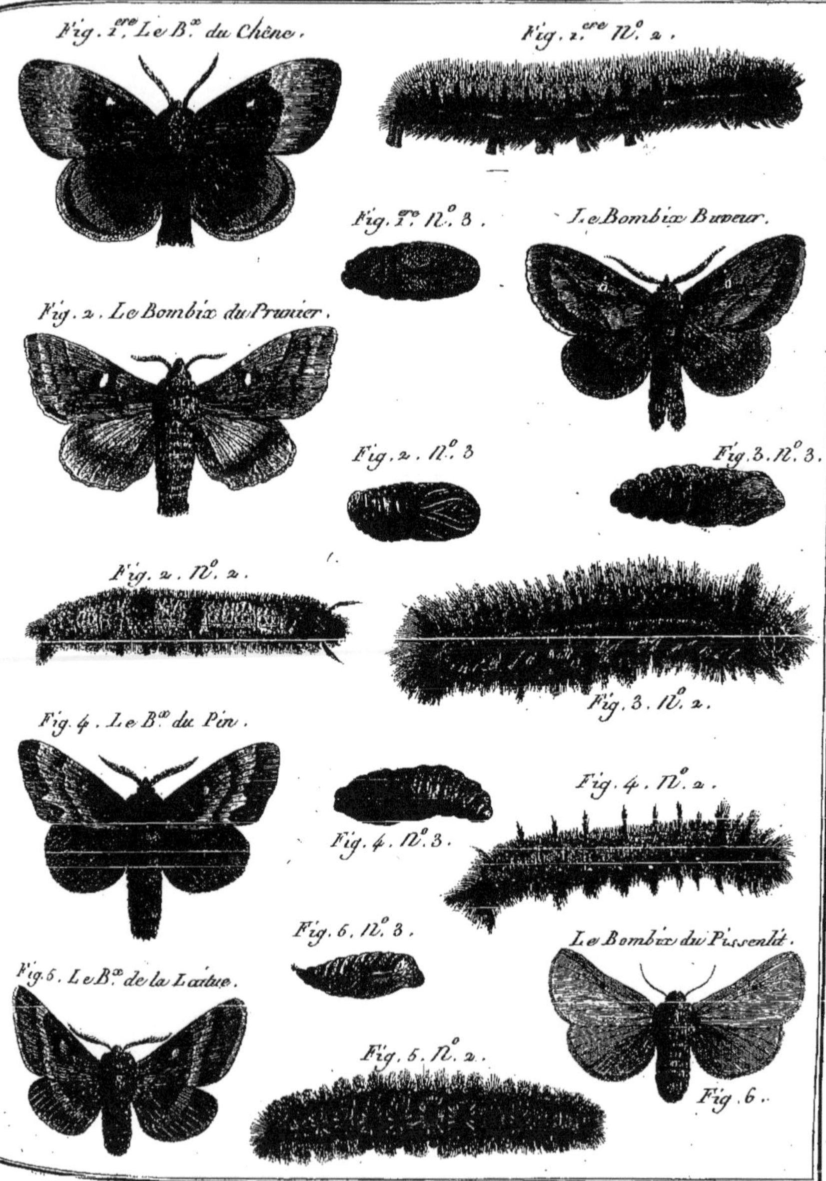

Benard Direxit

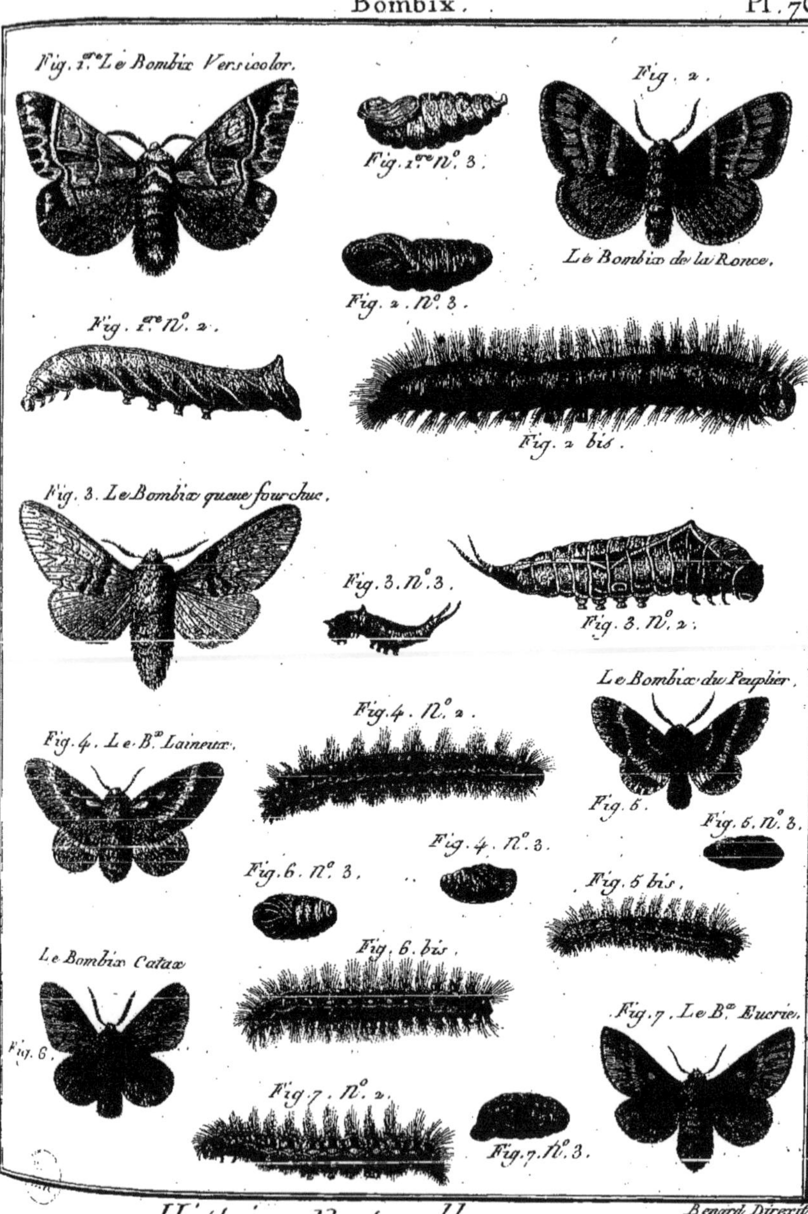

Benard Direxit.

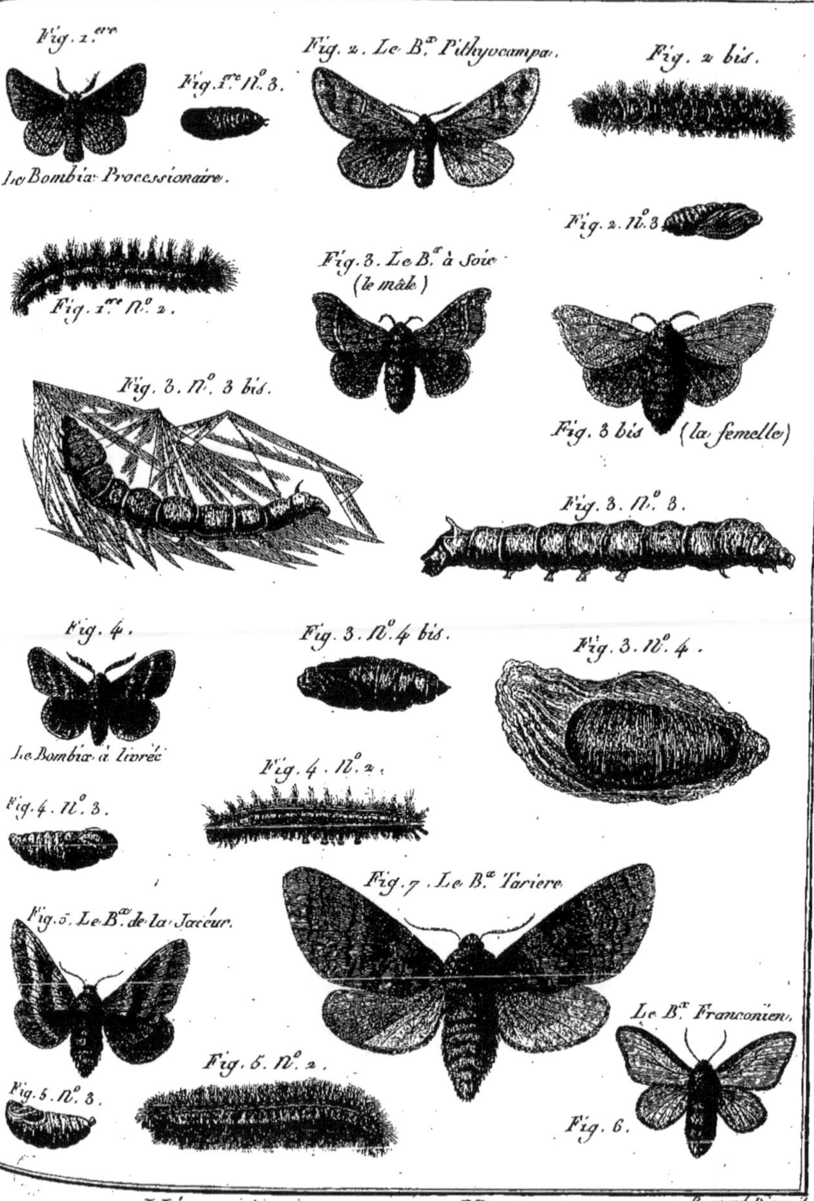

Histoire Naturelle, Insectes.

Benard Direx.

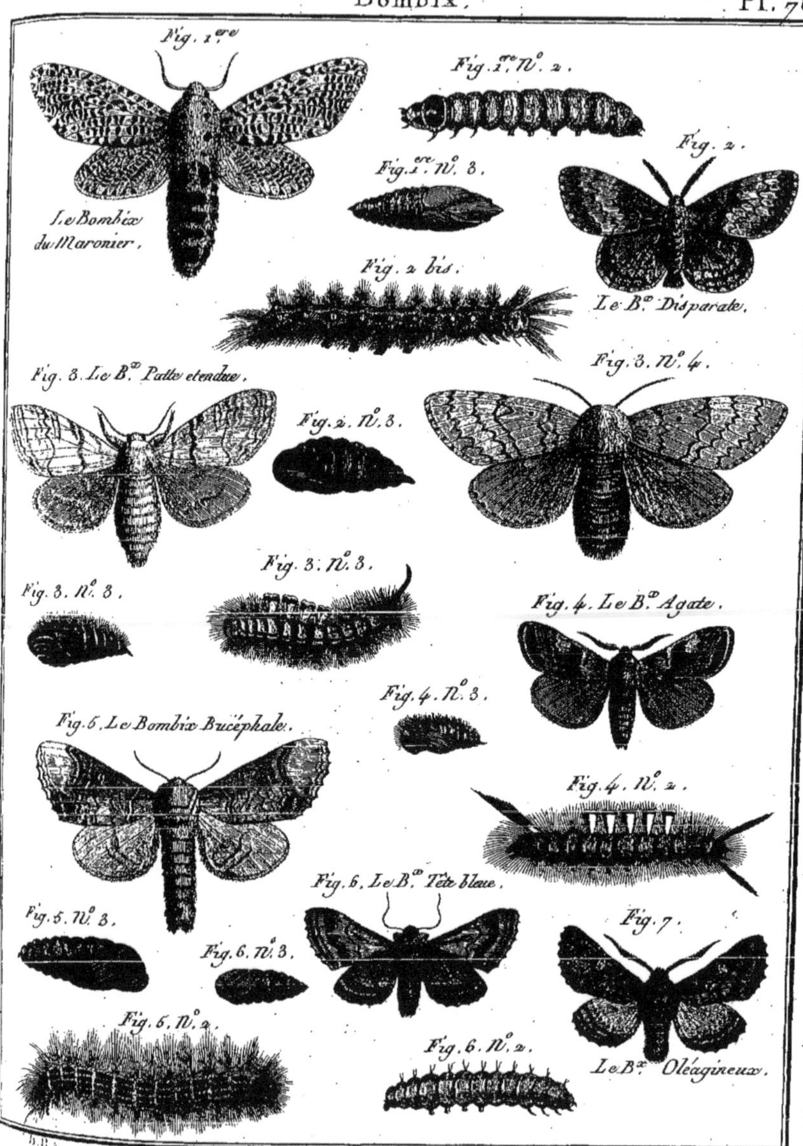

Benard Direxit.

Histoire Naturelle, Insectes.

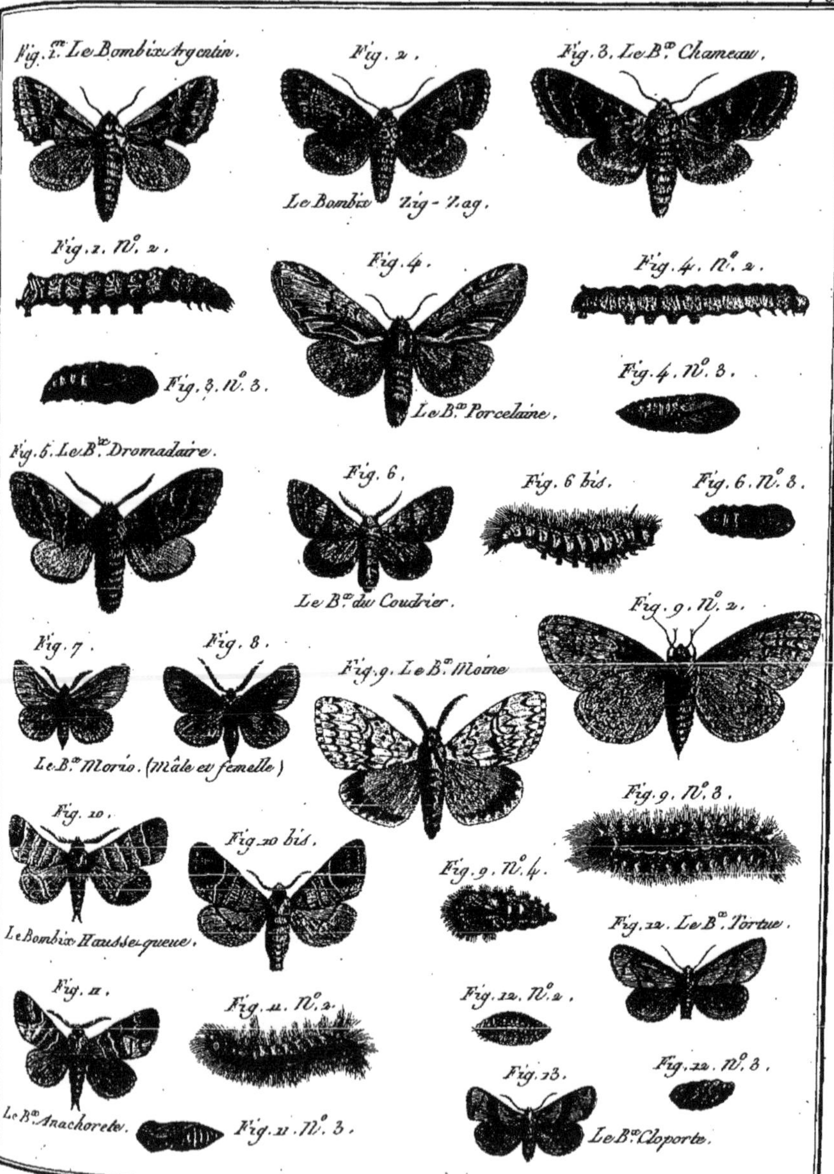

Benard Direxit.

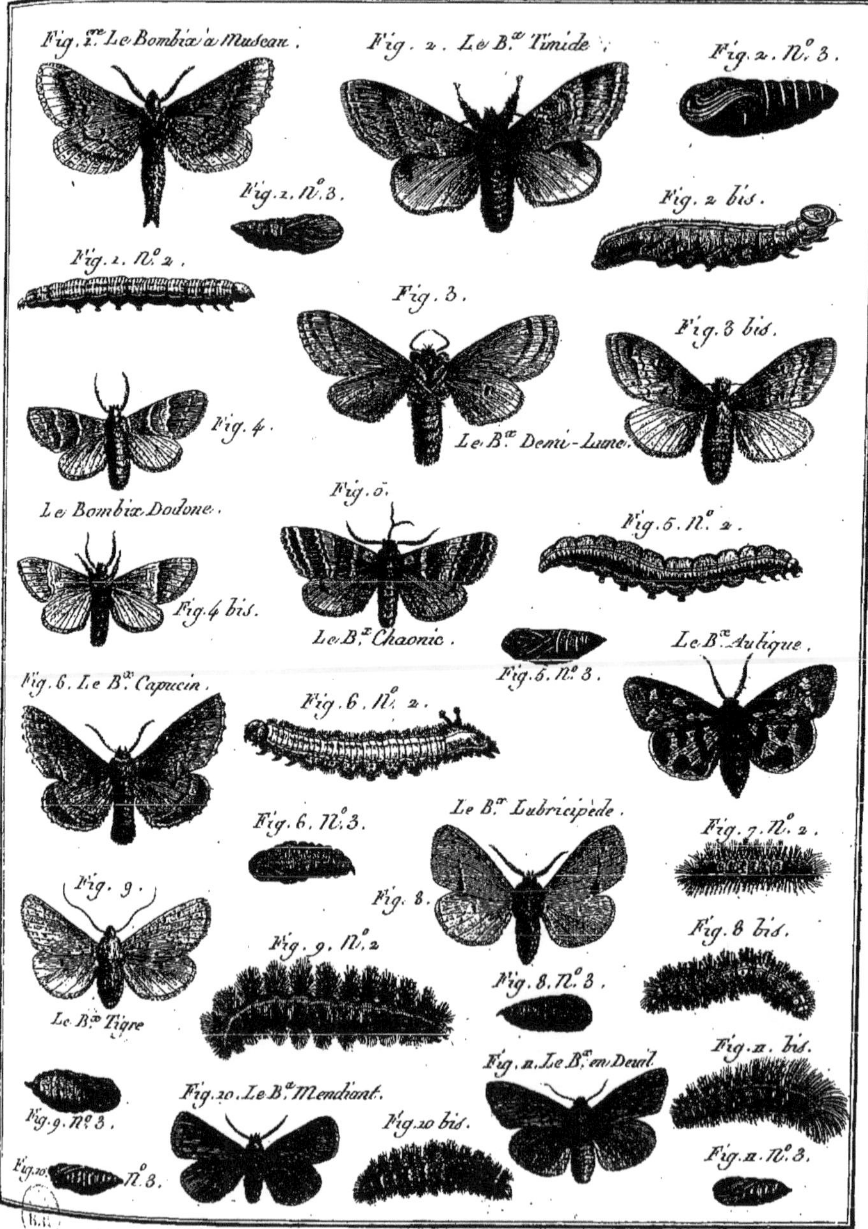

Benard Direxit.

Histoire Naturelle, Insectes.

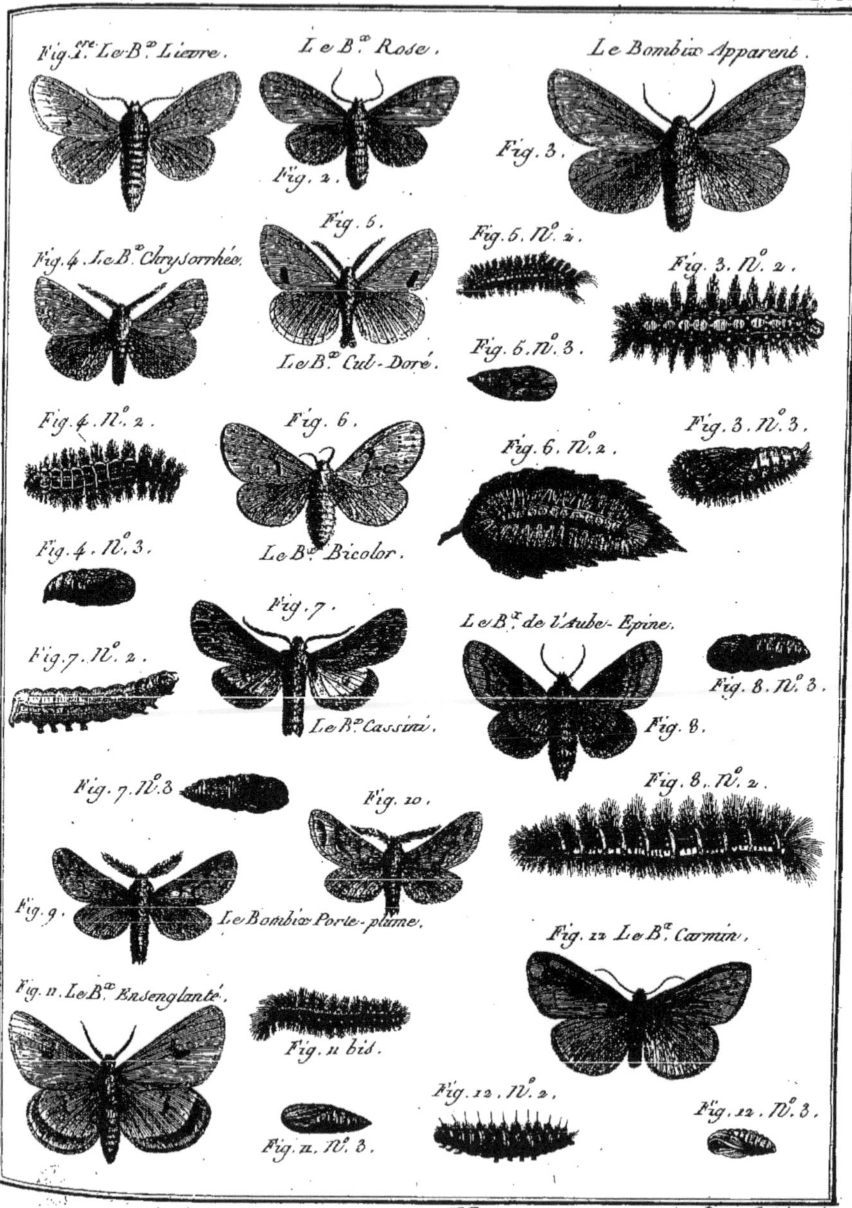

Benard Direxit.

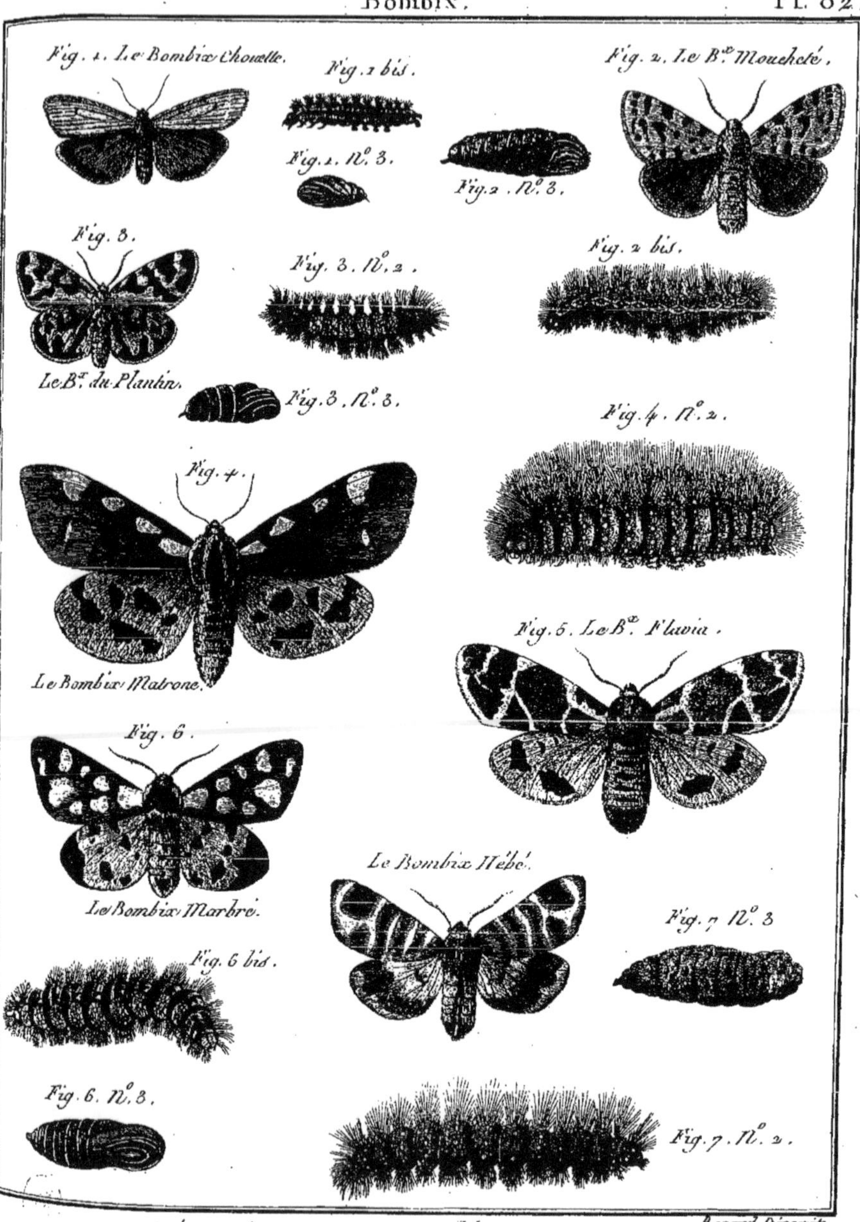

Benard Direxit.

Histoire Naturelle, Insectes.

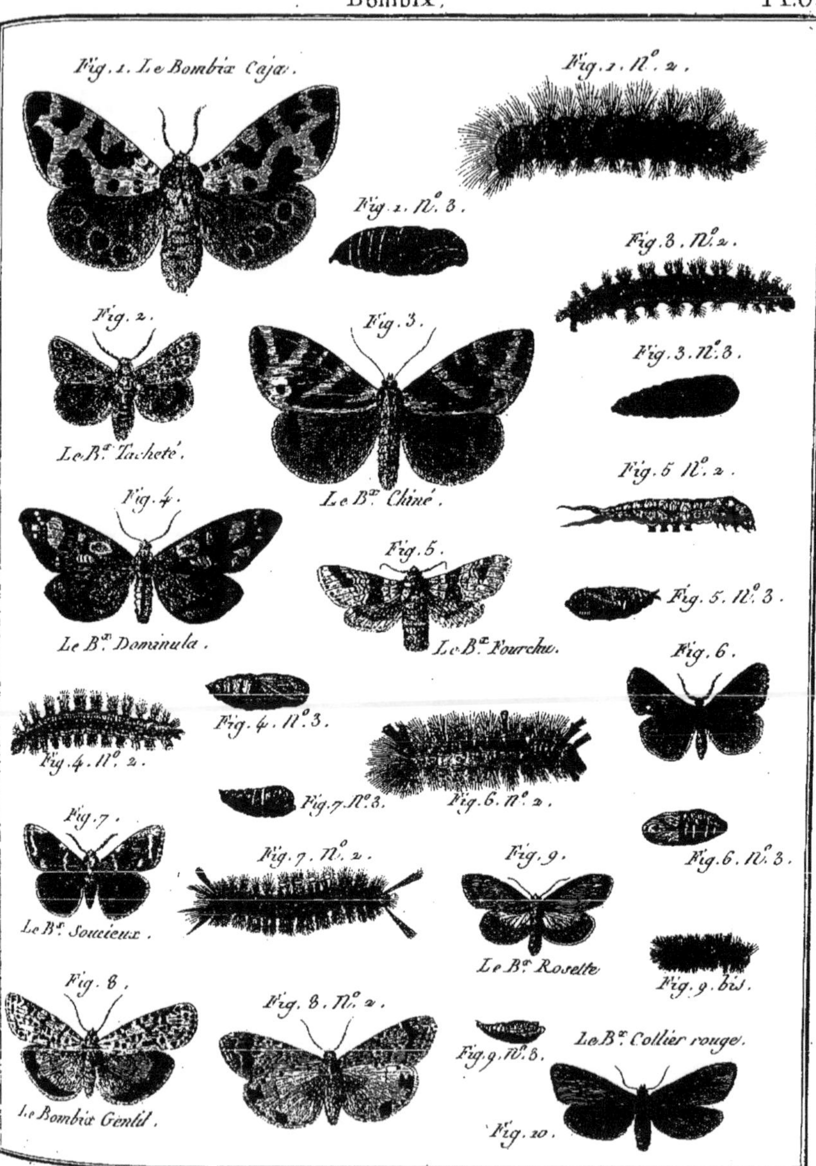

Histoire Naturelle, Insectes.

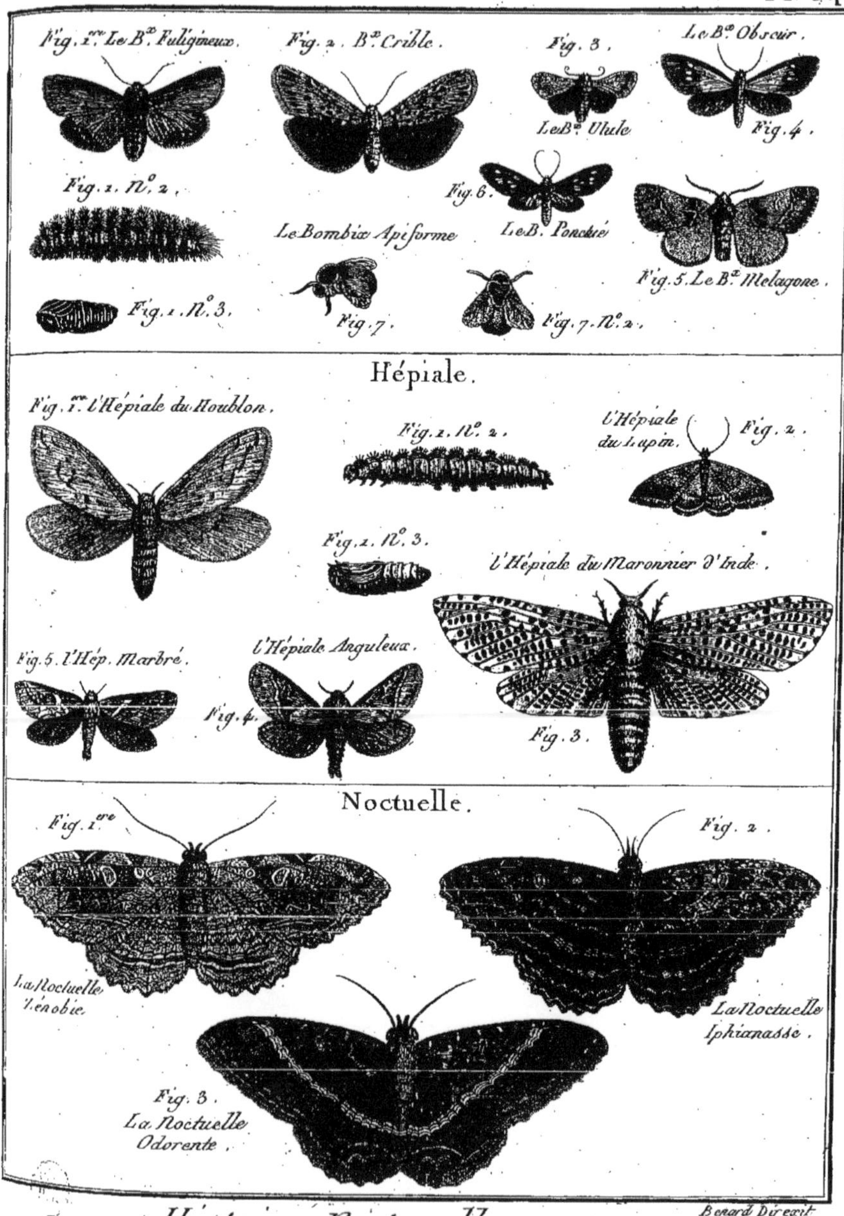

Benard Direxit.

Histoire Naturelle, Insectes.

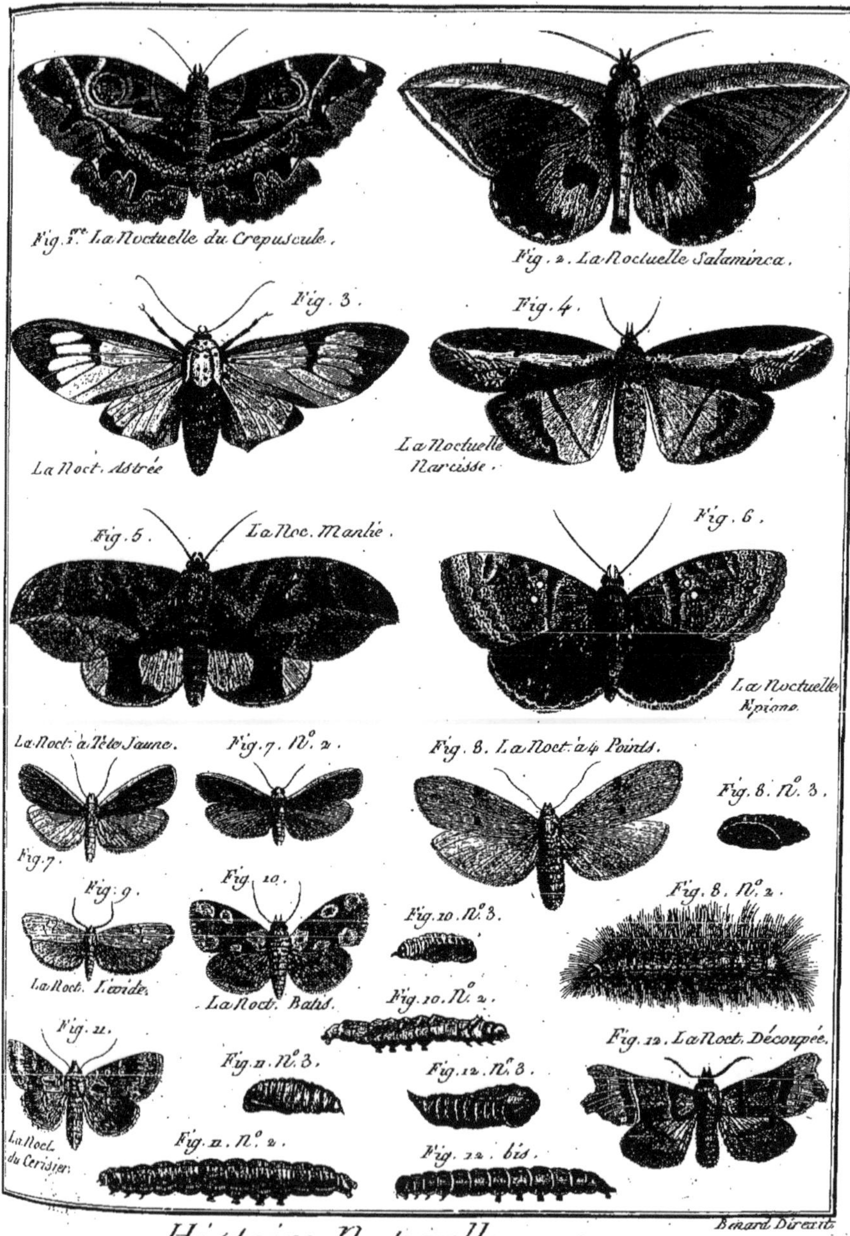

Benard Direxit.

Histoire Naturelle, Insectes.

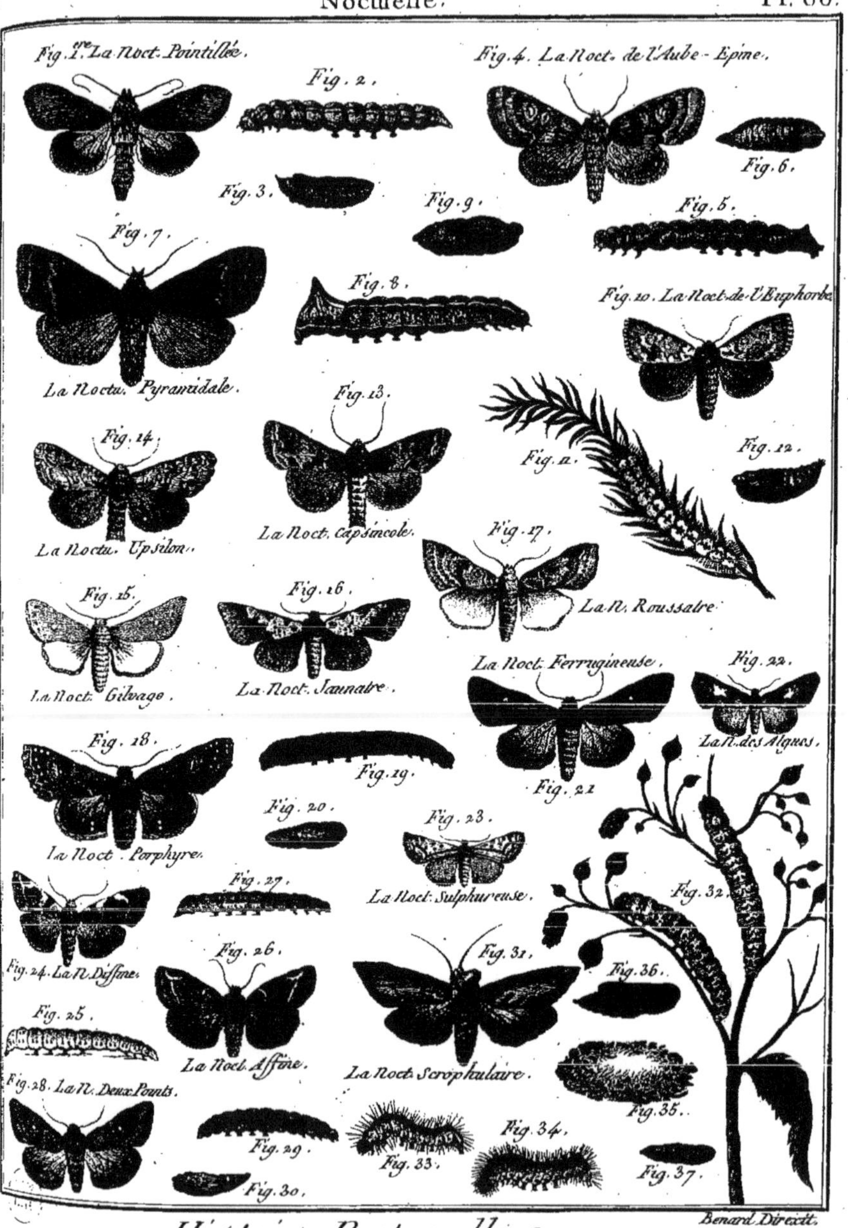

Benard Direxit.

Histoire Naturelle, Insectes.

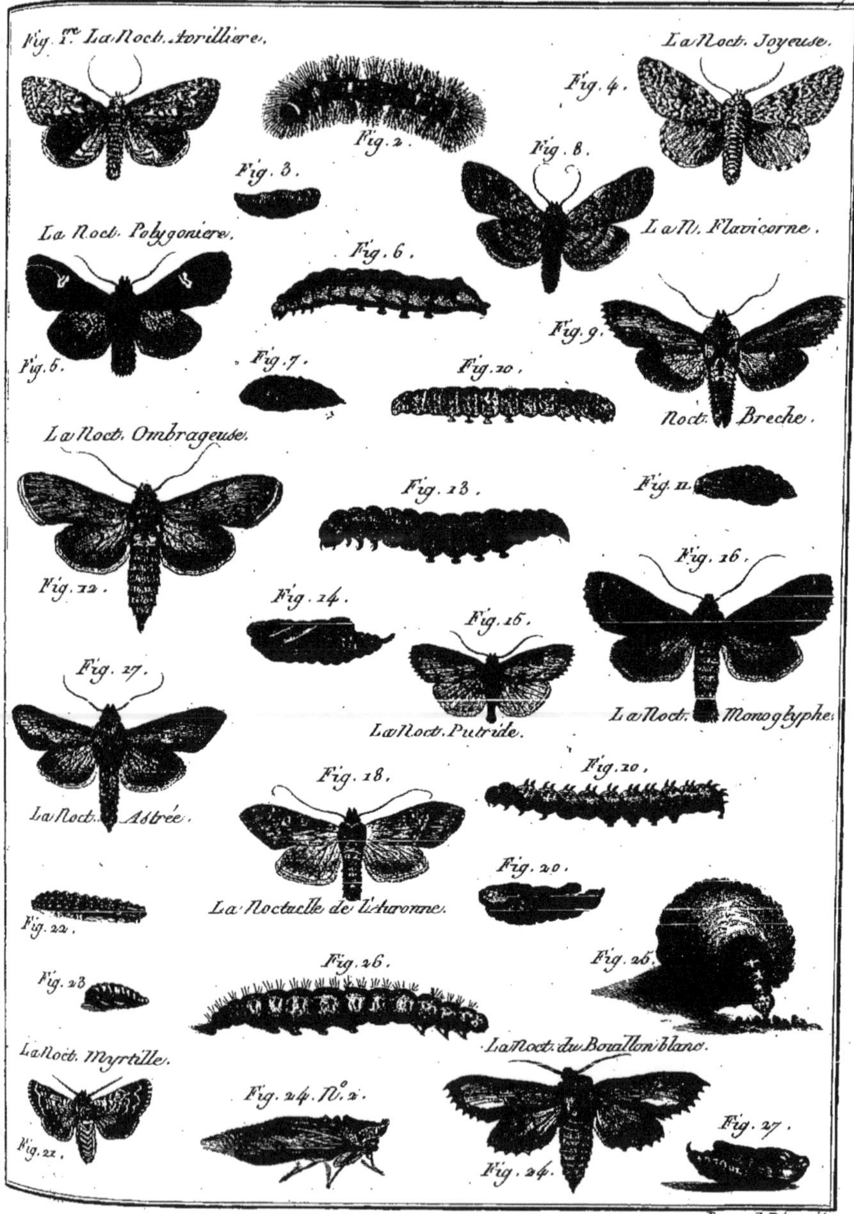

Benard Direxit.

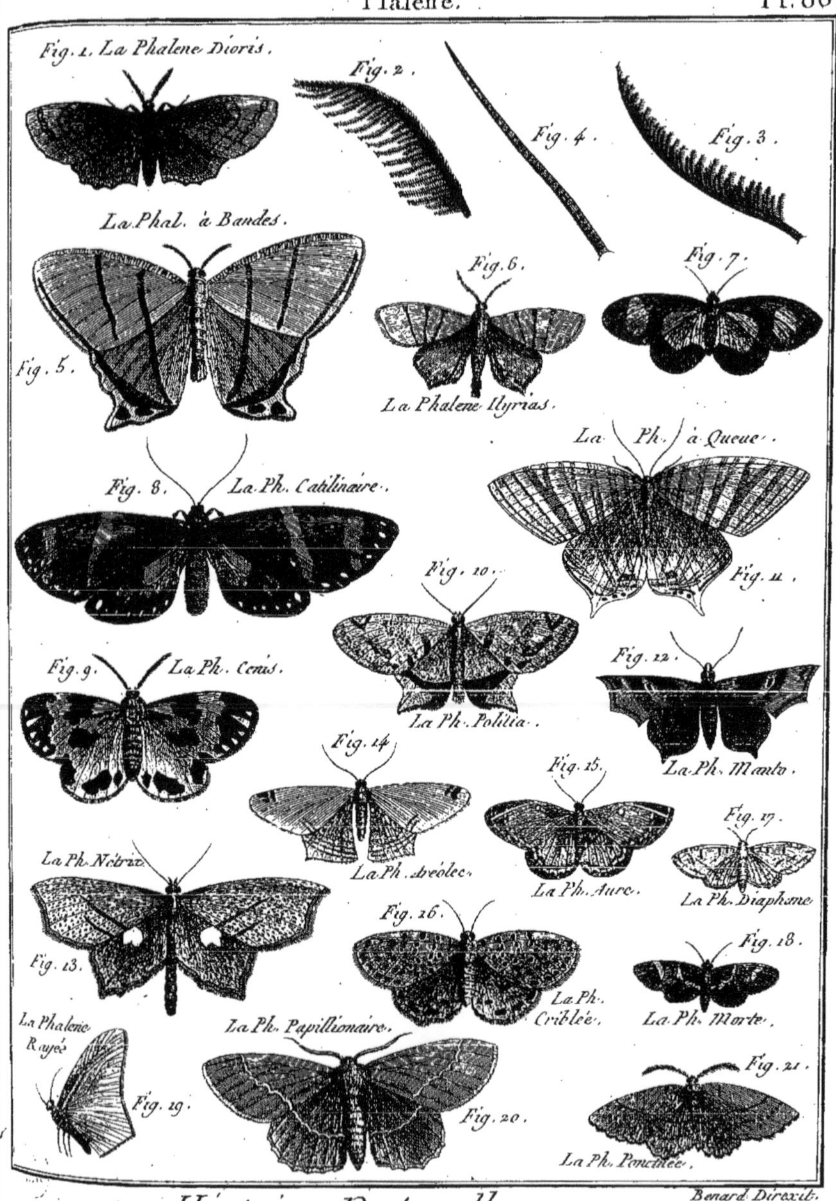

Benard Direxit.

Histoire Naturelle, Insectes.

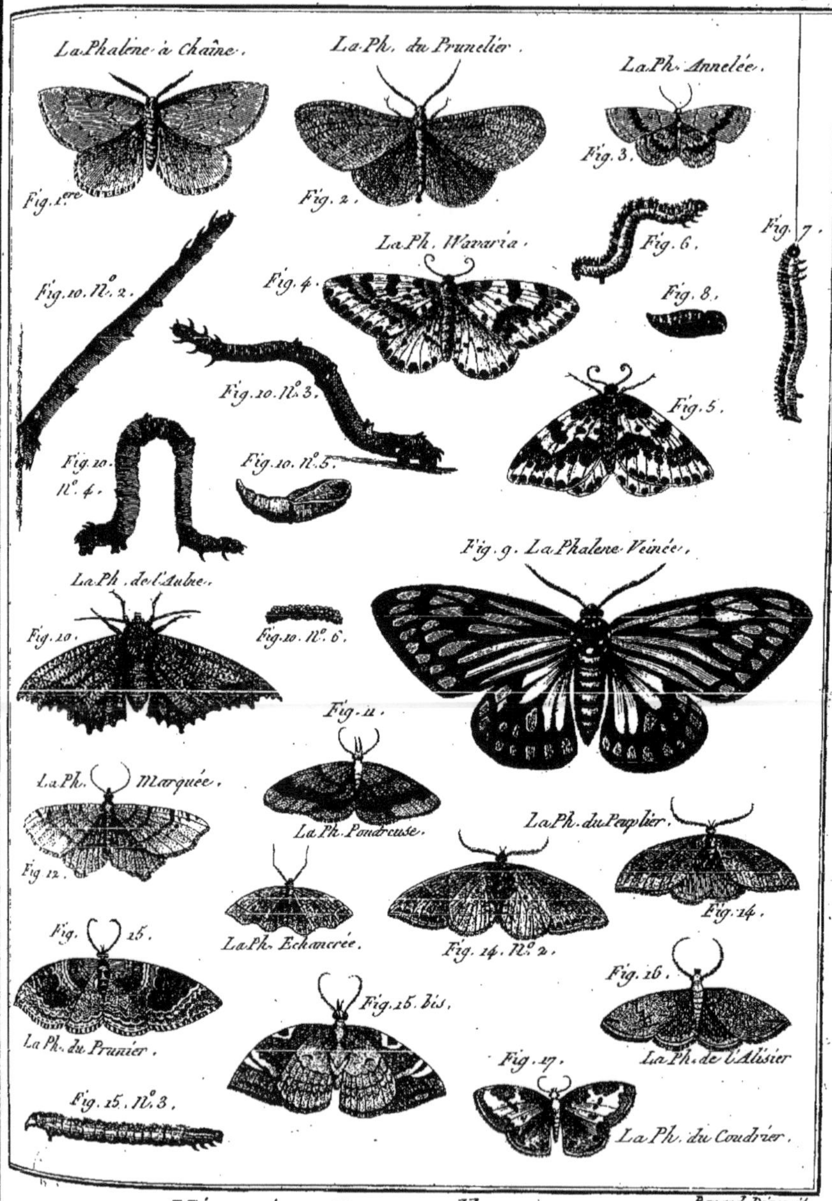

Benard Direxit.

Histoire Naturelle, Insectes.

Benard Direxit.

Histoire Naturelle, Insectes.

Phalene. Pl. 91.

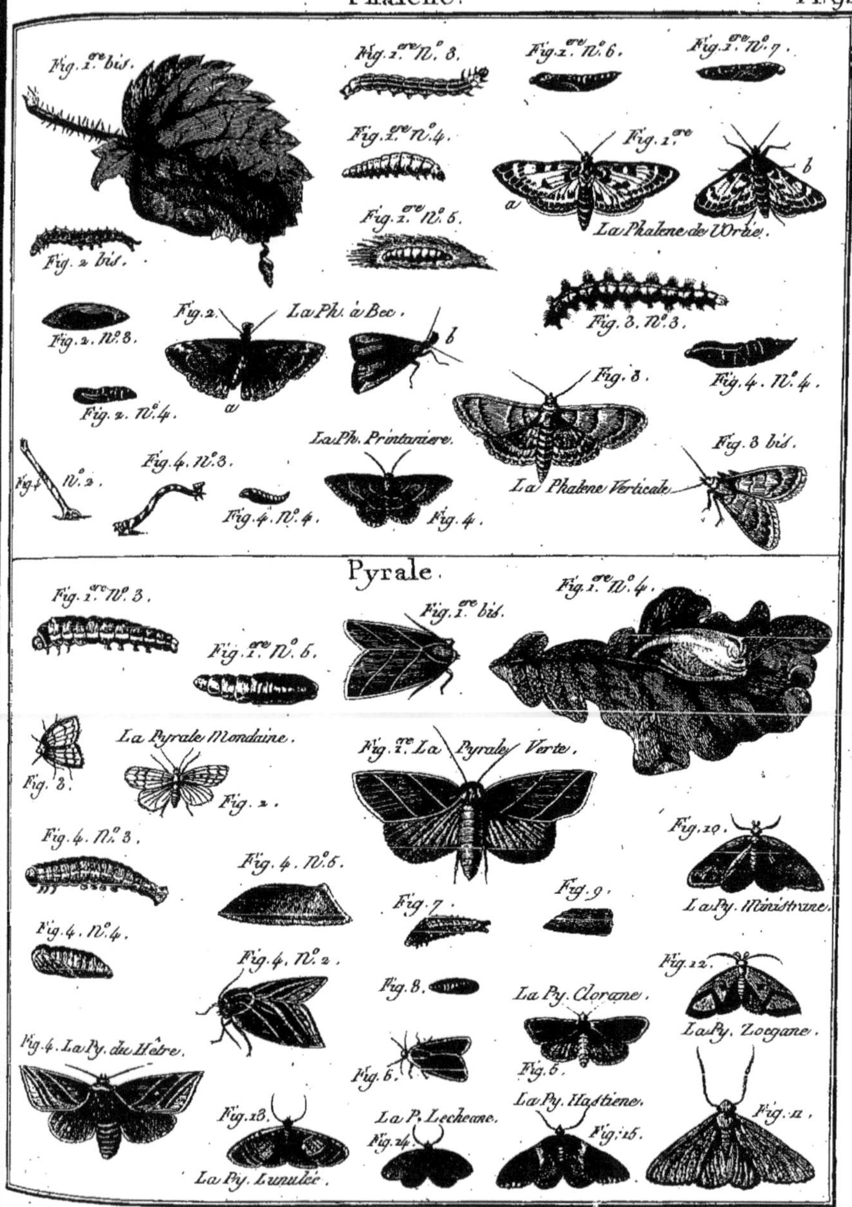

Benard Direxit.

Histoire Naturelle, Insectes.

Pyrale. Pl. 92.

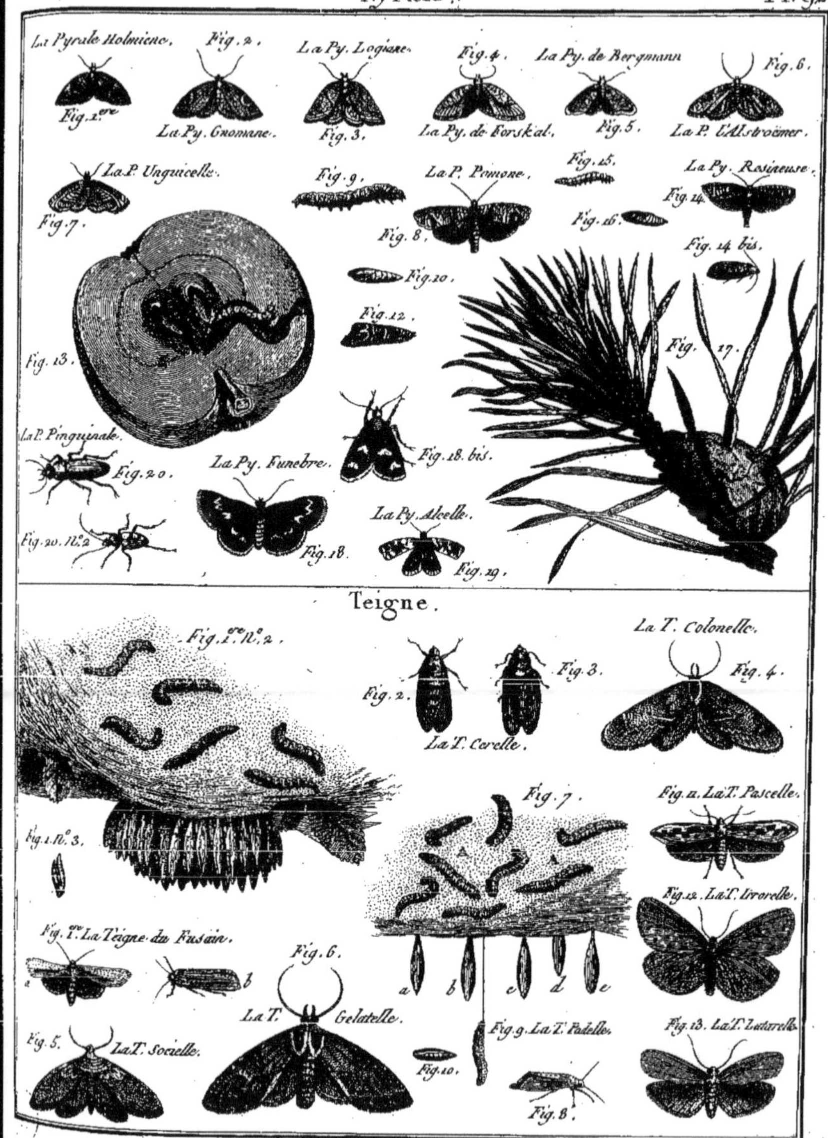

Histoire Naturelle, Insectes.

Benard Direxit.

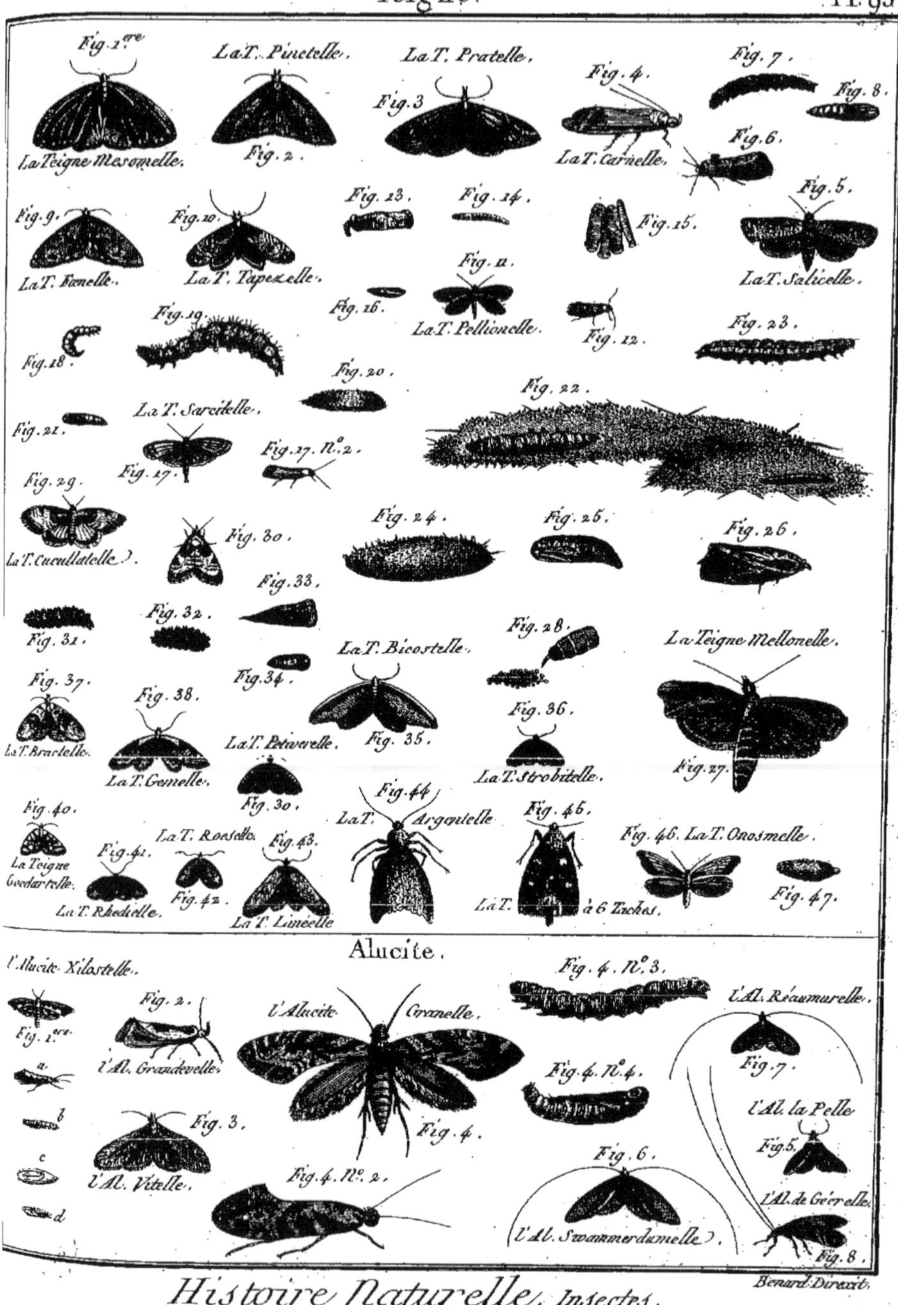

Benard Direxit.

Histoire Naturelle, Insectes.

Pterophore. Pl. 94.

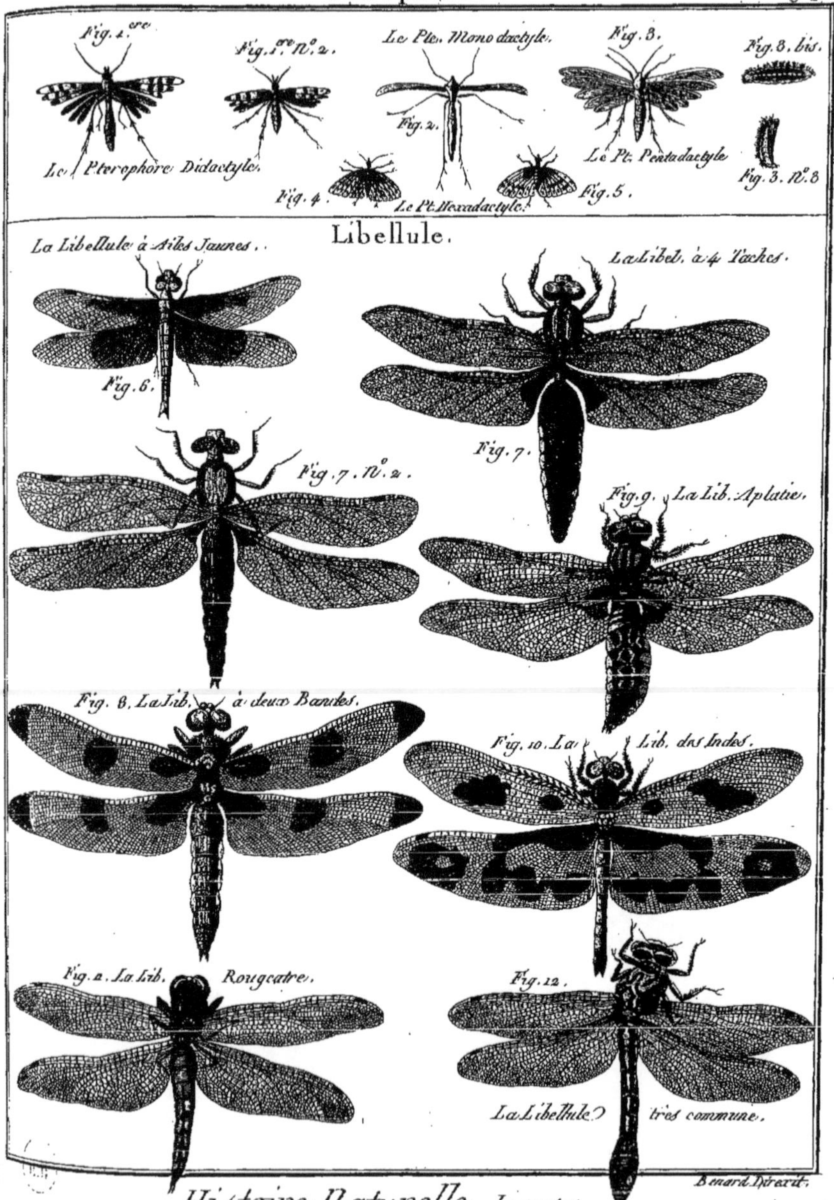

Histoire Naturelle, Insectes.

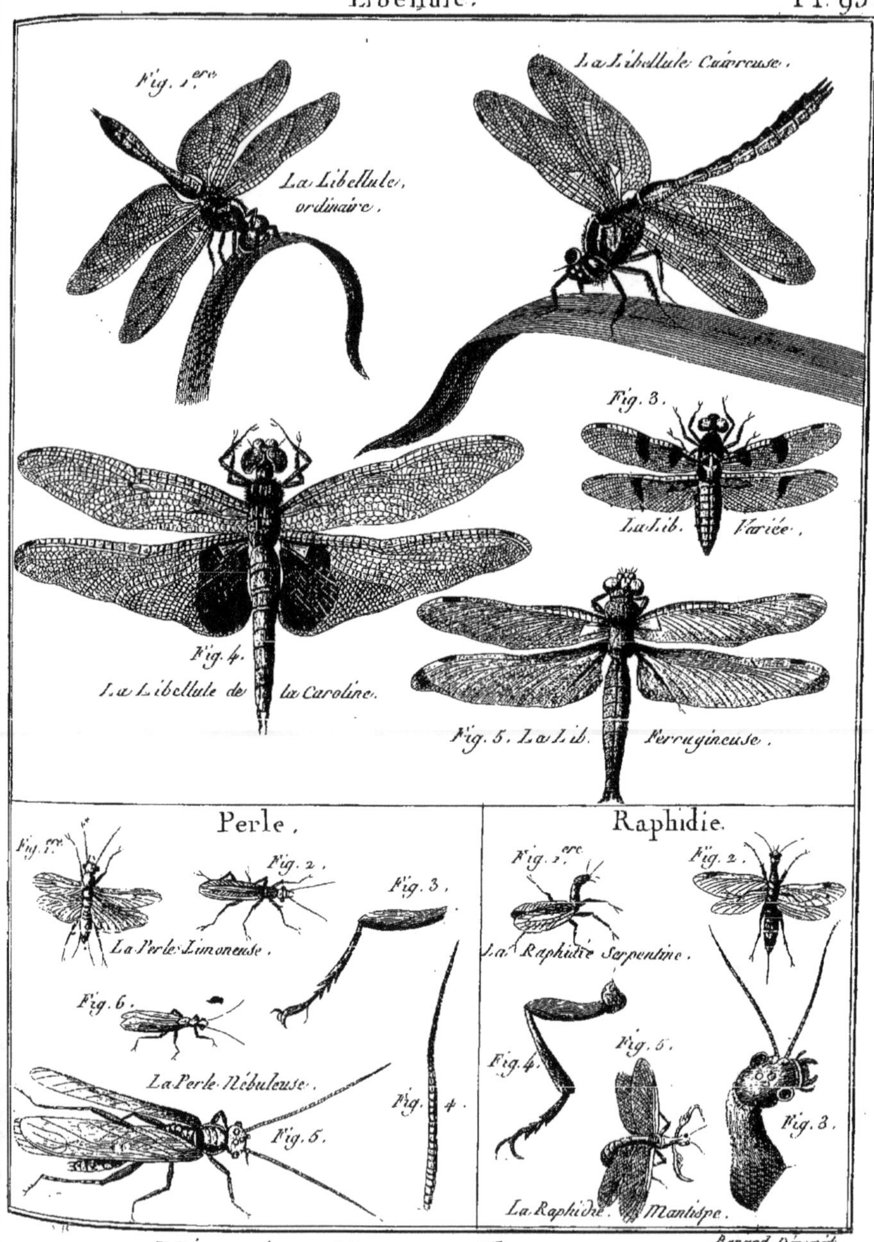

Benard Direxit.

Histoire Naturelle, Insectes.

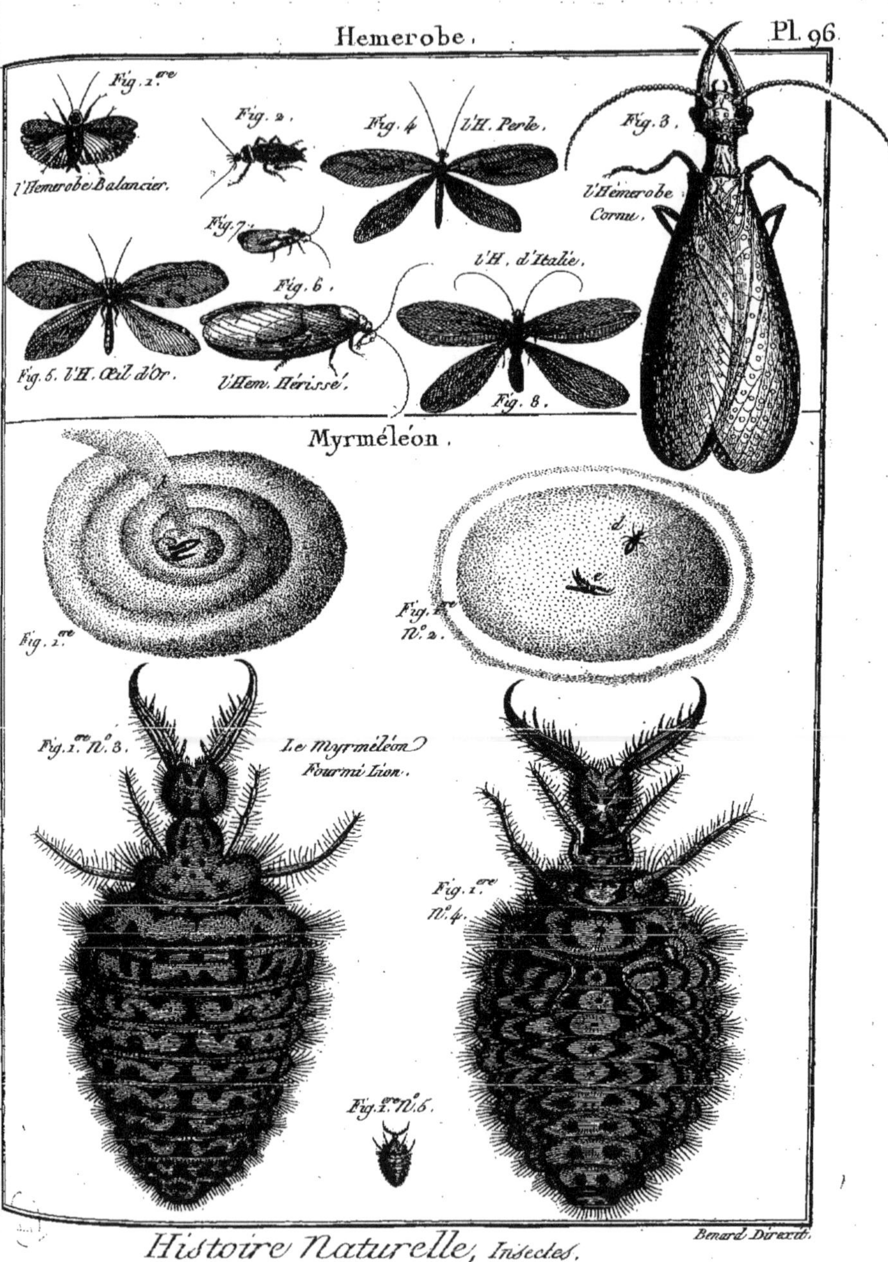

Histoire Naturelle, Insectes.

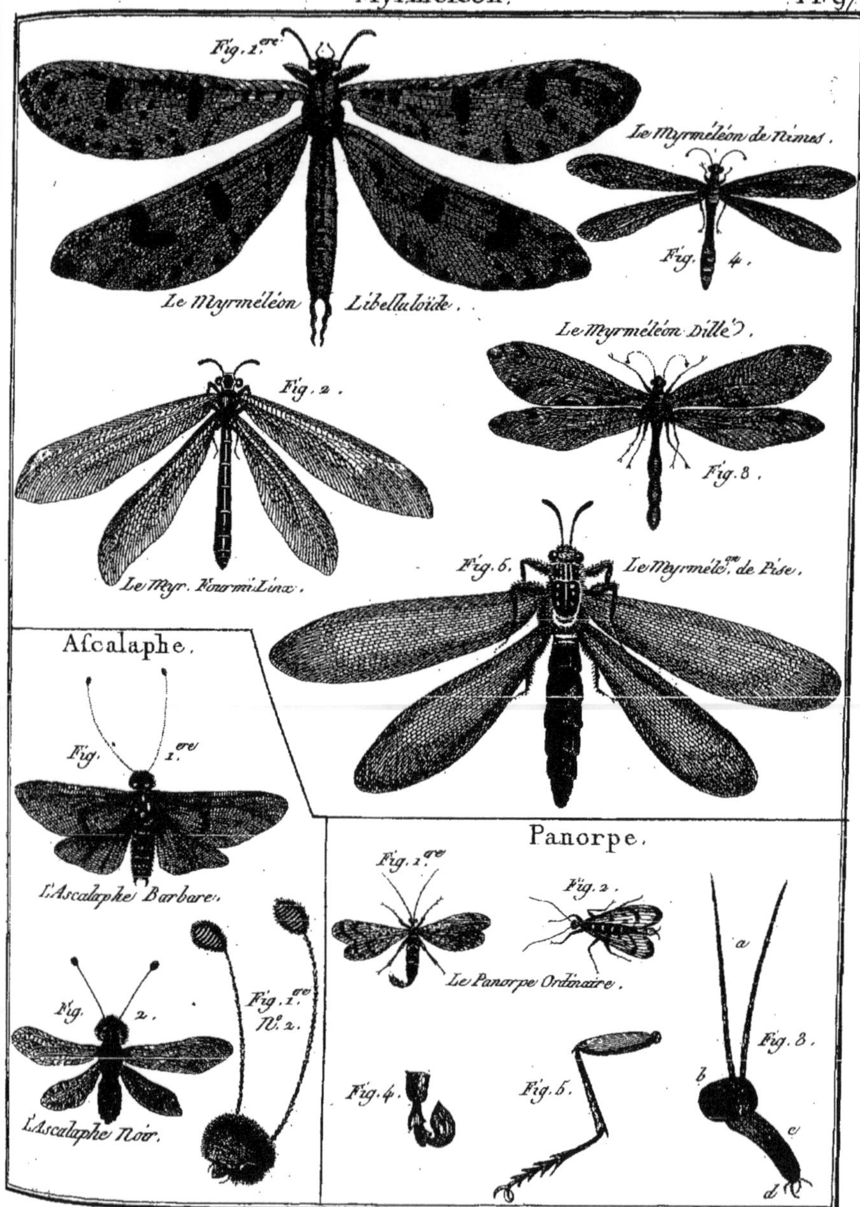
Fig. 1.ere
Le Myrméléon Libelluloïde.
Le Myrméléon de Nimes.
Fig. 4.
Le Myrméléon Dillé.
Fig. 3.
Fig. 2.
Le Myr. Fourmi Linx.
Fig. 5.
Le Myrmélé.on de Pise.
Afcalaphe.
Fig. 1.ere
L'Ascalaphe Barbare.
Fig. 2.
L'Ascalaphe Noir.
Fig. 1.ere N.o 2.
Panorpe.
Fig. 1.ere
Fig. 2.
Le Panorpe Ordinaire.
a
Fig. 3.
b
c
d
Fig. 4.
Fig. 5.

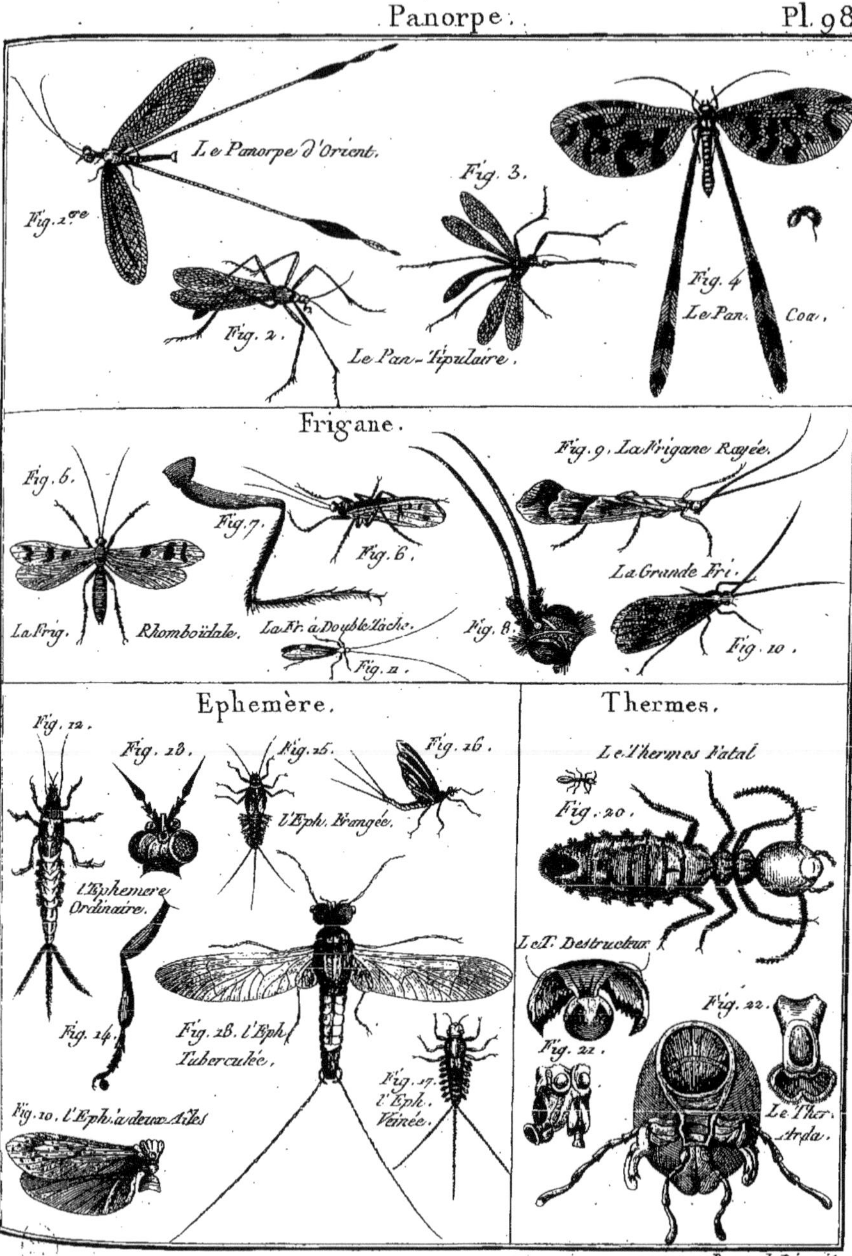

Benard Direxit

Histoire Naturelle, Insectes.

Fourmi. Pl. 99.

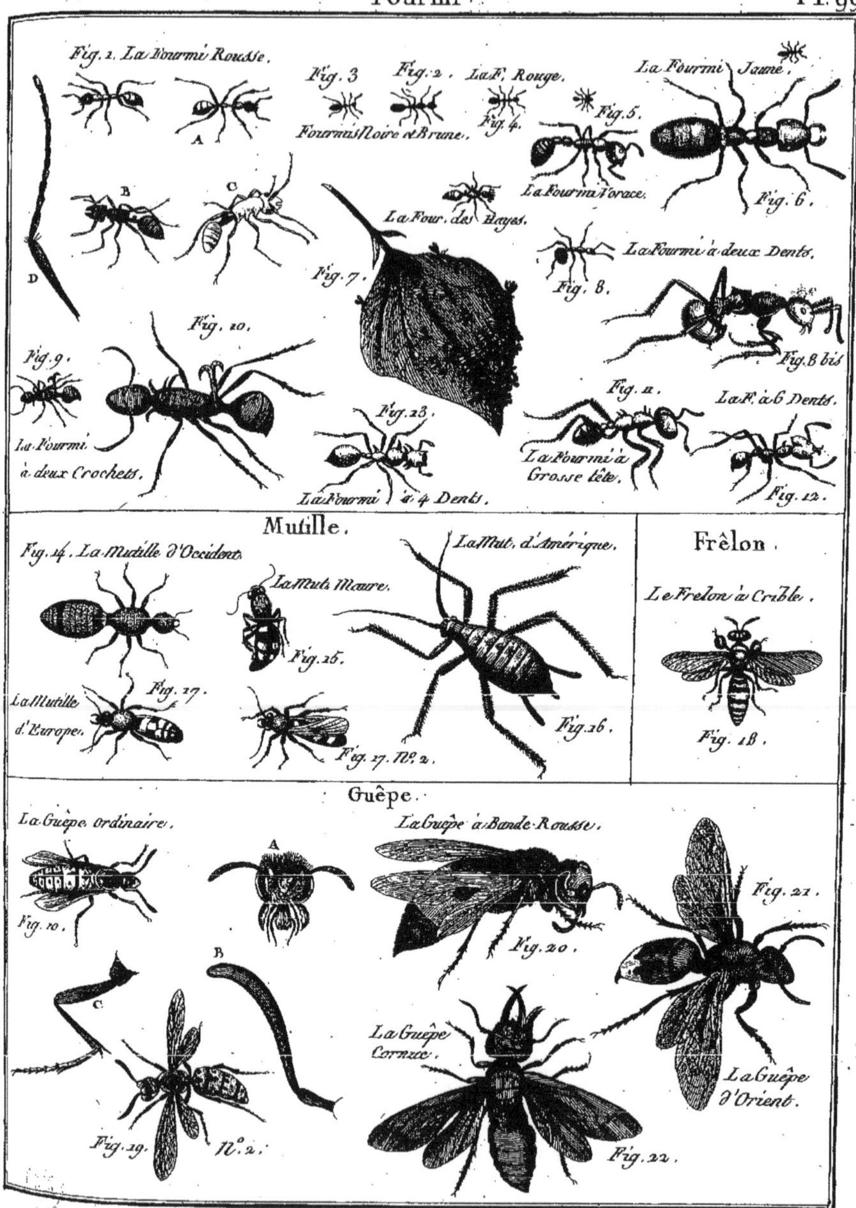

Benard Direxit.

Histoire Naturelle, Insectes.

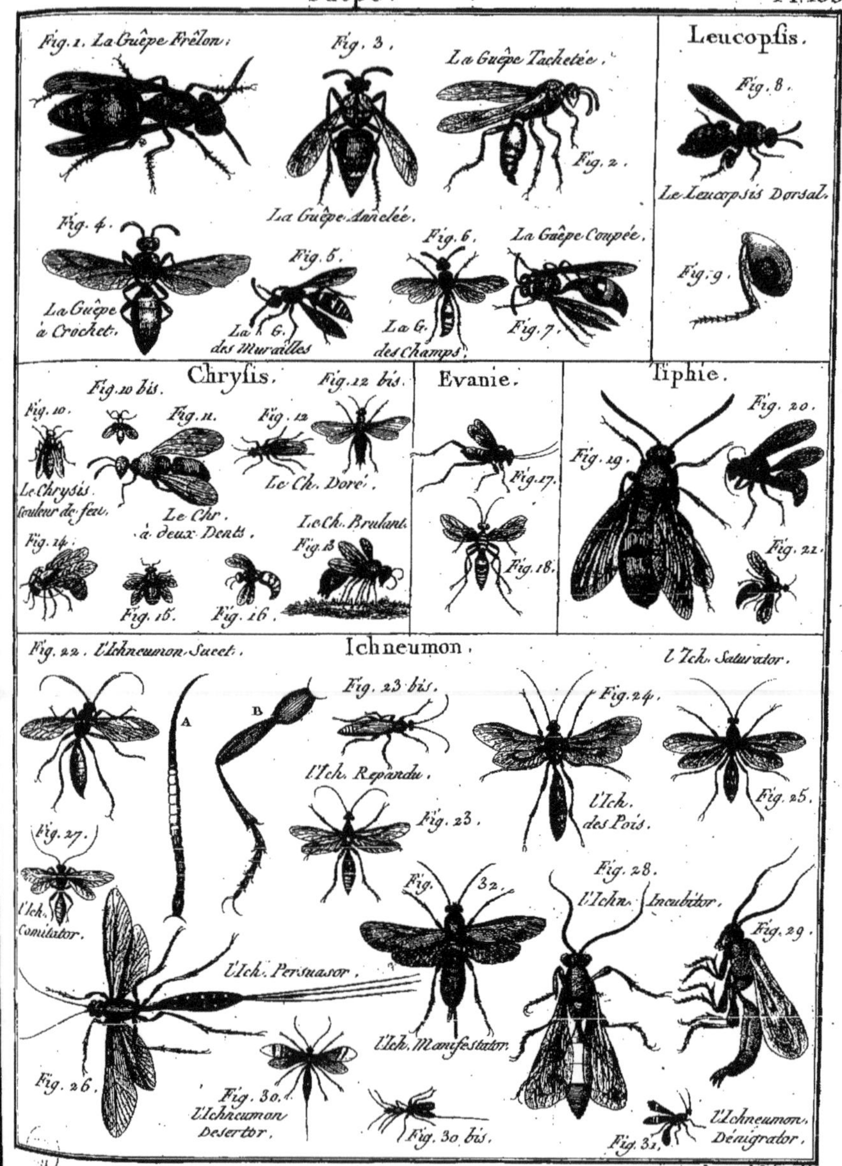

Benard Direxit.

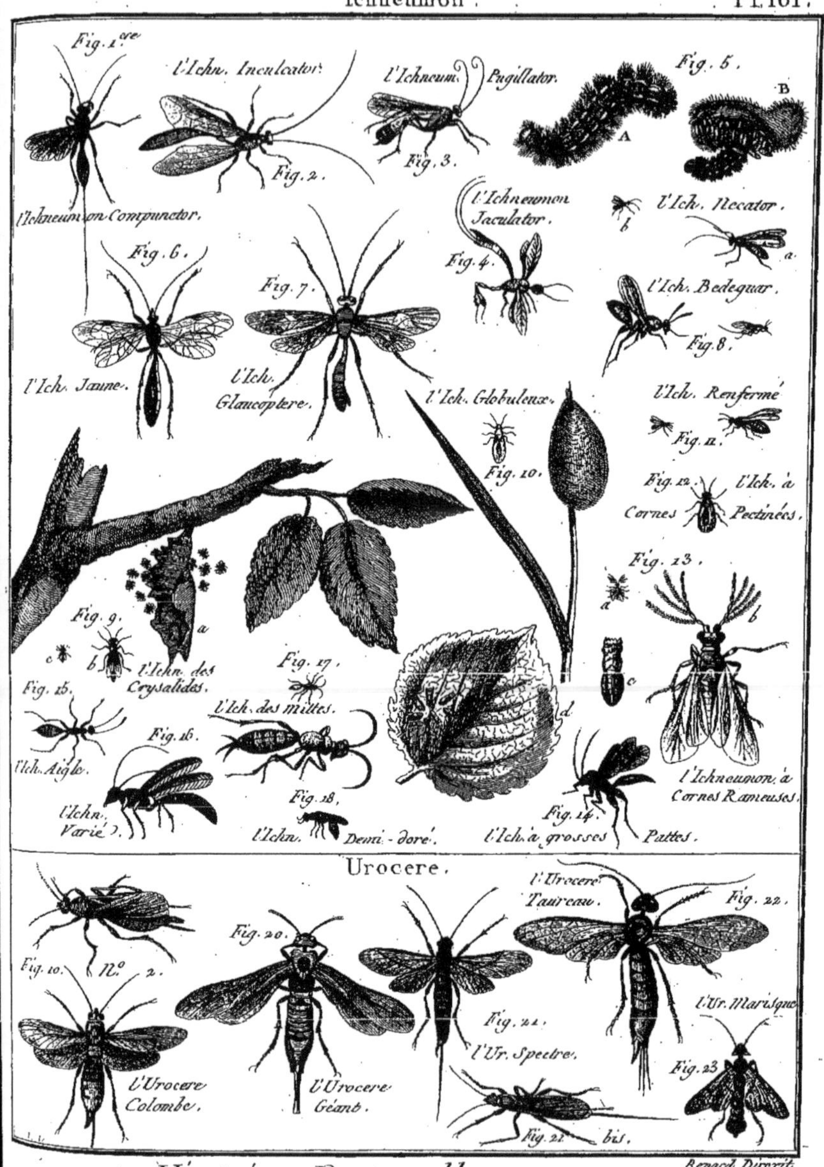

Benard Direxit.

Histoire Naturelle, Insectes.

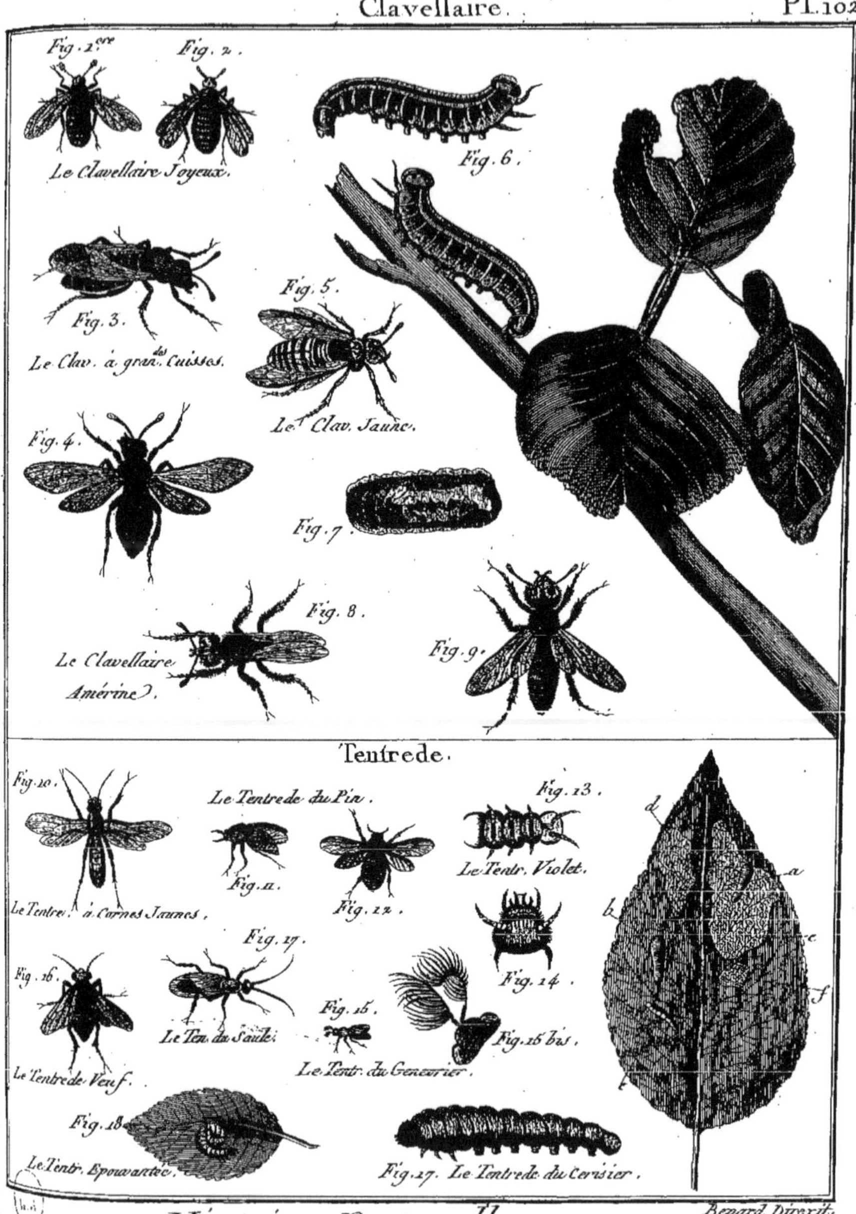

Histoire Naturelle, Insectes.

Benard Direxit.

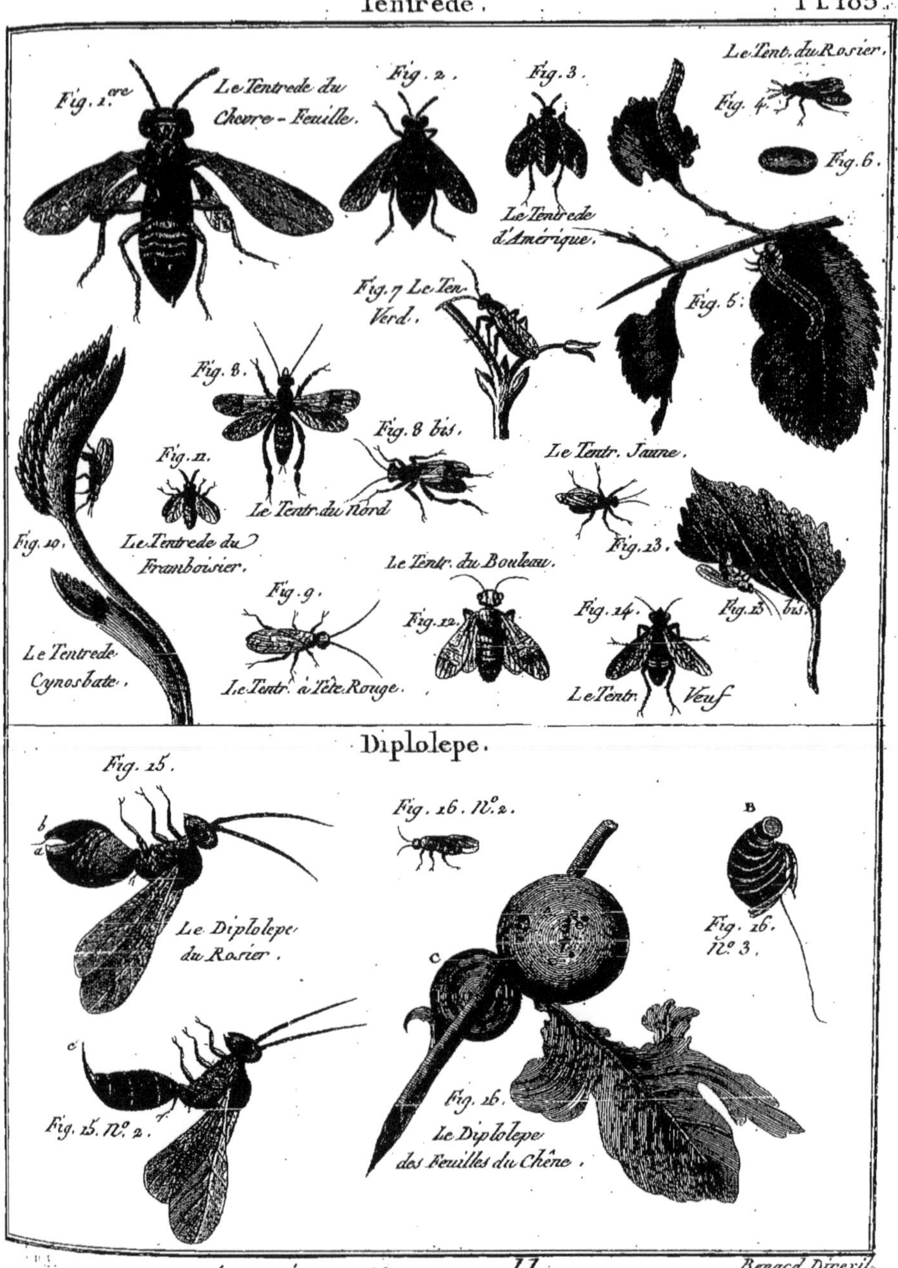

Benard Direxit.

Histoire Naturelle, Insectes.

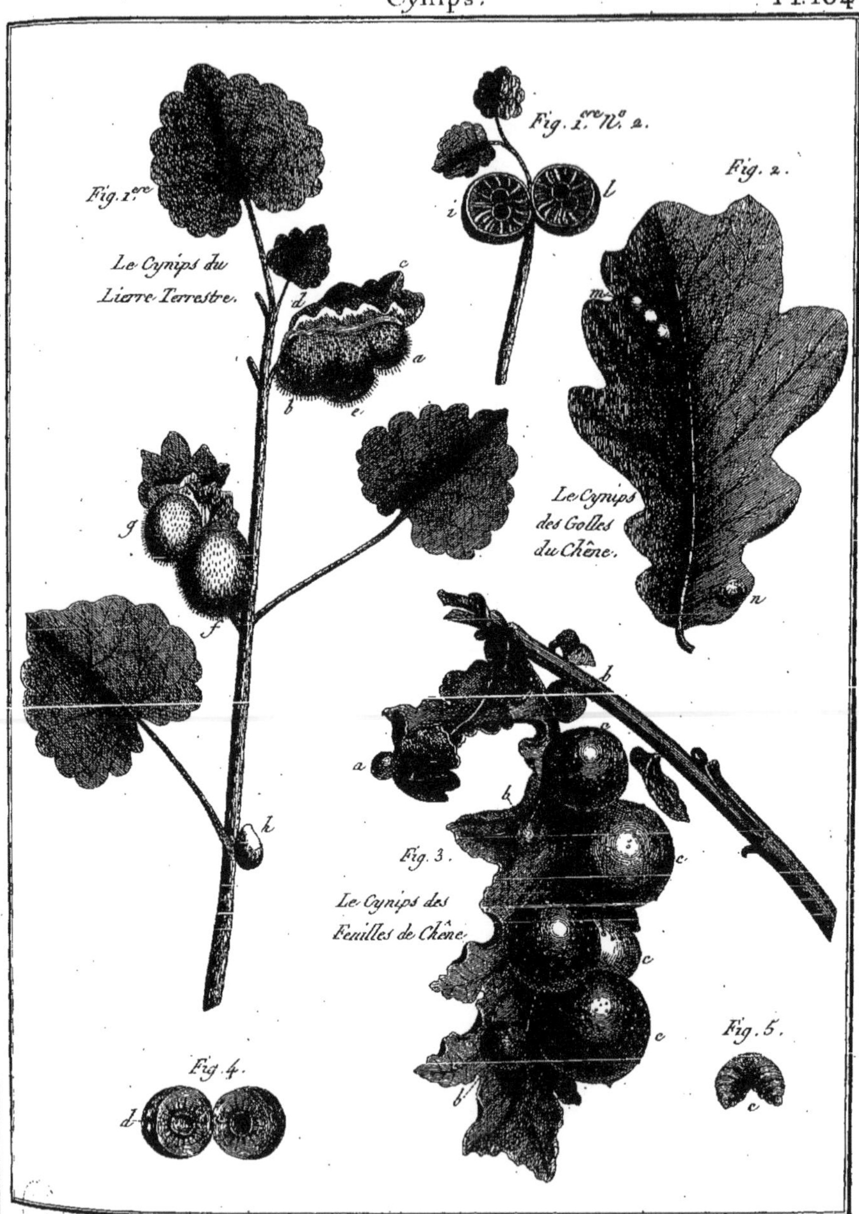

Benard Direxit.

Histoire Naturelle, Insectes.

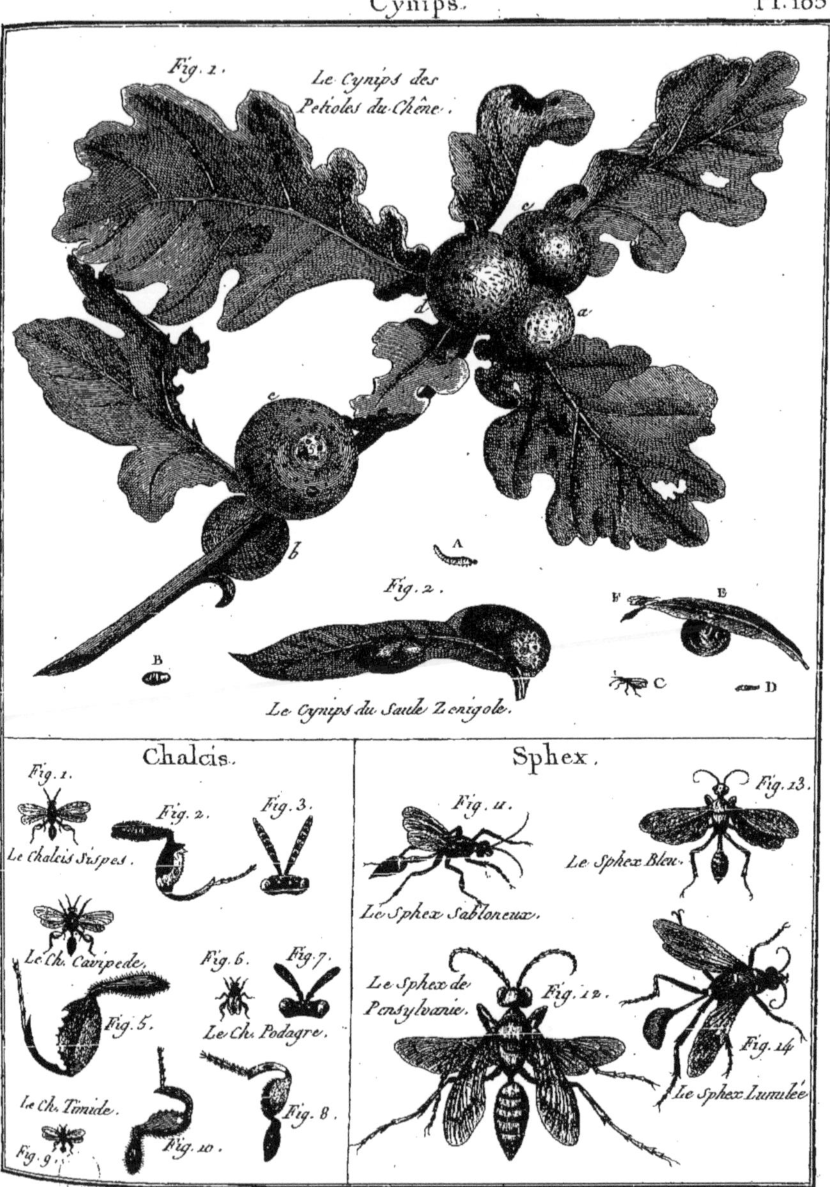

Benard Direxit.

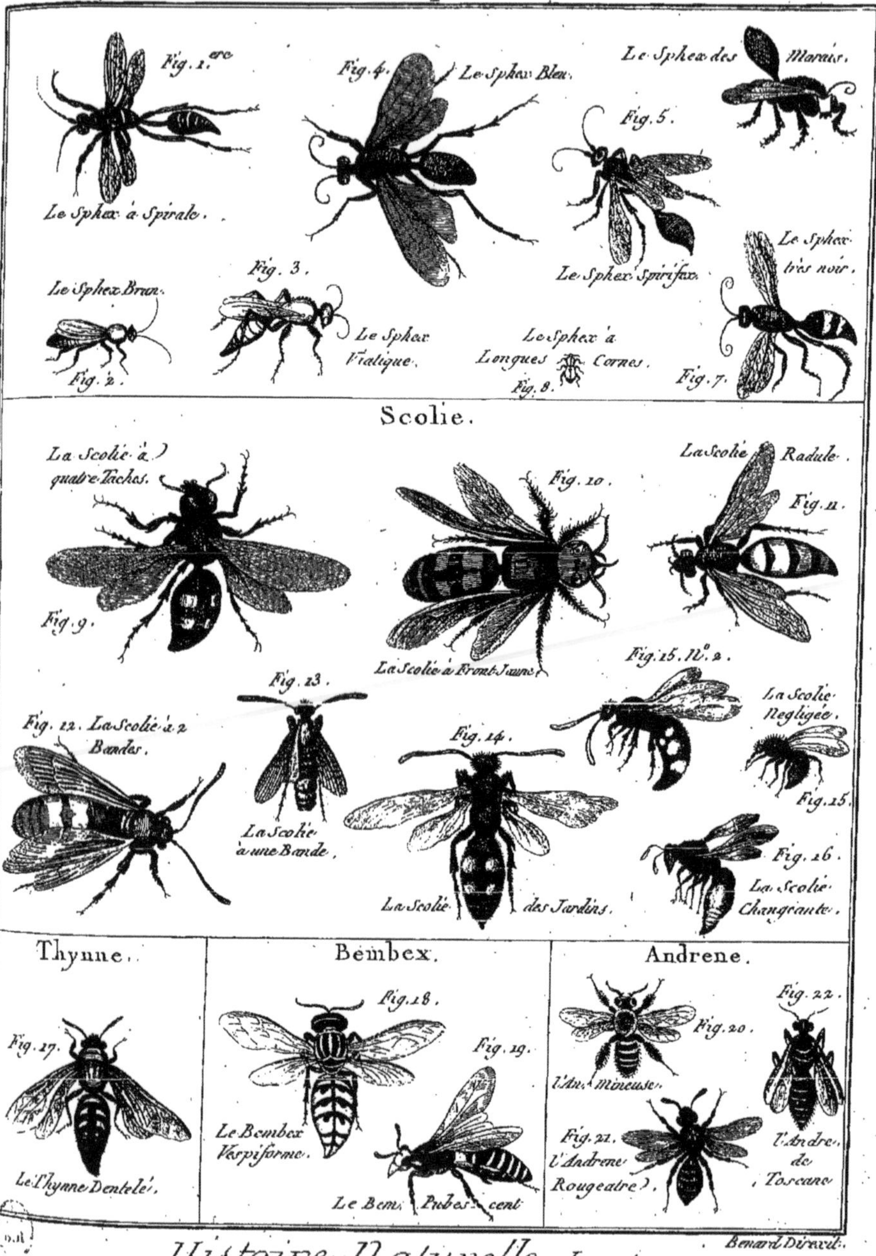

Histoire Naturelle, Insectes.

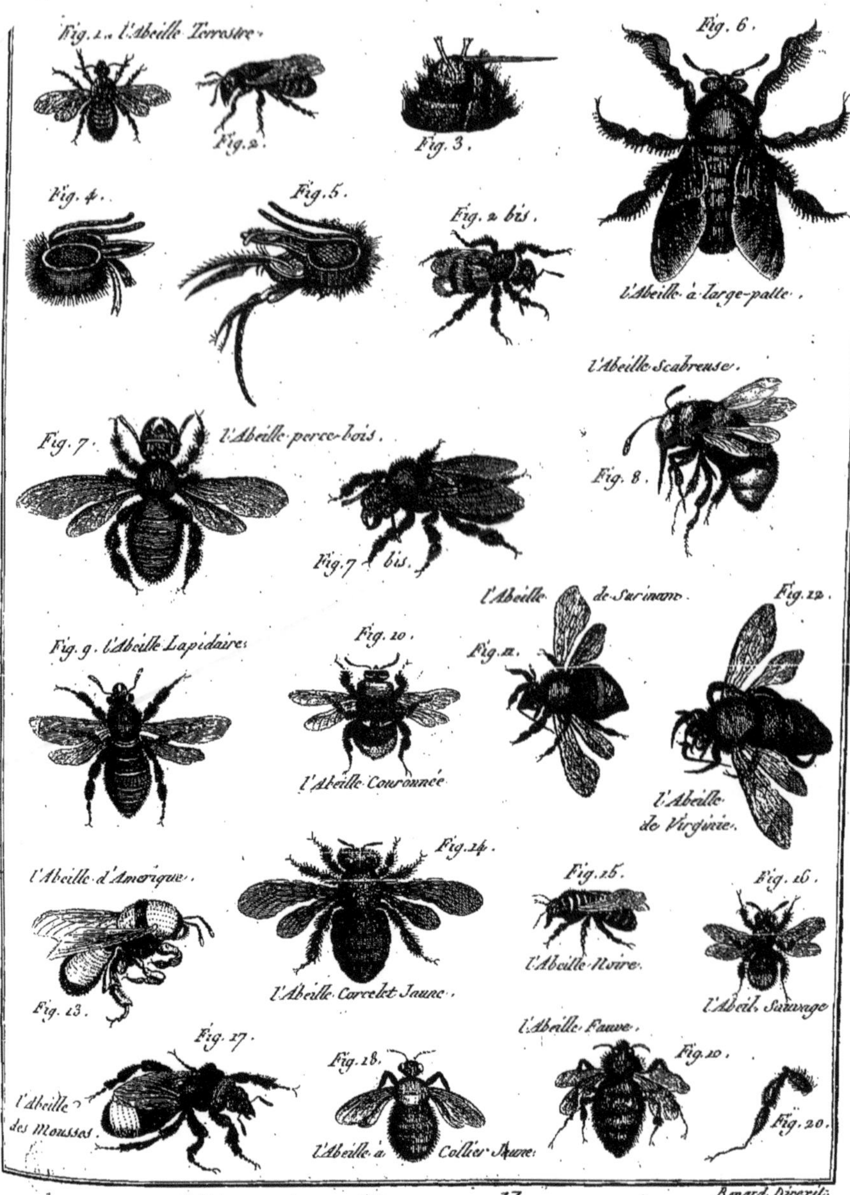

Benard Direxit.

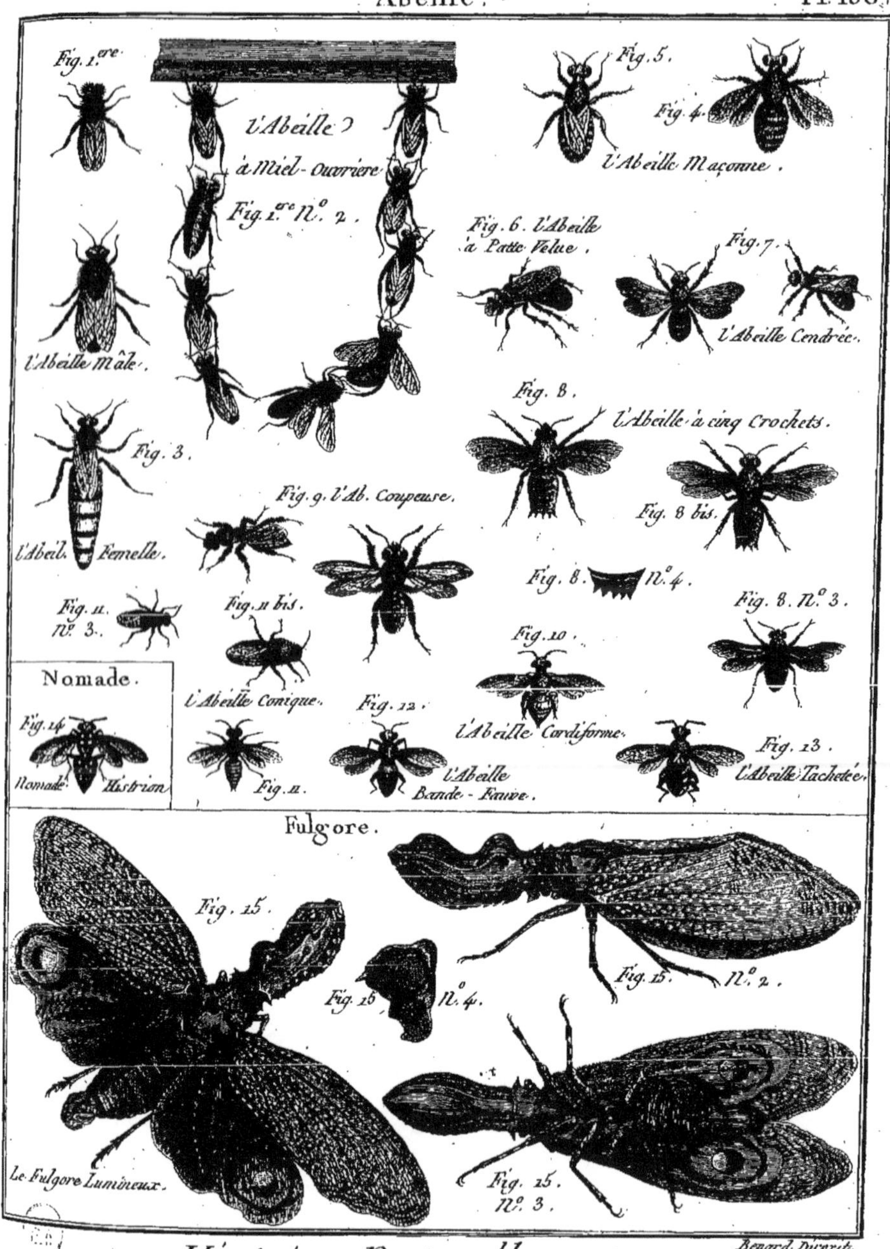

Benard Direxit.

Fulgore. Pl. 109.

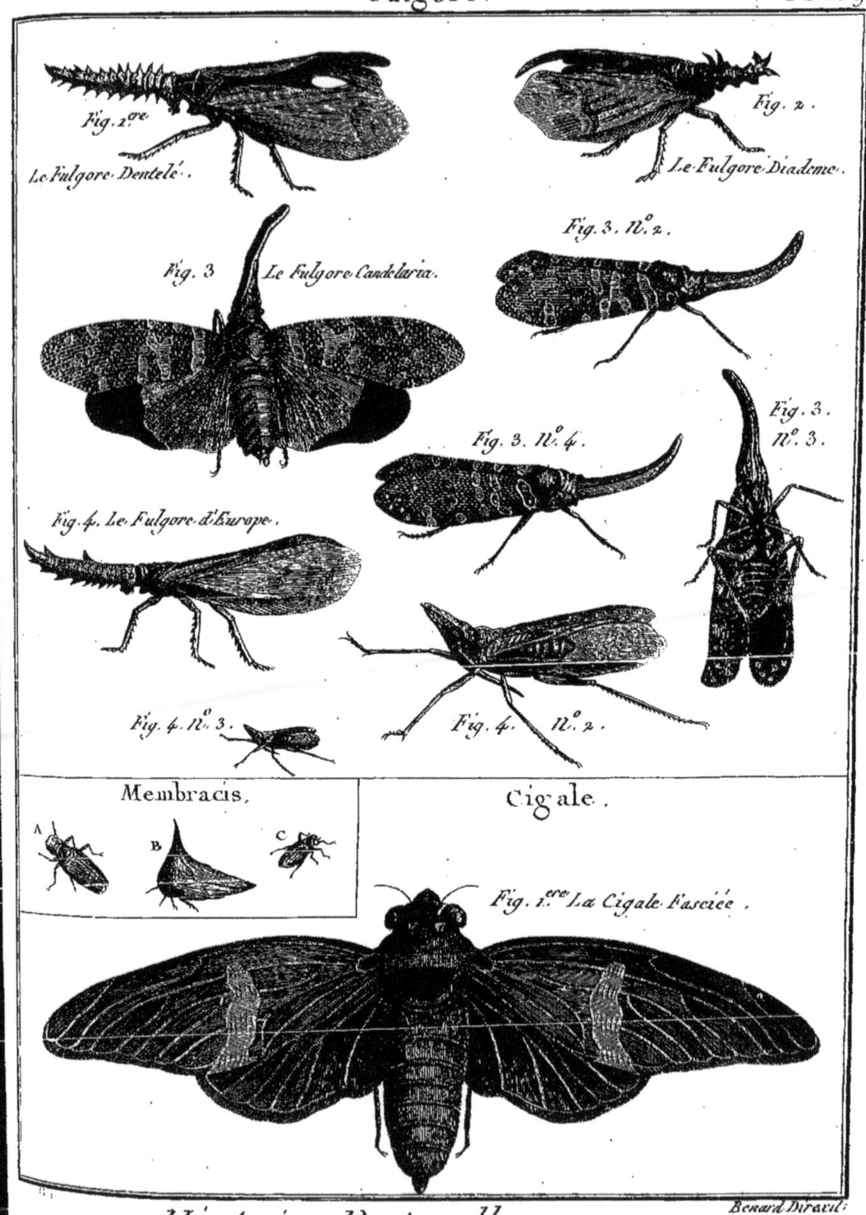

Benard Direxit.

Histoire Naturelle, Insectes.

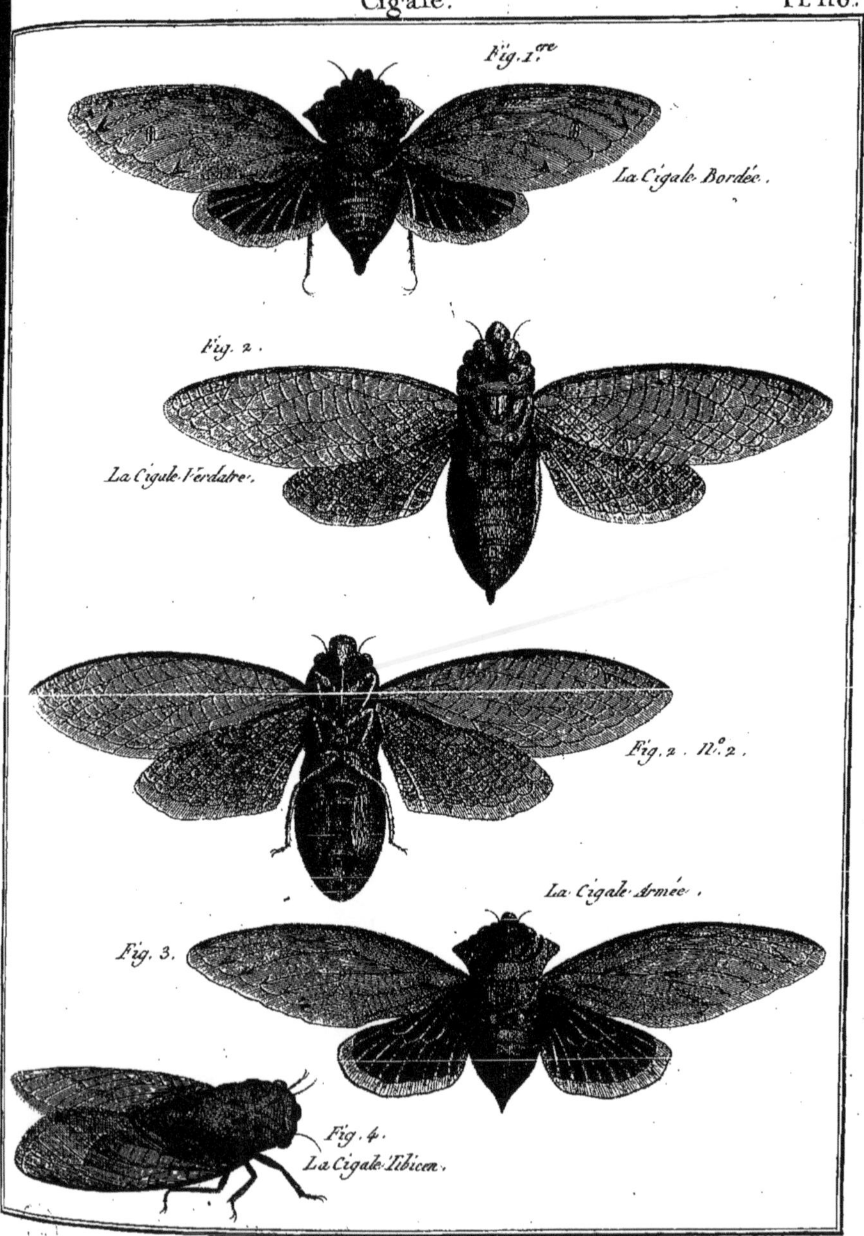

Benard Direxit.

Histoire Naturelle, Insectes.

Cigale. Pl. III.

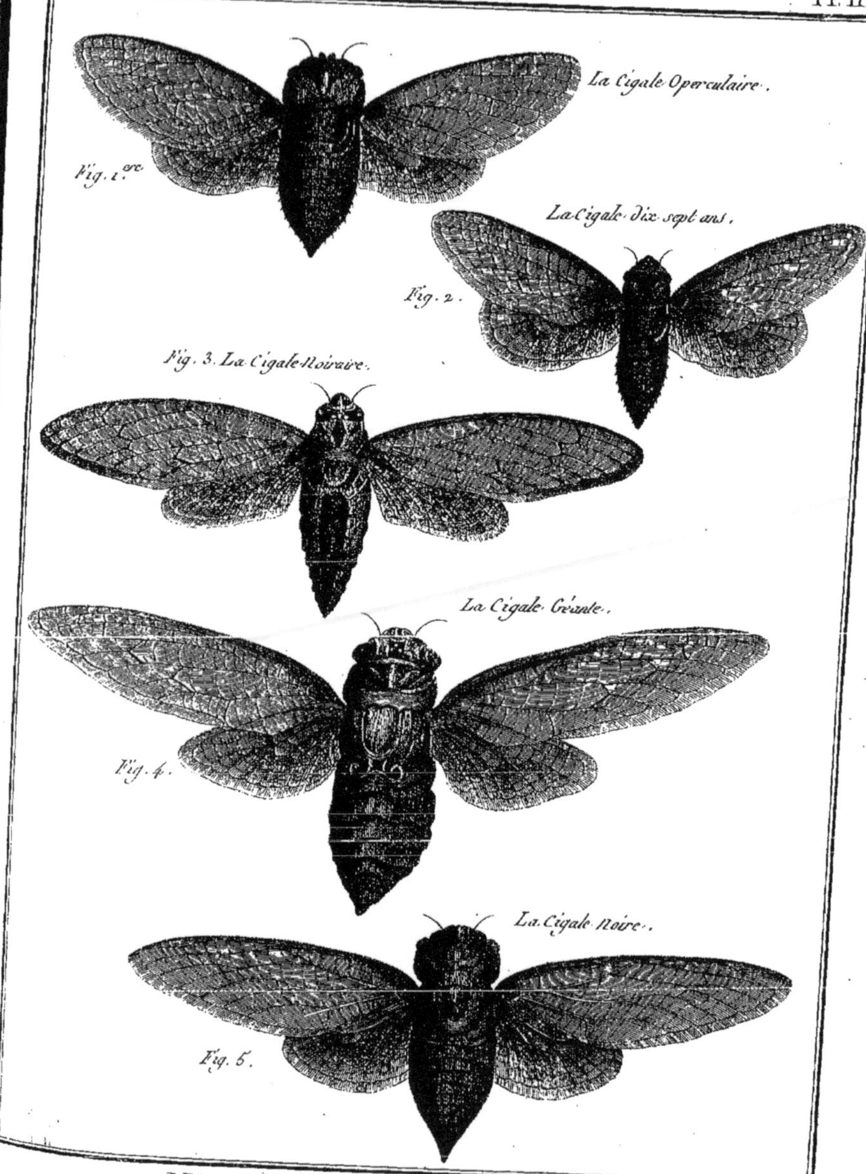

Histoire Naturelle, Insectes. Benard Direxit.

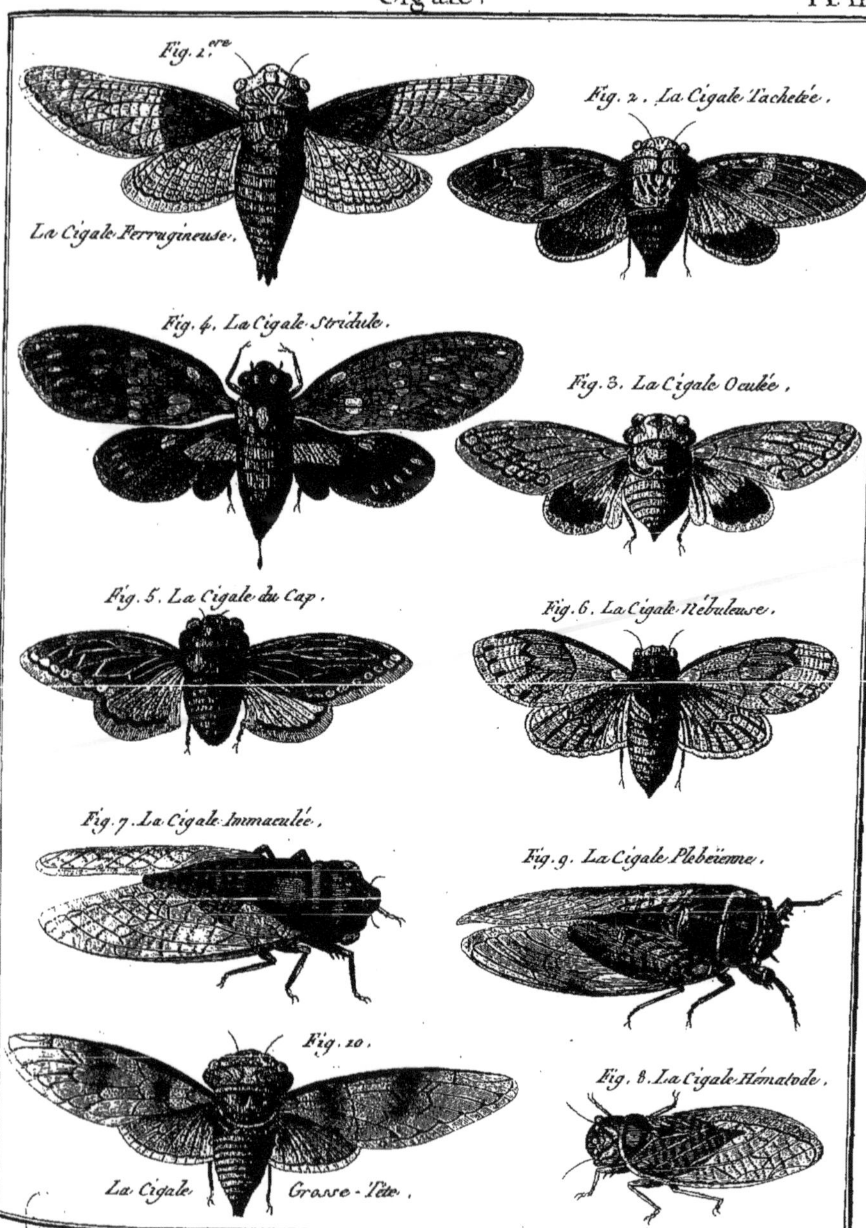

Histoire Naturelle, Insectes.

Benard Direxit.

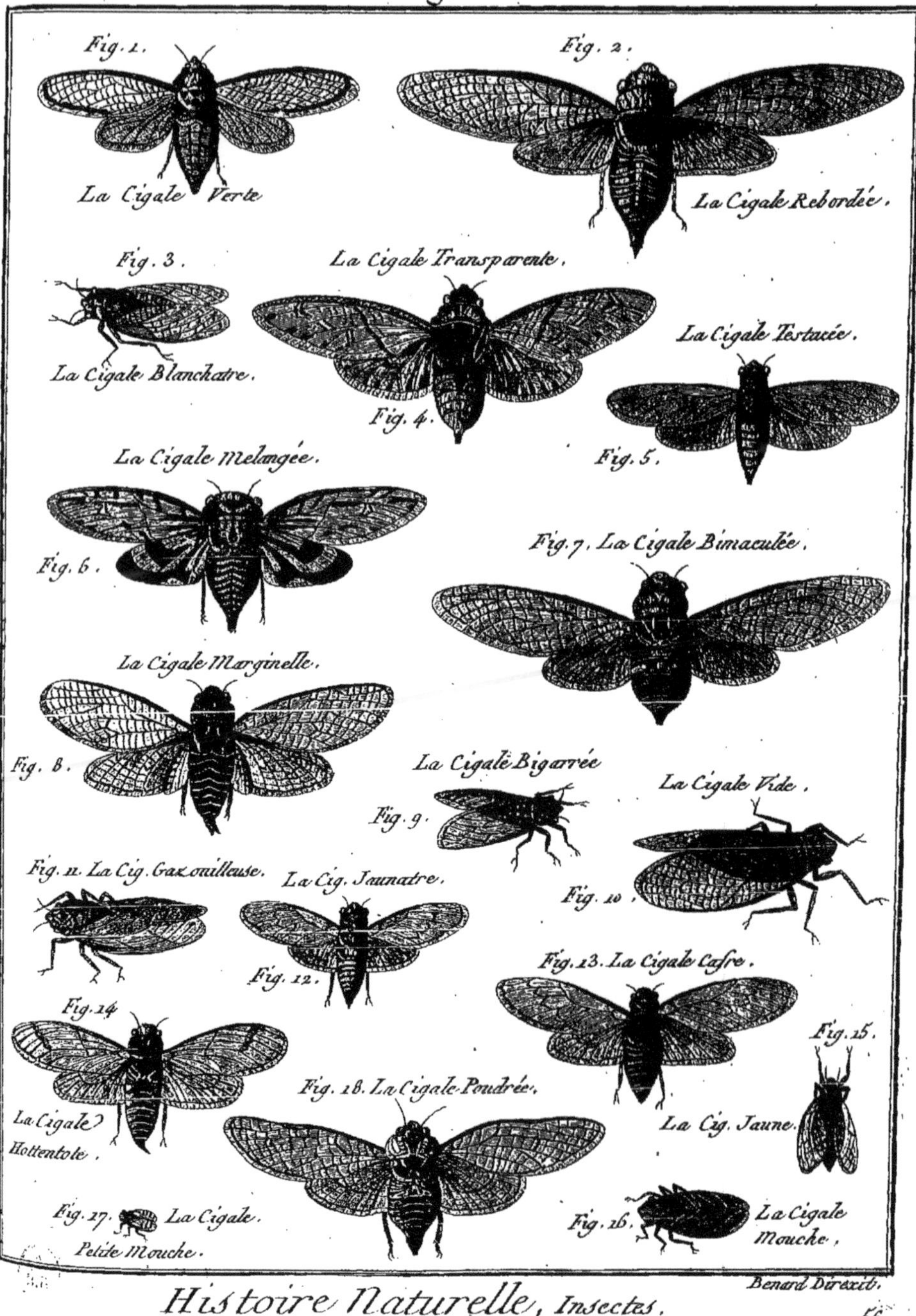

Benard Direxit.

Histoire Naturelle, Insectes.

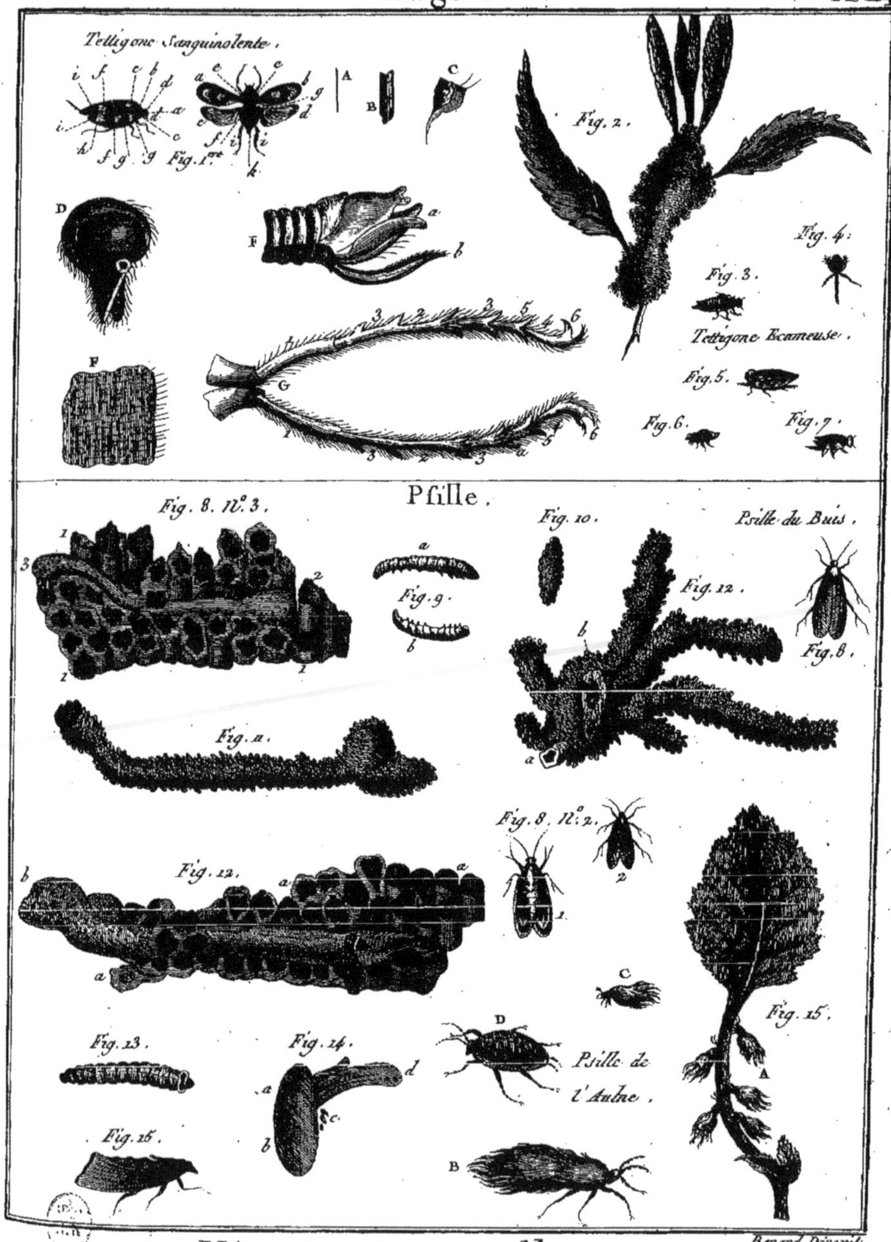

Benard Direxit.

Histoire Naturelle, Insectes.

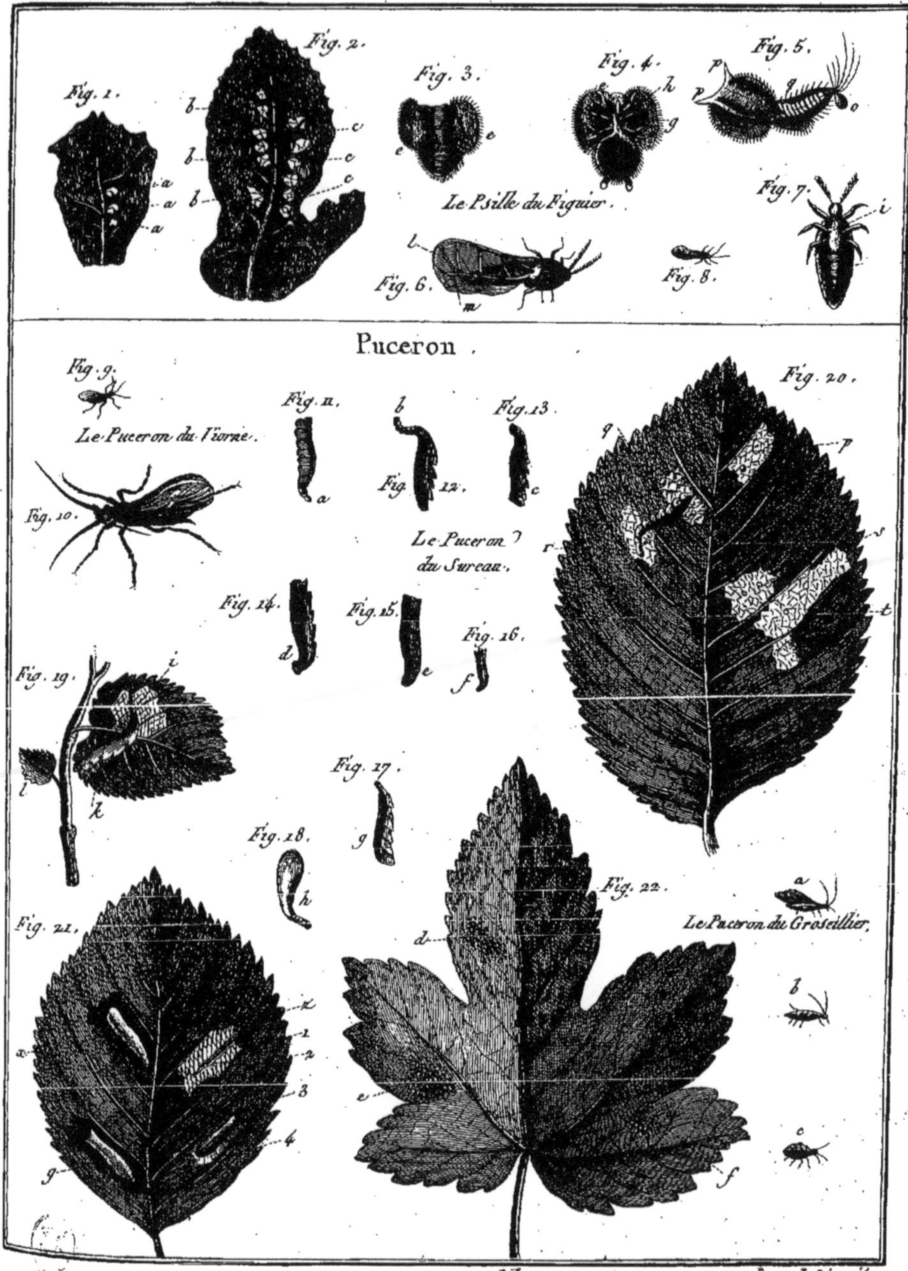

Benard Direxit.

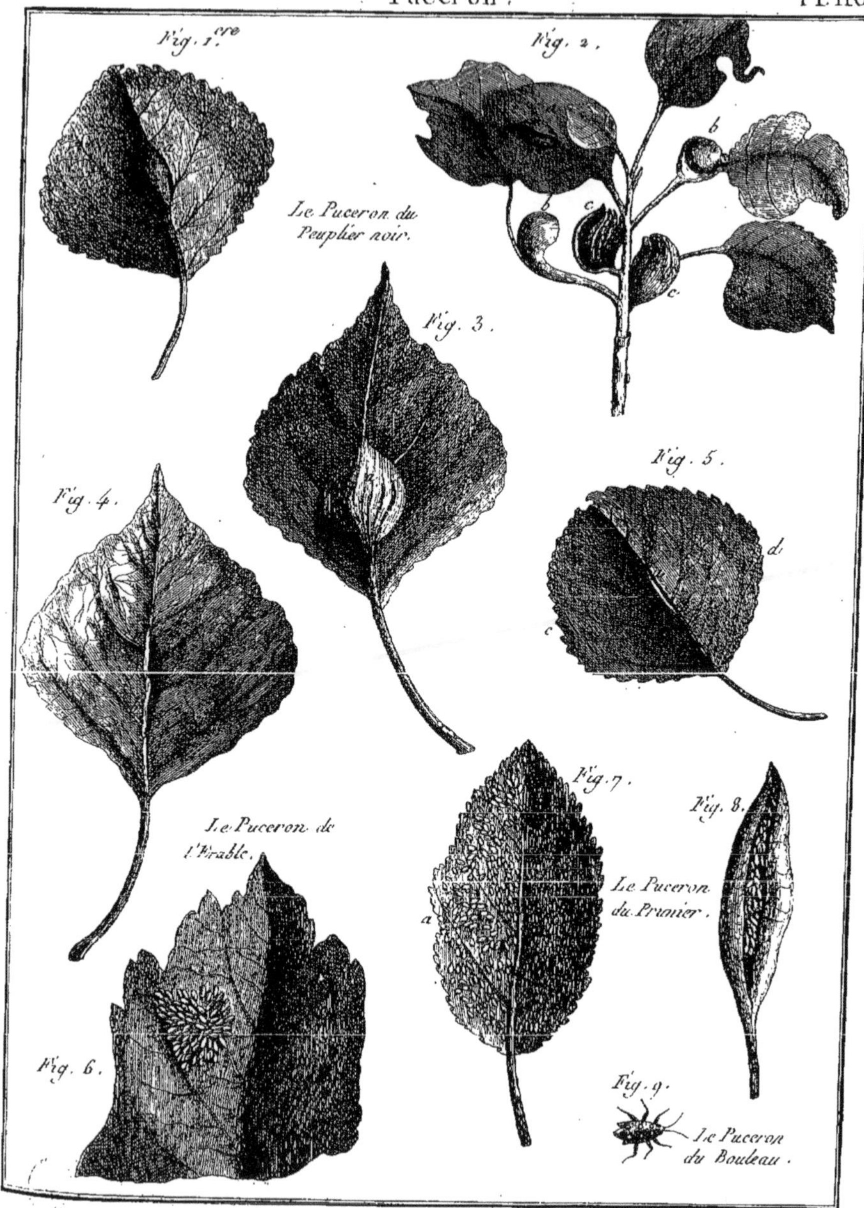

Benard Direxit.

Histoire Naturelle, Insectes.

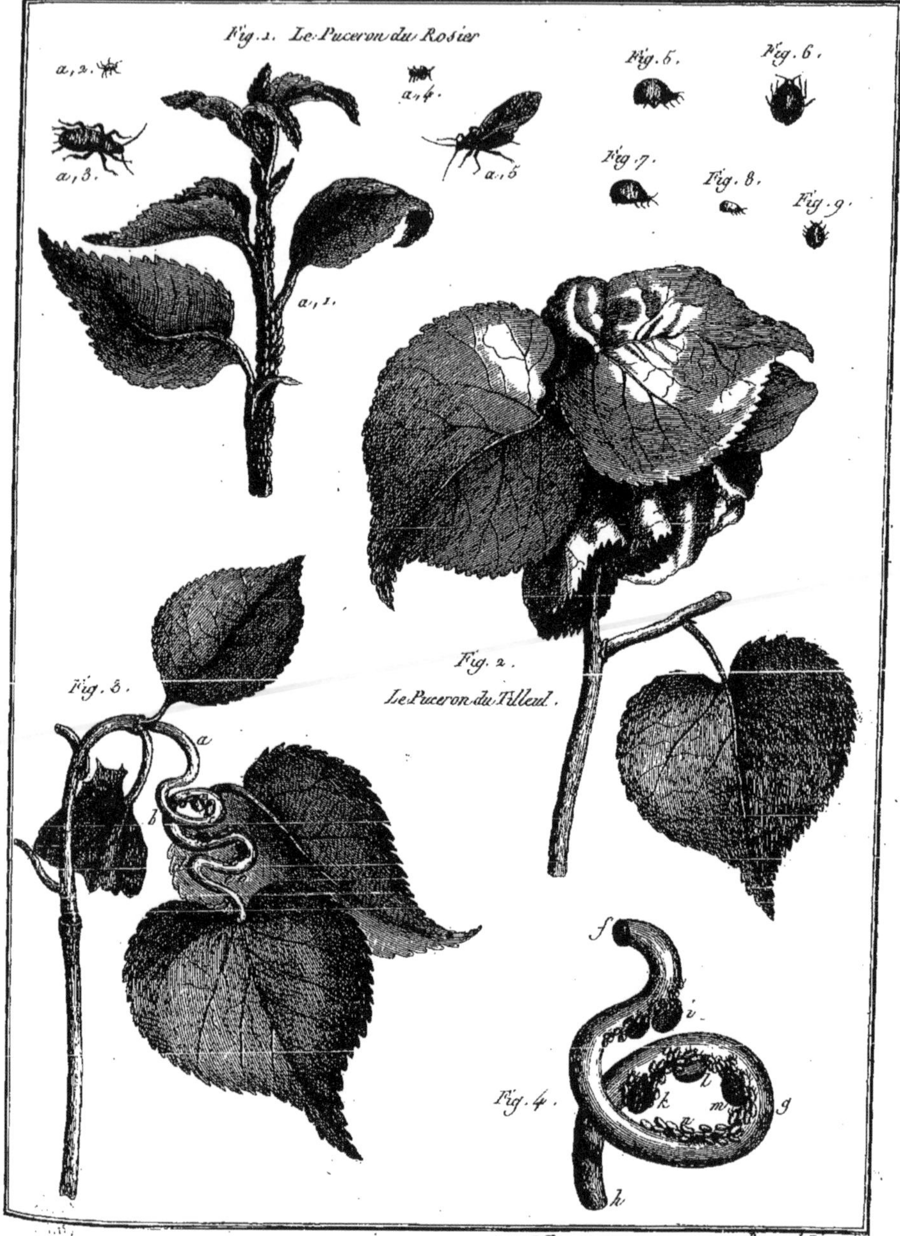

Benard Direxit.

Histoire Naturelle, Insectes.

Puceron. Pl. 118.

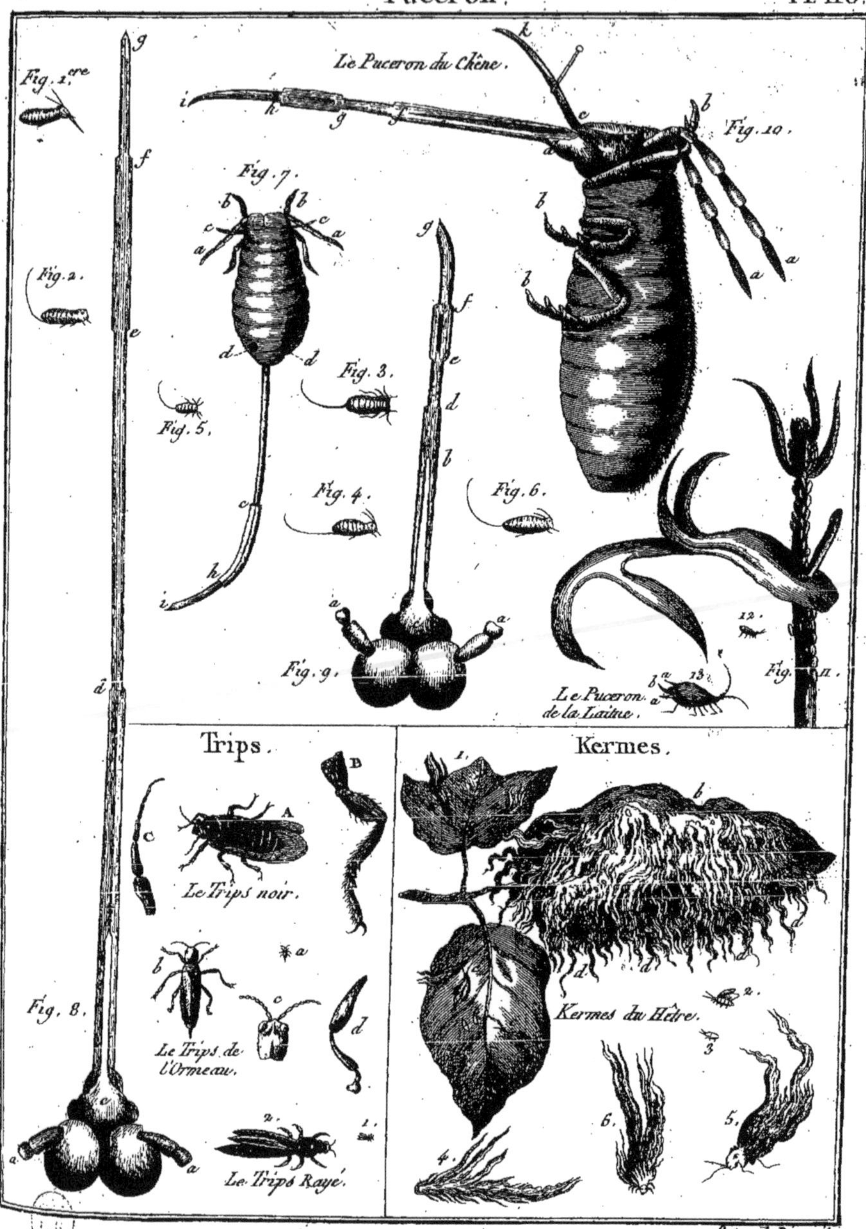

Benard Direxit.

Histoire Naturelle, Insectes.

Kermes. Pl. 119.

Le Kermes du Pêcher.
a
b
Fig. 1.ere
Fig. 1.ere N.o 2.
d
e
Fig. 3.
Fig. 4.
Kermes de l'Aulne.
Cochenille.
La Cochenille des Hespérides.
Fig. 1.
Fig. 2.
Fig. 3.
Fig. 4.
a
b
c
d
e
f
g
h
Fig. 5.
La Cochenille du Chêne.
Fig. 6.
Fig. 7.
Fig. 8.

Histoire Naturelle, Insectes.

Benard Direxit

59.

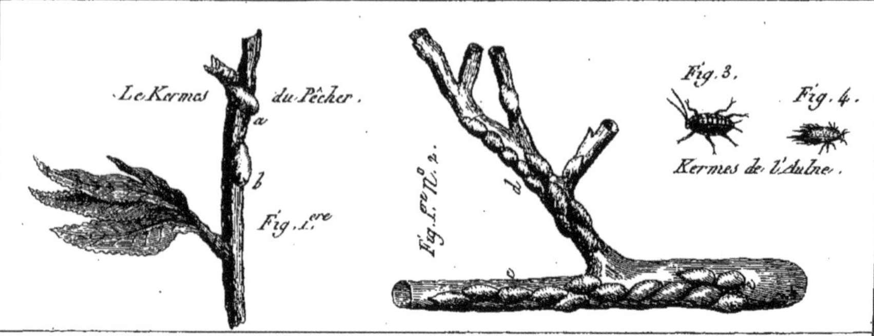

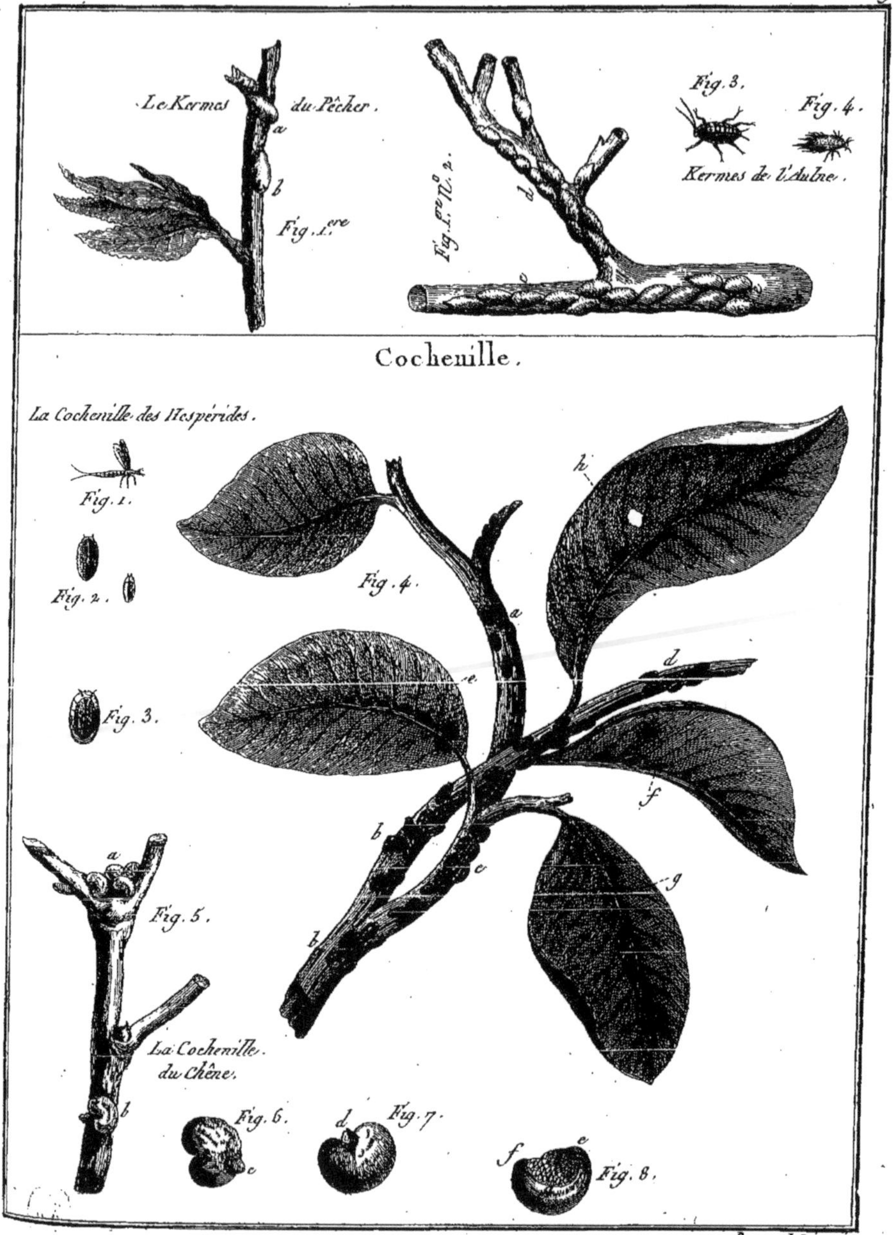

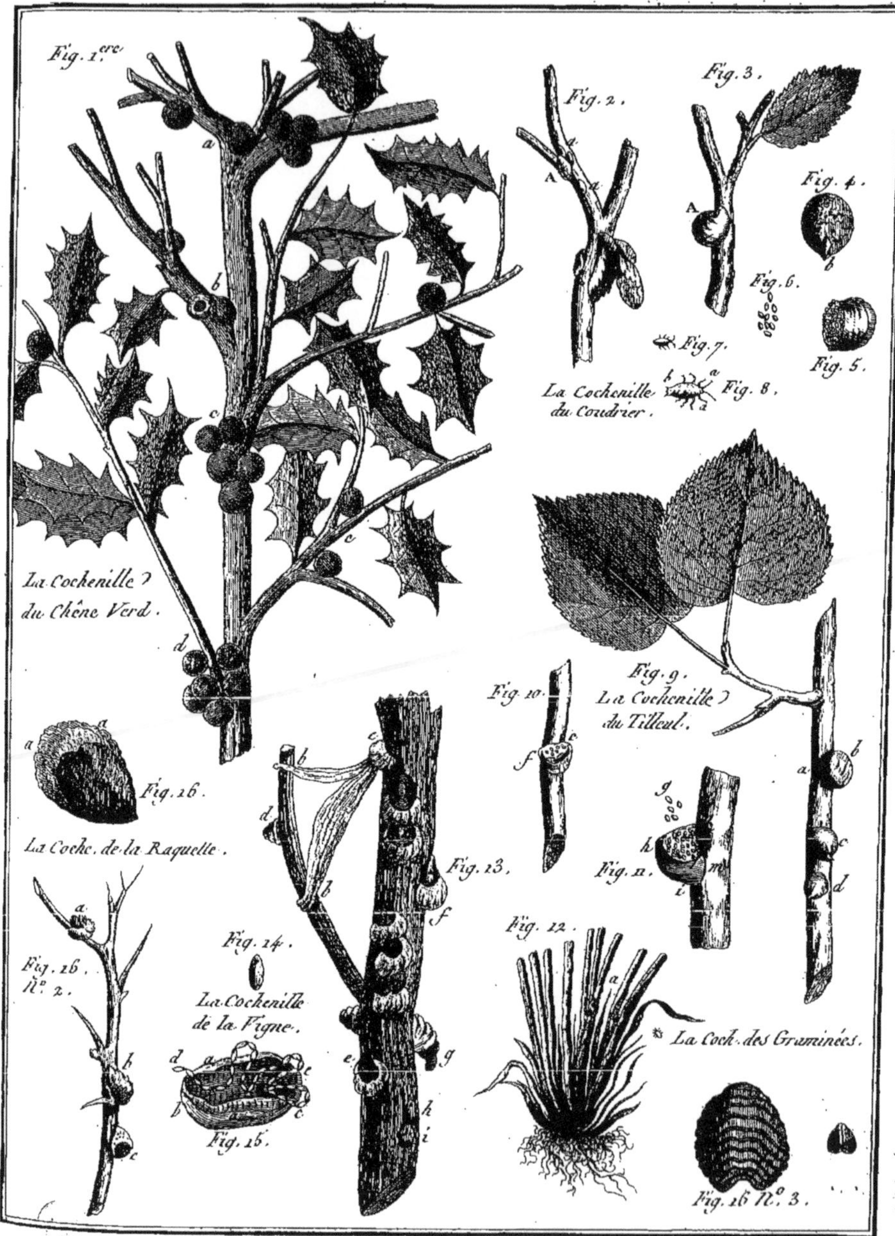

Benard Direxit.

Histoire Naturelle, Insectes.

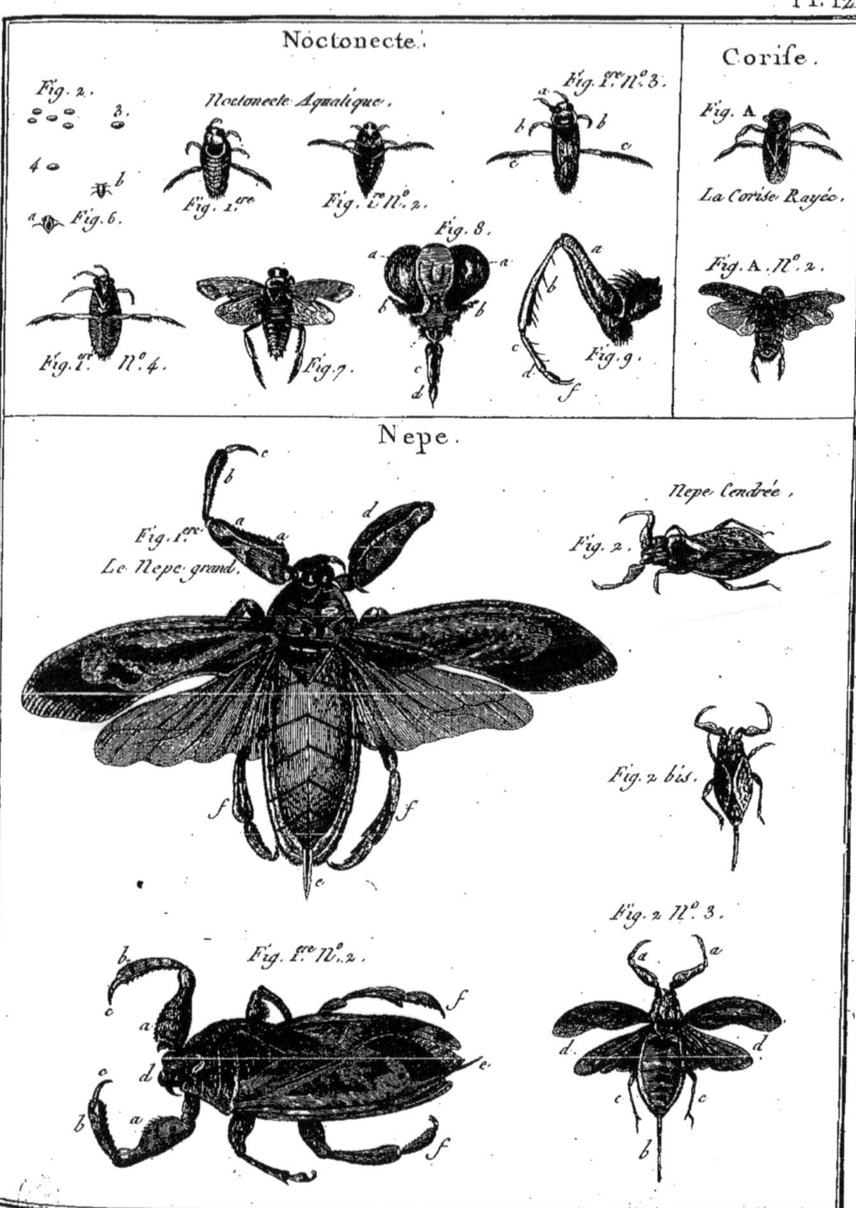

Histoire Naturelle, Insectes.

Benard Direxit.

Nepe. Pl. 122.

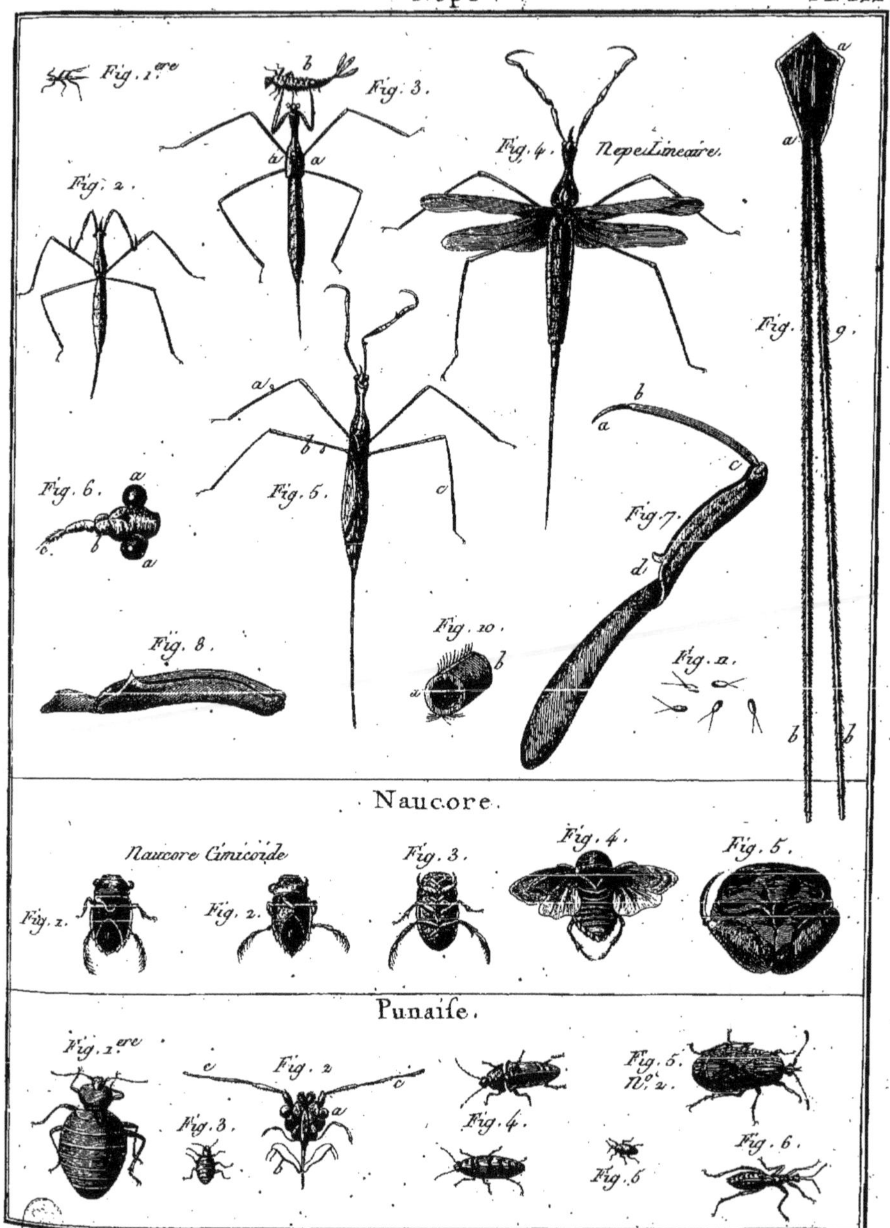

Benard Direxit.

Histoire Naturelle, Insectes.

Benard Direxit

Histoire Naturelle, Insectes.

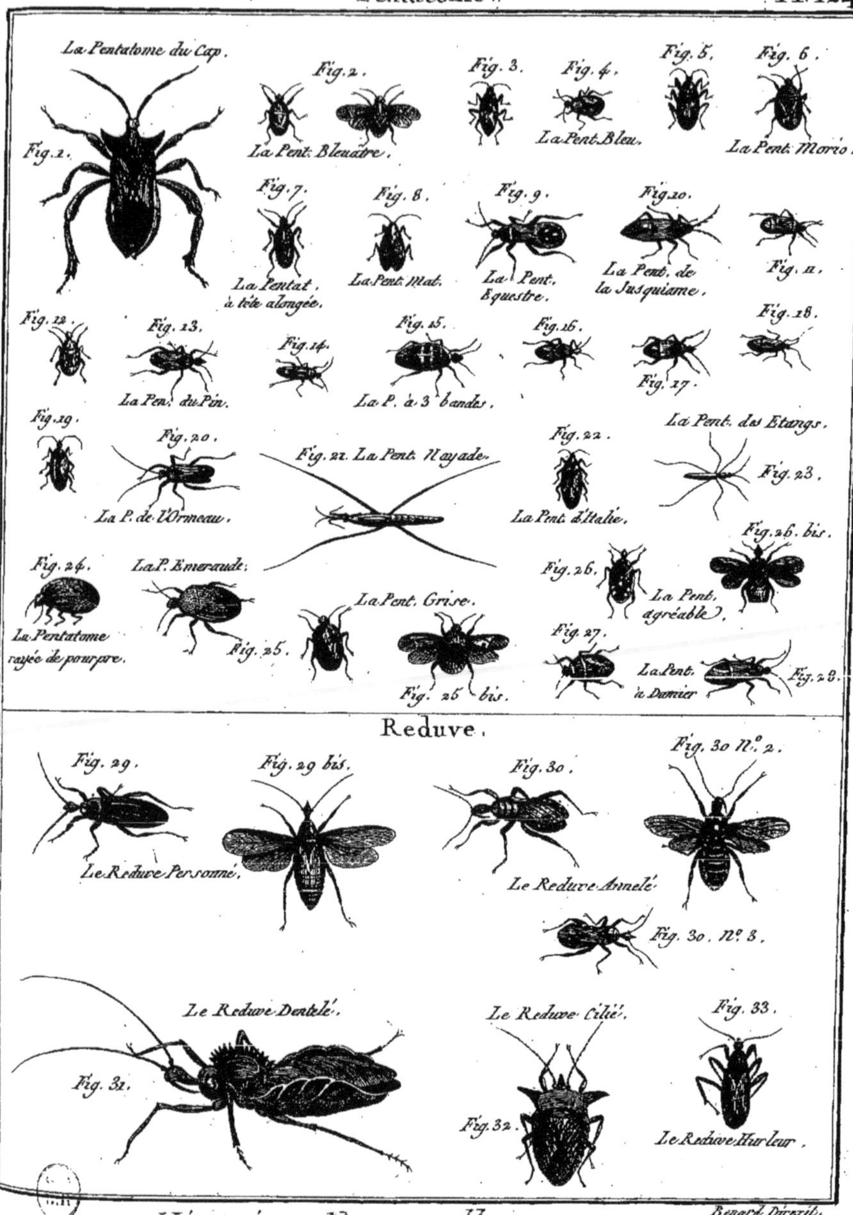

Benard Direxit.

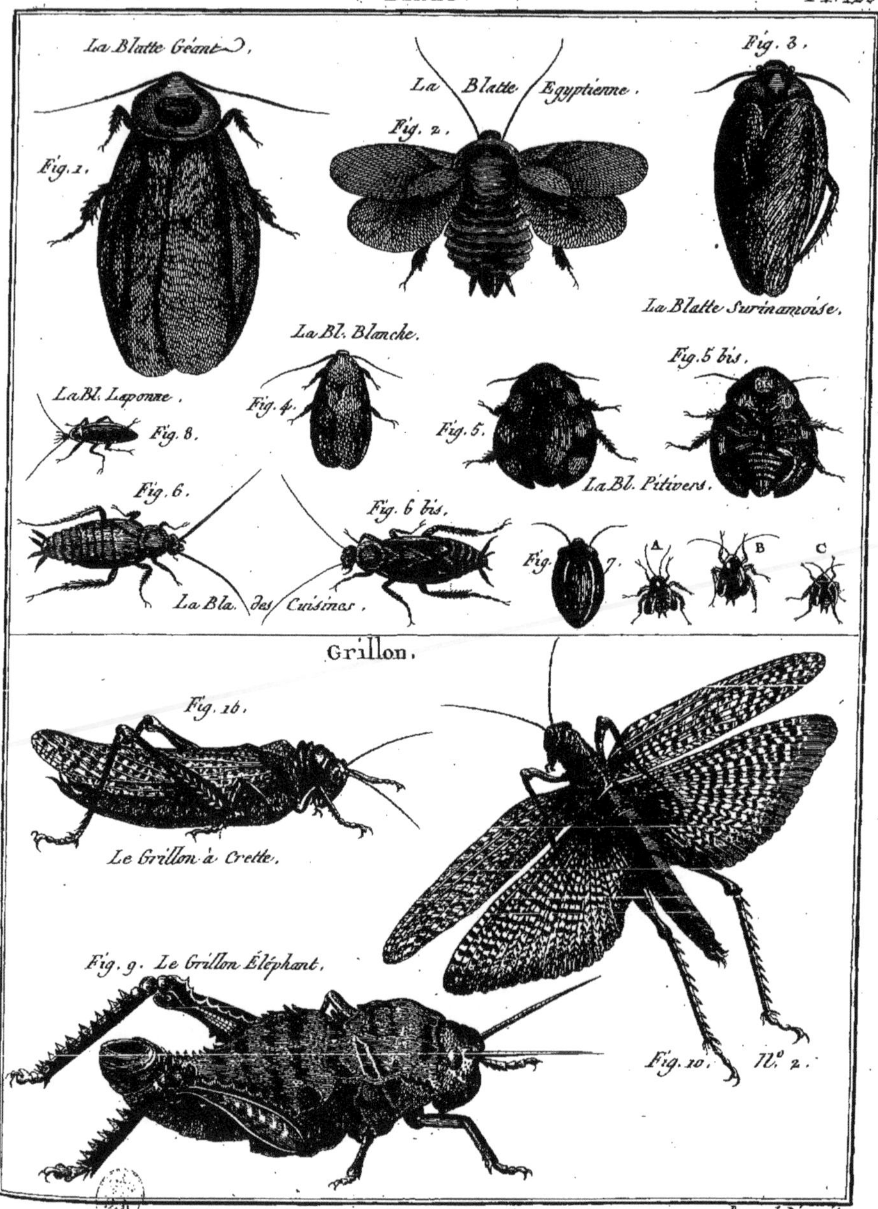

Benard Direxit.

Histoire Naturelle, Insectes.

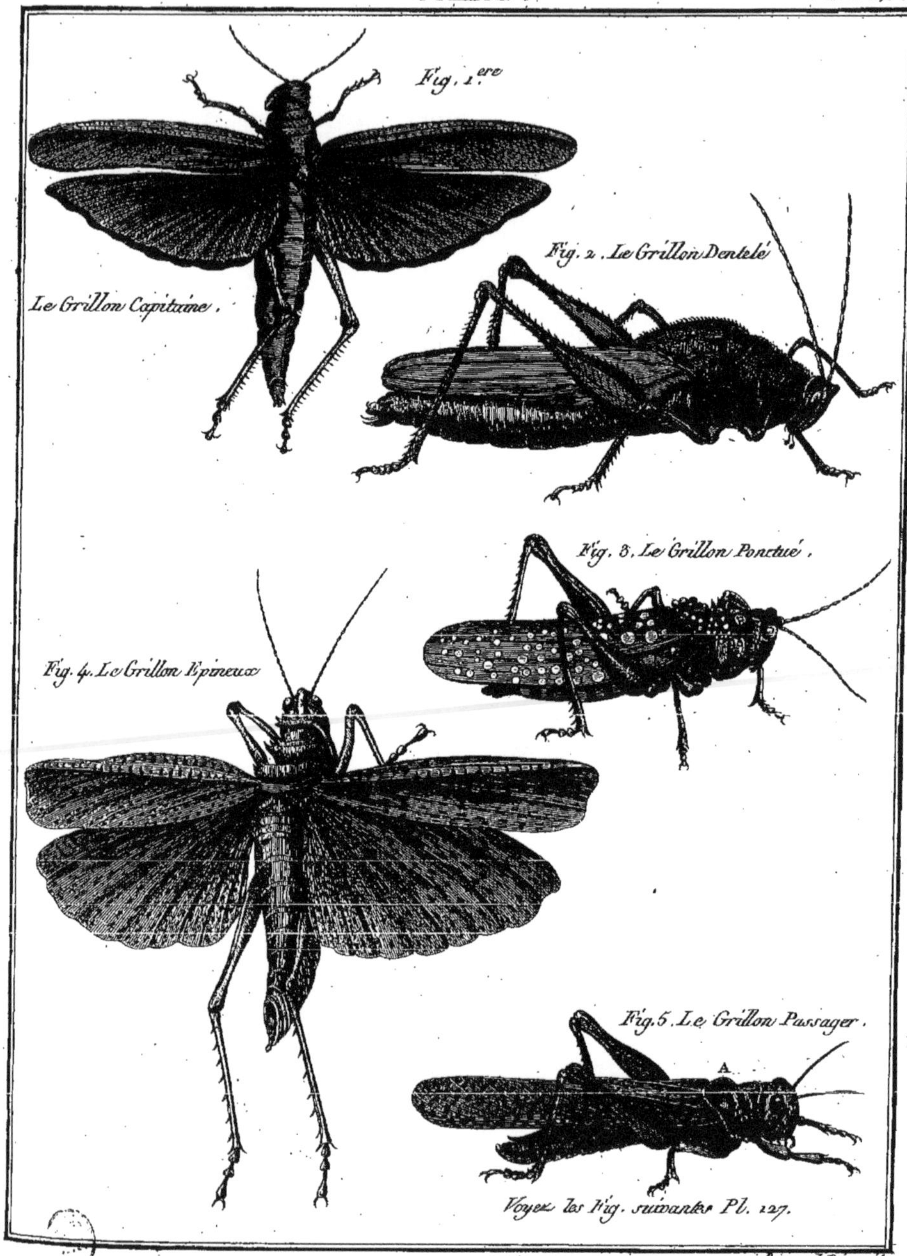

Benard Direxit.

Histoire Naturelle, Insectes.

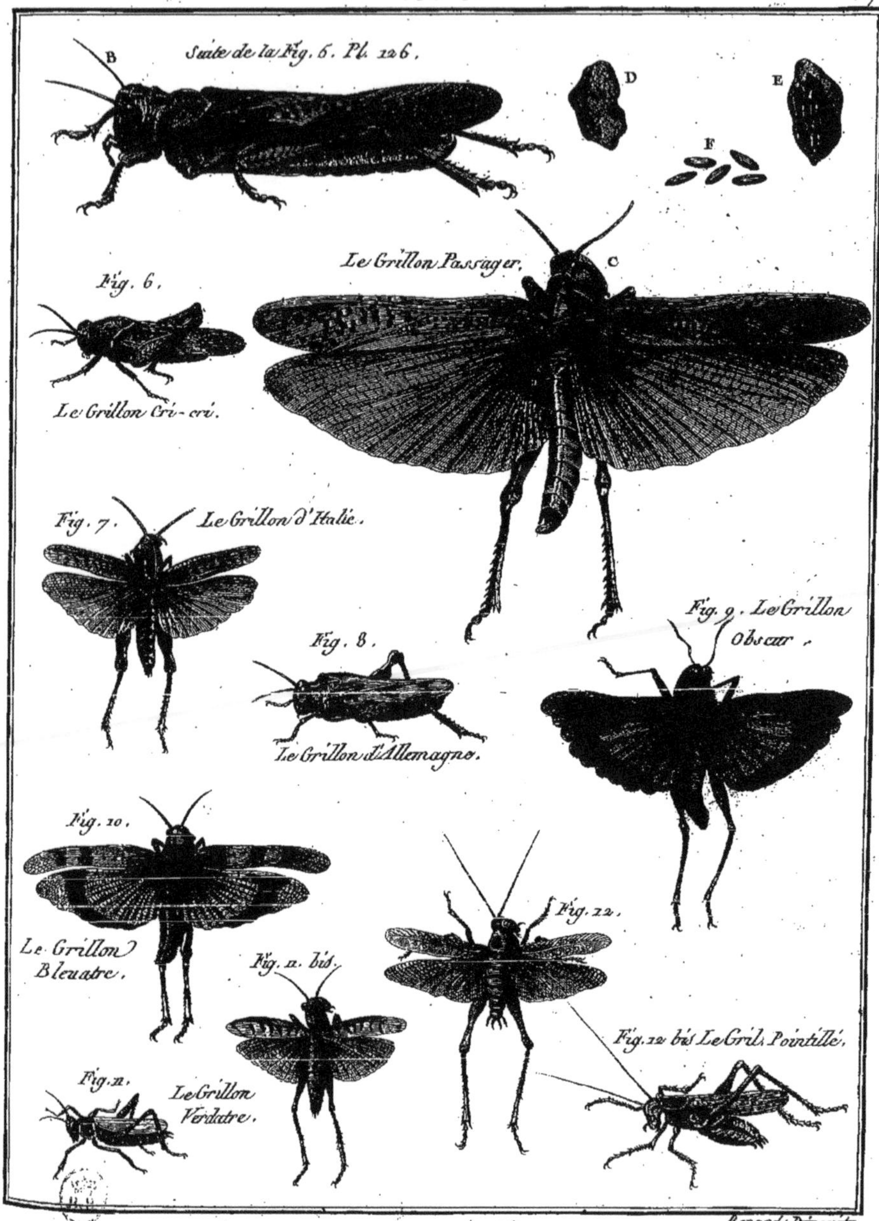

Benard Direxit.

Histoire Naturelle, Insectes.

Benard Direxit.

Histoire Naturelle, Insectes.

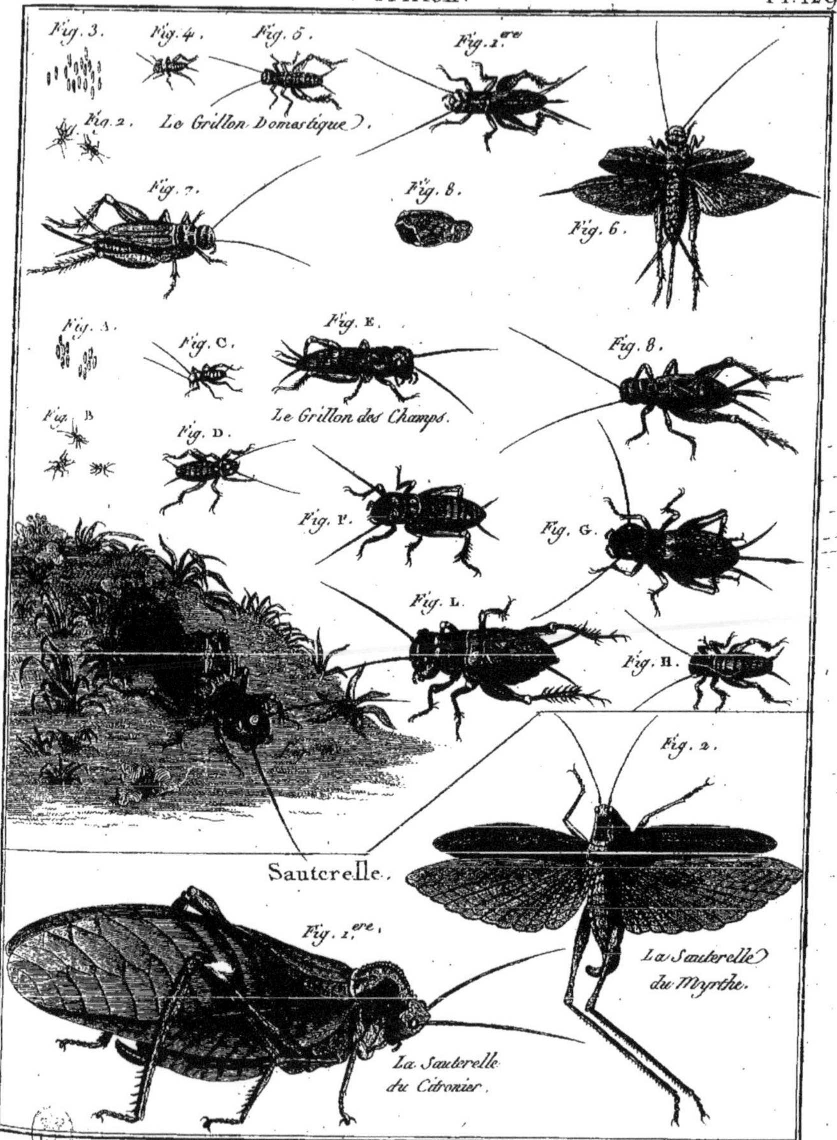
Fig. 3.
Fig. 4.
Fig. 5.
Fig. 1.ere
Fig. 2.
Le Grillon Domestique.
Fig. 7.
Fig. 8.
Fig. 6.
Fig. A.
Fig. C.
Fig. E.
Fig. 8.
Fig. B
Le Grillon des Champs.
Fig. D.
Fig. F.
Fig. G.
Fig. L.
Fig. H.
Fig. 2.
Sauterelle.
Fig. 1.ere
La Sauterelle du Myrthe.
La Sauterelle du Citronier.
Benard Direxit

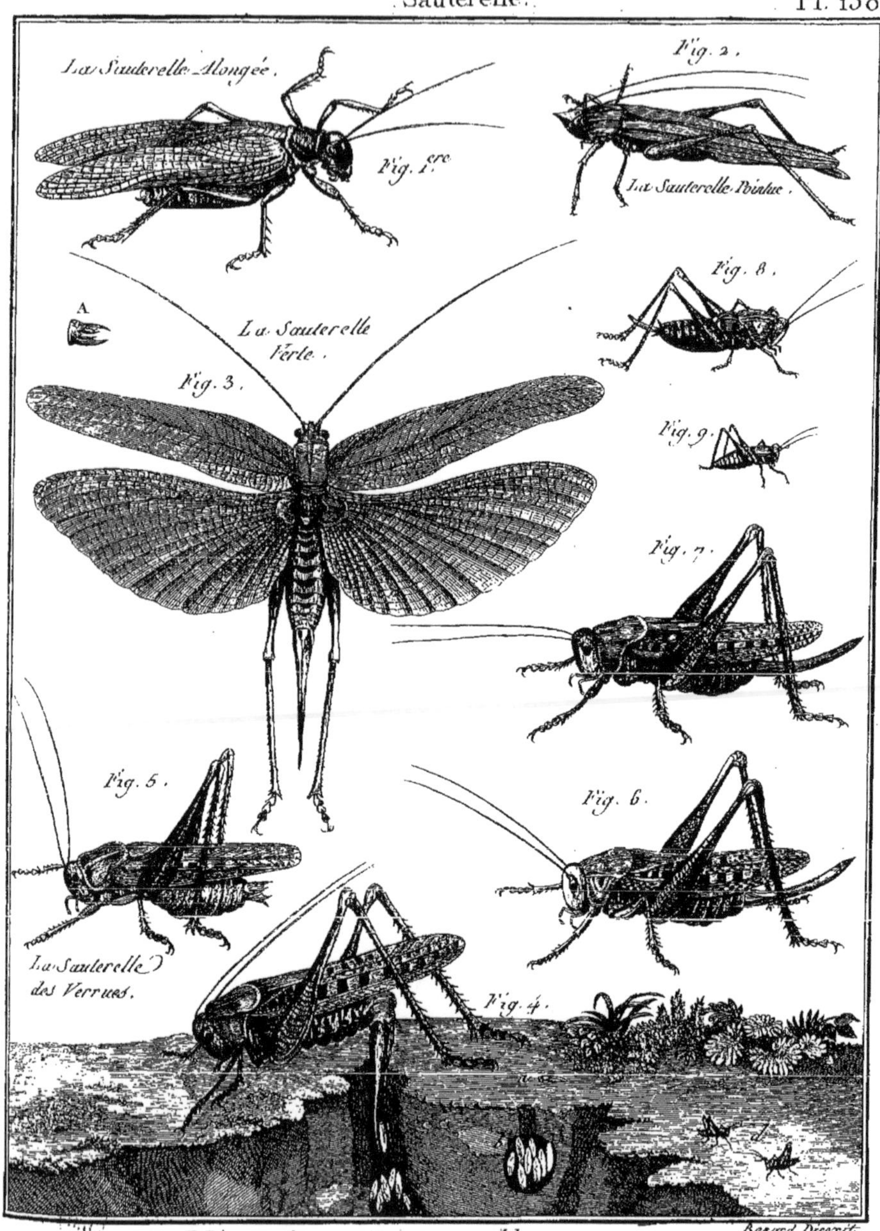

Benard Direxit.

Histoire Naturelle, Insectes.

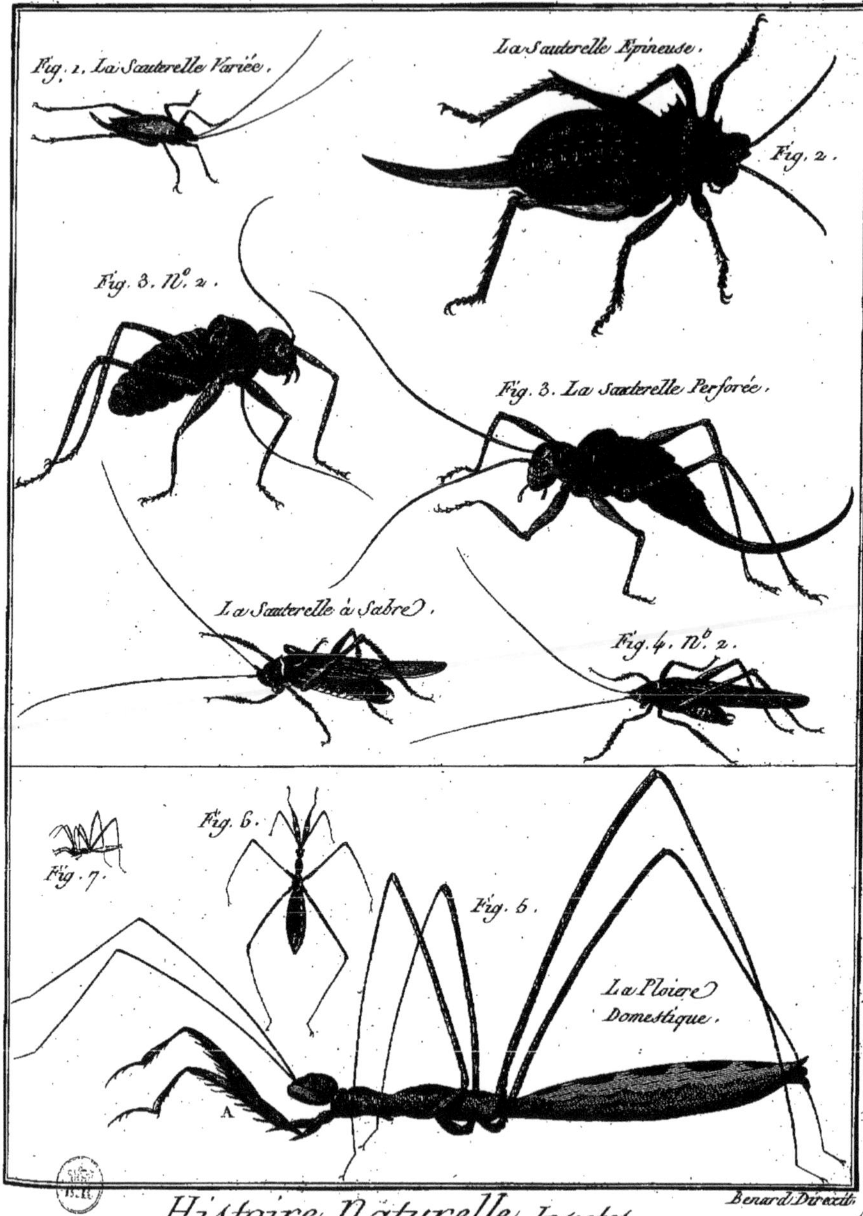

Benard Direxit.

Histoire Naturelle, Insectes.

Mante. Pl. 132.

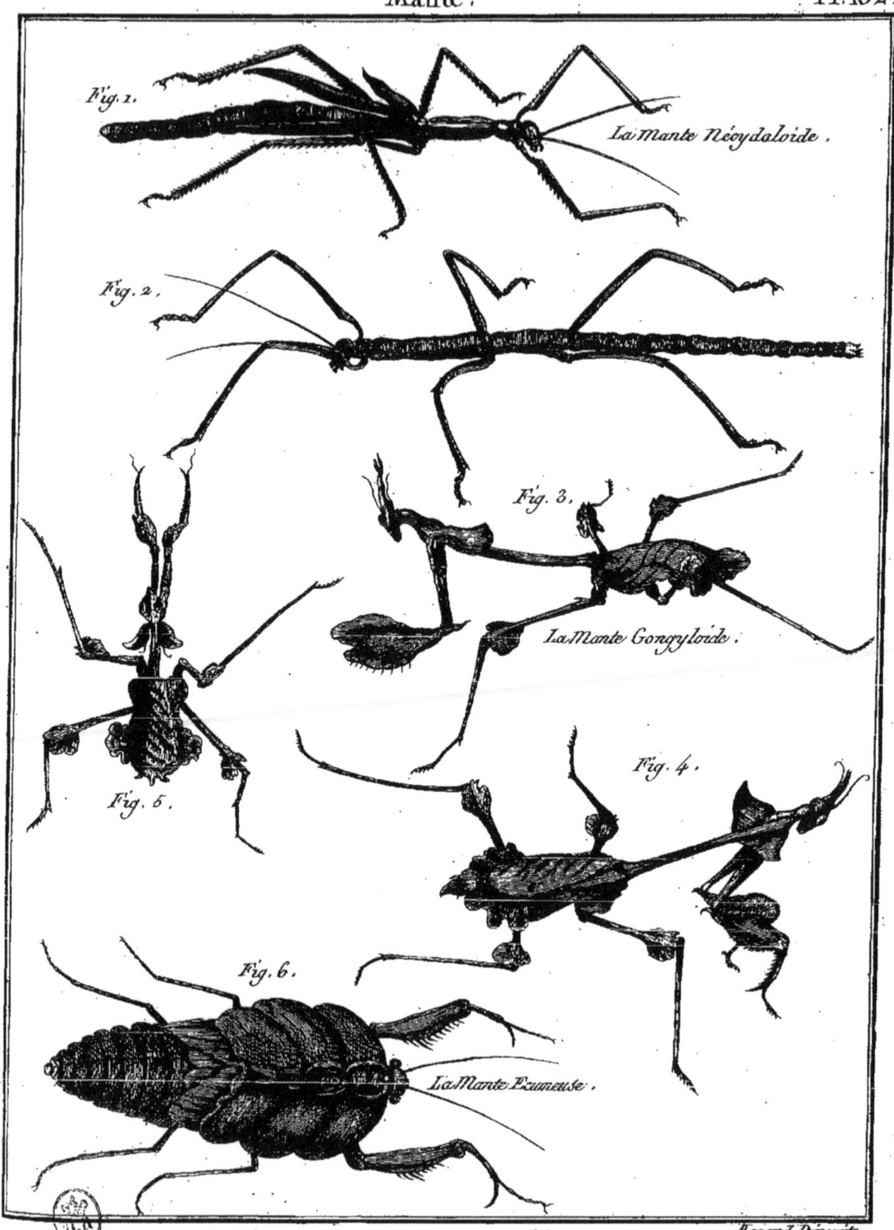

Benard Direxit.

Histoire Naturelle, Insectes.

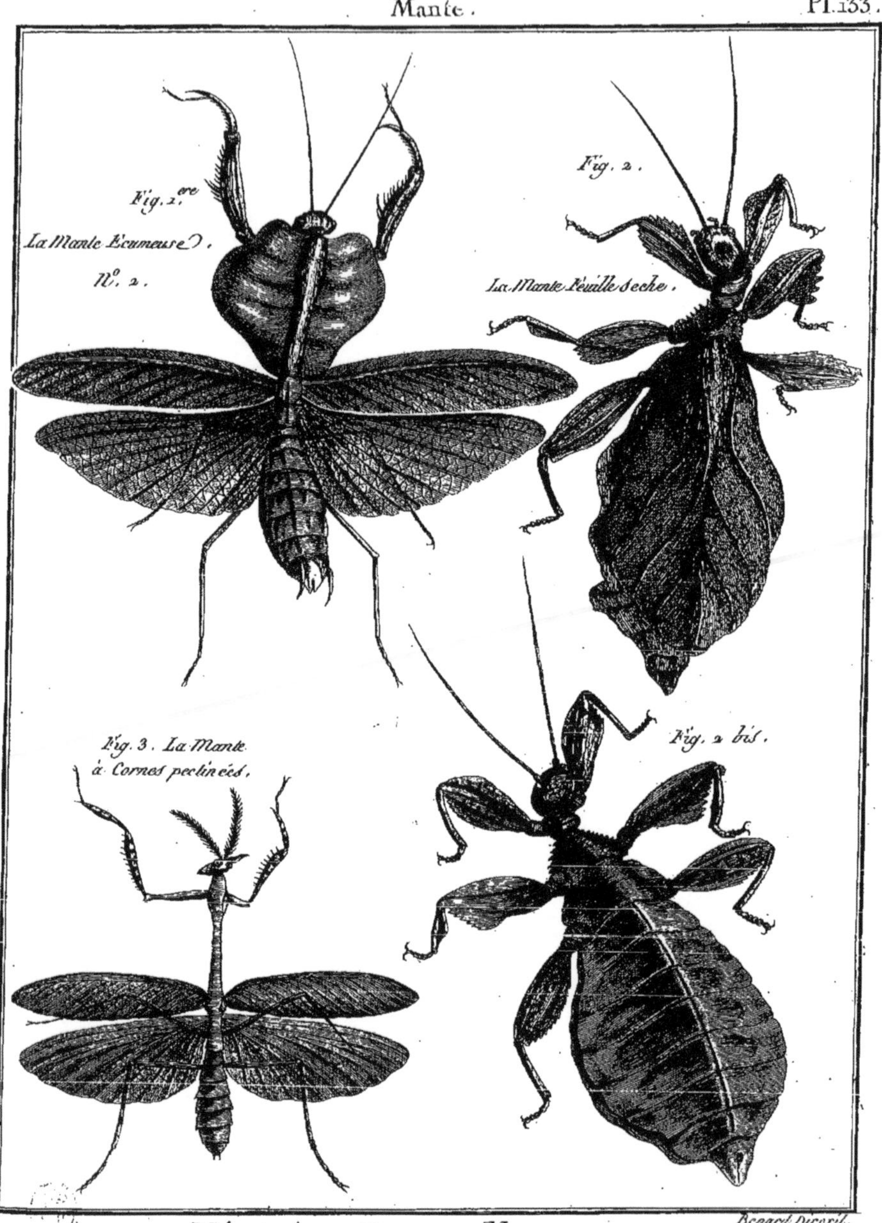

Benard Direxit.

Histoire Naturelle, Insectes.

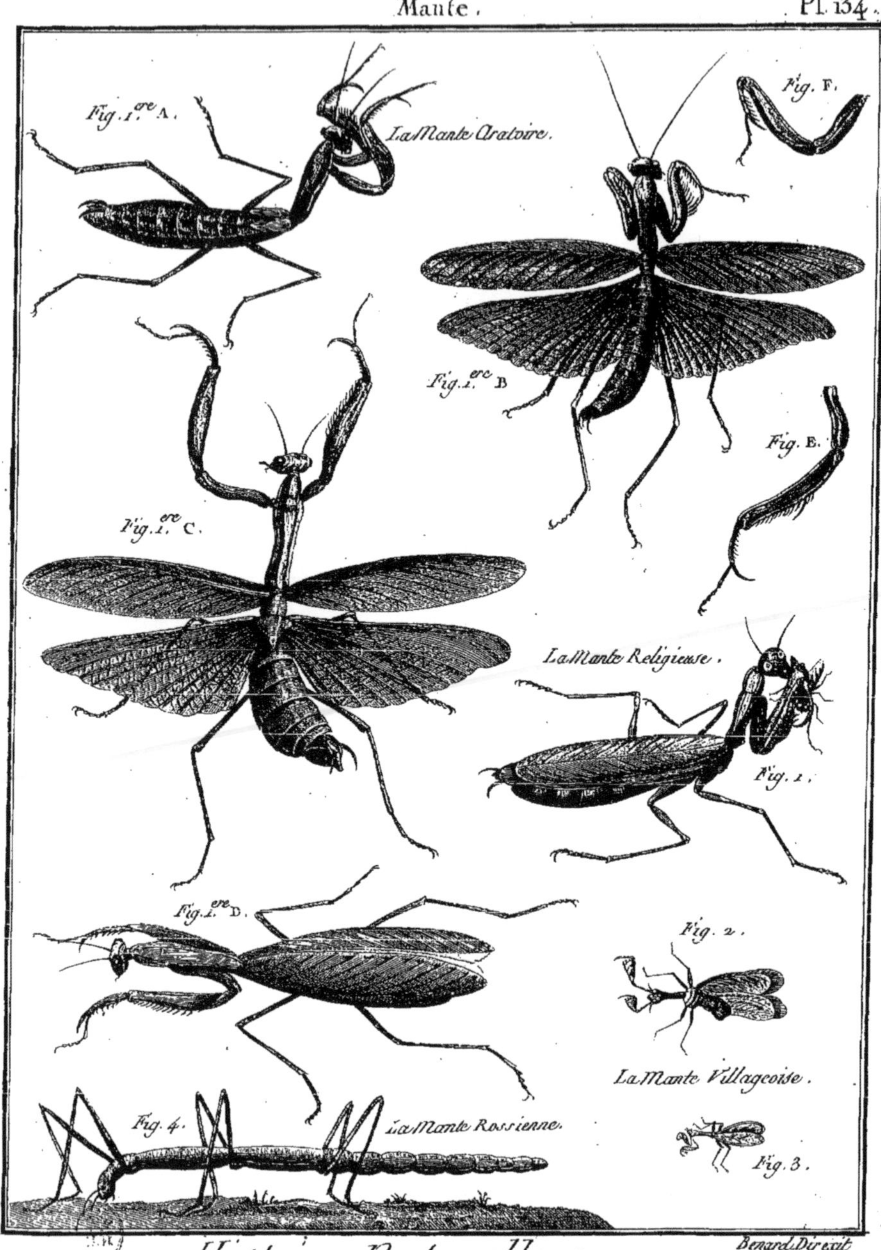

Histoire Naturelle, Insectes.

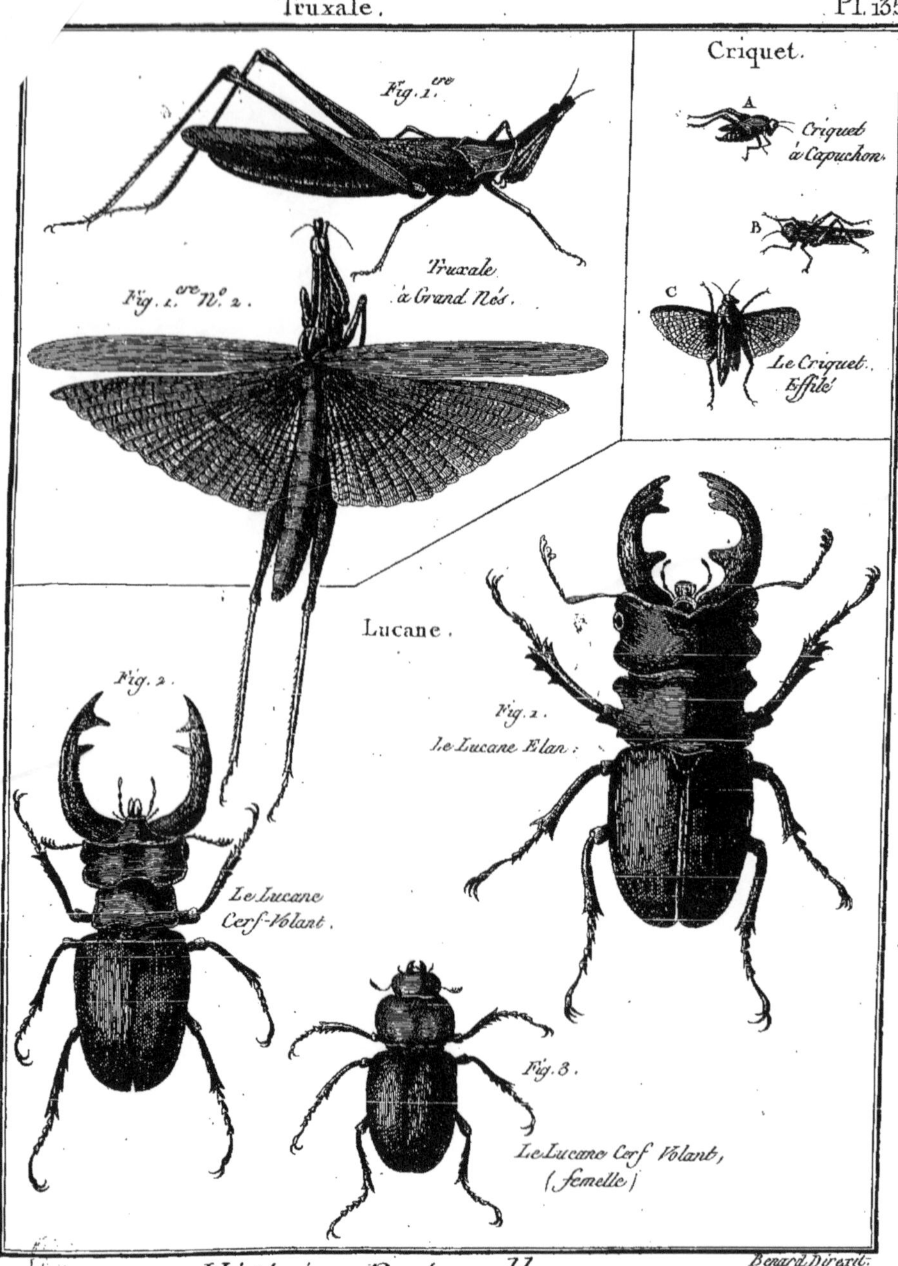

Histoire Naturelle, Insectes.

Benard Direxit.

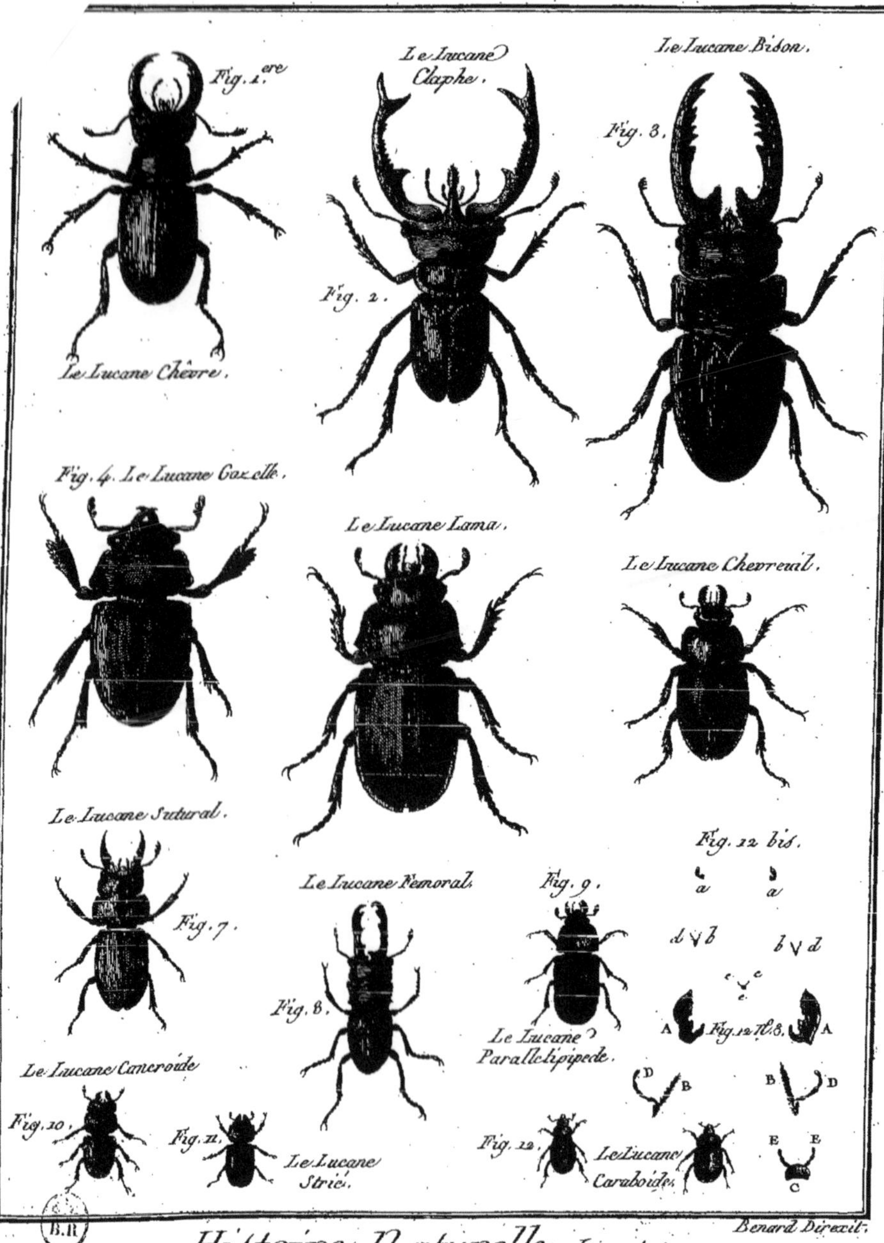

Benard Direxit.

Histoire Naturelle, Insectes.

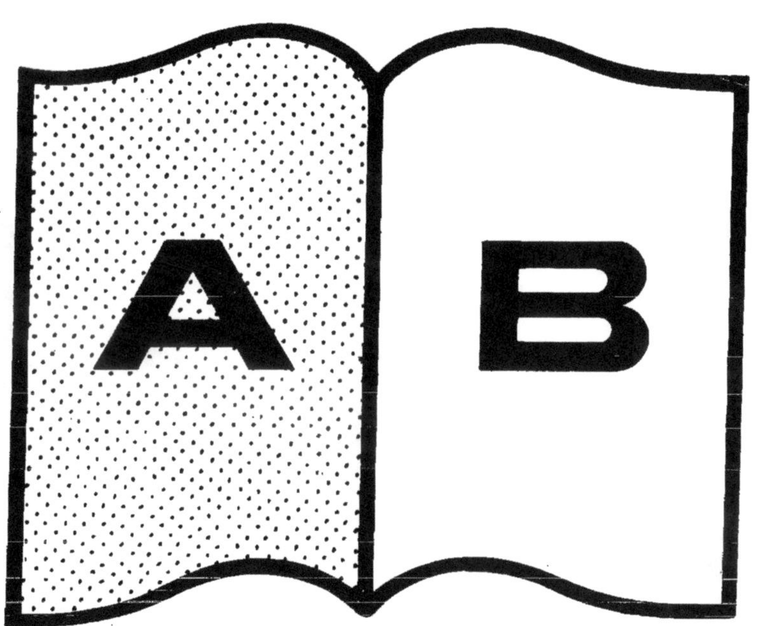

Contraste insuffisant

NF Z 43-120-14

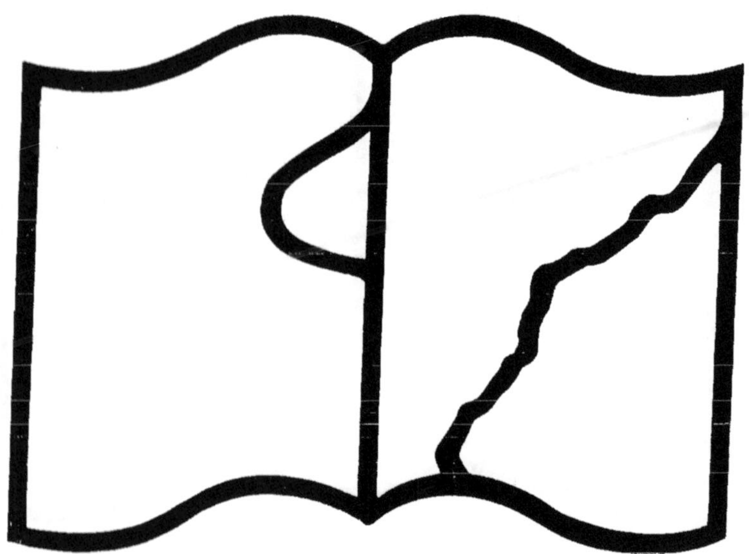

Texte détérioré — reliure défectueuse

NF Z 43-120-11

www.ingramcontent.com/pod-product-compliance
Ingram Content Group UK Ltd.
Pitfield, Milton Keynes, MK11 3LW, UK
UKHW020153250726
13967UKWH00003B/1032